国家出版基金项目
NATIONAL PUBLICATION FOUNDATION

关键基础零部件原创技术策源地系列图书

大型锻件的增材制坯

Additive Billet for Large Forgings

王宝忠　等著

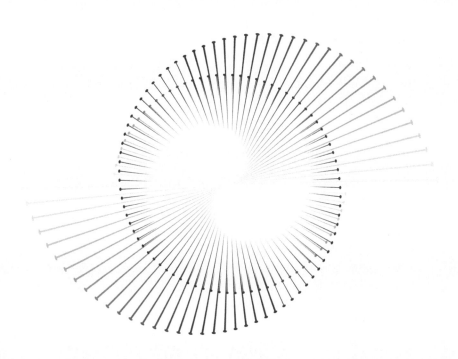

机械工业出版社
CHINA MACHINE PRESS

本书是中国一重"重型高端复杂锻件制造技术变革性创新研究团队"心血的结晶与智慧的总结。书中通过大量翔实的试验数据和丰富的图表，详细阐述了在大型锻件的增材制坯（增材制造方式组坯+坯料改性）原创性技术路线指引下，开展的不同方式的液-固复合组坯、各类材料固-固复合组坯、复合界面愈合、坯料的均匀化、双超圆坯半连铸机等一系列相关设备研制及变革性创新研究成果与工程应用预测。本书指出了大型锻件坯料制备的发展方向，对于系统解决大型锻件所需的大型钢锭存在严重的偏析、夹杂、有害相等世界性难题，对推动大型锻件原创技术策源地建设及我国装备制造业高质量发展具有重要的指引和参考价值。

本书可供大型锻件制造行业的研发、技术、生产人员使用，也可供高等院校相关方向的研究生和教师参考。

图书在版编目（CIP）数据

大型锻件的增材制坯／王宝忠等著．—北京：机械工业出版社，2023.3
（关键基础零部件原创技术策源地系列图书）
ISBN 978-7-111-72585-5

Ⅰ.①大… Ⅱ.①王… Ⅲ.①大型锻件-锻坯 Ⅳ.①TG314

中国国家版本馆 CIP 数据核字（2023）第 021532 号

机械工业出版社（北京市百万庄大街 22 号　邮政编码 100037）
策划编辑：孔　劲　　　　　责任编辑：孔　劲　李含杨
责任校对：陈　越　王　延　　封面设计：鞠　杨
责任印制：刘　媛
北京中科印刷有限公司印刷
2023 年 5 月第 1 版第 1 次印刷
184mm×260mm · 26.25 印张 · 3 插页 · 647 千字
标准书号：ISBN 978-7-111-72585-5
定价：218.00 元

电话服务　　　　　　　　　　网络服务
客服电话：010-88361066　　机 工 官 网：www.cmpbook.com
　　　　　010-88379833　　机 工 官 博：weibo.com/cmp1952
　　　　　010-68326294　　金 书 网：www.golden-book.com
封底无防伪标均为盗版　　机工教育服务网：www.cmpedu.com

序 一

关键基础零部件的正常服役是保障重大装备高质量运行的基石。从我国第一只1150mm初轧机支承辊的问世，到300~600MW汽轮机转子的国产化，再到大型先进压水堆核电一体化锻件的自主可控，我国大型锻件研究取得了举世瞩目的辉煌成就。大型锻件作为量大面广的关键基础零部件，其研发走出了一条具有中国特色的自主创新发展之路。

大型锻件研究融入了我国几代热加工人的心血与智慧，摸索出了一套行之有效的研制方法和流程，培养造就了一支高水平、高素质的研制队伍。我国后续强基工程、制造业高质量发展、制造业核心竞争力提升、关键基础零部件原创技术策源地建设等重大工程的立项与实施，对重型高端复杂锻件的研制提出了更高要求。为了让年轻一代热加工人在全面掌握现有技术的基础上，更有效地开展新型锻件的研发，亟须对已有技术成果及工程经验进行系统归纳、分析与总结。"关键基础零部件原创技术策源地系列图书"正是在这一背景下由我国锻压行业近年来有突出贡献的科学家王宝忠担任主要作者，由来自中央企业优秀科技创新团队的十余位专家和学者参与撰写完成。他们在多年的刻苦工作中积累了丰富的实践经验，取得了一系列技术突破，为该系列图书的撰写积累了宝贵的素材。

该系列图书共包括3部专著，其中《大型锻件的增材制坯》主要原创性地提出了大型锻件的增材制坯的技术路线，开展了基材制备、液-固复合、固-固复合、界面愈合及坯料的均匀化、双超圆坯半连铸机等一系列相关设备研制及变革性创新研究工作；《大型锻件FGS锻造》主要原创性地提出了大型锻件FGS锻造的技术路线，开展了轴类锻件镦挤成形，"头上长角"的封头类锻件、"身上长刺"的筒（管）类锻件、"空心"及其他难变形材料锻件的模锻成形，轻量化易拆装的大型组合模具研制、组织演变及"可视化"模拟与验证；《超大型多功能液压机》系统解决了自由锻造液压机吨位较小、模锻液压机空间尺寸不足的问题，为增材制坯的界面愈合及FGS锻造的实施提供了保障。"关键基础零部件原创技术策源地系列图书"是我国乃至世界第一套大型锻件制造技术领域的原创性技术图书。书中系统深入地介绍了大型锻件研制所涉及的基础性问题和产品实现方法，具有突出的工程实用性、技术先进性及方向引导性，它的出版将对我国关键基础零部件的创新发展以及后续重大装备的高端化起到强有力的保障与促进作用。

中国工程院院士

陈蕴博

序 二

　　关键基础零部件是装备制造业的基础，决定着重大装备的性能、水平、质量和可靠性，是实现我国装备制造业由大到强转变的关键要素，其核心是大型锻件制造技术。为了实现建设制造强国的战略目标，国家陆续出台了强基工程、推动制造业高质量发展、打造原创技术策源地等政策措施，为大型锻件制造技术发展提供了新机遇，同时也提出了更高的要求。

　　"关键基础零部件原创技术策源地系列图书"就是在上述背景下编撰完成的，其内容丰富，技术深厚，凝聚了我国大型锻件基础研究、技术研发和工程实践领域专家学者的集体智慧和辛勤汗水。

　　主要作者王宝忠教授，长期从事大型锻件的基础理论研究、制造技术创新以及装备自主化水平提升等工作，是我国大型锻件制造技术创新发展的主要推动者之一。他带领的由国内的领军企业、高校、院所组成的研发团队专业与技术领域全面，技术实力雄厚，代表了我国大型锻件制造领域的先进水平。

　　系列图书的核心内容取材于中央企业优秀科技创新团队已经成功实施的"重型高端复杂锻件制造技术变革性创新"工程项目，涉及大型铸锭（坯）的偏析、夹杂、有害相消除，大型锻件塑性成形过程中的材料利用率提高、晶粒细化、裂纹抑制等，涵盖镍基转子锻件的镦挤成形、不锈钢泵壳的模锻成形等 8 个典型锻件产品的实现过程，一体化接管段、核电不锈钢乏燃料罐、抽水蓄能机组大型不锈钢冲击转轮等 12 个典型锻件产品的研制方案，以及弥补自由锻造液压机吨位较小、模锻液压机空间尺寸较小及挤压机功能单一等不足的超大型多功能液压机的技术论述。

　　该系列图书是一套大型锻件原创技术系列图书，全面系统地总结了我国大型锻件在原材料制备、塑性成形工艺与装备方面的技术研发与工程应用成果，并以工程实例的形式展现了重型高端复杂锻件的设计与研制方法，具有突出的工程实用性和学术导引性。相信该系列图书会成为国内外大型锻件制造领域的宝贵技术文献，并对促进我国大型锻件的创新发展和相关技术领域的人才培养起到重要作用。

中国工程院院士

李依依

·前言·

高质量发展是创新驱动的发展，且是今后一个发展阶段的主题。作为关键基础零部件（大型铸锻件）原创技术策源地的中国一重集团有限公司（简称：中国一重），在维护国家安全和国民经济命脉方面发挥着至关重要的作用。习近平总书记2018年9月26日第二次到中国一重视察时，在具有国际领先水平的超大型核电锻件展示区前发表了重要讲话：中国一重在共和国历史上是立过功的，中国一重是中国制造业的第一重地。制造业，特别是装备制造业高质量发展是我国经济高质量发展的重中之重，是一个现代化大国必不可少的。希望中国一重肩负起历史重任，制定好发展路线图。

为落实好习近平总书记的重要讲话精神，中国一重于2019年1月成立了"重型高端复杂锻件制造技术变革性创新能力建设"项目工作领导小组，并组建了"重型高端复杂锻件制造技术变革性创新研究团队"。该团队分别入选了"中央企业优秀科技创新团队"和黑龙江省"头雁"团队，开展了一系列变革性创新研究工作。

大型锻件作为量大面广的关键基础零部件，是装备制造业发展的基础，决定着重大装备和主机产品的性能、水平、质量和可靠性，是我国装备制造业由大到强转变、实现高质量发展的关键。我国大型锻件制造技术的发展经历了20世纪六七十年代的全面照搬苏联、八九十年代的引进和消化日本JSW以及21世纪以来的自主创新。通过蹒跚学步、跟跑到并跑，不仅成为制造大国，而且部分绿色制造技术已达到国际领先水平，但未解决传统钢锭中存在的偏析、夹杂及有害相等缺陷，大型锻件塑性成形中存在材料利用率低、混晶、锻造裂纹等共性世界难题。这些难题依靠传统的制造方式是难以破解的，需要开发变革性创新技术，依靠创新驱动来推动大型锻件的高质量发展。

马克思主义的认识论强调，新理论产生于新实践，新实践需要新理论指导。中国一重在"重型高端复杂锻件制造技术变革性创新"实践活动中，归纳出了增材制坯、FGS锻造等新的理论，用于指导关键基础零部件（大型铸锻件）原创技术策源地建设的实践活动。此外，为了实现大型锻件的高质量发展，还需要解决自由锻造液压机吨位较小、模锻液压机空间尺寸较小，以及挤压机功能单一等问题。

"关键基础零部件原创技术策源地系列图书"由《大型锻件的增材制坯》《大型锻件FGS锻造》和《超大型多功能液压机》组成，三者关系类似于制作美味佳肴的食材、厨艺和厨具。增材制坯是制备"形神兼备"的大型锻件的"有机食材",FGS锻造是制作关键基础零部件的"精湛厨艺",超大型多功能液压机是实现增材制坯和FGS锻造的"完美厨具"。

《大型锻件的增材制坯》用典型案例归纳了传统钢锭中存在偏析、夹杂及有害相等缺陷的共性技术难题,针对现有增材制造方法难以制备大型锻件所需坯料的实际情况,提出了增材制坯的新理论。通过一系列变革性的实践,丰富了增材制坯技术路线,为系统解决偏析、夹杂及有害相的共性技术难题指明了发展方向。

增材制坯是利用增材制造的方式将有效基材进行组合,并使组合坯料的界面愈合,进而使组织均匀化的原创性大型锻坯的制备技术。

在传统的大型锻件制造流程中,都是先制备大型钢锭,然后锻造出所需的形状,并通过热处理改变内部的组织与性能。始于钢锭制备终于性能热处理的大型锻件的制造贯穿于热加工全过程,铸锭被称为锻件的"初生儿",是决定锻件优劣的关键,但在传统钢锭中,都会存在偏析、夹杂及有害相等缺陷,而且钢锭越大,缺陷越严重。虽然钢锭中的缺陷在随后的锻造及热处理阶段可以得到一定程度的改善,但不仅付出的代价过大,而且有些缺陷仍不能被完全消除。最终保留在大型锻件中的缺陷,往往会导致大型锻件的报废。实践证明,碳偏析严重的是轧辊和单包浇注的核电封头;外露夹杂主要体现在模铸钢锭先凝固的水口端;有害相主要体现在大断面的不锈钢及高温合金材料;材料利用率低主要体现在模铸钢锭水口、冒口切除量大,以及重型、复杂锻件难以实现近净成形。这些世界性难题需要变革性技术加以解决,因此呼唤原创性技术的诞生。

为了解决大型钢锭中存在上述缺陷的世界性难题,全球的科技工作者们一直在进行着不懈的努力。中国一重"重型高端复杂锻件制造技术变革性创新研究团队"带头人原创性地提出了大型锻件的增材制坯(增材制造方式组坯+坯料改性)的技术路线,并带领团队成员开展了基材制备、液-固复合组坯、固-固复合组坯、界面愈合和组合坯料的均匀化、双超圆坯立式半连铸机等一系列相关设备研制及变革性创新研究工作,取得了可喜的成果。大型锻件增材制坯技术发展方向,将有助于大型锻件变革性制造技术的传承与发展,可助力我国关键基础零部件制造技术更好、更快地发展,从而为我国关键基础零部件制造技术从跟随向引领的方向转变奠定坚实的技术基础。

本书详细介绍了不同材料、不同方式液-固组坯复合试验,给出了大型锻件所需坯料的增径方法;对固-固复合组坯涉及的氧化膜、真空度、变形量等进行了系统研究,提出了独到的大型坯料制备方法;对增材制坯所需的双超圆坯立式半连铸机装备及基材处理工装等进行了介绍。

本书共分8章。第1章用工程案例介绍了大型模铸钢锭中存在的偏析、夹杂及有害相等缺陷对大型锻件的危害;第2章对常见的增材制造方式特点进行了简述,提出并诠释了满足大型锻件需求的大型坯料制备的原创性增材制坯技术;第3章对双超圆坯立式半连铸机研制进行了论证,并对铸坯的多样性应用进行了描述;第4章通过一系列相关试验,对液-固复合组坯进行了详细介绍;第5章通过一系列相关试验,对固-固复合组坯进行了详细介绍;第6章对界面不同的愈合方式进行了分析对比;第7章对组合坯料通过重结晶/再结晶实现均匀化的研究工作进行了实践及论证;第8章对大型锻件的增材制坯技术研究进行了系统总结,并对应用前景进行了展望。

本书是增材制坯理论与实践的总结与提炼，包含轧辊材料的液-固复合组坯解剖试验、合金钢及不锈钢固-固复合组坯解剖试验等大量珍贵的技术资料，希望能成为大型锻件从业者的技术工作指南。此外，由于本书涉及的内容突破了传统理论，亦可供高等院校及研究院所从事大型锻件理论学习和研究人员参考。

本书由中国一重"重型高端复杂锻件制造技术变革性创新研究团队"带头人王宝忠执笔并统稿，团队成员刘凯泉、张心金、赵德利、刘海澜等参与了部分章节的撰写。此外，刘颖、任利国、白亚冠、周岩等参与了部分研究与编写等工作。

在增材制坯的变革性创新技术研究中，得到了中国一重、辽宁辽重新材有限公司等单位的大力支持，在此一并表示感谢！

由于我们的水平有限，书中难免存在缺点和错误，敬请读者批评指正！

作　者

目　录

第1章

大型模铸钢锭的共性技术问题

在传统的大型锻件制造流程中，都是先制备大型钢锭，然后锻造出所需的形状并通过热处理改变内部的组织与性能。始于钢锭，终于性能热处理的大型锻件的制造贯穿于热加工全过程，其中冶炼及铸锭被称为锻件的"初生儿"，但在传统的钢锭中，都会存在偏析、夹杂及有害相等缺陷，而且钢锭越大，缺陷越严重。虽然钢锭中的缺陷在随后的锻造及热处理阶段可以得到一定程度的改善，但不仅付出的代价过大，而且有些缺陷仍不能被完全消除。最终保留在大型锻件中的缺陷往往会导致大型锻件的报废[1]。

1.1 偏析

偏析（segregation）是钢中化学成分不均匀现象的总称。偏析的本质是成分均匀的液态合金凝固时，高熔点的组分先行结晶所造成合金组元的浓度和杂质分布不均匀的现象。

合金的偏析按范围大小分为两大类，一类是人眼或低倍放大镜下可见的宏观偏析，又称区域偏析或长程偏析，是最初结晶部分与最终结晶部分成分不同所致，它与液流情况关系很大；另一类是在显微镜下才能观察到的显微偏析，也称短程偏析，它主要是枝晶前沿液相浓度变化引起相邻结晶部分的固相成分不同所致。

宏观偏析也称为区域偏析，指金属铸锭中各宏观区域化学成分不均匀的现象，包括正常偏析、反常偏析和比重偏析。宏观偏析会造成铸锭组织和性能的不均匀性，它和材料本性、浇注方式、冷却条件等因素有关，虽然无法绝对避免，但可以将其控制在一定范围之内。

宏观偏析的形成原因：截面过厚、浇注温度过高、凝固时冷却速度过慢，易使凝固温度范围宽的合金产生区域偏析。当合金吸气较严重时，会加重区域偏析。区域偏析可通过扩散退火减轻。

显微偏析是发生在一个或几个晶粒之内的偏析，包括枝晶偏析、晶间偏析、晶界偏析和胞状偏析。

材料不同、坯料制备方式不同，偏析程度也不同。现将工程实践中几个偏析案例介绍如下。

1.1.1 支承辊材料

某锻件供应商在加工辊身长度为 5000mm 的支承辊时，发生了断裂（见图 1-1）情况。为了查明原因，该锻件供应商对同期连续生产的 4 根宽厚板支承辊进行了检测分析。

1#支承辊中心严重疏松，但基本符合 JB/T 4120—2017 的规定，联检合格。

2#支承辊辊身及非字端辊颈发现多处断续裂纹（见图 1-2 和图 1-3）。

3#支承辊按图 1-4 进行无损检测，在 C 段

图 1-1 支承辊在加工过程中发生断裂

距非字端 800~4000mm 范围内发现裂纹，深度距中心约 900mm。在气割辊身的断口上可见明显裂纹（见图 1-5）。

a)

b)

图 1-2 2#支承辊断裂 A 段的宏观断口

a）横剖面 b）a）的中心区域

图 1-3 2#支承辊断裂 B 段的宏观断口

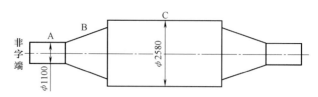

图 1-4 3#支承辊无损检测区域分布

4#支承辊无损检测缺陷分布区域如图 1-6 所示。外圆无损检测距非字端约 6000mm 范围内发现缩孔或锻造缩孔引发的裂纹，深度距中心约 $\phi600$mm，端面可见长度约为 300mm 的缩孔。缩孔波形单一并无明显疏松显示及偏析夹杂类缺陷。

针对该支承辊发生的断裂情况，采用 ProCAST 软件对 459t 钢锭进行了疏松缩孔及碳（C）偏析情况模拟（见图 1-7）。模拟结果表明，钢锭心部的疏松缩孔情况比较严重。图中

色标表示 Niyama 判据值，数值越小，表示疏松缩孔产生的倾向越大。

图 1-5　3#支承辊辊身气割面

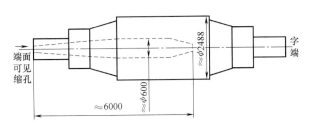

图 1-6　4#支承辊无损检测缺陷分布区域

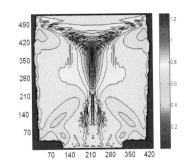

图 1-7　459t 钢锭疏松缩孔及碳偏析情况模拟

　　为了解决这一难题，发明了钢锭二次补浇技术，成功制造出 5000mm/5500mm 支承辊用超大型钢锭。

　　图 1-8 所示为钢锭二次补浇与非二次补浇的 C 偏析情况模拟。可以看出，采用二次补浇可有效改善钢锭的心部偏析。

　　虽然通过钢锭二次补浇技术有效地改善了钢锭心部偏析，批量制造出 5000mm/5500mm 支承辊，但到目前为止，此类支承辊发生断裂的现象一直未得到根治（见图 1-9）。图 1-9a 所示为 4300mm 支承辊在锻件供应商成品库储存中发生断裂；图 1-9b 所示为 3500mm 支承辊在某钢厂现场断裂情况；图 1-9c 所示为 4300mm 支承辊在某钢厂断裂后的断面，2021 年 7 月 12 日，该支承辊于使用过程中发生传动侧辊颈断裂事故；最后一次上机使用时间是 2021 年 6

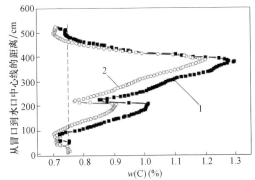

图 1-8　钢锭二次补浇与非二次补浇
的 C 偏析情况模拟

1—无冒口补浇　2—冒口用 w（C）= 0.4%的钢液补浇

月 23 日，原计划 7 月 20 日下机。该辊原始直径为 2200mm，设计最小使用直径为 2000mm，发生断裂时辊身直径为 2060mm。

图 1-9　支承辊断裂的实物

a）储存中断裂　b）使用中断裂　c）断裂后的断面

上述支承辊的断裂给锻件供应商和用户都造成了不同程度的损失。

1.1.2　核电材料

1.1.2.1　封头锻件

2012 年 10 月，EPR 反应堆压力容器（RPV）上封头（见图 1-10）碳含量超标事件在全球核电界引起了很大的震动。EPR 是法国阿海珐（AREVA）集团设计的欧洲压水堆三代堆型，其中反应堆压力容器（RPV）等主设备锻件由 AREVA 集团下属克鲁索锻造（Creusot Forge，CF）公司供货。由 CF 公司制造的用于美国 EPR 项目上的 RPV 上封头在焊接驱动管座时出现裂纹。

在法国核安全局（ASN）的见证下，对上封头进行了全面检测，取样位置如图 1-11 所示，取样方案如图 1-12 所示。检测项目见表 1-1，化学成分检测结果见表 1-2；拉伸试验结果见表 1-3；冲击试验结果见表 1-4。

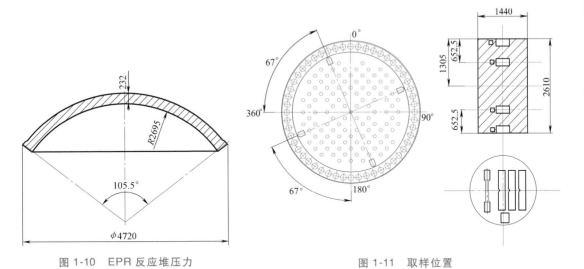

图 1-10　EPR 反应堆压力
容器（RPV）上封头

图 1-11　取样位置

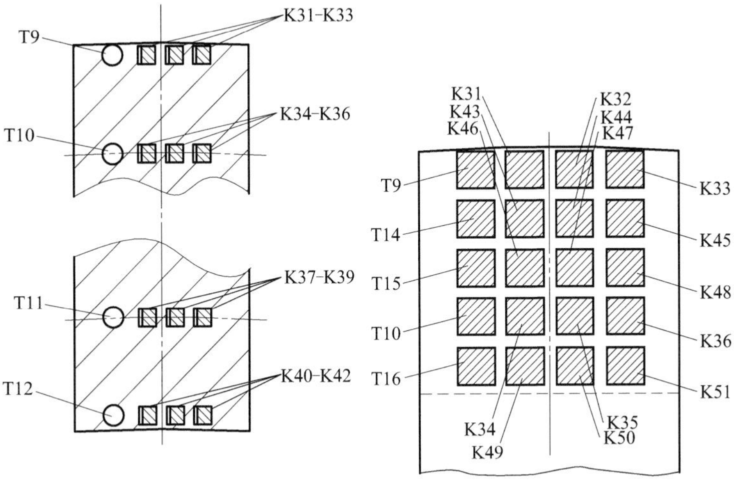

图 1-12　取样方案

表 1-1　检测项目

检测项目	温度	取样方向	试样			
			T9	T10	T11	T12
拉伸	室温	轴向	K31	K34	K37	K40
			K32	K35	K38	K41
冲击（*KV*）	0℃		K33	K36	K39	K42

从图 1-11、图 1-12 和表 1-1~表 1-4 可以看出，上封头外侧碳含量严重超标，致使强度过高、冲击韧性不合格，这是导致 EPR 压力容器上封头驱动管座出现焊接裂纹的主要原因。

表 1-2　化学成分检测结果

试样	化学成分(质量分数,%)														
	C	S	P	Si	Mn	Ni	Cr	Co	Cu	Mo	V	Al	N	Sn	As
内侧	0.18	0.001	0.005	0.20	1.37	0.70	0.18	0.01	0.04	0.50	0.001	0.01	0.0062	0.003	0.003
外侧	0.30	0.002	0.006	0.22	1.51	0.75	0.18	0.01	0.04	0.54	0.001	0.01	0.0099	0.004	0.004
标准要求	≤0.22	≤0.005	≤0.008	0.10~0.30	1.15~1.60	0.50~0.80	≤0.25	≤0.03	≤0.10	0.43~0.57	≤0.01	≤0.04	提供数据	提供数据	提供数据

表 1-3　拉伸试验结果

试样 N	位置[1]	抗拉强度/MPa	屈服强度/MPa	断后伸长率(%)
T12	内侧	626	484	26
T11	T/4	654	504	22
T9	外侧	792	628	15
T14	新增试验外侧	769	590	20
T10	3T/4	762	582	17
T16	新增试验3T/4	741	564	20

注：标准要求，抗拉强度为550~670MPa，屈服强度≥400MPa，断后伸长率≥20%。

① "位置"列中的 T 是锻件的壁厚，下同。

表 1-4　冲击试验结果

试样 N	位置	KV(取样测量值)/J	KV(平均值)/J
K31-32-33	外侧	70-76-73	73
K34-35-36	3T/4	36-52-48	46
K37-38-39	T/4	114-154-140	136
K40-41-42	内侧	161-171-202	178
K49-50-51	补充试验3T/4	47-62-64	58

注：标准要求，KV（取样测量值）≥60J，KV（平均值）≥80J。

2015 年，法国 ASN 针对 RPV 上封头碳含量偏析问题组织开展经验反馈，并对法国电力公司（EDF）提出排查要求，一是对法国核电厂封头类锻件碳偏析问题进行排查；二是对 CF 公司生产的锻件进行全面质量排查，结果均存在不同程度的碳偏析。随后，法国 ASN 又将排查范围扩大，发现不仅 EPR 的 RPV 上封头，而且二代改进型蒸汽发生器（SG）水室封头（下封头）同样存在碳偏析问题。锻件碳偏析的供应商除了法国 CF 公司，日本铸锻钢株式会社（JCFC）也存在同样的问题。仅 SG 下封头（见图 1-13）就涉及 18 台机组，其中 JCFC 供货 12 台。

由于我国台山核电厂和法国弗拉蒙维尔核电厂（FA3）均为法国 AREVA 集团设计的欧洲压水堆三代堆型，中国核安全监管部门随后对中国核电项目进口锻件进行了全面排查，发现封头类锻件存在着不同程度的偏析。为了慎重起见，对已具备装料条件的台山核电厂 RPV 上封头（虽存在碳偏析，但未出现焊接裂纹）做出了运行一段时间后更换的处理决定。

对于核电封头所需坯料，中国一重集团有限公司（简称中国一重）采用的是低 Si 冶炼+反偏析（MP）铸锭，有效地避免了碳含量偏析严重的问题[2]。CAP1400 RPV 上封头锻件（见图 1-14）选用 350t 钢锭，采用低 Si 控 Al 的冶炼和三包 MP 浇注方式，锻件按图 1-15 进行了取样解剖检验，锻件取样后的状态如图 1-16 所示，各部位化学成分（见表 1-5）非常均匀。

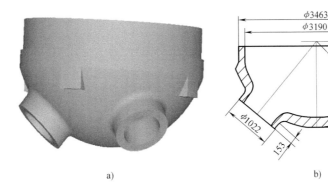

图 1-13 二代改进型 SG 下封头

a）立体图 b）剖面图

图 1-14 CAP1400 RPV 上封头锻件

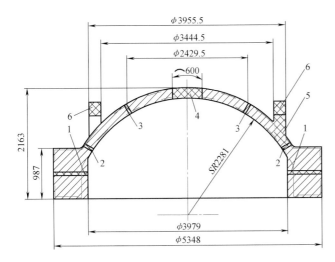

图 1-15 CAP1400 RPV 上封头 1∶1 评定锻件解剖取样图

1—法兰试料 2—高应力区试料 3—驱动管座区试料

4—球顶试料 5—堆芯测量接管试料 6—热缓冲环

图 1-16 CAP1400 RPV 上封头

1∶1 评定锻件取样后的状态

表 1-5　CAP1400RPV 顶盖锻件化学成分

取样位置		规定的化学成分（质量分数，%）									
		C	Si	Mn	P	S	Cr	Ni	Mo	Cu	Al
		≤0.25	≤0.1	1.2~1.5	≤0.015	≤0.005	0.1~0.25	0.4~1.0	0.45~0.60	≤0.15	≤0.04
		实测的化学成分（质量分数，%）									
法兰	内表面	0.19	0.07	1.47	0.005	0.002	0.12	0.76	0.51	0.02	0.006
	内 T/4	0.21	0.07	1.45	0.005	0.002	0.12	0.75	0.50	0.02	0.005
	T/2	0.21	0.06	1.44	0.005	0.002	0.12	0.76	0.50	0.02	0.005
	外 T/4	0.21	0.06	1.44	0.005	0.002	0.12	0.72	0.50	0.02	0.007
	外表面	0.21	0.06	1.44	0.005	0.002	0.12	0.76	0.50	0.02	0.005
球顶	内表面	0.21	0.05	1.45	0.005	0.002	0.11	0.76	0.50	0.02	0.006
	内 T/4	0.21	0.06	1.44	0.005	0.002	0.11	0.75	0.50	0.02	0.006
	T/2	0.21	0.05	1.45	0.005	0.002	0.12	0.76	0.50	0.02	0.007
	外 T/4	0.21	0.06	1.44	0.005	0.002	0.12	0.76	0.50	0.02	0.006
	外表面	0.19	0.05	1.45	0.005	0.002	0.12	0.75	0.50	0.02	0.005

注：内 T/4 表示内侧 1/4 壁厚；T/2 表示壁厚中部；外 T/4 表示外侧 1/4 壁厚，下同。

1.1.2.2　筒体锻件

　　为了积累核电锻件制造经验，中国一重从形状简单的接管筒体锻件开始评定。为了具备较高起点，聘请法国 AREVA 集团对接管筒体锻件进行了首件评定。评定接管筒体锻件实物及评定证书如图 1-17 所示。

a)　　　　　　　　　　　　　　　　　　　b)

图 1-17　评定接管筒体锻件实物及评定证书
a）锻件实物　b）评定证书

　　评定锻件材料为 16MND5（法国核电压力容器用钢），采用法国 RCC-M 标准制造，186t 钢锭采用了 MP（multi pouring）工艺（一种不同成分的多包合浇工艺），规定了各包钢液的内控成分，以实现钢锭内部成分的均匀化。熔炼分析和产品分析的化学成分结果（见表 1-6）均满足技术条件的要求。

表 1-6 熔炼分析和产品分析的化学成分结果

取料位置			化学成分(质量分数,%)									
			C	Si	Mn	P	S	Cr	Ni	Mo	Cu	V
规定值			≤0.20	0.10~0.30	1.15~1.55	≤0.008	≤0.005	≤0.25	0.50~0.80	0.45~0.55	≤0.08	≤0.01
钢包			0.175	0.17	1.43	0.003	0.002	0.13	0.74	0.48	0.02	0.005
成品	顶部 0°	内 T/4	0.17	0.19	1.46	0.005	0.002	0.14	0.75	0.49	0.02	0.005
		T/2	0.18	0.18	1.44	0.005	0.002	0.14	0.74	0.50	0.02	0.005
	底部 90°	内 T/4	0.17	0.19	1.43	0.005	0.002	0.14	0.72	0.49	0.02	0.005
		T/2	0.17	0.18	1.42	0.005	0.002	0.14	0.73	0.50	0.02	0.005
		外 T/4	0.17	0.18	1.43	0.005	0.002	0.14	0.72	0.49	0.02	0.005
	底部 270°	内 T/4	0.17	0.19	1.44	0.005	0.002	0.13	0.72	0.49	0.02	0.005
		T/2	0.19	0.18	1.45	0.005	0.002	0.13	0.73	0.50	0.02	0.005
		外 T/4	0.18	0.19	1.45	0.005	0.002	0.13	0.72	0.50	0.02	0.005

取料位置			化学成分(质量分数,%)								
			Al	B	Co	As	Sn	Sb	H/10⁻⁶	O/10⁻⁶	N/10⁻⁶
规定值			≤0.04	≤0.003	≤0.03	—	—	—	≤1.5	—	—
钢包			0.02	0.0002	0.005	0.003	0.002	0.0015	1.41	—	—
成品	顶部 0°	内 T/4	0.02	0.0002	0.005	0.002	0.002	0.0007	0.5	19	83
		T/2	0.02	0.0002	0.005	0.002	0.002	0.0007	0.5	19	83
	底部 90°	内 T/4	0.02	0.0002	0.005	0.002	0.002	0.0007	0.5	20	82
		T/2	0.02	0.0002	0.005	0.002	0.002	0.0007	0.5	16	86
		外 T/4	0.02	0.0002	0.005	0.002	0.002	0.0007	0.5	15	85
	底部 270°	内 T/4	0.02	0.0002	0.005	0.002	0.002	0.0007	0.5	15	82
		T/2	0.02	0.0002	0.005	0.002	0.002	0.0007	0.5	15	86
		外 T/4	0.02	0.0002	0.005	0.002	0.002	0.0007	0.5	21	82

中国一重在 CAP1400 RPV 研制的重大专项课题中,自筹经费,研制了 1:1 的解剖评定试验件,对接管段锻件进行了各部位、全截面(内外近表面、内外 T/4 及 T/2)的解剖试验,检测结果完全满足采购技术条件。CAP1400 RPV 接管段锻件 1:1 解剖取样图如图 1-18 所示,评定锻件取样后的状态如图 1-19 所示,其化学成分见表 1-7。

1.1.3 转子

1.1.3.1 火电低压转子

某锻件供应商为用户生产的材料为 30Cr2Ni4MoV、交货质量为 51.789t 的 600MW 低压转子锻件(见图 1-20)在出厂前按图 1-21 取样进行性能联检合格后交货。用户在入厂复检中发现 X2 位置冲击吸收能量指标不合格,与联检数据相差一个数量级。

9

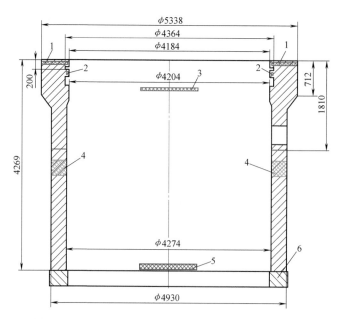

图 1-18 CAP1400 RPV 接管段锻件 1∶1 解剖取样图

1—冒口端评定试料 2—冒口端产品试料 3—过渡区评定试料 4—接管孔产品试料 5—水口端产品试料 6—热缓冲环

图 1-19 CAP1400 RPV 接管段锻件 1∶1 评定锻件取样后的状态

表 1-7 CAP1400 RPV 接管段锻件的化学成分

取样位置		规定的化学成分（质量分数,%）									
		C	Si	Mn	P	S	Cr	Ni	Mo	Cu	Al
		≤0.25	0.15~0.4	1.2~1.5	≤0.015	≤0.005	0.1~0.25	0.4~1.0	0.45~0.6	≤0.15	≤0.04
		实测的化学成分（质量分数,%）									
M	内表面	0.20	0.19	1.45	0.005	0.002	0.12	0.74	0.46	0.04	0.019
	内 $T/4$	0.20	0.17	1.44	0.005	0.002	0.12	0.80	0.48	0.06	0.014
	$T/2$	0.21	0.17	1.47	0.005	0.002	0.12	0.82	0.48	0.04	0.016
	外 $T/4$	0.21	0.17	1.48	0.005	0.002	0.12	0.83	0.49	0.04	0.017
	外表面	0.21	0.17	1.48	0.005	0.002	0.12	0.81	0.48	0.05	0.015

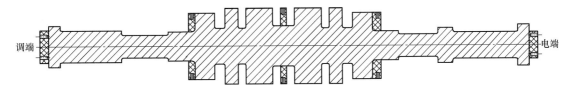

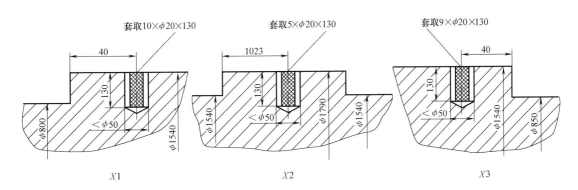

（续）

取样位置		规定的化学成分（质量分数,%）									
		C	Si	Mn	P	S	Cr	Ni	Mo	Cu	Al
		≤0.25	0.15~0.4	1.2~1.5	≤0.015	≤0.005	0.1~0.25	0.4~1.0	0.45~0.6	≤0.15	≤0.04
		实测的化学成分（质量分数,%）									
K	内表面	0.24	0.19	1.52	0.005	0.002	0.12	0.84	0.5	0.05	0.018
	内 T/4	0.23	0.18	1.50	0.005	0.002	0.12	0.83	0.5	0.04	0.014
	T/2	0.21	0.18	1.47	0.005	0.002	0.12	0.81	0.48	0.04	0.017
	外 T/4	0.21	0.19	1.46	0.005	0.002	0.12	0.81	0.5	0.04	0.014
	外表面	0.20	0.18	1.48	0.005	0.002	0.12	0.82	0.49	0.04	0.015
S	内表面	0.19	0.17	1.43	0.005	0.002	0.12	0.78	0.48	0.02	0.015
	内 T/4	0.21	0.16	1.42	0.005	0.002	0.12	0.79	0.47	0.02	0.015
	T/2	0.20	0.18	1.43	0.005	0.002	0.12	0.8	0.48	0.02	0.015
	外 T/4	0.20	0.17	1.44	0.005	0.003	0.12	0.79	0.48	0.02	0.014
	外表面	0.21	0.17	1.45	0.005	0.002	0.12	0.79	0.48	0.03	0.015

注：M—冒口端；K—接管孔部位；S—水口端。

图 1-20　600MW 低压转子锻件交货状态

图 1-21　600MW 低压转子取样图

注：1. X1、X2、X3 相隔 180°，各取 1 拉 2 冲试料，并且两个试料区的取样位置互成 90°。

2. 径向冲击试样的开口方向应与转子轴线平行，并在试棒上注明。

3. 调质性能合格后，在 L1、L2 部位分别套取 4×φ20mm×130mm 试棒，并切离本体，打印位置号，卡号随件发往用户；在 X1、X2、X3 部位分别套取 8×φ20mm×130mm 试棒，但不切离本体。

　　锻件供应商在转子锻件制造中是按图 1-20 编制的粗加工取样图（见图 1-22）进行冶炼、铸锭和锻造的。在锻件粗加工过程中，用户将交货状态进行了升级，如图 1-23 所示。

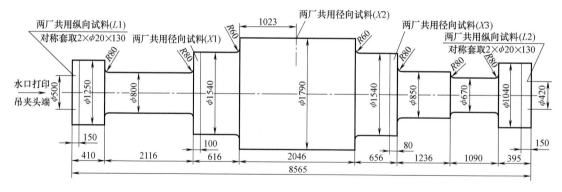

图 1-22　600MW 低压转子粗加工取样图

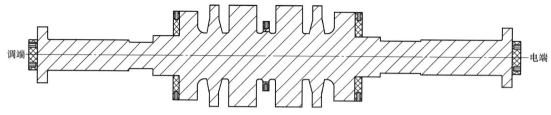

图 1-23　升级后的 600MW 低压转子交货状态

从图 1-20 与图 1-22 的对比可见，锻件供应商与用户的统一取样位置径向偏差为
200mm。锻件供应商根据材料为 30Cr2Ni4MoV 的低压转子锻件多年的生产经验，以及对直
径为 3000mm 的核电常规岛低压转子轴身中部全截面试片锯取的两条互相垂直试料 A 和 B
的冲击吸收能量数据（见图 1-24 与图 1-25），认为虽然用户的径向取样深度靠近心部，但
200mm 的距离不会有多少偏差，所以就没有修改粗加工图，结果导致供需双方径向试料的
取样深度不一致。

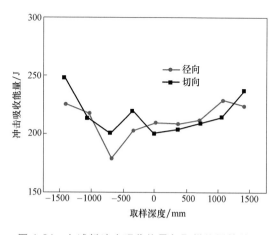

图 1-24　A 试料冲击吸收能量与取样位置的关系

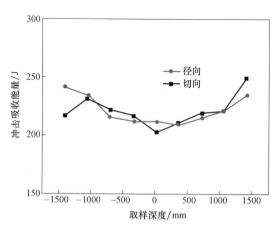

图 1-25　B 试料冲击吸收能量与取样位置的关系

经过对供需双方试料的化学成分、金相组织、力学性能等的全面分析，确认没有混料，
而是冲击吸收能量相差一个数量级的试样金相组织有差别。初步认定为用户复检的部位可能
处于钢锭的偏析带上。

1.1.3.2 联合转子

某锻件供应商 20 世纪末立项研制，21 世纪初开发成功，2004—2015 年为用户陆续稳定生产的材料为 25Cr2NiMo1V 高低压联合转子锻件从 2016 年以后陆续出现质量问题，主要是低压侧脆性转变温度（FATT）达不到标准要求（见表 1-8），部分转子高压侧高温持久性能达不到标准要求（见表 1-9），严重制约了产品的交货，给用户造成了极大的损失。

表 1-8 高低压联合转子锻件力学性能要求

材料牌号	强度	$R_{p0.2}$/MPa	R_m/MPa	A_4(%)	Z(%)	KV/J	FAT_{T50}/℃
25Cr2NiMo1V	高压侧	≥590	≥690	≥15	≥45	≥25	≤100
	低压侧	≥730	≥830	≥15	≥45	≥60	≤25
	过渡区	≥640	提供数据	提供数据	提供数据	提供数据	≤55

表 1-9 高低压联合转子锻件高温持久性能要求

温度/℃	应力/MPa	试验要求
510	345	断裂时间≥100h 断后伸长率≥15% 断口不得在 V 型缺口处
540	305	
565	260	
595	220	

通过对数只高低压联合转子锻件低压侧冲击试样的金相检测发现，试样基本上都不同程度地存在着带状组织（见图 1-26）。

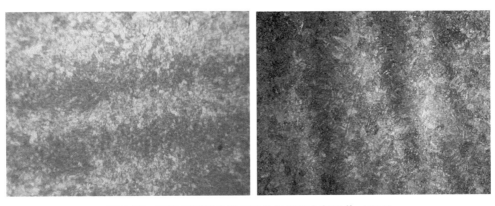

图 1-26 某高低压联合转子锻件低压侧金相照片（50×）

带状组织（也称为带状偏析）的存在使得负偏析区含有较少的合金元素，导致过冷奥氏体稳定性降低，在连续冷却转变过程中于贝氏体转变区的上部发生转变而形成低韧性的上贝氏体，而处于正偏析区的过冷奥氏体因合金含量高而稳定性好，可以转变成高韧性的下贝氏体。因此，带状偏析是影响低压侧冲击韧性和 FATT 的主要原因。

1.1.3.3 核电整锻低压转子

按照外方提出的百万千瓦级核电常规岛汽轮机整锻低压转子评定要求，采用质量为 585t 的钢锭研制首支整锻低压转子[3]。

采用 MP 工艺五包合浇（见图 1-27），冶炼方式为 LVCD（真空碳脱氧精炼）+VCD（真空碳脱氧）。585t 钢锭各包冶炼化学成分和权重成分见表 1-10。

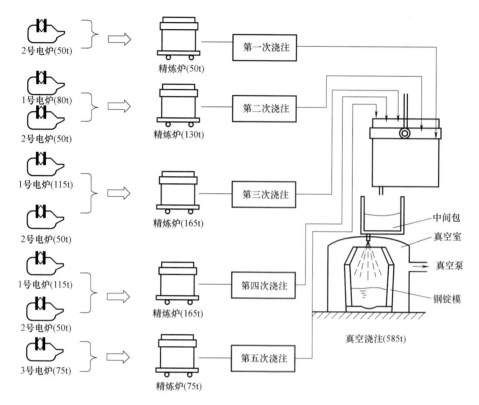

图 1-27　585t 钢锭冶炼及铸锭技术方案

表 1-10　585t 钢锭各包冶炼化学成分及权重成分

炉次	材质	钢液质量/t	化学成分（质量分数，%）												
			C	Si	Mn	P	S	Cr	Ni	Mo	V	Cu	Al	As	Sn	Sb
5090338		165	0.25	0.03	0.3	0.003	0.002	1.59	3.52	0.4	0.1	0.04	0.005	0.004	0.004	0.0015
5090339		165	0.22	0.03	0.24	0.003	0.001	1.66	3.49	0.35	0.11	0.03	0.005	0.004	0.003	0.0015
6090549	30Cr2Ni4MoV	130	0.3	0.01	0.34	0.005	0.0015	1.77	3.59	0.44	0.1	0.04	0.004	0.004	0.004	0.0015
6090550	（10325MUB）	75	0.1	0.01	0.21	0.003	0.0013	1.75	3.59	0.31	0.1	0.05	0.005	0.005	0.004	0.0015
7090573		50	0.37	0.02	0.41	0.004	0.0012	1.77	3.53	0.5	0.11	0.05	0.005	0.004	0.004	0.0015
—		权重	0.24	0.02	0.29	0.003	0.0014	1.68	3.54	0.39	0.1	0.04	0.005	0.004	0.004	0.0015

试制转子的化学成分见表 1-11。对转子水口、冒口依次取样进行化学成分分析，同时为了解转子轴身表面到心部的化学成分偏析情况，对 X4、X5 部位长棒按图 1-28 所示依次从表面到心部取样，分析其化学成分，结果如图 1-29 所示。

从图 1-29 可以看出，转子水口端、冒口端的化学成分都非常均匀，C 及主要合金元素，如 Cr、Ni 等偏析很小。此外，转子轴身表面及距表面深度约 300mm 和 600mm 的化学成分依然相当均匀。

表 1-11 试制转子的化学成分

元素		熔炼分析	成品(检验)分析	内控目标
化学成分（质量分数，%）	C	≤0.35	≤0.37	0.24~0.26
	Mn	0.20~0.40	0.17~0.43	0.30
	P	≤0.007	≤0.009	≤0.005
	S	≤0.003	≤0.005	≤0.002
	Si	≤0.05	≤0.07	≤0.05
	Ni	3.25~3.75	3.18~3.82	3.60
	Cr	1.50~2.00	1.45~2.05	1.70
	Mo	0.30~0.60	0.28~0.62	0.42
	V	0.07~0.15	0.06~0.16	0.11
	Sb	≤0.0015	≤0.0017	≤0.0015
	Cu	≤0.10	≤0.12	≤0.10
	Al	≤0.005	≤0.007	≤0.005
	Sn	≤0.006	≤0.008	≤0.006
	As	≤0.010	≤0.015	≤0.010
	H	≤1.0×10⁻⁶	≤1.0×10⁻⁶	—
	O	≤30×10⁻⁶	≤30×10⁻⁶	—
	N	≤55×10⁻⁶	≤55×10⁻⁶	—

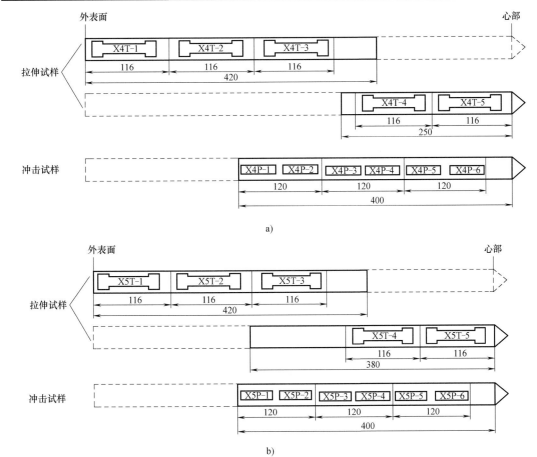

图 1-28 X4、X5 部位长棒切割

a) X4 b) X5

注：虚线部分表示试棒在第一次取样时已被切除的部位。

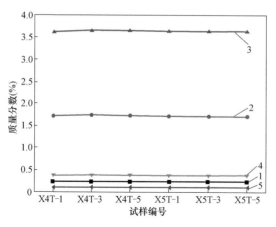

图 1-29　*X*4 和 *X*5 部位化学成分分析结果
1—C　2—Cr　3—Ni　4—Mo　5—V

1.1.4　高温合金

高温合金是一种可在 600℃ 及以上一定应力条件下长期工作的高温金属材料，具有优异的高温强度，良好的抗氧化和抗热腐蚀性能，良好的疲劳性能、断裂韧性等综合性能，已成为军民用燃气涡轮发动机热端部件、火力发电机组等领域不可替代的关键材料。高温合金中一般含有大量的 Al、Ti、Nb 和 Mo 等容易偏析的合金元素，在冶炼后的凝固过程中易产生微观偏析甚至是宏观偏析，尤其是在锭型扩大时，凝固过程中心部冷速较慢，会使得偏析加重，极大地限制了高温合金铸锭截面的扩大。

例如，目前高温合金中产量最高、用途最广的 GH4169 合金，其锭型扩大的"瓶颈"及影响大尺寸高温合金钢锭质量稳定性的关键难题就是铸锭凝固时易产生难以消除的宏观偏析——黑斑（freckles）缺陷，如图 1-30 所示。其特性在于无法通过后续均匀化工序消除，存在黑斑的铸锭必须报废[4]。

又如，为了实现铸锭大型化而在 GH4169 合金基础上通过降低 Nb 等元素发展而来的 GH4706 合金，其易偏析元素 Nb+Al 的总含量比 GH4169 合金少了约 30%，但笔者在实验室研究时，在通过真空感应熔炼炉冶炼的 φ220mmGH4706 合金铸锭中发现存在宏观缺陷，如图 1-31 所示。取样在扫描电镜下进行面扫描发现，在裂纹附近存在 Nb、Ti、Al 的富集，如图 1-32 所示。从图 1-31 可见，在冶炼后的凝固过程中，高温合金中的易偏析元素在局部富集，形成偏析，

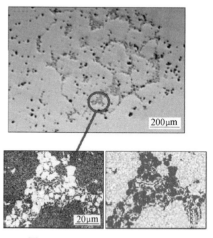

图 1-30　GH4169 钢锭（直径 508mm）1/2 半径处的黑斑缺陷及 Nb 偏析元素面扫描分布[4]

甚至会造成局部应力过大，从而形成内部开裂，造成铸锭报废。因此，对于高温合金，一般会采用真空感应熔炼+真空自耗重熔（VIM+VAR）、真空感应熔炼+电渣重熔（VIM+ESR）的双联冶炼工艺或真空感应熔炼+电渣重熔+真空自耗重熔（VIM+ESR+VAR）的三联冶炼工艺，采用快速冷却以尽可能地减少偏析。但对于更大锭型，心部冷却效果严重受限，因此

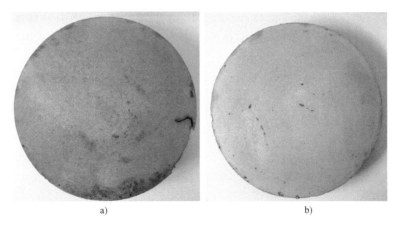

图 1-31 φ220mmGH4706 合金铸锭中的宏观缺陷

a）冒口 b）水口

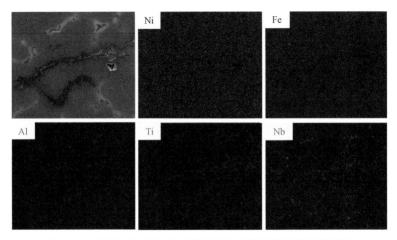

图 1-32 GH4706 铸锭中的裂纹及其附近元素微观偏析情况

面向未来有重大需求的大型镍基合金铸锭，需要寻找新的途径以实现大型化。

 夹杂物

非金属夹杂物通常指氧化物、硫化物和一些高熔点氮化物，以及硒化物、碲化物、磷化物。概括而言，非金属夹杂物指其存在状态不受一般热处理显著影响的非金属化合物。

钢中的非金属夹杂物会破坏钢基体的连续性，使钢的组织和性能的不均匀性增加，质量降低。对钢中非金属夹杂物的研究和控制是当前各国冶金界的主要课题之一。

1.2.1 外露夹杂

1.2.1.1 支承辊外露夹杂

某锻件供应商在 2010 年 1—4 月生产的轧辊中，共发现 34 件表面外露夹杂缺陷，主要出现在 60CrMnMo 钢产品中，同时还涉及其他 4 个钢种。据统计，在 60CrMnMo 钢中发生 22 炉，占总数的 64.71%；在 YB-70（企业牌号）钢中发生 8 炉，占 23.53%；在 YB-65（企业

牌号）钢中发生 2 炉，占 5.88%；在 60CrNi2Mo 钢与 70Cr3NiMo 钢中分别发生 1 炉，各占 2.94%。从分析可以看出，60CrMnMo 钢是外露夹杂易发钢种。此类情况在以往也有发生，但没有 2010 年多。

2008 年，7080197 炉次发现外露夹杂，YB-70，40t 钢锭出 1 件。

2009 年，发现外露夹杂有 6 件：YB-70，33t 钢锭出 1 件；70Cr3Mo，97t 钢锭出 2 件；YB-70，114t 钢锭出 2 件；YB-70，83t 钢锭出 1 件。

支承辊外露夹杂钢种分布情况如图 1-33 所示。

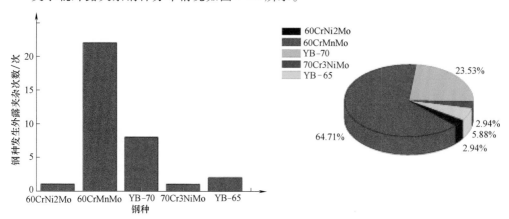

图 1-33　支承辊外露夹杂钢种分布情况

由图 1-34 可见，外露夹杂发生在 114t 以下的锭型上，出现缺陷频率较高的有 44t、63t 和 97t 锭型。

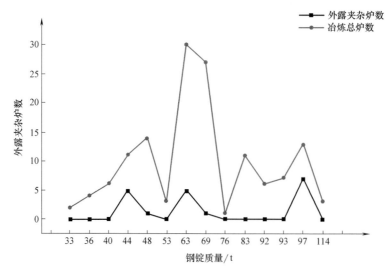

图 1-34　2010 年 1—4 月（60CrMnMo、YB-70）冶炼总炉数与外露夹杂发生炉数的比较

对锭重为 63t 的 YB-70 钢支承辊进行了解剖。此锻件分三火次锻成，始锻温度为 1100~1150℃，终锻温度为 830~840℃。经粗加工无损检测后发现，在辊颈外表面局部有大量密集型夹杂缺陷。为确定缺陷性质，对该部位切取了试样，取样部位如图 1-35 所示。

低倍检验：经酸洗后检验，类似多条短而细小的宏观裂纹更加清晰可见（见图 1-36）。

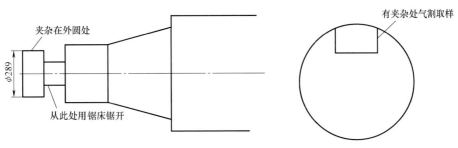

图 1-35　取样部位

断口检验：纵向断口的宏观形态为典型的木纹状断口，堆积在一起呈条带状分布的外来夹杂（夹渣）随处可见（见图 1-37）。

图 1-36　类似多条短而细小宏观裂纹的缺陷表面

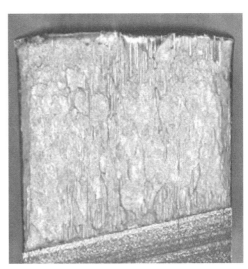

图 1-37　木纹状断口的宏观形貌（4×）

高倍检验：纵向外来夹杂检验结果为：硫化物细系 0.5 级，氧化铝细系 1 级，硅酸盐粗系 >5 级，球状细系 0.5 级，横向夹杂物的 C 类夹杂也同样 >5 级，其分布特征为纵向呈条带状分布（见图 1-38），横向呈密集型分布，50 倍显微镜下观察面积之大、含量之高的外来夹杂实属少见（见图 1-39）。

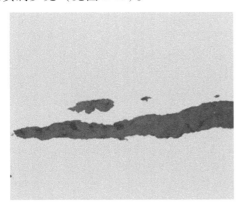

图 1-38　纵向分布的外来夹杂（50×）

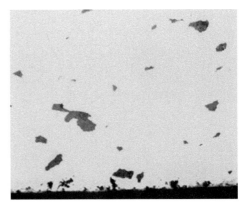

图 1-39　对应纵向部位的横截面外来夹杂

锻件出现夹杂外露，锻造工艺是外因，钢液质量是内因，因此若要从根本上解决夹杂外露的问题，还要从提高钢液纯净度上去分析并采取有效措施。

1.2.1.2 汽轮机高中压转子外露夹杂

1. 汽轮机高中压转子 I

某锻件供应商生产的材质为 30Cr1Mo1V 汽轮机高中压转子 I（见图1-40），在用户精加工过程中发现转子轴颈表面存在许多条状缺陷（见图1-41）。

图 1-40　汽轮机高中压转子 I

图 1-41　转子后轴颈车削表面上的条状缺陷

分别对正常区域和偏析区域表面实施抛磨，并进行低倍和高倍检验，相应形貌和组织形态如图1-42～图1-48所示。

图 1-42　轴颈表面磨抛部位形貌

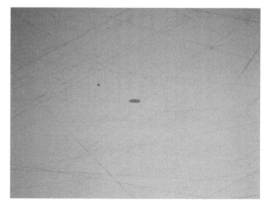

图 1-43　硫化物夹杂形貌（100×）

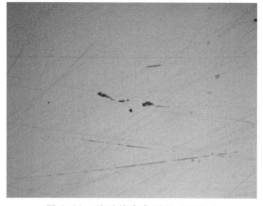

图 1-44　硅酸盐夹杂形貌（100×）

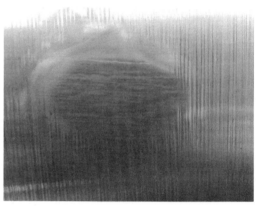

图 1-45　轴颈检验面低倍组织形态

图 1-46 偏析区与正常区域的显微组织形态（100×）

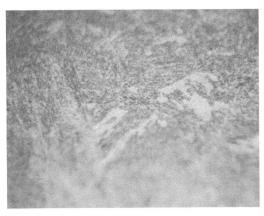

图 1-47 正常区内贝氏体回火组织形态（500×）

经双方人员共同分析认为，偏析区中硫化物类夹杂 0.5 级，硅酸盐类夹杂 1.5 级。后轴颈偏析区的面积大约占整个轴颈面积的 15%，性质为枝晶偏析，非过度偏析；缺陷处的条状偏析区中的夹杂物级别在合格范围内，经技术鉴定后用户同意现状使用。

2. 汽轮机高中压转子Ⅱ

某锻件供应商生产的材质为 30Cr1Mo1V 汽轮机高中压转子Ⅱ（见图 1-49），在用户精加工过程中发现转子后轴颈表面存在七处人眼可见的低倍非金属夹杂物，长度分别为 4.2mm、2.6mm、

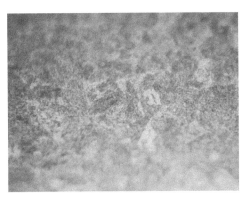

图 1-48 偏析区内贝氏体回火组织形态（500×）

2.0mm、1.2mm、1.0mm、1.0mm、1.0mm，如图 1-50 所示。供方金相检验人员通过复验，确认了用户厂家的检验测量结果。

供方金相检验人员选择 4.2mm 长的低倍夹杂部位（见图 1-51）进行磨抛，该部位经磨抛后的宏观形貌如图 1-52 所示。用现场金相显微镜 100 倍率下观察，其低倍夹杂物被确认为硫化物类夹杂，呈条状断续分布，其总长度贯穿三个显微镜 100 倍率下的观察视场，整个长度的硫化物形貌如图 1-53 所示。

图 1-49 汽轮机高中压转子Ⅱ

图 1-50 夹杂部位及尺寸标识图像（局部）

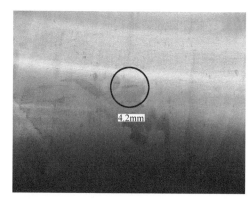

图 1-51　待磨抛的最大低倍夹杂物形貌

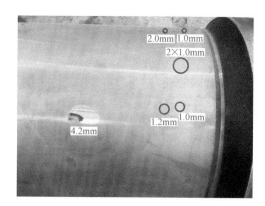

图 1-52　4.2mm 长低倍夹杂部位
经磨抛后的宏观形貌

图 1-53　4.2mm 长低倍夹杂经磨抛 100 倍率采集图像后拼接的整个硫化物夹杂的微观形貌

当将转子前后轴颈部位单面车削 2.5mm 距精加工尺寸仅剩 0.5mm 余量后观察时，发现其后轴颈部位外露的低倍夹杂不仅没有减轻，反而加重；前轴颈部位也出现十余条超标的低倍夹杂，因此对该转子做报废处理。

1.2.2　内部夹杂

1.2.2.1　接管段内部夹杂

某核电项目反应堆压力容器（RPV）两件接管段锻件在粗加工状态进行超声检测（UT）时均发现超标缺陷及记录性缺陷，其中接管段锻件 Ⅰ 于接管孔位置存在两处单个超标缺陷（分别为 $\phi6.2mm$ 和 $\phi5.2mm$）；接管段锻件 Ⅱ 于冒口端（法兰部位）存在两处超标缺陷（分别为 $\phi3.8mm$ 密集和 $\phi5.1mm$ 单个缺陷）。从节选的 UT 报告（见表 1-12）中可以看出，除一处密集性缺陷超标，还存在较多单个记录性缺陷。

表 1-12　接管段锻件 UT 报告节选

缺陷编号	探头型号	记录侧	缺陷距 O 点位置			记录性缺陷等级 /mm	缺陷当量直径/mm	缺陷类型			缺陷性质估计	底波降低量	结论
			X /mm	Y /mm	Z /mm			孤立点状	伸展	点状密集			
25	B4SE	外圆 B 区	13025	570	368	$\phi3$	3.3	√			夹杂	0dB	合格
26	B4SE	外圆 B 区	13550	725	383	$\phi3$	3.8	√			夹杂	0dB	合格
27	B4SE	外圆 B 区	13610	600	399	$\phi3$	3.2	√			夹杂	0dB	合格
29	B4SE	外圆 B 区	13980	325	348	$\phi3$	3	√			夹杂	0dB	合格

（续）

缺陷编号	探头型号	记录侧	缺陷距 O 点位置 X /mm	Y /mm	Z /mm	记录性缺陷等级 /mm	缺陷当量直径 /mm	缺陷类型 孤立点状	伸展	点状密集	缺陷性质估计	底波降低量	结论
30	B4SE	外圆 B 区	14280	535	305	φ3	3	√			夹杂	0dB	合格
31	B4SE	外圆 B 区	14400	728	371	φ3	3.7	√			夹杂	0dB	合格
32	B4SE	外圆 B 区	15650	590	316	φ3	3	√			夹杂	0dB	合格
33	B4SE	外圆 B 区	15745 15750	765, 785	381, 374	φ3	3.8			√	夹杂	0dB	不合格
34	B4SE	内圆 A 区	3275	1880	130	φ3	4	√			夹杂	0dB	合格
35	B4SE	内圆 A 区	3545	1365	123	φ3	3	√			夹杂	0dB	合格
36	B4SE	内圆 B 区	2990	920	221	φ3	3.8	√			夹杂	0dB	合格
37	B4SE	内圆 B 区	3520	850	182	φ3	3	√			夹杂	0dB	合格
38	B4SE	内圆 B 区	3580	805	224	φ3	3.2	√			夹杂	0dB	合格

UT 结果表明，接管段锻件 I 中的超标与记录性缺陷均分布在锻件中部及靠近水口侧（非法兰侧）。以单个超标缺陷中的 2#缺陷（缺陷等级 φ5.2mm）为圆心，排钻取出直径为 100mm 的全壁厚圆柱形试料作为缺陷样本。取出 2#缺陷样本后的接管段锻件 I 如图 1-54 所示。

保留 2#缺陷样本最大高度（即接管段全壁厚）不变，将其圆柱面（即排钻面）加工出平面，用 UT 检测出 2#缺陷的准确位置并标记定位，然后继续加工至缺陷暴露于表面（见图 1-55），使缺陷断裂面平行于锻件内外表面。至此，完成超标缺陷样本制备。

图 1-54　取出 2#缺陷样本后的接管段锻件 I

采用体式显微镜观察的缺陷断裂面典型形貌如图 1-56 所示。由图 1-56 可见，缺陷在宏观断口上呈条状离散分布。

通过对缺陷断裂面的能谱分析表明，其断口缺陷主要为 MnS 及 Al 和 Mg 的化合物，在缺陷断裂面的垂直面上存在着 MnS、TiN、Al_2O_3 等缺陷。

1.2.2.2 高温合金涡轮盘内部夹杂

高温合金的主要应用领域为航空航天和燃气轮机等，其服役环境一般都比较苛刻，高温、高转速、高应力导致在服役过程中易产生疲劳、蠕变失效等，因此对材料的纯净度等要求极高。尽管航空航天用高温合金部件的制造采用了 VIM+ESR+VAR 的特种冶炼工艺路线，但如果在制造过程中存在工艺不当等问题，仍会使材料的纯净度受到影响，形成白斑等缺

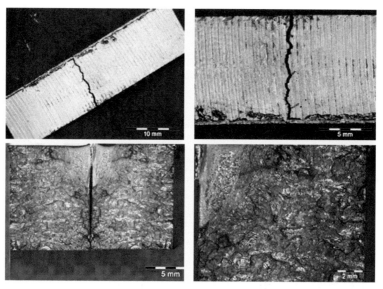

图 1-55　暴露于表面的缺陷形态

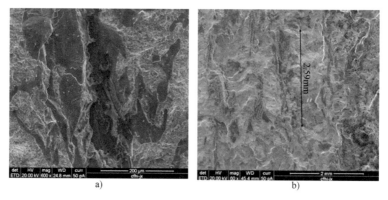

图 1-56　缺陷断裂面典型形貌

a）夹杂物形貌Ⅰ　b）夹杂物形貌Ⅱ

陷，从而使材料内部夹杂聚集，成为疲劳裂纹形成的薄弱点。例如，美国航空公司（AA）的一架装有两台 CF6-80C2B6 发动机的 767-300ER 客机，于 2016 年 10 月 28 日执行飞行任务时，在加速起飞时发生事故，通向发动机的燃油总管和机翼内的燃油箱被甩出的发动机高压涡轮第二级轮盘的断块打断与打穿，大量燃油泄漏引发大火，将飞机右侧机翼及机体烧毁。经研究，主要是第二级高压涡轮轮盘突然爆裂成两大块，其中质量为 25.7kg 的 A 块被甩出发动机后，先打断了向燃烧室供油的总管，继而又将飞机右机翼油箱底打穿，在将右机翼打出两个洞后飞出 895m 打穿了联合包裹服务（UPS）公司的仓库屋顶，最后落在仓库内的地板上；轮盘的另一大半块甩出发动机后，砸向跑道，并摔成三块（B、C、D）飞出近420m，分别坠落到另一跑道边的草地上。其中 B、C、D 块的质量分别为 37.8kg、3kg 和0.9kg。高压涡轮第二级轮盘最终破裂成 4 块，如图 1-57 所示[5]。

对断裂区进行电子显微镜观察发现，在轮盘表面下，细晶包围出一个 3.81mm×2.54mm 的白色区域，如图 1-58 所示。此区域中有多个条纹与裂纹，被称为"不连续的白斑点区"。

通过进一步的观察与分析，不连续的白斑点区是由于材料中存在微米级的氧化物造成的。由于轮盘表面下（即轮盘内部）存在着由杂质产生的微裂纹与条纹，在长期处于低循环条件下工作，裂纹逐渐增长直至轮盘破裂。

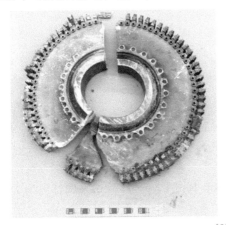

图1-57　高压涡轮第二级轮盘破裂成4块[5]

图1-58　电子显微镜下的断裂区[5]

 1.3 **有害相**

有害相指对大型锻件质量造成严重影响的异常组织，如合金钢钢锭/坯料中的网状碳化物、不锈钢钢锭/坯料中的高温铁素体（严重的呈网状分布）及高温合金钢锭/坯料中的拉弗斯（Laves）相等。

1.3.1　网状碳化物

1.3.1.1　合金钢网状碳化物

华龙一号某项目接管段锻件在性能检测时出现接管孔K1和水口S1位置的0℃冲击吸收能量不合格的异常现象。

通过对冲击吸收能量不同的试样进行金相组织对比发现，0℃冲击吸收能量不合格试样的断口组织中有网状碳化物存在（见图1-59）。

针对0℃冲击吸收能量不合格试样的断口组织中出现网状碳化物的问题，对以往生产的同等规格接管段的炼钢、锻造和热处理过程进行了详细对比分析，发现炼钢和热处理环节无差异，只是出现异常组织的接管段锻件在锻造阶段的总累计高温保持时间明显少于其他接管段，因高温扩散不充分，从而导致偏析区域存在网状碳化物。

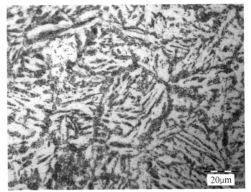

图1-59　0℃冲击吸收能量
不合格的试样断口组织

纠正改进措施：

1）高温退火消除网状碳化物。采用优选的高温退火工艺，不仅网状碳化物消失，而且组织也得到了细化（见图1-60）。

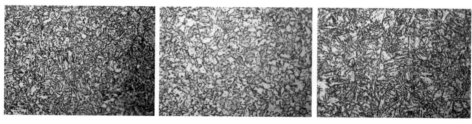

图1-60　970℃×50h退火后的金相组织

2）采用低Si控Al钢冶炼及MP工艺浇注，从根本上解决了超大型钢锭的偏析问题。

1.3.1.2　不锈钢网状碳化物

1. 高温铁素体

某些锻件供应商在研制不锈钢主管道锻件的过程中遇到了同一材料随着钢锭的增大，锻造裂纹增加的现象。

某锻件供应商对不同材料［321（美国牌号，相当于我国的06Cr18Ni11Ti）、316LN（美国牌号，相当于我国的022Cr17Ni12Mo2N）］、不同钢锭（40kg、93t）的主管道用不锈钢进行了深入研究，得出如下结论：在正常冷却速度下，321不锈钢为单一奥氏体组织，但随着钢锭直径的增大，钢锭中心的凝固速度降低，偏析严重，致使心部二次枝晶的间距较大，如图1-61所示，钢锭内部存在一定量的铁素体。利用Image-Pro Plus软件统计得知，心部、$R/2$、边缘处铁素体的含量（体积分数）分别为1.50%、2.14%、2.63%，可见从心部到边缘，铁素体的含量依次增加。

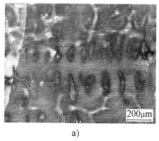
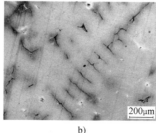
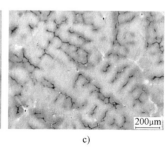

a)　　　　　　　　　b)　　　　　　　　　c)

图1-61　钢锭不同部位二次枝晶间距

a）心部，二次枝晶间距为178μm　b）$R/2$，二次枝晶间距为172μm　c）边缘，二次枝晶间距为142μm

对比图1-61所示钢锭心部、$R/2$及边缘处的扫描照片可知，铁素体呈条形且具有一定的方向性；同样可以看出，从心部到边缘，铁素体的含量依次增加，但尺寸却依次减小。

316LN铸态金相组织与321类似，也不同程度地存在高温铁素体（见图1-62），而且也符合钢锭直径越大，高温铁素体含量越多、分布越不均匀的规律。

这些条带状的高温铁素体割裂了金属基体的连续性，是导致锻件在较低的温度下镦粗或拔长出现裂纹的"罪魁祸首"。

某锻件供应商对冒口端最大直径为1800mm的316LN的ESR钢锭冒口下200mm的断面进行凝固组织分析，取样位置如图1-63所示。其中，代表心部的为1#棒料；$R/2$处为30#棒料；边缘处为31#棒料。

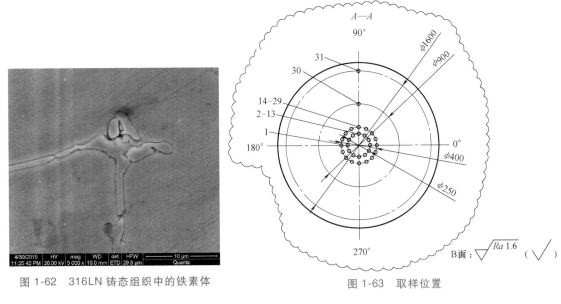

图 1-62　316LN 铸态组织中的铁素体

图 1-63　取样位置

对凝固组织进行分析发现，心部及 $R/2$ 部位存在网状铁素体（F），边缘存在粒状和块状 F，如图 1-64 所示。

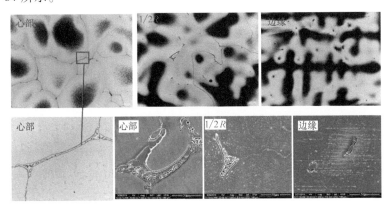

图 1-64　直径为 1800mm 的 316LN 的 ESR 钢锭冒口下 200mm 的断面组织

由于钢锭直径较大，心部偏析严重，在心部位置的 δ 相内部或 δ-γ 界面处存在大量 FeCrMo 相（X 相），如图 1-65 所示。

这些高温铁素体割裂了金属基体的连续性，是导致锻件在较低的温度下镦粗或拔长出现裂纹的"罪魁祸首"。

提高锻造加热温度，使条形铁素体充分回溶或断开，通过大变形量细化晶粒。考虑随着钢锭直径的增加，钢锭心部特别是冒口端心部的凝固速度很慢，也会导致 Mo 等元素成分偏析严重，并且析出铁素体的热稳定性增加，需要采用更高的均匀化处理温度才能使元素均匀扩散、铁素体充分回溶。

2．Y 相

（1）Y 相的危害　在奥氏体型不锈钢中，有害相除了高温铁素体，还有 Y 相。图 1-66 所示的 Y 相是在铁素体周围还析出有富含 Cr 的碳化物的共晶相，以及少量的层片状或胞状

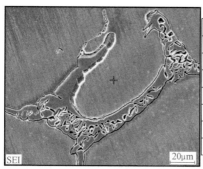

元素	质量分数(%)	原子百分数(%)
C	2.67	11.33
Si	1.46	2.64
Mo	5.75	3.05
Cr	20.45	20.01
Mn	1.72	1.60
Fe	55.84	50.87
Ni	12.10	10.49

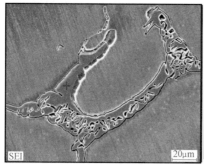

元素	质量分数(%)	原子百分数(%)
C	3.35	14.23
Si	1.54	2.79
P	0.22	0.37
Mo	14.36	7.63
Cr	26.78	26.23
Mn	0.63	0.58
Fe	47.08	42.94
Ni	6.03	5.23

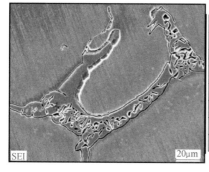

元素	质量分数(%)	原子百分数(%)
C	1.13	5.03
Si	0.39	0.74
Mo	5.81	3.24
Cr	34.85	35.84
Mn	1.24	1.21
Fe	51.84	49.63
Ni	4.74	4.32

图 1-65   直径为 1800mm 的 316LN 的 ESR 钢锭冒口下 200mm 心部 FeCrMo 相（χ 相）

注：SEI 表示二次电子图像。

的 Ti_2（C，S）。由于 Y 相的热稳定性很高，1200℃以下很难回溶。Y 相在热加工过程中几乎不发生塑性变形、易碎裂，并沿着加工方向排列，呈板条状或片层状，降低了材料的冲击韧性、抗疲劳性能，容易引起晶间脆性断裂现象。

通过分析钢锭不同部位的 Y 相分布（见图 1-67）可知，存在大量平行排列的层片状 Y 相 Ti_2（C，S），但也有少量的呈颗粒状或胞状。同时观察到，心部最大尺寸的 Y 相长度为 52μm，$R/2$ 处的最大长度可达 78μm，边缘处的最大长度约为

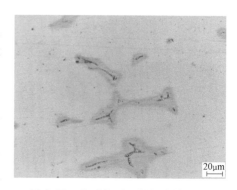

图 1-66   奥氏体型不锈钢中的 Y 相

62μm。在 SEM 组织观察中发现，在 $R/2$ 处及边缘处存在少量的 Y 相，但心部区域中的 Y 相 Ti_2（C，S）含量显著高于 $R/2$ 及边缘处。

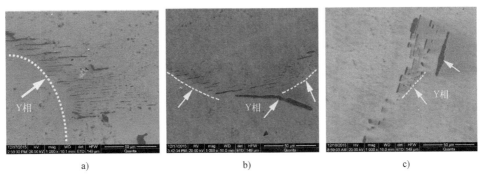

a)   b)   c)

图 1-67 不同部位 Y 相分布

a) 心部   b) $R/2$ c) 边缘

（2）Y 相的减少及消除

1）热变形：一方面，321 不锈钢中的 Y 相热稳定性很高，但在热变形过程中，Y 相会发生破碎、断裂，随基体变形而改变形状，并在变形过程中和后续的加热过程中发生溶解；另一方面，热变形过程中 Y 相的断裂、变形会产生孔隙，操作不当会成为微裂纹源，所以有必要通过冶炼工艺的调整对合金中 Y 相的数量进行控制。

2）成分优化：为了减少或消除 Y 相，将钛含量（质量分数）从 0.4% 降至 0.3%，同时为了保证力学性能，添加了少量的铌元素以补偿强度损失。在此研究过程中发现，降低 321 不锈钢中的钛含量，钢锭中析出的 Y 相数量明显减少且尺寸变小（见图 1-68）。添加 Nb 后，Nb 进入 Ti_2（C，S）及 TiC 或 Ti（C，N）中，形成（Ti，Nb）$_2$（C，S）及（Ti，Nb）（C，N）。

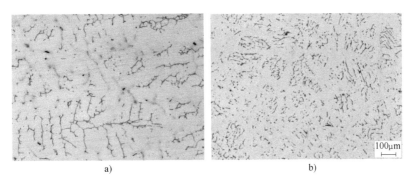

a)   b)

图 1-68 钛和铌对 321 不锈钢中 Y 相组织含量与形貌的影响

a) $w(Ti) = 0.4\%$ b) $w(Ti) = 0.3\%$ 及少量铌

1.3.2 高温合金 TCP 相

尽管高温合金的冶炼采用的都是特种工艺，但由于其合金元素种类和含量都非常高，微观偏析很难避免，因而会造成凝固过程中在枝晶间形成 Nb、Ti 等元素的富集，从而形成 MC、拉弗斯相及共晶相等。其中，拉弗斯相为一种典型的在凝固过程中形成的低熔点相，在合金中至少会造成三种问题：①由于其熔点低，在高温变形过程中会造成初熔及孔洞问题；②该相是一种弱化相，当受到外力作用时，相与基体界面易发生剥离，形成裂纹；③其析出造成 γ′ 相和 γ″ 相的析出量减少，析出相的析出强化作用和 Nb 本身的固溶强化作用减小。另外，在焊接过程中，该相的熔化会形成微裂纹，造成线性缺陷[6]。

图 1-69 所示为笔者采购自国内某特钢厂生产的 VIM+VAR 工艺冶炼的 φ508mmGH4169 合金铸锭冒口部分不同部位的拉弗斯相情况。由图 1-69 可知，尽管采用了 VAR 工艺，凝固过程中具有水冷+He 强冷的双层冷却效果加持，但仍不可避免地析出了大量的拉弗斯相，并且越靠近边缘，冷却效果越好，拉弗斯相呈碎化、小尺寸化。若不消除拉弗斯相而直接锻造，会使材料内部产生裂纹。

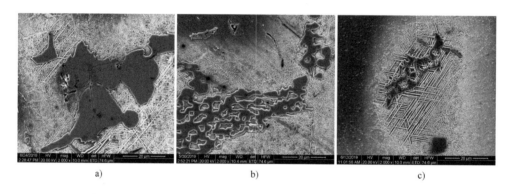

a)　　　　　　　　　　b)　　　　　　　　　　c)

图 1-69　GH4169 合金真空自耗重熔铸锭中不同位置的拉弗斯相

a）心部　b）R/2　c）边缘

为了消除拉弗斯相，高温合金铸锭一般在锻造前会进行一个长时间的均匀化处理，如 GH4169 合金铸锭一般采用两阶段的均匀化热处理[7]，第一阶段的热处理温度选择为 1150～1160℃，其目的为使拉弗斯相全部回溶；第二阶段是升到更高的温度进行长时间的保温，尽可能减少或消除微观偏析。同时，在锻件的服役过程中，也要严格控制使用温度，以避免拉弗斯相的析出，如笔者对在 GH4169 合金基础上改进的 GH4706 合金进行了 750℃×500h 的时效处理后发现，合金晶界析出了白色块状的拉弗斯相（见图 1-70），严重影响了材料的强度和塑性。

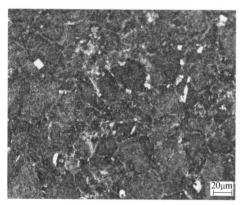

图 1-70　GH4706 合金锻件高温时效处理后的拉弗斯相[8]

1.4 材料利用率低

大型核电装备中有多个带超长非向心和非对称接管的超大异形锻件，若采用传统的接管"覆盖式"自由锻成形方式，不仅材料利用率非常低（蒸发器水室封头从钢锭到成品锻件的利用率不足25%；成品质量为17t的CAP1400主管道热段A需要用140t电渣钢锭制造），而且加工成形的接管因锻造流线不连续而导致韧性较差。

1.4.1 水室封头

迄今为止，压水堆百万千瓦核电SG水室封头主要有两种类型：一种是以CPR1000为代表的带有向心管嘴和支撑凸台的水室封头，另一种是以AP1000/CAP1400为代表的既带有向心管嘴又带有超长非向心管嘴的水室封头。CPR1000和CAP1400水室封头的零件设计图如图1-71所示。在此以形状更复杂的AP1000/CAP1400水室封头为例，介绍不同成形方式的材料利用率。

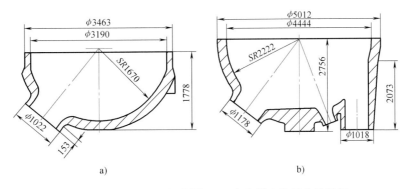

图1-71 CPR1000和CAP1400水室封头的零件设计图

a）CPR1000水室封头 b）CAP1400水室封头

AP1000核电三门1#机组SG水室封头采用了分体结构设计（见图1-72），总高为2470.2mm的水室封头被分为上下两部分，914.8mm高的上部被称为"水室封头环"，零件设计净质量为22.895t；1555.4mm高的下部被称为"分体水室封头"，零件设计净质量为36.47t。材质为SA508 Gr.3 Cl.2（美国核电蒸汽发生器用钢）。

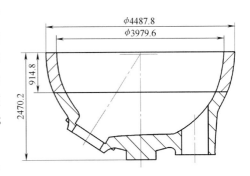

图1-72 AP1000SG水室封头的分体结构

分体水室封头采用了"覆盖式"常规工艺，材料利用率较低，制造周期较长，而且水室封头锻件内部质量一般。分体水室封头锻件的主要尺寸如图1-73所示。

韩国DOOSAN集团从中国一重采购的上述水室封头（用于三门1#和海阳1#项目）执行ASME标准，按照锻件采购技术规范的要求，调质前的粗加工余量为单边19mm，取样位置分别放在大端开口处、进口管嘴端部及出口管嘴端部的延长段上，力学性能检测项目主要有拉伸、冲击及落锤试验。根据这一要求，分体水室封头的粗加工及取样图的主要尺寸如图1-74 所示。

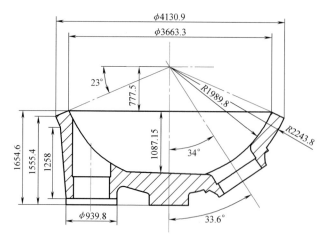

图 1-73　AP1000SG 分体水室封头锻件的主要尺寸

分体水室封头锻件的主要尺寸如下：总高为 2050mm，大端开口外径为 ϕ4400mm，内径为 ϕ3345mm，内腔中心深度为 1060mm。

由于受当时研究手段与研究方法的制约，分体水室封头锻件采用"覆盖式"工艺方法制造（见图 1-75）。该锻件外形比较简单，呈圆台形，内腔为球缺形状。

采用"覆盖式"工艺生产的分体水室封头锻件加工余量非常大（见图1-76），不仅锻件利用率过低（锻件净质量与钢锭质量之比＜15%），而且加工成形的超长管嘴性能较差。若采用气割减少加工余量（见图 1-77），需要避免出现裂纹及合理留有加工余量。

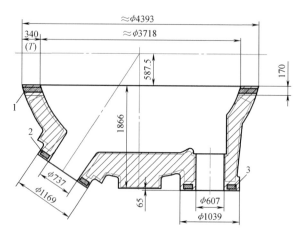

图 1-74　AP1000SG 分体水室封
头粗加工及取样图的主要尺寸
1—水口端试料　2—进口管嘴试料　3—出口管嘴试料

在 AP1000SG 整体水室封头成形工艺研究之初，首先被采用的是半胎模锻造工艺，这是一个相对容易实现的工艺。该工艺成形方法与分体水室封头类似，外表面是上大下小的圆台形状，将外表面所有管嘴包罗其中，内腔为光滑球台。目前，国内外绝大部分锻件供应商仍然采用这种工艺方法制造 AP1000 SG（见图 1-78）与 CAP1400SG 整体水室封头锻件。

半胎模锻造工艺基本上还是属于自由锻，在最终成形时锻件受力状态不理想，而且由于锻件尺寸规格与重量都超大，设备能力不足，所以有些时候只能采用局部变形，这就造成锻件各部位变形不均匀，局部变形不充分，尤其是管嘴部位，不仅变形量很小，而且其主变形方向为周向。管嘴加工后的纤维流线不连续，存在断头纤维，对内部质量十分不利。管嘴加工如图 1-79a 所示。

图 1-75　AP1000SG 分体水室封头锻件制造过程

a）开始锻造　b）锻造过程中　c）锻件毛坯

图 1-76　采用"覆盖式"工艺生产的分体水室封头锻件加工过程

a）镗管嘴孔　b）加工外表面　c）加工内表面　d）成品锻件

a)   b)

图 1-77 采用气割方法生产的分体水室封头锻件

a) 气割后状态 b) 气割后加工

某锻件供应商为了缩短加工时间,对半胎模锻造的水室封头锻件管嘴周边多余部位进行气割,由于气割过程中出现裂纹,只好采用机械加工的办法去除余量(见图 1-80)。

SG 整体水室封头半胎模锻工艺是在设备能力不足的情况下采用的一种相对先进的工艺,变形条件并不理想,锻件内部质量与材料利用率及制造周期都还存在许多不尽如人意之处,工艺技术水平也有很大的提升空间。为此,中国一重研究开发了胎模锻成形工艺。

图 1-78 采用半胎模锻制造的 AP1000 SG 整体水室封头锻件

AP1000 SG 整体水室封头胎模锻锻件的形状及尺寸如图 1-81 所示,锻件质量 200t。国内某锻件供应商采用胎模锻造成形的水室封头锻件如图 1-82 所示。

a)   b)

图 1-79 半胎模锻造水室封头锻件加工

a) 管嘴加工 b) 球面加工

1.4.2 主管道

对于成品质量只有 17t 的 CAP1400 主管道热段 A 锻件,几个参与研制实心锻件的供应商所用的 ESR 钢锭质量为 124~139t，锻件（见图 1-83）加工余量之大是可想而知的。锻件余量超大除了正常余量、各类试料影响，最主要的原因是实心锻件的内孔去除量多达 30t。

图 1-80 半胎模锻造的水室
封头锻件坯料的机械加工

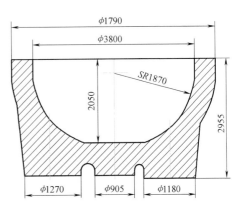

图 1-81 AP1000SG 整体水室封头胎
模锻锻件的形状及尺寸

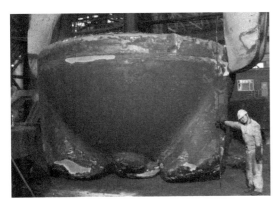

图 1-82 国内某锻件供应商采用
胎模锻造成形的水室封头锻件

图 1-83 CAP1400 主管道热段 A 实心锻件

中国一重采用"保温锻造""差温锻造"及"管嘴局部挤压"等创新技术，锻造近净成形的 CAP1400 主管道热段 A 空心锻件（见图 1-84），不仅可大幅度提高钢锭利用率，还可获得均匀细小的晶粒度。

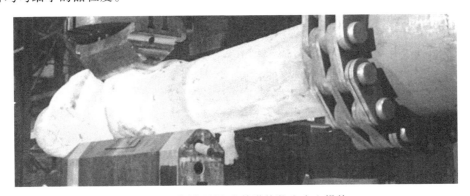

图 1-84 CAP1400 主管道热段 A 空心锻件

第2章

增材制坯的提出及内涵

为了系统解决大型钢锭偏析、夹杂、有害相等共性技术问题，全球的科技工作者们一直在进行着不懈的努力。中国一重"重型高端复杂锻件制造技术变革性创新研究团队"带头人原创出了"增材制坯"的技术路线。本章从几种常见的增材制造方法的特点入手，提出了增材制坯的新概念，并对其内涵进行了解析。

 2.1 **增材制造的发展**

当前，世界各国纷纷将增材制造作为未来产业发展的新的增长点，力争抢占未来科技和产业制高点。我国增材制造产业的发展阶段已从研发转向产业化应用，新设备、新技术、新材料、新应用程序、新标准等不断推陈出新，越来越多的企业将增材制造作为助力智能制造、绿色制造等新型制造模式，作为产业升级和技术转型的方向。

我国高度重视增材制造产业的发展，《中国制造2025》《"十三五"国家科技创新规划》《智能制造工程实施指南（2016—2020）》《工业强基工程实施指南（2016—2020）》等发展规划及实施方案都将增材制造产业作为重要的发展方向之一，而《国家增材制造产业发展推进计划（2015—2016年）》《增材制造产业发展行动计划（2017—2020年）》则是根据增材制造产业发展面临的新形势、新机遇、新需求编制的，对增材制造产业的发展具有专门的指导意义。

根据 ISO/ASTM 52900—2015，"增材制造（additive manufacturing，AM）技术是基于几何表示，通过连续添加材料来创建物体的技术的总称（AM is the general term for those technologies that based on geometrical representation creates physical objects by successive addition of material）。"也就是采用材料逐渐累加的方法制造实体零件，相对于传统的材料去除——切削加工技术，是一种"自下而上"的制造方法。

最早的增材制造技术出现于20世纪80年代，日本和美国经过不断的研究与实践，于20世纪90年代中期才使增材制造技术真正成熟起来，但到目前为止，仍未发现该技术在大型锻件上得到应用。

某专家将增材制造分为狭义增材制造和广义增材制造（见图2-1）。狭义的增材制造是将激光或电子束等作为热源，借助 CAD 或 CAM 将粉末（金属材料或非金属材料）逐层粘接在一起的制造过程；广义的增材制造包括块体组焊、喷射成形、喷涂成形、喷焊成形、沉积成形、复合制造等，是一种逐层增加材料制造物体的成形过程。

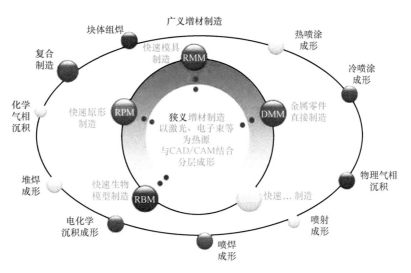

图 2-1　增材制造种类

本节将对 3D 打印、堆焊成形、喷射成形及热轧复合等与金属材料相关的几种增材制造技术进行简单介绍。

2.1.1　3D 打印

近些年来，增材制造在我国一直是一个热门话题，尤其是 3D 打印成为增材制造的代名词，似乎可以包罗万象。作为 AM 的一种应用形式，3D 打印的特点是成形易、改性难。目前，工业化应用的金属 3D 打印熔覆制坯技术有激光熔覆沉积（laser cladding deposition，LCD）和电熔增材制造（electrical additive manufacturing，EAM）两种。

激光熔覆沉积是用激光作为热源，将金属粉末烧结成形（见图 2-2），制坯效率非常低，每天熔覆 0.1~2kg。此外，粉末制备成本也较高。

然而，金属 3D 打印与堆焊成形的共同点是成形的金属都是铸态组织，与锻件相比致密性较差。受制造成本、致密性等因素限制，3D 打印目前仅适用于小截面金属零件。

2.1.2　堆焊成形

堆焊成形是一种以电弧热、电阻热为复合热源熔化金属原材料，通过小熔池、微冶金、快速凝固技术，逐层堆积出具有一定形状和尺寸，并赋有一定机械性能金属构件的制造方法（见图 2-3）。虽然电熔增材采用金属丝材作为原材料较激光熔覆制坯效率高，但每天 3~10kg 的成形速度也是较慢的。

国内某科技有限公司采用电熔增材制造技术试制了大量的产品，如图 2-4~图 2-6 所示。图 2-4 所示为采用电熔增材制造的大型三通零件，主管外径为 1456mm；支管外径为 975mm；图 2-5 所示为采用电熔增材制造的大型核电主蒸汽管道贯穿件；图 2-6 所示为大型核电主蒸汽管道贯穿件的规格尺寸。

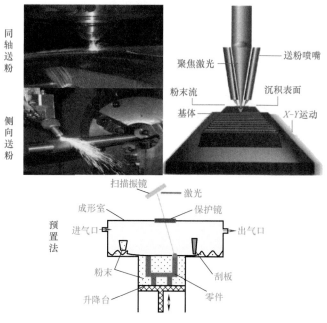

图 2-2　激光熔覆沉积

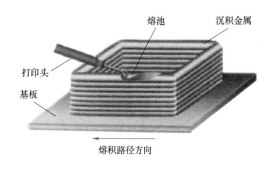

图 2-3　电熔增材制造

图 2-4　电熔增材制造的大型三通零件

图 2-5　大型核电主蒸汽管道贯穿件

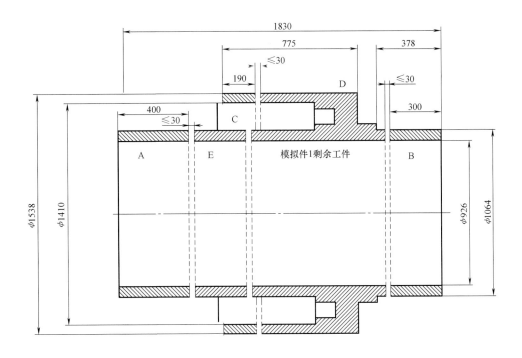

图 2-6　大型核电主蒸汽管道贯穿件的规格尺寸

电熔增材制造的实质是堆焊成形，与金属材料 3D 打印一样，其增材制造的构件都是铸态组织，只要构件断面达到一定程度，都会出现图 2-7 所示的气孔。

为了改变 3D 打印、堆焊成形等增材制造构件的铸态组织及表面粗糙度差的情况，某高校发明了"铸锻铣"的技术，但仍不具备为大型锻件提供大型坯料的有利条件。

2.1.3　喷射成形

喷射成形（spray forming）是用高压惰性气体将合金液流雾化成细小熔滴，在高速气流下飞行并冷却，在尚未完全凝固前沉积成坯件的一种工艺。这种方法最早

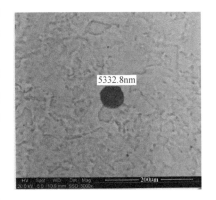

图 2-7　大断面增材制造
成形坯料中的气孔缺陷

由英国奥斯普瑞（Osprey）金属公司获得专利权（1972 年），故国际上通称其为 Osprey 工艺。又称为液相动态压实工艺（liquid dynamic compaction），简称 LDC 法。

由于快速凝固的作用，所获金属材料成分均匀、组织细化、无宏观偏析且含氧量低，现已成为世界新材料开发与应用的一个热点。图 2-8 所示为喷射成形法生产带材的工作原理。

然而，受快速凝固等条件的制约，喷射成形技术一般仅适用于小型截面坯料或零件的制造，无法应用于超大截面的钢锭/坯料的制造。

国内某公司将喷射成形技术应用于 Al-Li 合金坯料的制备，取得了重大突破。图 2-9 所示为 Al-Li 合金的喷射成形。图 2-10 所示为 7055 铝合金喷射成形与传统铸造组织对比。其中，图 2-10a 所示为 ϕ500mm7055 铝合金喷射成形晶粒度照片（晶粒细小且等轴），图 2-10b

所示为 φ500mm7055 铝合金喷射成形金相组织照片（无成分偏析），图 2-10c 所示为 φ190mm7055 铝合金传统铸造晶粒度照片（晶粒粗大且有枝状晶），图 2-10d 所示为 φ190mm 7055 铝合金传统铸造金相组织照片（合金元素在晶界偏聚）。图 2-11 所示为 φ900mm 的 Al-Li 合金铸坯及挤压成形后的锻坯。从图 2-9~图 2-11 可以看出，喷射成形技术在较大断面金属坯料的制备方面具有很好的发展前景。

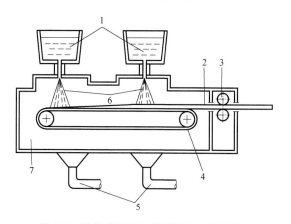

图 2-8 喷射成形法生产带材的工作原理
1—液池 2—铸坯 3—导辊 4—激冷带
5—除尘系统 6—雾化系统 7—惰性气体室

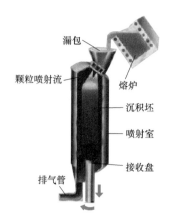

图 2-9 Al-Li 合金的喷射成形

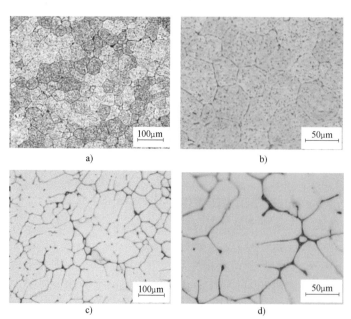

图 2-10 7055 铝合金喷射成形与传统铸造组织对比
a）喷射成形晶粒度 b）喷射成形金相组织 c）传统铸造晶粒度 d）传统铸造金相组织

喷射成形目前在有色金属吨级坯料的制备方面发展较快的原因之一，是其具有较低的熔点（铝合金熔点为 660℃，镁合金熔点为 650℃）。钢铁材料的熔点均在 1500℃以上，而且大型锻件所需的坯料质量一般为几十吨到几百吨。因此，喷射成形技术目前也难以在大型锻

a)　　　　　　　　　　　　　　　b)

图 2-11　Al-Li 合金铸坯及挤压成形后的锻坯

a）铸坯　b）锻坯

件制坯方面得到应用。

2.1.4　热轧复合

1. 总体概况

高品质宽幅特厚不锈钢复合板可广泛应用于石油化工、核电、船舶、海水淡化等多个装备制造领域，除了可制备高品质宽幅特厚不锈钢复合板，真空热轧复合技术还可制备钛合金复合板、铝合金复合板、耐磨复合板等超大规格复合板材，市场前景广阔，具有巨大的经济和社会价值。

中国一重自 2010 年开始，面向大型高端压力容器，开展了大规格宽幅特厚不锈钢复合板热轧复合制造技术的研究。2013 年，中国一重牵头，联合东北大学、北京科技大学参与了国家高技术研究发展计划（863 计划）"高品质宽幅特厚不锈钢-低合金钢复合技术开发"。2016 年 8 月，经业内专家评定，一致认为，该课题圆满完成了"863 计划"课题任务书中的各项任务指标，同意技术验收。该课题的顺利验收，标志着我国在热轧复合高品质宽幅特厚不锈钢复合板的核心制造工艺技术上取得了突破，并填补了多项国内技术空白。

2. 研究思路

为了突破宽幅特厚［宽 3500mm×厚 60（54+6）mm 以上规格］超低碳不锈钢 316L（美国牌号，相当于我国的 022Cr17Ni12Mo2）及高合金不锈钢 310S（美国牌号，相当于我国的 06Cr25Ni20）与低合金钢 Q355R 复合板的加工协同变形、界面控制，以及板形与尺寸精确控制等关键技术，需要从不锈钢及低合金钢的化学成分、规格、复合板复合比、变形及冷却工艺等多方面进行综合控制。因此，将研究内容分为三部分：

（1）热轧不锈钢复合板制造技术开发　研究表面处理、组合坯的结构设计、真空密封、热轧复合、轧后冷却控制等多种工艺条件对不同体系的不锈钢（超低碳不锈钢 316L 和高合金不锈钢 310S 等）复合板界面组织、界面行为、结合强度、力学性能、腐蚀性能及成形性能的影响规律，掌握真空热轧复合宽幅特厚不锈钢复合板的关键制造技术，如界面控制技术、真空封装技术、加工协同变形技术及轧后切边分离技术等，并开展从结合性能、力学性能、焊接性能、板形控制、成形性能及腐蚀性能等一系列实验评价工作，最终通过技术集成和工艺整合，开发高品质宽幅特厚不锈钢复合板的生产制造技术及制造流程。

（2）热轧不锈钢复合板结合机理研究及控制轧制控制冷却技术开发　研究不同体系的不锈钢（超低碳不锈钢316L和高合金不锈钢310S等）与低合金钢结合过程中C、Ni、Cr等元素的扩散规律，研究不锈钢复合板的界面结构、界面金属化合物的形成、元素的扩散与结合性能之间的关系，研究高温变形及轧后冷却等工艺对不锈钢复合板中不锈钢及低合金钢显微组织的影响规律，重点研究冷却速度和冷却路径对复合板厚度方向上组织分布的影响规律，分析不同冷却条件下复合板显微组织与力学性能之间的关系，开发不锈钢复合板专用的控制轧制控制冷却（简称控轧控冷）技术，对界面结构、组织、相变等进行综合控制，实现宽幅特厚不锈钢复合板的微观组织及力学性能的最佳匹配。

（3）热轧不锈钢复合板板形控制技术开发及工艺试验　研究复合比、加热、热轧、冷却及矫直等工艺参数对热轧复合板板形形成机理的影响规律，分析热轧残余应力及板形的遗传规律对矫直过程的影响；通过对表面温度控制、冲击补偿及厚度变化规律的研究，掌握宽厚不锈钢复合板板形及尺寸精度控制技术，建立轧制及板形控制模型；通过工艺试验，开发集高效率、高精度及连续化为一体的宽幅特厚不锈钢复合板的新型热轧复合及矫直技术。

3. 研究方案

为了实现研究目标，本课题通过实验室试验［不锈钢原始尺寸（长×宽×厚）为280mm×280mm×15mm，低合金钢原始尺寸（长×宽×厚）为300mm×300mm×85mm］、中试试验［不锈钢（长×宽×高）为1450mm×1450mm×15mm，低合金钢（长×宽×厚）为1500mm×1500mm×85mm］及工业产品试制［不锈钢（长×宽×高）为3450mm×3450mm×15mm，低合金钢（长×宽×厚）为3500mm×3500mm×85mm］三步走的研发路线，以应用较广的超低碳奥氏体不锈钢316L及特殊场合使用的高合金不锈钢310S为研究对象，对复合板界面控制、协同变形、轧制过程及冷却过程控制、板形控制等技术进行了研究开发。根据真空热轧复合技术的特点，把工艺方案分为四大步骤：材料预处理（包括表面预处理、坯料组装等）、热轧复合（包括板坯加热、轧制复合、控制冷却等）、后处理（包括切割分离、矫直、性能评价等）和技术集成。

4. 研究手段

本课题采取的技术手段及具体步骤如下：

（1）表面预处理　利用机械结合化学的方法对不锈钢及低合金钢板的表面进行预处理，以获得无氧化皮、无油污等杂质的初始洁净表面，并形成一定的表面粗糙度（Ra为0.1~50μm）。这是高洁净界面形成的基础，也是界面结合的关键。该部分的关键技术主要通过实验室试验及中试试验规格进行研究。

（2）组坯封装　根据热轧复合技术对界面的要求，首先将经表面预处理后的不锈钢板和低合金钢板的清洁表面贴合在一起，制成低合金钢/不锈钢-隔离材料-不锈钢/低合金钢复合坯料的对称组合结构，按对称组坯的形式组坯后，采用不同的焊接方式（TIG、二氧化碳气体保护电弧焊）在不同的焊接电流及电压下将板坯四周焊接密封，预留小孔进行真空度的控制（真空度控制范围为0.01~20Pa），然后对小孔进行密封。在对称组坯时，拟在不锈钢板与低合金钢板结合界面处加入中间镍层（厚度为0.1~0.2mm），构成低合金钢/镍/不锈钢-隔离材料-不锈钢/镍/低合金钢的组坯形式。镍层的加入除了可抑制碳等元素通过界面向不锈钢扩散，还可以抑制界面氧化物及金属化合物的形成；在降低不锈钢晶间腐蚀的同时，还可以提高结合性能并阻止应力腐蚀裂纹在界面处的扩展。该部分的关键技术主要通过实验室试验及中试试验规格进行研究。

（3）加热轧制　通过调整加热制度、轧制制度及变形方式等，对界面结合、组织、相变、板形及尺寸进行多方位控制。在加热制度中，固溶温度选择1150~1250℃，保温时间为2~10h；轧制制度主要包括轧制温度（900~1150℃）、轧制道次（3~20道次）、单道次相对压下量（5%~25%）及各工艺参数之间的配合。

（4）控制冷却　通过控制各阶段的冷却制度，研究组织、相变及残余应力的形成及演变规律。根据复合板的特性，可以采用分阶段多级冷却的方式进行，如在高温阶段，可以采取快速冷却的方式（5~15℃/s），在低温阶段采用慢冷的方式（0.1~1℃/s），同时控制各冷却阶段之间的间隔时间；对较厚规格的复合板，在高温阶段可采取快冷-待温-快冷的方式，在低温阶段则采取慢冷-待温-慢冷或快慢交替结合的冷却方式进行。

（5）切割分离　对冷却后的复合板进行切割分离，以获得同样规格的两块不锈钢复合板，可采用火焰切割或等离子切割等方式进行在线切割。离线切割可根据复合板的厚度兼顾效率的情况，采取剪床、锯床、铣床和水切割进行。

（6）矫直处理　根据需要利用多辊矫直机对切割分离后的复合板进行精整矫直，以达到调整板形和应力重整的目的。

（7）界面分析及性能评价　对封装后的复合坯料进行不同制度的加热、轧制、冷却处理，利用光学显微镜（OM）、扫描电镜（SEM）、电子探针（EPMA）、透射电镜（TEM）等对复合界面的显微组织及界面相（氧化物、金属化合物）的组成和分布进行观测，研究界面相的形成、分布及演化规律；研究加热制度和轧制工艺对C、Cr、Ni等元素的扩散规律，以及界面相的形成、分布与演化规律；研究结合界面中间夹层材料（镍箔）对元素的扩散、界面相形成的影响规律；研究轧制工艺及冷却制度等对界面结合行为的影响规律。对各个工艺条件下的复合板进行剪切强度和弯曲性能测试，结合组织分析研究氧化物及C、Ni和Cr元素在界面的扩散对复合性能的影响。在获得真空度及热轧冷却工艺对结合性能影响规律的基础上，掌握表面处理技术、真空封装技术及控制轧制控制冷却技术。

（8）工艺优化及技术集成　在突破宽幅特厚不锈钢复合板关键技术的基础上，从性能、效率、流程及成本等角度对制造工艺进行过程优化并进行技术集成，开发宽幅特厚不锈钢复合板的工业制造技术。

5. 拟解决的关键问题

（1）复合界面控制　界面状态是决定复合界面组织形态和结合质量的关键。复合材料的成分、表面处理的方式和效果、真空度及热轧复合工艺的选择都会对氧化物的类型、分布和数量、界面元素扩散及界面结合质量产生显著的影响。掌握界面氧化物及元素扩散的演化规律，以及其对界面冶金结合的影响规律是界面控制的基础。解决该关键性问题用到的技术手段有表面处理控制、真空度的控制及中间镍层的引入。可以从界面接触变形、高温元素扩散、界面冶金结合等角度进行界面控制的研究。在界面分析及性能评价的基础上，建立相对完善的真空轧制复合界面结合机理，获得工艺参数与界面结合强度之间的定量或半定量关系模型。

（2）组织性能控制　不锈钢复合层和低合金钢基层材料，甚至结合界面都有各自最佳的冷却规范，这些冷却规范常常并不一致，而整个复合板又只能采用同一种规范进行冷却控制，造成了处理上的矛盾。例如，复层奥氏体不锈钢一般要求快冷处理，快速避开敏化区间，才能获得最好的耐蚀性，但这种处理会使低合金钢淬硬。若冷却太慢，则会因界面元素的扩散而影响不锈钢的耐蚀性，同时也会降低低合金钢的强度及韧性等力学性能。另外，在复合板厚度较厚的情况下（如60mm以上），如何通过轧制及冷却对相变及组织进行合理的控制来满足复合板的各项性能要求是热轧复合技术开发的关键和难点。在生产特厚复合板时，由于控制冷却的难度加大，冷却速度的均匀性降低，板厚方向上的组织梯度会明显增加，如何控制冷却是控制组织状态进而优化力学性能的关键所在。

为兼顾复层的耐蚀性和基层的力学性能，需要控制冷却制度和冷却路径，进而对晶粒尺寸、相变进行有效合理的控制。本课题计划将先进的控轧控冷技术引入复合板制造技术开发中，通过采用快速、准确、路径可控的冷却方式，掌握在轧制复合、冷却处理过程中显微组织的变化规律，研究工艺、组织与性能之间的关系，根据力学性能及耐蚀性的要求，在获得冷却工艺对界面结构、界面扩散及材料组织状态和性能的影响规律的基础上，开发宽幅特厚不锈钢复合板专用的控制轧制控制冷却关键技术，实现复合板的组织及性能（复合层的耐蚀性、界面结合性能及基层的综合力学性能）的最优控制。

（3）板形尺寸控制　宽幅特厚不锈钢复合板的板形控制是热轧复合技术开发中的难点。在同等工艺条件下，钢板宽度越大，板凸度也越大，而且这个关系不是线性增加的。一般当钢板宽度为轧机支承辊宽度的70%~85%时，凸度达到最大。例如，对于5m的热轧机来说，复合板宽度为3.5~4.2m时处于凸度控制最难区域，而本课题开发的宽幅不锈钢复合板的宽度（大于3.5m）正好处于板形最难控制的区域。另外的难点在于轧辊磨损是一个不断变化的过程，此时板形控制也需随着轧辊的磨损进行相应的调整和变化。复合板组坯封装后，根据不锈钢及低合金钢的化学成分对加热温度和时间进行控制，出炉后进行不同温度的热轧复合，采用不同压下量、多道次小压规程及不同的道次分配进行热轧复合，并对冷却速度和冷却路径进行控制。通过组织分析及性能评价来研究轧制温度、道次间隔时间、压下分配及冷却工艺等参数对结合强度及板形的影响规律。根据结合要求及复合板坯的开轧所需大载荷操作特性，进行临界变形量及累积变形的研究。通过研究宽幅特厚不锈钢复合板板形的形成机理，分析轧制过程的金属流动规律，研究轧制及冷却过程残余应力的形成机理及板形的遗传规律，建立表面温度控制、冲击补偿、厚度变化的关系，利用热轧复合及矫直处理技术对包括厚度、平直度、板凸度和复合比进行综合控制，掌握宽幅特厚不锈钢复合板高精度尺寸及板形控制技术。

6. 科研成果

历经联合攻关，按照"实验室试验、中试试验、工业产品试制"三步走的研发思路，相继开展了大量试验及模拟研究，攻克了热轧复合的表面处理、真空封装、热轧复合、板形矫直控制、组织和性能控制等关键技术，最终获得了一系列重要成果。2015年，中国一重成功试制出了不同成分体系、超大规格［宽4000mm、厚100（92+8）mm等多种规格］的高品质热轧宽幅特厚不锈钢复合板，如图2-12所示。

经国家钢铁材料测试中心检测，对称热轧宽幅特厚不锈钢复合板的剪切、弯曲、拉伸、冲击等各项性能指标完全满足相关标准的要求（见图2-13）。

1）310S/Q355R不锈钢复合板平均界面的抗剪强度为370MPa，316L/Q355R不锈钢复合板平均界面的抗剪强度为410MPa；经超声检测，界面结合状况满足GB/T 7734—2015 Ⅰ级要求，达到100%结合。

2）100mm厚310S/Q355R不锈钢复合板的平均抗拉强度为550MPa，平均屈服强度为

a)　　　　　　　　　　　　　　　b)

c)　　　　　　　　　　　　　　　d)

e)

图 2-12　不锈钢复合板热轧试制现场及解剖结果

a)（厚度×宽度×长度）为 20mm×4000mm×5800mm　　b)（厚度×宽度×长度）为 60mm×4000mm×5500mm

c)（厚度×宽度×长度）为 30mm×1500mm×10000mm　　d)（厚度×宽度×长度）

为 100mm×3700mm×4100mm　　e）特厚不锈钢复合板坯分坯后的形貌

375MPa，断后伸长率为 27.5%，0℃ 的基层冲击吸收能量为 138J；60mm 厚 316L/Q355R 不锈钢复合板的平均抗拉强度为 540MPa，平均屈服强度为 365MPa，断后伸长率为 29.5%，0℃ 的基层冲击吸收能量为 140J。

3）热轧复合板进行内、外弯曲 180° 试验时，100mm 厚 310S/Q355R 不锈钢复合板与 60mm 厚 316L/Q355R 不锈钢复合板均无分层、裂纹和折断。

4）热轧复合板板形质量达到国家 I 级标准且不平度 ≤8mm/m，厚度极限偏差为 ±5%t（t 为钢板厚度）。

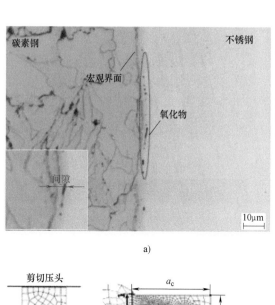

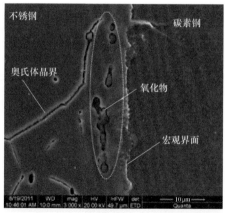

a)   b)

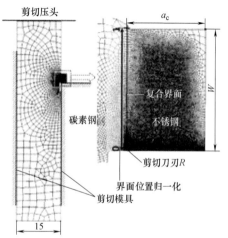

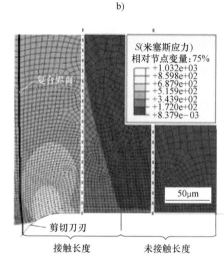

c)   d)

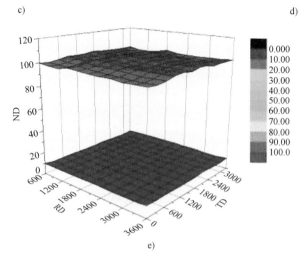

e)

图 2-13 对称热轧宽幅特厚不锈钢复合板的性能测试结果

a）复合界面（OM） b）界面氧化物（SEM） c）剪切实验仿真设计

d）剪切试样界面仿真结果   e）不锈钢基材、复材厚度分布

ND—法向 RD—轧向 TD—横向

5）腐蚀性能。复合板中复合层按 GB/T 3280—2015、GB/T 4237—2015 的规定，经山西太钢不锈钢股份有限公司技术中心检测，晶间腐蚀检验合格；复合板成品经第三方检测（按 GB/T 4334—2020），其中 310S/Q355R 不锈钢复合板 310S 复合层经 A 法检测为三类沟状组织，经 E 法检测未发现晶间腐蚀裂纹；316L/Q355R 不锈钢复合板 316L 复合层经 A 法检测，复合界面处为三类沟状组织，基体为一类阶梯组织，经 E 法检测未发现晶间腐蚀裂纹。

本课题突破了高品质宽幅特厚不锈钢复合板的界面控制、轧制控制、冷却控制、板形控制等关键技术；集成了高品质宽幅特厚不锈钢复合板生产工艺流程；开发出前期预处理工艺、组坯封装工艺、真空度控制工艺、复合板切割分离工艺、复合板新型热处理工艺等新工艺 5 项；申请发明专利 10 项，发表科技论文 16 篇，制定企业标准 1 项。经黑龙江省机械工程学会鉴定，高品质宽幅特厚不锈钢复合板制备技术认定为中国一重专有技术。

高品质宽幅特厚不锈钢复合板的研制成功，填补了我国高品质真空热轧宽幅特厚不锈钢复合板制备的技术空白，增强了我国在未来市场的国际竞争力，为我国今后产品换代升级提供了技术支撑，也为热轧制备高品质宽幅特厚不锈钢复合板技术的推广应用打下了坚实基础，对提升我国装备制造水平和国际市场竞争力具有重要意义。

2.2 增材制坯的内涵

增材制坯是利用增材制造的方式将有效基材进行组合，并使组合坯料的界面愈合与组织均匀化的原创性大型锻坯制备技术。简言之，增材制坯是增材制造方式组坯+坯料改性。

在某院士提出的广义增材制造技术群（见图 2-14）中，适合大断面金属材料的增材制造只有块体组焊一种。

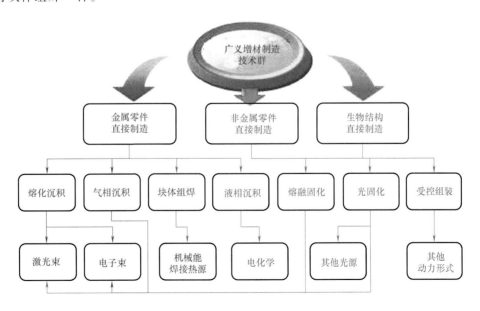

图 2-14 广义增材制造技术群

对于金属材料而言，截面积大是 3D 打印等狭义增材制造难以逾越的鸿沟；广义增材制造的块体组焊又无法满足组织均匀的要求。为此，大型锻件的增材制坯需要在原有的理论基础上进行集成创新。首先制备高洁净度的有效基材，通过液-固复合（单层或多层）或固-固复合（多层）组成更大的坯料（类似于广义增材制造中的块体组焊），然后通过大变形使复合界面愈合，最后利用重结晶/再结晶方式使坯料的组织均匀化（坯料改性）。增材制坯的组成如图2-15所示。

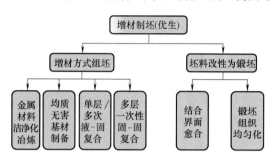

图 2-15　增材制坯的组成

2.2.1　增材制坯技术路线

为了系统解决第1章所述的传统大型模铸钢锭存在的共性技术难题，制备出大型锻件所需的成分均匀［碳偏析≤0.02%（质量分数）］、无有害相（网状碳化物、高温铁素体、拉弗斯相等）的大型坯料，笔者根据几十年的工程经验，将增材制造的理论进行了集成创新，提出了增材制坯的新概念，制订了增材制坯技术路线，见表2-1。增材制坯技术路线图解如图2-16所示。

表 2-1　增材制坯技术路线

研究内容	洁净化冶炼	有效基材制备	单层或多层液-固复合	多层一次性固-固复合	界面愈合	组织均匀化
研发途径	高炉→电炉→精炼炉/真空感应炉	连续铸造/电渣重熔	电渣重熔/真空铸坯	电子束/感应加热封焊	大变形量、均匀变形	重/再结晶
研制目标	低P、S；少B类夹杂物（控制Als）	C偏析≤0.02%（质量分数）无有害的第二相	合金钢坯料≤550t；不锈钢坯料≤350t；高温合金坯料直径>800mm	合金钢坯料≤450t；不锈钢坯料≤350t	原子键充分结合，氧化膜破碎，位错密度充分积累	氧化膜分解产物均匀分布；晶粒均匀、细小

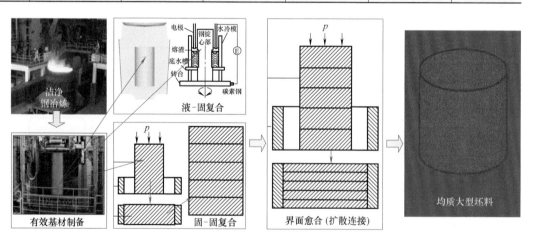

图 2-16　增材制坯技术路线图解

2.2.2　有效基材

众所周知，不同材料、不同制备方式，都会对应最佳的凝固截面。我们把既没有不可接受的铸造缺陷，又能够获得最大凝固截面的坯料称为有效基材。

从第1章所述的大型模铸钢锭的共性技术问题可以看出，不宜采用传统的模铸制备有效基材，需要采用先进的铸坯方式（连续铸造/电渣重熔）制备。

2.2.2.1 合金钢

根据笔者几十年的实践经验，在常用的合金钢中，碳含量/碳当量越大，偏析越严重。

1. 轧辊材料

轧辊材料的有效基材截面在 $\phi1500 \sim \phi1800mm$ 范围内。直径超过1800mm，碳偏析将严重超出表2-1所规定的范围，而且网状碳化物等有害相也随之出现。

2. 转子材料

从1.1.3.3小节所介绍的核电常规岛汽轮机整锻低压转子的解剖数据可以得出，转子材料的有效基材直径为4000mm（600t级钢锭的平均直径）。

3. 核电材料

目前，核压力容器、蒸发器等核岛一回路承压设备主要采用 ASME 中的 SA508Gr.3 钢（美国核电用钢）及 RCC-M 中的 16MND5、18MND5（法国核电用钢）等 Mn-Mo-Ni 系低合金钢。经研究，此类钢种的理论双面淬透性极限接近700mm级，工程条件下达到500mm级[9]。当锻件壁厚超过淬透性极限时，心部将不可避免地出现铁素体组织，导致性能衰减。因此，为满足未来核工程特厚大锻件的需求，新一代具有高强韧性匹配的核压力容器用钢及配套工程化制造技术的研发与更新迭代势在必行。

ASME 中规定的 SA508Gr.4N 钢（美国核电用钢）被认为是最有希望对现有核级 SA508Gr.3 钢进行垂直更新换代的钢种。表2-2列出了 ASME 中关于这两种钢的化学成分要求。SA508Gr.4N 钢通过降低容易引起偏析、回火脆化的锰元素，大幅度提升镍元素的含量，使钢种从 Mn-Mo-Ni 系转变为 Cr-Ni-Mo 系，理论双面淬透性极限达到1000mm级，大幅度提高了材料强度和韧性[10,11]。表2-3列出了 ASME 中关于这两种钢的力学性能要求。ASME 根据不同的强度级别，将 SA508Gr.4N 钢分成三类：SA508Gr.4N Cl.1 钢具有更加优异的强韧性匹配，其抗拉强度、屈服强度比 SA508Gr.3 钢均提高100MPa以上，而且韧性更佳；理论上，相同功率的核反应堆采用 SA508Gr.4N Cl.1 钢可以降低锻件壁厚和重量约1/3。因此，该钢不仅可以解决核反应堆尺寸大型化的问题，还可以解决核反应堆轻量化的问题，是未来应用在核压力容器等承压设备上的理想材料。强度极高的 SA508Gr.4N Cl.2 钢目前没有应用在核工程上的案例，强度要求相对较低的 SA508Gr.4N Cl.3 钢已经率先被少数国家应用于核废料罐上。

表2-2　ASME 中关于 SA508Gr.3 和 SA508Gr.4N 的主要化学成分（质量分数）要求（%）

元素	SA508Gr.3	SA508Gr.4N	元素	SA508Gr.3	SA508Gr.4N
C	≤0.25	≤0.23	Ni	0.40~1.00	2.75~3.90
Mn	1.20~1.50	0.20~0.40	Cr	≤0.25	1.50~2.00
P	≤0.025	≤0.020	Mo	0.45~0.60	0.45~0.60
S	≤0.025	≤0.020	Cu	≤0.20	≤0.25
Si	≤0.40	≤0.40	V	≤0.05	≤0.03

表 2-3　ASME 中关于 SA508Gr. 3 和 SA508Gr. 4N 的力学性能要求

牌号	拉伸性能（室温）				低温冲击 KV/J
	R_m/MPa	$R_{p0.2}/MPa$	$A(\%)$	$Z(\%)$	
SA508Gr. 3 Cl. 1	550~725	≥345	≥18	≥38	≥41（4.4℃）
SA508Gr. 3 Cl. 2	620~795	≥450	≥16	≥35	≥48（21℃）
SA508Gr. 4N Cl. 1	725~895	≥585	≥18	≥45	≥48（-29℃）
SA508Gr. 4N Cl. 2	795~965	≥690	≥16	≥45	≥48（-29℃）
SA508Gr. 4N Cl. 3	620~795	≥485	≥20	≥48	≥48（-29℃）

　　SA508Gr. 4N 钢的概念早在 1964 年就已经被 ASTM 提出，但在核工程上的应用却十分有限，尤其是在核岛一回路压力容器等关键主设备上的研制开发进展缓慢。究其原因，主要是高镍含量带来了辐照脆化不稳定性，磷、硫、铜等不利于辐照性能的元素要尽可能低，需要极高的炼钢技术才能将各元素的化学成分控制在最佳范围内；同时，合金含量的提高，也给后续焊接带来了难题。近年来，随着制造技术的发展，核级 SA508Gr. 4N 钢的工程化开发应用再次提上了各核电制造强国的日程。韩国、美国都对 SA508Gr. 4N 钢进行了相当程度的开发，虽然公布了一些基础数据，但对材料的研制、工程化制造技术进行严格保密。2005 年以后，我国开始对新一代核压力容器用钢 SA508Gr. 4N 进行国产化研制。钢铁研究总院于 2005 年研发了国产化的 SA508Gr. 4N 钢材料，中国一重于 2010 年试制了 50t 级核废料罐（热处理壁厚达 350mm 级）。此后，中国一重联合钢铁研究总院，在"十二五"、"十三五"期间，分别研制了 80t 级（热处理尺寸为 $\phi2000mm\times700mm$ 级）、200t 级（热处理尺寸为 $\phi4000mm\times1000mm$ 级）特厚超大尺寸核压力容器用大锻件，如图 2-17 所示。

　　随着工程化研发的深入，目前核级 SA508Gr. 4N 钢大锻件的性能设计指标和实际所能达到的性能水平都已经高出了 ASME 的要求。下面主要围绕中国一重对

图 2-17　核级 SA508Gr. 4N 钢国产工程化研制历程

核工程用 SA508Gr. 4N 钢大锻件的最新研发进展与成果，介绍其高强韧性的研制过程与性能结果，同时对未来 SA508Gr. 4N 钢的工程化研制方向、需要解决的问题进行讨论与展望。

　　（1）最新国产化技术指标要求　SA508Gr. 4N Cl. 1 钢成功国产化以后，中国一重开始了长期的锻件工程化研制。随着近年来核电技术的飞速发展，我国越来越多完全自主知识产权的先进堆型诞生，对核电装备性能的设计要求越来越高。SA508Gr. 4N Cl. 1 钢自纳入 ASME 以来，四十余年来没有在核工程上广泛应用，尤其是标准中没有规定 350℃ 高温拉伸强度、RT_{NDT} 等关键指标，已经远远不能满足最新的核电设计需求。尤其是作为下一代核压力容器锻件用钢，在核岛一回路中承受最严苛的服役条件，其技术指标相比 ASME 中的规定，理应提出更高的要求，以契合目前先进堆型的设计趋势。中国一重经与各设计院所、研究院广泛交流后，共同探索性地提出了最新的核级国产化 SA508Gr. 4N Cl. 1 钢的力学性能要求，见

表 2-4。不仅规定了 350℃ 高温拉伸、RT_{NDT} 等性能，低温冲击性能较 ASME 中的规定值也有大幅度提高。

表 2-4 核级国产化 SA508Gr. 4N Cl. 1 的力学性能要求

拉伸性能（室温）				低温冲击 KV/J
R_m/MPa	$R_{p0.2}$/MPa	A（%）	Z（%）	
725～895	≥585	≥18	≥45	≥78（-30℃）
拉伸性能（350℃）				RT_{NDT}（参考无延性转变温度）/℃
R_m/MPa	$R_{p0.2}$/MPa	A（%）	Z（%）	
≥600	≥450	—	—	≤-60℃

（2）制造过程 中国一重首先研制的是 ϕ2000mm×700mm 级 SA508Gr. 4N Cl. 1 钢大锻件。热处理前，在锻件边缘焊接一个厚度超过 700mm 的隔热环，保证锻件所有位置距热处理边缘一个壁厚的距离，锻件实际热处理尺寸达到了 ϕ3400mm 级，如图 2-18 所示。热处理后，将该锻件按图 2-19 所示进行了全壁厚、全截面解剖性能检测，各位置性能全部符合表 2-4 的要求。由于目前中国一重已经成功开发了更大尺寸级的 SA508Gr. 4N Cl. 1 钢大锻件，因此此件的制造过程及性能不做重点介绍。

图 2-18 ϕ2000mm×700mm 级 SA508Gr. 4N Cl. 1 钢大锻件

a）焊缓冲料 b）热处理 c）粗加工

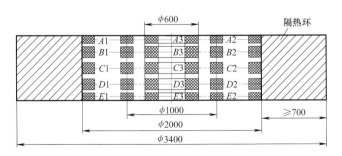

图 2-19 ϕ2000mm×700mm 级 SA508Gr. 4N Cl. 1 钢大锻件粗加工解剖取样图

在 $\phi2000mm \times 700mm$ 级锻件基础上，中国一重研制了 $\phi4000mm \times 1000mm$ 级 SA508Gr. 4N Cl. 1 钢大锻件。此锻件制造有两个难点：

1）性能要求高。国产化 SA508Gr. 4N Cl. 1 钢的力学性能指标要求具有较高的 350℃ 高温强度（见表 2-4），因此碳含量应控制在中上限以满足高强度要求。但提升碳含量，必然会带来韧性的损失，表 2-4 中又规定了高于 ASME 的低温冲击及 RT_{NDT} 等一系列韧性指标。在如此大尺寸、大壁厚的条件下，想要兼顾锻件的强韧性，做到全壁厚、全截面性能合格，十分困难。

2）尺寸大、壁厚大，导致在铸锭、锻造、热处理的过程中难以做到均匀化制造。

为了解决以上两个难点，需要优化热加工工艺，研发全流程精细工艺控制技术。锻件采用 228t 大钢锭，如图 2-20 所示，依旧采用真空冶炼"LVCD（真空碳脱氧精炼）+真空浇铸 VCD（真空碳脱氧）"的冶炼方式，以保证钢锭的纯净度，满足核级锻件的无损检测要求。

在锻造过程中，保证 $\phi4000mm \times 1000mm$ 级大锻件的性能均匀性，尤其是轴向、周向及径向三个方向的力学性能均匀性，是十分困难的。因此，锻造过程需要保证完整的锻造纤维流线且各个方向趋于一致的变形量，若采用传统的自由锻是很难实现的。经过多次数值模拟研究，中国一重最终采用了"自由锻

图 2-20　228t SA508Gr. 4N Cl. 1 钢大钢锭

+胎模锻"的复合锻造方案，如图 2-21 所示。首先采用 150MN 液压机进行自由锻，充分利用材料在 1050~1250℃ 高温度区间内的动态再结晶机制，细化组织晶粒；最后成品火次在较低温度区间内，采用胎模锻方式成形。胎模辅具的应用，保证了锻件各位置受到了三个方向应力从而均匀变形，有效缓解了周向自由表面的拉应力状态，锻件的有效应变量较自由锻大幅度提升。最终成品如图 2-22 所示，避免了自由锻尺寸余量过大、变形量不均匀、圆度不合格等需要进行锻造返修的问题。

另外，SA508Gr. 4N Cl. 1 钢存在典型的组织遗传性[12]，基于此锻件为 1000mm 级的壁厚，锻后热处理需要经历"至少两次正火或退火+回火"的奥氏体重结晶过程，以消除组织遗传、进一步细化晶粒。粗加工无损检测合格后，调质处理采用中国一重 $\phi14m \times 8m$ 专业淬火水槽进行淬火，如图 2-23 所示。锻后和调质热处理时，锻件保温和冷却时间要充足，以保证锻件心部充分透烧和冷却。

热处理后，对锻件进行全壁厚、全截面解剖性能检验和评价，如图 2-24 和图 2-25 所示。取料位置包括在锻件边缘（直径为 4020mm）、距离边缘一个 T（直径为 2000mm）、中心（直径为 450mm）三处切取全厚度五层试料环——距上端面 40mm 处、上 $T/4$ 处、$T/2$ 处、下 $T/4$ 处、距下端面 40mm 处（T 为热处理壁厚）。其中，直径为 4020mm、2000mm 处试料环对称 180°取样，共计 25 块试料。每个取料检验位置均同时在周向和轴向（径向）取样，同一位置试样检测调质态（QT）和调质态+模拟焊后热处理态（QT+SPWHT）下材料的性能（落锤只检测 QT+SPWHT 态试样）。

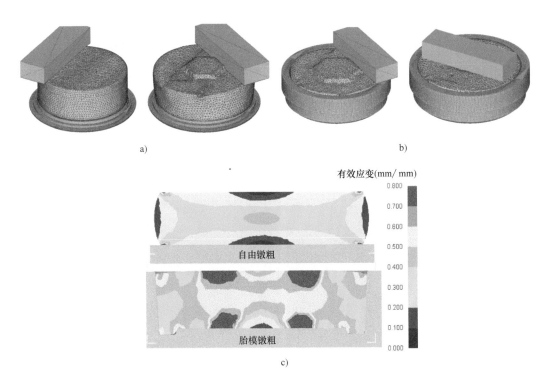

a)   b)

有效应变(mm/ mm)

自由镦粗

胎模镦粗

c)

图 2-21　φ4000mm×1000mm 级 SA508Gr. 4N Cl. 1 钢大锻件锻造过程和有效应变量数值模拟
a）自由镦粗　b）胎模镦粗　c）应力对比

a)   b)

图 2-22　φ4000mm×1000mm 级 SA508Gr. 4N Cl. 1 钢特厚大锻件锻造成品
a）胎模锻造　b）成品锻件

图 2-23　φ4000mm×1000mm 级 SA508Gr. 4N Cl. 1 钢特厚大锻件淬火

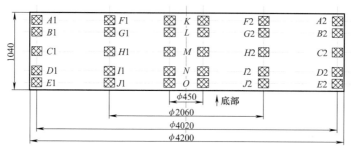

图 2-24　φ4000mm×1000mm 级 SA508Gr. 4N Cl. 1 钢大锻件粗加工解剖取样图

a)　　　　　　　　　　　　　　b)

图 2-25　φ4000mm×1000mm 级 SA508Gr. 4N Cl. 1 钢大锻件粗加工解剖取样和试料
a) 机械加工取样　b) 试料

（3）φ4000mm×1000mm 级大锻件全面性能评价　大锻件在淬火时，由于不同位置、不同壁厚的冷却速度不同，通常会产生不同的组织状态，这是大锻件热处理时的特点。SA508Gr. 4N Cl. 1 钢的最终性能与淬火时的冷却速度有很大关系，冷却速度越快，其强韧性越好。SA508Gr. 4N Cl. 1 钢大锻件由于壁厚达到 1000mm 级，其心部淬火冷却速度极慢，是理论上性能最差的区域。图 2-26 所示为锻件淬火实测冷却曲线。由图 2-26 可以看出，其心部位置（对应图 2-24 中试料 M）的冷却速度仅 1℃/min，但仍旧得到了"回火索氏体组织+贝氏体回火组织"的理想组织，如图 2-27 所示。表 2-5 列出了 25 个性能检验位置的晶粒度和组织。由表 2-5 可见，SA508Gr. 4N Cl. 1 钢大锻件的晶粒度和组织得到了有效控制，全壁

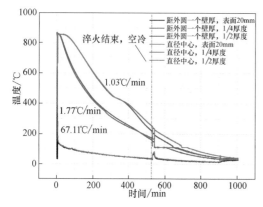

图 2-26　φ4000mm×1000mm 级 SA508
Gr. 4N Cl. 1 钢大锻件淬火实测冷却曲线

图 2-27　φ4000mm×1000mm 级 SA508Gr.
4N Cl. 1 钢大锻件心部（试料 M）组织

厚、全截面晶粒度大于等于 5 级，细小且均匀，组织大部分为回火索氏体，个别冷却速度较慢的位置得到回火索氏体和回火贝氏体的混合组织。这再次证明，SA508Gr. 4N Cl. 1 钢双面工程淬透性超过 1000mm。

表 2-5 φ4000mm×1000mm 级 SA508Gr. 4N Cl. 1 钢大锻件 25 个检验位置的晶粒度与组织

位置	晶粒度级别数 G	组织	位置	晶粒度级别数 G	组织	位置	晶粒度级别数 G	组织
A1	5.5	回火索氏体	E2	5.5	回火索氏体	H1	5.5	回火索氏体 + 回火贝氏体
A2	5		F1	5.5		H2	5.5	
B1	7		F2	5		K	5.5	
B2	5.5		G1	5.5		L	5.5	
C1	5.5		G2	5.5		M	5.5	
C2	5.5		I1	5.5		N	5	
D1	5.5		I2	5.5		O	5	
D2	6		J1	5.5				
E1	6.5		J2	6				

SA508Gr. 4N Cl. 1 钢大锻件淬火时的冷却速度如图 2-28 所示。边缘位置的 A1、A2、E1、E2 四个位置冷却速度最快，中心 M 位置处的冷却速度最慢。图 2-29 和图 2-30 所示分别为 φ4000mm×1000mm 级大锻件室温（21℃）和高温（350℃）的强度，主要呈现出以下几个特点：

1）锻件没有明显的各向异性。对于单个检测位置而言，无论是周向还是轴向，调质态还是模拟焊后热处理态，其强度波动不大。这侧面验证了采用"自由锻+胎模锻"复合锻造方案的科学性。

2）锻件 25 个检测位置的强度并没有出现随淬火冷却速度降低而明显衰减的情况，这主要是因为 SA508Gr. 4N Cl. 1 钢的强度与回火时间有关。例如，M 位置，虽然淬火冷却速度较慢，影响了其组织，但在高温回火时，由于锻件尺寸较大，热传导较慢，等到心部温度达到回火温度时，锻件边缘等其他位置早已提前进入保温阶段。因此 M 位置实际已经历了较短的回火保温时间，弥补了冷却速度不足带来的强度损失，使 M 位置依然获得了较高的强度。

3）综合来看，锻件 25 个检测位置在不同取样方向、材料状态下的强度性能，室温强度方面，屈服强度达到了 620~690MPa，抗拉强度达到了 755~820MPa，各位置强度相比技术条件，高出 30~100MPa。350℃高温性能方面，屈服强度达到了 530~590MPa，抗拉强度达到了 630~700MPa，各位置强度相比技术条件，屈服强度高出 80~140MPa，抗拉强度高出 30~100MPa，锻件强度余量较大。

图 2-28 φ4000mm×1000mm 级 SA508Gr. 4N Cl. 1 钢
大锻件淬火时的冷却速度

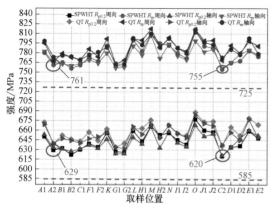

图 2-29 $\phi 4000mm \times 1000mm$ 级 SA508Gr. 4N
Cl. 1 钢大锻件的室温（21℃）强度

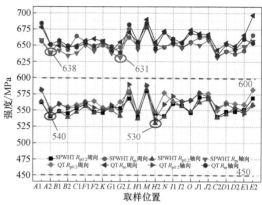

图 2-30 $\phi 4000mm \times 1000mm$ 级 SA508Gr. 4N
Cl. 1 钢大锻件的高温（350℃）强度

图 2-31 所示为 $\phi 4000mm \times 1000mm$ 级 SA508Gr. 4N Cl. 1 钢大锻件低温（-30℃）冲击性能。可以看出，由于较低的淬火冷却速度和较少的回火时间都会对冲击冷却速度产生不利影响，因此锻件心部 M 位置的冲击性能，尤其是轴向冲击性能衰减严重，但即便如此，仍旧达到了 144J，接近技术条件要求的 2 倍，而锻件其他位置的冲击值最高达到了约 270J，冲击韧性余量较大。

图 2-32 所示为 $\phi 4000mm \times 1000mm$ 级 SA508Gr. 4N Cl. 1 钢大锻件的 RT_{NDT}。SA508Gr. 4N Cl. 1 钢的 RT_{NDT} 受淬火冷却速度影响明显，心部 $RT_{NDT} = -60℃$，刚好符合技术条件要求，而淬火冷却速度较快的边缘位置，其 RT_{NDT} 可达到 -130℃，这也是目前为止，国产化 SA508Gr. 4N Cl. 1 钢锻件工程化所能达到的最低 RT_{NDT} 值。整体来看，与 SA508Gr. 3 钢相比，SA508Gr. 4N Cl. 1 钢大锻件的 RT_{NDT} 大幅度降低，低温韧性极佳。

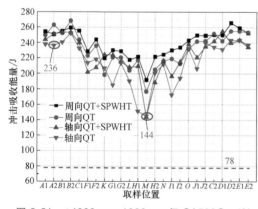

图 2-31 $\phi 4000mm \times 1000mm$ 级 SA508Gr. 4N
Cl. 1 钢大锻件低温（-30℃）冲击性能

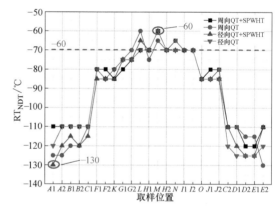

图 2-32 $\phi 4000mm \times 1000mm$ 级 SA508Gr. 4N
Cl. 1 钢大锻件的 RT_{NDT}

中国一重研制的 $\phi 4000mm \times 1000mm$ 级 SA508Gr. 4N Cl. 1 钢大锻件的各项性能优异，具备高强韧性特点，不仅全壁厚、全截面符合国产化 SA508Gr. 4N Cl. 1 钢的技术要求，而且强度、韧性均有较大余量储备，强韧性匹配较佳，各项实际性能较 SA508Gr. 3 钢锻件有大幅度提升。由于强韧性余量较大，为调整制造工艺留有一定空间，使 SA508Gr. 4N Cl. 1 钢可以满足未来新型核压力容器等关键设备大锻件更高的性能设计要求，应用潜力巨大。

（4）辐照试验研究　按照技术要求，新一代核压力容器用 SA508Gr.4N Cl.1 钢在堆内辐照试验温度要求为 230℃，所有试样辐照试验温度平均允许偏差为 ±20℃；辐照中子注量要求为 3×10^{19} n/cm²，所有试样辐照中子注量平均允许偏差为 ±15%，辐照介质为惰性气体。本次辐照试验选用 HFETR 9# 辐照孔道进行辐照，根据辐照试验结果，反应堆在 80MW 稳定运行期间，试样辐照温度满足 230℃ ± 10℃ 要求，所有试样平均快中子注量为 3.405×10^{19} n/cm²，比目标值高 13.5%，但仍满足试样平均允许偏差为 ±15% 的要求。辐照试验项目及数量见表 2-6，部分试验试样准备及试验情况如图 2-33 和图 2-34 所示。

图 2-33　SA508Gr.4N Cl.1 钢
入堆试样装夹情况

表 2-6　SA508Gr.4N Cl.1 钢辐照试验项目及数量（辐照前、后各做一组试验）

试验项目		取样方向	试样尺寸/mm	试样数量/个	试验方法
室温拉伸		试样纵轴平行于主锻方向	标距段：$\phi5\times25$	3	GB/T 228.1
高温（350℃）拉伸		试样纵轴平行于主锻方向	标距段：$\phi5\times25$	3	GB/T 228.2
KV-T 曲线		试样纵轴垂直于主锻方向，缺口根部轴线垂直于锻件表面	10×10×55	18	GB/T 229
韧脆转变区参考温度 T_0	断裂韧度	试样裂纹平面应平行于主锻方向，裂纹起始缺口根部轴线应垂直于锻件表面	C（T）试样：试样尺寸及类型由试验方确定	8	NB/T 20292
	硬度	—	—	1	GB/T 231.1
	金相检验	—	—	1	GB/T 13298
	SEM 扫查	—	—	1	—

a)　　　　　　　　　　　　b)

图 2-34　SA508Gr.4N Cl.1 钢辐照前、后部分性能试验情况

a）辐照前　b）辐照后

1）冲击试验。对于每组试样，采用双曲正切函数经验方程，分别拟合出完整的冲击吸收能量、冲击侧膨胀量和脆性断面率的转变温度曲线，根据拟合曲线确定：USE—上平台能

量（J）；T_{41J}—冲击吸收能量为 41J 对应的标记转变温度；T_{56J}—冲击吸收能量为 56J 对应的标记转变温度；T_{68J}—冲击吸收能量为 68J 对应的标记转变温度；$T_{0.89mm}$—冲击侧向膨胀量为 0.89mm 所对应的标记转变温度；$FATT_{50}$—脆性断面率为 50% 所对应的温度。

RT_{NDT} 的变化值（RT_{NDT}）由 T_{41J}、T_{56J}、T_{68J} 和 $T_{0.89mm}$ 中最大的变化值（T_{CV}）给出，即 $RT_{NDT} = T_{CV}$。

图 2-35 ~ 图 2-37 所示为 SA508Gr. 4N Cl. 1 钢辐照前试样的冲击吸收能量、冲击侧膨胀量和脆性断面率的转变温度拟合曲线。

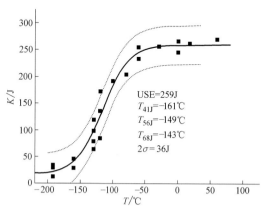

图 2-35　辐照前试样冲击吸收能量-温度转变曲线

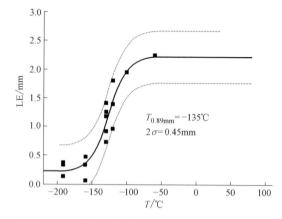

图 2-36　辐照前试样冲击侧膨胀量-温度转变曲线

根据冲击吸收能量-温度转变曲线，可确定出 SA508Gr. 4N Cl. 1 钢辐照前试样的 T_{41J} 为 -161℃，T_{56J} 为 -149℃，T_{68J} 为 -143℃，USE 为 259J，拟合曲线的不确定度 2σ 为 ±36J。

根据冲击侧膨胀量-温度转变曲线，可确定出 SA508Gr. 4N Cl. 1 钢辐照前试样的 $T_{0.89mm}$ 为 -135℃，拟合曲线的不确定度 2σ 为 ±0.45mm。

根据脆性断面率-温度转变曲线，可确定出辐照前试样的 $FATT_{50}$ 为 -121℃，拟合曲线的不确定度 2σ 为 ±21%。

图 2-38 ~ 图 2-40 所示为 SA508Gr. 4N Cl. 1 钢辐照后试样的冲击吸收能量、冲击侧膨胀量和脆性断面率的转变温度拟合曲线。

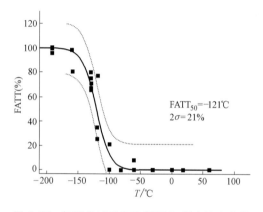

图 2-37　辐照前试样脆性断面率-温度转变曲线

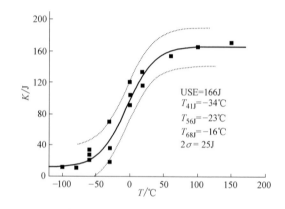

图 2-38　辐照后试样冲击吸收能量-温度转变曲线

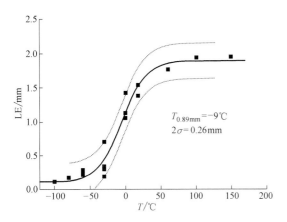

图 2-39　辐照后试样冲击侧膨胀量-温度转变曲线

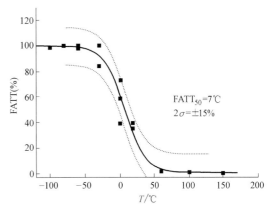

图 2-40　辐照后试样脆性断面率-温度转变曲线

根据脆性断面率-温度转变曲线，可确定出 SA508Gr. 4N Cl. 1 钢辐照后试样的 $FATT_{50}$ 为 7℃，拟合曲线的不确定度 2σ 为 ±15%。根据转变温度曲线，可确定出每组试样的标记转变温度 T_{41J}、T_{56J}、T_{68J}、$T_{0.89mm}$、$FATT_{50}$、上平台能量 USE，以及由于辐照引起的变化值。SA508Gr. 4N Cl. 1 钢试样辐照前后上平台能量和转变温度的变化见表 2-7，图 2-41 所示为 SA508Gr. 4N Cl. 1 钢试样辐照前后的能量-温度转变曲线对比。

表 2-7　SA508Gr. 4N Cl. 1 钢试样辐照前后上平台能量和转变温度的变化

状态	USE/J	T_{41J}/℃	T_{56J}/℃	T_{68J}/℃	$T_{0.89mm}$/℃	$FATT_{50}$/℃
辐照前	259	−161	−149	−143	−135	−121
辐照后	166	−34	−23	−16	−9	7
△	−93	127	126	127	126	128

从试验结果来看，SA508Gr. 4N Cl. 1 钢在辐照后，上平台能量下降了 93J，T_{41J} 上升了 127℃，T_{56J} 上升了 126℃，T_{68J} 上升了 127℃，$T_{0.89mm}$ 上升了 126℃，$FATT_{50}$ 上升了 128℃。由于中子辐照引起的试样转变温度变化值（T_{41J}、T_{56J}、T_{68J}、$T_{0.89mm}$ 与 $FATT_{50}$）相差均在 2℃ 以内，说明根据能量和测膨胀量确定的转变温度变化值是一致的。

辐照后的试验结果表明，经 $3.405 \times 10^{19} n/cm^2$ 中子注量及 230℃ 辐照后，SA508Gr. 4N Cl. 1 钢的特征转变温度有较大升高，辐照效应非常明显。杨文斗在反应堆

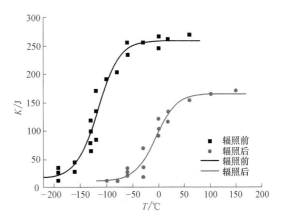

图 2-41　SA508Gr. 4N Cl. 1 钢试样辐照前后的能量-温度转变曲线对比

材料学中指出，辐照效应随温度的变化一般是相反的关系，即温度越高，辐照效应越小。当辐照温度高于 250℃ 时，压力容器的辐照效应（T_{41J} 增值）有突然下降的趋势，而本次辐照温度为 230℃，低于 250℃，因此 SA508Gr. 4N Cl. 1 钢转变温度的较大提升可能是由于辐照

温度较低所致[13]。

大多数 SA508Gr.3 钢冷态试样的冲击试验表明,其转变温度一般为-50℃左右。对比 SA508Gr.3 钢冷态(冷态即辐照前)冲击试验,SA508Gr.4N Cl.1 钢冷态试样转变温度降低约 100℃。由 SA508Gr.4N Cl.1 钢和 SA508Gr.3 钢成分对比分析可知,SA508Gr.4N Cl.1 钢中的 Ni 元素含量为 3.62%(质量分数),而 SA508Gr.3 钢一般为 0.7%(质量分数)左右。Ni 能细化铁素体晶粒,改善钢的低温性能。镍含量超过一定值的碳素钢,其低温脆性转变温度显著降低,低温冲击韧性显著提高,而辐照后的 SA508Gr.4N Cl.1 钢的转变温度与辐照后的 SA508Gr.3 钢接近,因而 SA508Gr.4N Cl.1 钢的特征转变温度变化与 SA508Gr.3 钢相比有较大幅度的升高。

2)拉伸试验。SA508Gr.4N Cl.1 钢辐照前后拉伸性能的变化和对比见表 2-8 和图 2-42。

表 2-8　SA508Gr.4N Cl.1 钢辐照前后拉伸性能的变化

温度	辐照前				辐照后			
	屈服强度/MPa	抗拉强度/MPa	延伸率(%)	断面收缩率(%)	屈服强度/MPa	抗拉强度/MPa	延伸率(%)	断面收缩率(%)
室温(18℃)	647	790	52	28	869	962	48	21
	643	790	53	27	876	987	54	20
	642	785	52	28	919	994	52	18
350℃	537	640	52	20	614	718	50	19
	552	656	54	21	608	697	54	17
	549	657	52	21	614	714	54	18

从试验结果可以看出:

① 与辐照前试样相比,辐照后试样的室温屈服强度平均升高约 244MPa,抗拉强度平均升高约 193MPa,断面收缩率平均降低约 9%,延伸率无明显变化。

② 与辐照前试样相比,辐照后试样 350℃时的屈服强度平均升高约 66MPa,抗拉强度平均升高约 59MPa,断面收缩率平均降低约 3%,延伸率无明显变化。

③ 与室温试验相比,辐照试样 350℃的屈服强度和抗拉强度较室温试验结果平均降低了 276MPa 和 271MPa,延伸率和断面收缩率无明显变化。

根据辐照前后试验结果分析,在 230℃辐照温度下,经 $3.405 \times 10^{19} n/cm^2$

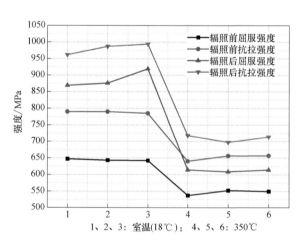

1、2、3:室温(18℃);4、5、6:350℃

图 2-42　SA508Gr.4N Cl.1 钢
辐照前后拉伸性能对比

注:SA508Gr.4N Cl.1 为美国牌号,可简写为 508-Ⅲ。

中子注量辐照后,SA508Gr.4N Cl.1 钢的室温下抗拉强度升高 193MPa,屈服强度升高 244MPa,辐照硬化效应较大。因为辐照温度是影响材料中子辐照硬化效应的一个重要因素,对反应堆压力容器材料，当其他条件相同时，如果辐照温度低于 250℃，则为低温辐照；当高于 250℃ 时，在辐照过程中，缺陷将部分恢复，高温辐照后的硬化效应较小。由于本次中子辐照试验的温度为 230℃，属于低温辐照，因此较大的辐照硬化效应可能与辐照温度有关。

与常用的 SA508Gr. 3 钢相比，辐照前，SA508Gr. 4N Cl. 1 钢的室温抗拉强度高约 200MPa，屈服强度同样也高 100MPa 以上。有学者研究发现，SA508Gr. 4N Cl. 1 钢的强度、低温韧性、淬透性极限相较于 SA508Gr. 3 钢均有显著提高。SA508Gr. 3 钢在试验条件下的双面淬透性极限约为 700mm，工业试制条件下的双面淬透性极限约为 500mm，而 SA508Gr. 4N Cl. 1 钢在试验条件下的双面淬透性极限约为 1200mm。对比 SA508Gr. 3 钢的化学成分，SA508Gr. 4N Cl. 1 钢中显著降低了 Mn 含量而提高了 Cr、Ni 含量，Mn 含量降低，可以减小钢种偏析，降低回火脆化敏感性；Cr、Ni 含量提高，降低了奥氏体向铁素体和碳化物的转变速度，使奥氏体等温转变图明显右移，从而也降低了淬火的临界冷却速度，致使钢的淬透性增加和获得空淬效应。

3）硬度试验。对辐照前后的两个试样各进行六个测试点显微硬度测试，然后取其平均值。SA508Gr. 4N Cl. 1 钢辐照前后的硬度见表 2-9，硬度测试压痕如图 2-43 所示。

表 2-9　SA508Gr. 4N Cl. 1 钢辐照前后的硬度　　　　　　　（单位：HV）

状态	试样 1	试样 2	试样 3	试样 4	试样 5	试样 6	平均硬度
辐照前	303	311	309	306	303	312	307
辐照后	311	315	302	321	313	322	314

a)　　　　　　　　　　　　　　　　　　　b)

图 2-43　SA508Gr. 4N Cl. 1 钢辐照前后的硬度测试压痕

a）辐照前　b）辐照后

由表 2-9 可见，辐照前 SA508Gr. 4N Cl. 1 钢试样的平均显微硬度为 307HV，辐照后试样的显微硬度为 314HV。经中子辐照后，SA508Gr. 4N Cl. 1 钢的显微硬度略有升高，具有一定的辐照硬化效应。

今后，中国一重将继续开展 SA508Gr. 4N Cl. 1 钢与锻件匹配的焊接工艺等方面的研究，继续推动 SA508Gr. 4N Cl. 1 钢在核反应堆压力容器上的工程应用进程。

核电材料的碳含量及合金元素含量均低于转子材料，故其有效基材的直径也为

4000mm。

4. 加氢材料

虽然加氢材料的工程实践所遇到的钢锭断面没有转子材料及核电材料的大，但从碳含量及合金元素含量较低可以判断，其有效基材的直径也可达到4000mm。

2.2.2.2 不锈钢

因为不锈钢的碳含量较低，所以偏析较小，但从第1.3.1节所介绍的内容及相关报道可以推断出不锈钢材料的有效基材截面在 ϕ1300～ϕ1500mm 范围内。直径超过1500mm，不仅有害相增加，而且还超出了电渣重熔（ESR）结晶器的水冷覆盖范围。

国内某锻件供应商新建的拥有自主创新技术的450t电渣重熔炉（见图2-44）荣获2009年中国国际工业博览会金奖。但是，由于钢锭直径为3500mm，超出了水冷结晶器的有效范围，心部的凝固类似于模铸（见图2-45）。

图2-44 450t电渣重熔炉

图2-45 450t电渣重熔脱锭后的状态

2.2.2.3 高温合金

高温合金是21世纪发展最快的材料之一，其有效基材的截面在不断增大。表2-10列出了国内高温合金主要生产和研发企业的冶炼及锭型能力；表2-11列出了国外高温合金主要生产企业的制造能力；表2-12列出了国外高温合金主要生产企业的设备能力。从综合对比可以看出，目前是国外技术领先，尤其是美国的CONSARC全球第一。

表2-10 国内高温合金主要生产和研发企业的冶炼及锭型能力

生产企业	冶炼工艺	规格	锭型尺寸/mm
抚顺特殊钢股份有限公司（国内龙头）	VIM	0.2t、1t、6t、12t、20t、30t（规划）	—
	VAR	2t、6t、7t、10t、12t、18t、20t、30t（规划）	ϕ180、ϕ250、ϕ305、ϕ406、ϕ508、ϕ660、ϕ810、ϕ920、ϕ1080、ϕ1250
	ESR	1t、3t、5t、6t、7t、10t、12t、15t、20t、30t（规划）	ϕ165、ϕ280、ϕ360、ϕ480、ϕ610、ϕ750、ϕ920、ϕ1100、ϕ1235
长城特钢	VIM	1t、6t、12t	—
	VAR	6t、12t	ϕ305、ϕ406、ϕ508、ϕ660、ϕ810、ϕ920
	ESR	3t、7t	ϕ230、ϕ360、ϕ450、ϕ550、ϕ650

注：VIM—真空感应炉熔炼；VAR—真空自耗；ESR—电渣重熔。

表 2-11　国外高温合金主要生产企业的制造能力

VAR(德国 ALD)		ESR(美国 CONSARC)	
锭型尺寸/mm	质量/t	锭型尺寸/mm	质量/t
ϕ508	3	ϕ508	4
ϕ660	6	ϕ650	6
ϕ810	12	ϕ760	10
ϕ920	16	ϕ914	15
		ϕ1016	20
		ϕ1117	30
		ϕ1219	35

表 2-12　国外高温合金主要生产企业的设备能力

生产企业	VIM		VAR	ESR	
德国 ALD	设备	VIM 02-100	VIM 100-4000	最大 50t	实验室炉	工业炉
	容量	1~750kg	1~30t		500kg 以下	最大 150t
美国 CONSARC	5~30t		6~27t	最大 150t	
奥地利 INTECO	最大 30t		30t 或更大	最大 250t	

在高温合金中，合金元素种类多、含量高；在凝固过程中，合金元素易烧损、产生偏析、析出低熔点相等，甚至会造成应力集中，从而导致铸锭开裂，因此需采用 VIM、ESR、VAR 等特种冶炼工艺，一般采用 VIM+ESR、VIM+VAR 的双联工艺或 VIM+ESR+VAR 的三联工艺来进行冶炼。尽管 ESR 有水冷模，VAR 有水冷模和强冷，但仍不能将铸锭直径做到更大，如最具代表性的 GH4169 合金，根据查阅文献、调研等相关信息，目前国内尽管已经具备设备基础，冶炼技术也取得了长足的进步，但在 ϕ660mm 直径的锭型方面仍存在一定的问题，不够稳定，而重型燃气轮机涡轮盘锻件所需的铸锭直径至少要达到 920mm，因此限制了高温合金在大型锻件领域的应用。除了采取传统的冶炼工艺路线进行技术的突破来实现高温合金锭型的扩大，也需要采用创新型的思维去发展新型的技术路线来扩大高温合金锭型，其中液-固复合技术为最有希望的技术之一。液-固复合技术需要选择合适的基材作为芯棒，为了制订出合理的工艺，需要了解能够作为基材的高温合金坯料的相关情况。

经综合了解，在具有代表意义的高温合金锭型方面，目前国内最高的水平见表2-13，可以作为未来基材的候选。

表 2-13　目前国内高温合金铸锭能力

牌号	冶炼路线	成熟锭型尺寸/mm
IN617	VIM+ESR	≤ϕ660
	VIM+ESR+VAR	≤ϕ810
GH4169	VIM+ESR	≤ϕ450
	VIM+VAR	≤ϕ508
	VIM+ESR+VAR	≤ϕ508
825	VIM+ESR	≤ϕ1235
706	VIM+ESR+VAR	≤ϕ920

注：牌号均为美国高温合金牌号，目前尚无对应的国内牌号。

国内正在采用三联工艺进行直径为 1000mm 的高温合金坯料的联合攻关。本团队拟采用液-固复合的方式开展直径≥1100mm 高温合金坯料的研制。

2.2.3 液-固复合组坯

液-固复合是将钢液整体或局部包覆在固体表面形成更大的坯料的增材制造过程。分为真空模铸的整体包覆液-固复合和 ESR（电极或钢液）增径的局部包覆液-固复合。液-固复合可以是同种材料之间的复合，也可以是异种材料之间的复合。

液-固复合的目标是制备直径≤3300mm 的合金钢圆坯，替代质量≤750t 模铸钢锭；制备直径≤3000mm 的不锈钢，替代质量≤300t 的 ESR 钢锭；制备直径≤1400mm 的高温合金圆坯。

2.2.3.1 整体包覆式

整体包覆式是采用真空状态下的模铸方式，心部材料类似于铸造的内冷铁，所不同的是钢液对芯棒的包覆是在真空下进行，可以减少液-固间产生的气体，整体包覆也是为了使芯棒与大气隔绝。其特点是包覆钢液凝固后与芯棒不能熔为一体。整体包覆式液-固复合如图2-46 所示。图 2-46a 所示为整体包覆结果，芯部为固体，外围是钢液；图 2-46b 所示为整体包覆前的准备；图 2-46c 所示为整体包覆后的钢锭；图 2-46d 所示为包覆钢锭解剖后的横截面。从图 2-46d 中可以看出，钢液凝固后外壳与芯棒未能熔为一体。

整体包覆式钢锭的进一步完善按后续介绍的固-固复合处理。

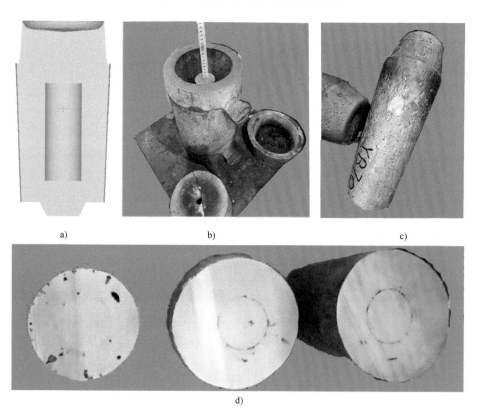

a)　　　　　　　　　　　b)　　　　　　　　　　　c)

d)

图 2-46　整体包覆式液-固复合

a）整体包覆结果　b）包覆前的准备　c）整体包覆后的钢锭　d）包覆钢锭解剖后的横截面

2.2.3.2 局部包覆式

局部包覆式是在芯棒的外径上包覆钢液，主要目标是整体或局部增径，其特点是芯棒两端未包覆，外径包覆的钢液凝固后与芯棒熔为一体。

1. 电渣钢液包覆

电渣钢液包覆液-固复合是电渣液滴通过保护渣包覆在芯棒的表面，从而制备出均匀性与纯净性俱佳的更大断面的坯料。电渣钢液包覆式液-固复合可以逐层浇注，如图 2-47 所示。

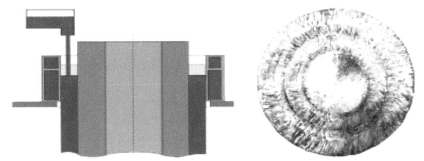

图 2-47　电渣钢液包覆式液-固复合

2. ESR 包覆

ESR 包覆液-固复合是电极（呈圆周分布）熔化的液滴通过保护渣包覆在芯棒的表面，从而制备出均匀性与纯净性俱佳的更大断面的坯料。ESR 包覆液-固复合如图 2-48 所示。

液-固复合的方式不同，后处理的流程也有所区别。整体包覆式需要采用扩散连接的方式使其界面结合，然后才能进入坯料改性阶段，局部包覆式则可以直接进入坯料改性阶段。

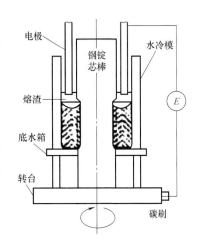

图 2-48　ESR 包覆液-固复合

2.2.4　固-固复合组坯

固-固复合是将若干个小单元（板坯或有效基材制备的小型管板）通过真空焊接等方式进行组坯。图 2-49 所示为某高校与某轧辊供应商联合开发的复合轧辊组焊试件。图 2-49a 所示为自动组焊后的状态；图 2-49b 所示为从自动焊剩余部分抽真空、手工封焊。

为了减少连接界面并避免随后的界面愈合过程中难变形区处于结合界面，常采用有效基材制备成小型管板作为组坯单元（见图 2-50），而不是采用断面较小的连铸坯。组坯单元封焊前的加工要求如图 2-51 所示。固-固复合组坯焊接如图 2-52 所示。固-固复合组坯后的状态如图 2-53 所示。

2.2.5　界面愈合

界面愈合是对整体包覆式的液-固复合和块体组焊的固-固复合的未结合界面进行扩散连接，以及大型坯料进行局部液-固复合已连接界面的致密化。

图 2-49　复合轧辊组焊试件

a）自动组焊后的状态　b）抽真空、手工封焊

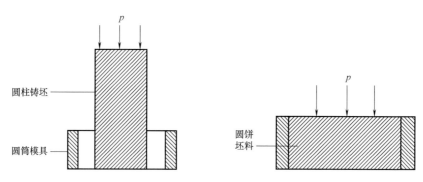

图 2-50　组坯单元制备

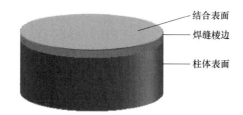

图 2-51　组坯单元封焊前的加工要求

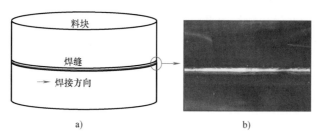

a）

b）

图 2-52　固-固复合组坯焊接

a）真空焊接方案　b）焊缝形貌

由于整体包覆式的液-固复合和块体组焊的固-固复合的未结合界面有上下两层纳米级的氧化膜存在，因此需要在高温下扩散并施加 50% 以上的相对压下量，充分打碎氧化膜，以利于原子键的结合，同时为推动后续的扩散提供足够的位错密度。图 2-54 所示为固-固复合界面愈合过程，其中图 2-54a 所示为块体组焊；图 2-54b 所示为组焊后的块体经过高温扩散；图 2-54c 所示为大变形镦粗；图 2-54d 所示为经过大变形后的坯料。图 2-55 所示为快堆支承环坯料两个块体组焊后的界面愈合过程。

图 2-53　固-固复合组坯后的状态

对于 ESR 液-固复合的界面，由于有 3～5mm 的过渡层，界面充分结合；可以通过挤压的方式，对结合面进行愈合，同时对包覆的铸态组织进行致密化，如图 2-56 所示。

a)　　　　　　　　　　　　　　　b)

c)　　　　　　　　　　　　　　　d)

图 2-54　固-固复合界面愈合过程

a）块体组焊　b）高温扩散　c）大变形镦粗　d）大变形后坯料

为了减少变形的不均匀性，固-固复合界面愈合最好采用闭式镦粗的方式进行，如图 2-57 所示。图 2-58 所示为固-固复合界面愈合镦粗方式及效果对比，从中可以看出，闭式复合效果良好。

2.2.6　坯料的均匀化

对于固-固复合中的氧化膜在破碎和扩散后形成的新氧化物（最终为 Al_2O_3），需要通过坯料变形（揉）使其均匀分布，避免形成新的纳米级密集区。此外，还可以尝试通过重结晶（有相变材料）或再结晶（无相变材料）使氧化物进行重新分布。

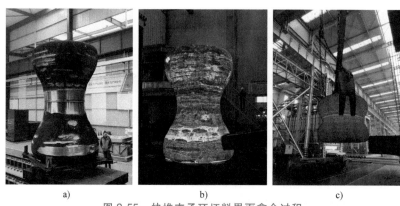

图 2-55 快堆支承环坯料界面愈合过程

a）对接焊　b）高温扩散　c）连接

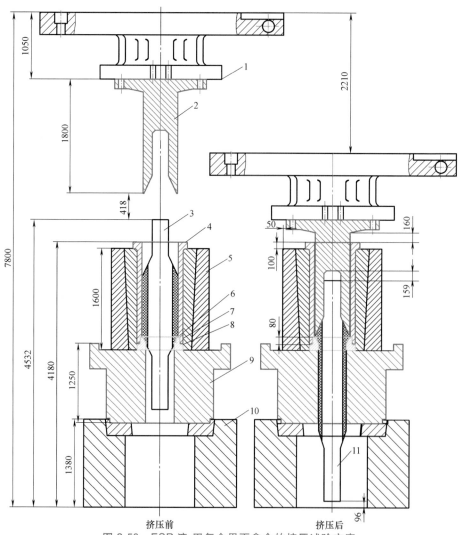

图 2-56 ESR 液-固复合界面愈合的挤压试验方案

1—连接架　2—凸模　3—坯料　4—衬筒　5—挤压筒　6—成形模　7—定位键
8—连接键　9—导向筒　10—增高筒　11—挤压后复合辊

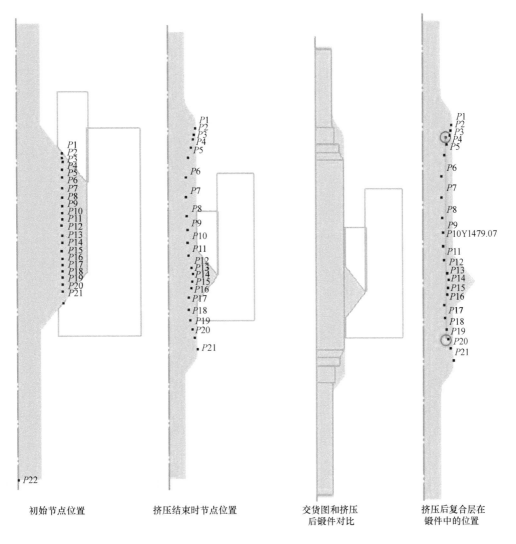

初始节点位置 | 挤压结束时节点位置 | 交货图和挤压后锻件对比 | 挤压后复合层在锻件中的位置

图 2-56 ESR 液-固复合界面愈合的挤压试验方案（续）

P1~P21—在挤压前复合坯料纵剖面上，于复合界面处均匀截取的节点

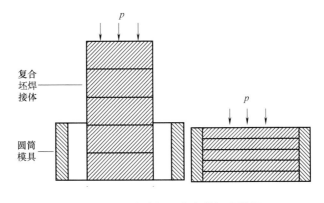

图 2-57 固-固复合界面愈合的闭式镦粗

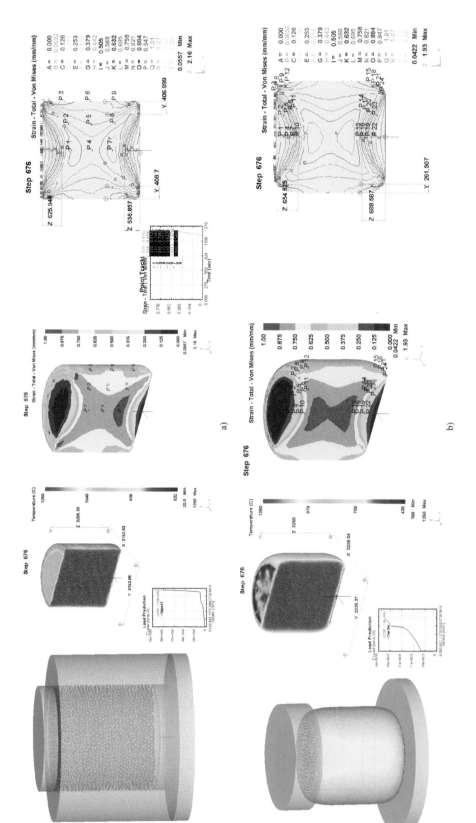

图 2-58　固-固复合界面合愈镦粗方式及效果对比
a）闭式镦粗复合　b）自由镦粗复合

Temperature—温度　Step—步骤　Load Prediction—载荷预测　Z Load—Z 向载荷　Point Tracking—跟踪点　Strain-Total-Von Mises—冯·米塞斯总应变　Time—时间

第3章

双超圆坯立式半连铸机的研制与应用

大型锻件提高材料利用率的发展趋势是连铸代替模铸，解决轧辊外露夹杂等也需要采用连铸模式，以改变夹杂物的分布。本章将对双超圆坯立式半连铸机的研制进行论证，并对铸坯的多样性应用进行描述。

 3.1　双超圆坯立式半连铸机的研制

双超圆坯指直径超出连铸机设备的能力范围和单根长度超出连铸坯料切割定尺的超大圆形铸坯。半连铸是连铸技术与模铸技术的强强联合。双超圆坯的规格是直径为1350mm/1600mm，长度≥12500mm。对于这种装备的研制，需要经历极限制造的考验。

3.1.1　研制目的

对于重型机械行业，采用电弧炉冶炼和钢包精炼，可以提供低P、S的洁净钢液，同时又具有将直径≤4000mm的模铸钢锭锻造出优质锻坯的丰富经验。如果采用连铸的铸坯替代传统的模铸，将会提升大型锻件优质锻坯制备全流程的整体效果。

3.1.1.1　铸坯技术的变革

20世纪70年代以前，无论是冶金行业，还是机械制造行业，都是以钢锭制坯，模铸大多数采用大气下注，直到20世纪80年代后期，装备制造行业出现真空上注；20世纪70年代以后，随着连铸技术的引进，在冶金行业逐步取代了模铸。目前，绝大多数冶金行业都没有模铸，在少量特钢行业存在少量模铸。重型装备制造行业绝大多数采用真空模铸。经过多年的发展，这两种制坯形式各自已经形成一套比较完善的理论体系与实际工程应用相结合的方式，但这两种圆坯制备形式均存在各自局限性。

所谓连铸，就是把高温钢液连续不断地浇注成具有一定截面形状和一定尺寸规格铸坯的生产工艺。1858年，世界第一台连铸机诞生，如图3-1所示。连铸工艺如图3-2所示。

最早提出将液态金属连续浇注成形的设想可追溯到19世纪40年代，1840年美国的塞勒斯，1843年美国的莱恩，以及1846年英国的贝塞麦，相继提出了各种连续浇注有色金属的方法。贝塞麦获得用双辊法浇注可锻铸铁的专利。立式连铸机进入钢铁生产领域是20世

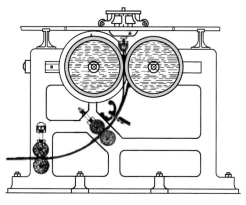

图 3-1　世界第一台对辊薄带铸机

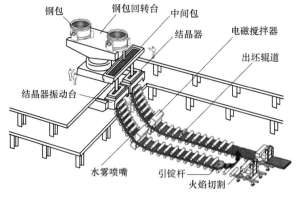

图 3-2　连铸工艺

纪 50 年代，由德国的德伦提出立式连铸机的雏形和 S. 容汉斯的结晶器振动技术组合。1933 年，容汉斯在德国建成一台浇注黄铜的立式连铸机，并获得成功。1943 年，容汉斯又建成了一台浇钢的实验机组，第二次世界大战结束，世界各主要工业国都对连铸技术进行了研究，在 1946—1947 年，第一批连续铸钢试验装置分别建于美国的巴布考克和威尔考克斯公司、英国的劳莫尔公司、日本尼崎钢管厂，以后奥地利的布雷坦费尔德钢厂、英国钢铁学会和美国阿勒德隆钢公司都建设了试验设备。在此基础上，第一台生产型立式连续铸钢机于 1950 年在联邦德国曼内斯曼公司建成。

弧形连铸机的问世和发展（20 世纪 60 年代）：1963 年，联邦德国曼内斯曼建成一台 200mm×200mm 断面的弧形连铸机；同年，由康卡斯特设计的弧形连铸机在瑞士的冯-莫斯厂投入热试。1964 年，曼内斯曼迪林根厂建成的大型板坯弧形连铸机投产；同年，中国重庆第三钢铁厂自行设计、制造的一台板坯宽弧形连铸机投入热试。

连铸技术迅速进入生产，技术进步快（20 世纪 70 年代）：进入 20 世纪 70 年代，世界发生能源危机，连铸技术得到迅速发展，尤其是在能源匮乏的日本，连铸技术发展极为迅速，连铸比从 1970 年的 5.6% 上升到 1980 年的 59.6%。连铸比上升最快的是日本，其次是意大利、法国和联邦德国，美国、苏联连铸坯产量平均每年增加 100 万吨以上。

3.1.1.2　连铸与模铸的对比

在传统的大型钢锭制备中，冶炼及铸锭过程中各种夹杂物进入钢液及可能去除的工艺阶段如图 3-3 所示。从图 3-3 可以看出，虽然在冶炼、铸锭（中间包浇注）、凝固过程中都能够不同程度地去除夹杂物，但仍会在钢锭中残留夹杂物。夹杂物虽然不可避免，但可以尽可能减少并改变其在钢锭中的分布。

实践证明，从备料到浇注整个冶炼过程的各个工序，都存在能引起钢锭夹杂物的因素，但最直接、影响因素最多的环节是铸锭工序。

铸锭工序是炼钢生产的最后一道工序，也是钢液直接与大气、耐火材料接触的工序，中间包中的钢液，存在从注流的二次氧化、耐火材料侵蚀产物和在后期精炼包中进入的精炼渣，这些杂质在中间包浇注的任何时候都有直接进入钢锭的可能性，如果进入钢锭则没有较多的时间使其上浮去除，特别是小型的钢锭。因此，即便在精炼结束后所得到的是非常纯净的钢液，如果在铸锭工序没有有效的预防措施，浇注的钢锭质量也未必能达到理想状态。

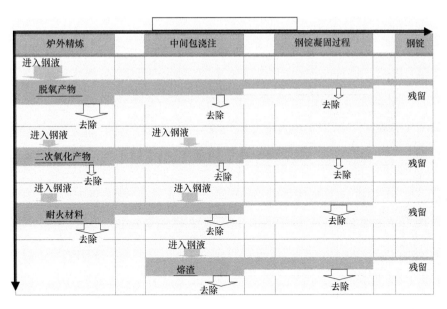

图 3-3　各种夹杂物进入钢液及可能去除的工艺阶段

铸锭工序可导致钢锭夹杂物产生的各种因素如图 3-4 所示。

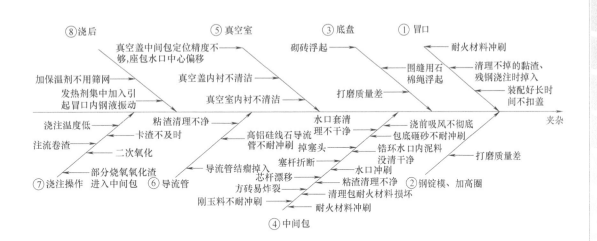

图 3-4　铸锭工序可导致钢锭夹杂物产生的各种因素

既然铸锭工序是去除夹杂物的关键，我们就从铸锭入手解决问题。传统的大型钢锭模铸如图 3-5 所示。从图 3-5 可以看出，钢液通过中间包浇注到钢锭模内，就没有动力使其沿周向流动，模铸钢锭的内部组织如图 3-6 所示。

弧形连铸机在浇注过程中需要对铸坯进行弯曲和矫直，对于一些高碳、高合金钢等裂纹敏感钢种控制难度大，也正因为如此，大断面弧形连铸机浇注的材料品种受到一定的限制。

带有电磁搅拌的连铸装备，可以使钢液的夹杂物减少且均匀分布，如图 3-7 所示。

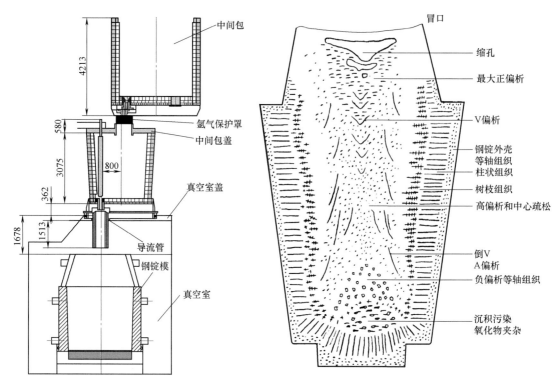

图 3-5　大型钢锭模铸　　　　　　　图 3-6　模铸钢锭的内部组织

基于连铸和模铸这两种不同生产工艺各自的优缺点,拟开发直径为 1350mm/1600mm、长度 ≥12500mm 的立式半连铸机。立式半连铸采用分段浇铸制备圆坯。相较连铸工艺,不需要对铸坯进行弯曲和矫直,因此几乎适合所有钢种的浇注;相较模铸工艺,立式半连铸没有水口、冒口,铸坯利用率大幅度提高,省去了钢锭模、冒口等的清理、准备等人工工序,自动化程度高,工人劳动强度大幅度降低,生产率显著提高,利于企业的生产组织。立式半连铸与常规模铸的对比见表 3-1。从表 3-1 可以看出,立式半连铸较常规模铸均有明显的优势。

立式半连铸与传统连铸及常规模铸的对比见表 3-2。从表 3-2 可以看出,立式半连铸具有非常好的综合性能,发展前景将会非常广阔。

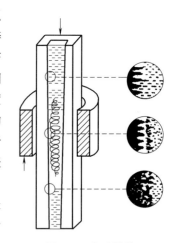

图 3-7　电磁搅拌

从目前国内外铸锻行业的发展趋势来看,由于铸坯在质量和利用率方面明显优于模铸钢锭,很多企业都在发展大截面铸机,未来铸坯代替钢锭是必然趋势。

3.1.1.3　连铸坯代替钢锭的发展

随着改革开放后市场经济的快速发展,涌现出大量民营锻件制造企业,发展壮大非常迅速,如山东伊莱特能源装备股份有限公司、烟台台海玛努尔核电设备有限公司、南京迪威尔高端制造股份有限公司等,他们的创新能力非常强。由于连铸相对于模铸的优势,他们开始

表 3-1 立式半连铸与常规模铸对比

关键技术	主要作用	分段铸造	常规模铸
超低浇注速度及超低过热度	整体冶金质量		差
等离子液体加热	整体冶金质量/工艺稳定性		
感应加热冒口补缩	成品率		中
动态电磁搅拌系统(结晶器、末端、冒口)	等轴晶区域、偏析、缩松/收得率		差
长水口保护浇注、浸入式水口、塞棒控制	钢液洁净度		好
中间包惰性气体保护浇注			—
中间包设计	内部质量/工艺稳定性/收得率	好	—
结晶器液面控制	表面质量/工艺稳定性		差
结晶器系统	总体质量/工艺稳定性		好
自动保护渣添加	表面质量		差
伺服电动机液压振动			
动态隔热通道	工艺稳定性/表面质量		好
在线凝固模型	工艺稳定性/内部质量		—

表 3-2 立式半连铸与传统连铸及常规模铸的对比

对比内容		常规模铸	立式半连铸	传统连铸
质量	表面	-	+	+
	宏观组织	-	+	+
	偏析	-	+	+
	中心致密度	+	0/+	0
	洁净度	0	+	+
产量	成品率	-(75%~80%)	++(≥90%)	+++
	截面灵活度	+	0/+	-
	年产量	0	-/0	+
	自动化程度及安全性	-	+	+
截面		+++(所有)	++(≥1350mm)	0/+(≤1300mm)
钢种		+++(所有)	+++(所有)	+(合金钢、不锈钢)
铸坯改性为锻坯		++	++	0/-
投资成本		+++		-
生产成本			+	++

注:"-"代表差,"+"代表好,"++"代表很好,"+++"代表非常好。

尝试由小截面的弧形连铸坯制作锻件,成本大幅度降低。随着风电、工程机械、轨道交通等行业的发展,对圆坯的需求量逐渐攀升,促使圆坯连铸技术得到长足发展,圆坯截面尺寸也越来越大,他们已经开始尝试做更大的锻件,已经发展为能用连铸坯生产的锻件,均不采用模铸钢锭。由于锻件制坯形式的发展,冶金企业也开始建设大截面弧形连铸机。

据国内企业报道,2021 年 12 月 13 日,在江苏兴澄特种钢铁有限公司二炼钢分厂,世界最大规格的 ϕ1200mm 弧形连铸圆坯面世,再次刷新由其保持的连铸圆坯最大规格的世界纪录（见图 3-8）。2022 年 3 月 26 日，在江苏永钢集团有限公司电炉厂的 4 流超大规格圆坯弧形连铸机浇注 φ1200mm 断面热试成功（见图 3-9）。此外，承德建龙特殊钢有限公司 4 号大圆坯连铸项目建成后，将成为世界第一台 18m 半径弧形连铸机、世界最大 φ1300mm 连铸圆坯规格、世界第一条全智能/数字化连铸生产线。

图 3-8 兴澄特钢 φ1200mm 连铸圆坯

3.1.1.4 立式半连铸机与弧形连铸机的对比

重型装备制造业，如中国一重、中国第二重型机械集团公司生产的锻件越来越大，需要的钢锭也越来越大。大钢锭本身的质量缺陷尤其明显，成本居高不下。为了解决这个问题，也想尝试用连铸坯代替钢锭。

a)   b)

图 3-9 江苏永钢 φ1200mm 连铸机及坯料

a）连铸机 b）坯料

重型装备制造行业钢种多，无批量，合金元素含量高，裂纹敏感性强，要求铸坯截面大。由于弧形连铸有一个矫直过程，铸坯直径越大需要的矫直力也越大，浇注截面大于 φ1350mm 铸坯弧形连铸在结构上能否实现工程化是一个难题。另外，弧形连铸结构不对称，在矫直变形时铸坯的组织和受力分布不均，在两相区和表面易产生裂纹，适宜钢种受限。立式连铸对于大截面和无批量产品也不适宜，因此立式半连铸机在这些方面的优势就凸显出来：

采用弧形连铸机难以生产双超圆坯主要有以下几方面的原因。

1）因为截面大，凝固时间长，导致坯料太长，连铸机占地面积大。

2）矫直力大不易实现。

3）不适合高合金裂纹敏感性强的钢种。

4）不利于夹杂物上浮。

5）不适合小批量生产。

立式连铸也不适宜生产双超圆坯，其主要原因是：

1）因为截面大，凝固时间长，导致坯料太长，连铸机地坑太深。

2）不适合小批量生产。

立式半连铸机非常适合重型装备制造业生产双超圆坯。

1）可根据需要选择浇注的坯料长度，适合小批量和无批量产品生产。

2）无须矫直，可实现在线凝固和保温，理论上可浇注任何钢种。

3）有利于夹杂物上浮。

4）在材料利用率、浇注和锻造成本、质量、自动化程度等方面远优于模铸。

立式半连铸机更加适合于中国一重这种相对小批量、多品种、按市场需要灵活组织生产的方式。

3.1.2 双超圆坯立式半连铸机需要解决的关键技术

φ1350mm／φ1600mm 立式半连铸机是世界首台套，没有成熟的经验可以借鉴。铸坯截面的加大不仅是量的变化，它会因为冷却速度的降低引起凝固组织和凝固缺陷的变化。尤其对于超大截面，其凝固过程逐渐介于普通连铸和钢锭之间，偏析程度也会介于两者之间，加之铸坯高径比远大于钢锭和冒口的不同补缩形式，凝固时的钢液补缩就会发生很大变化，铸坯心部的疏松、缩孔、裂纹，以及坯尾一次、二次缩孔都与钢锭有很大的不同，并且还严重影响铸坯的材料利用率。这些技术难点必须引起高度重视并逐一加以解决。

3.1.2.1 心部质量

铸坯心部缺陷主要有疏松、缩孔、裂纹、偏析等，其中疏松、缩孔、裂纹缺陷如图 3-10 所示。

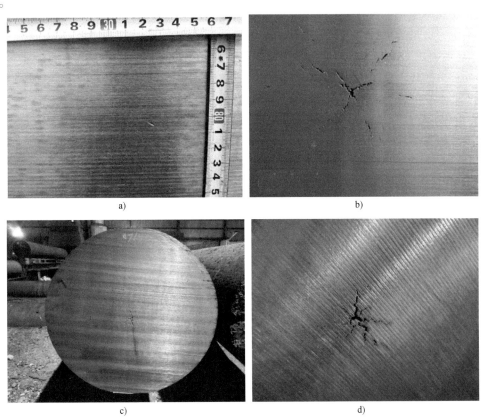

图 3-10　铸坯心部缺陷

a）疏松　b）缩孔　c）裂纹　d）c）的放大图

影响铸坯质量的因素如图 3-11 所示。

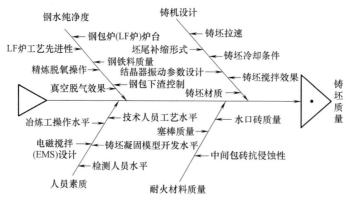

图 3-11　影响铸坯质量的因素

1. 疏松和缩孔

疏松与缩孔的形成原因是枝晶的长大搭桥和钢液温度的降低，无法充分补缩造成的微小空洞。小的空洞称为疏松，略微大的空洞称为缩孔。空洞很少是独立存在，一般是成片出现，空洞相互连通。影响疏松和缩孔大小的因素很多，如钢液成分、温度、凝固速度、高径比、坯尾加热补缩效果等，与同材质等截面的钢锭相比，铸坯疏松和缩孔缺陷的大小主要取决于高径比和坯尾加热效果及采取的其他改善措施。高径比是根据锻件形状和尺寸的需要已经事先确定，这里不再讨论，目前采用的主要措施是坯尾加热和动态电磁搅拌或机械搅拌。

1）坯尾加热：浇注结束后对坯尾进行加热，加热方式有感应加热和电极加热，有冒口加热和无冒口加热。在线凝固阶段，坯尾一直保持高温液态，对整个铸坯心部钢液补缩都有作用，可改善心部疏松和缩孔，但效果大小需试验验证。

2）动态电磁搅拌：静态电磁搅拌是目前在大截面弧形连铸应用最多的措施。电磁搅拌是在电磁力的驱动下，使未凝固的心部钢液流动起来。当铸坯经过搅拌线圈时，打碎枝晶，减缓枝晶的生长速度，改善钢液补缩效果。立式半连铸机因其不用对坯料进行分段切割，可采用凝固前沿动态电磁搅拌，在浇注结束后一定时间开始启动搅拌，并跟随凝固前沿的凝固速度同步移动，始终对最后凝固的钢液进行搅拌。理论上讲，与静态电磁搅拌相比，动态电磁搅拌的效果更好，这是在立式半连铸机才能实现的专有技术。但是，由于趋肤效应，电磁搅拌对大截面铸坯的搅拌效果不如小截面的，电磁搅拌效果说法不一，但线圈的设计和布置方式很有技术含量，对搅拌效果影响很大。

3）机械搅拌：由于电磁的趋肤效应，尤其对大截面铸坯的搅拌弱化，某设备研发公司提出了机械搅拌这一新的设想，但还没有应用实例。与电磁搅拌的作用原理相同，通过铸坯正反方向的交替旋转和轴向振动，利用钢液的惯性，在凝固前沿，坯壳与钢液之间形成相对运动，可以打碎枝晶，抑制枝晶生长，均匀温度和成分，改善补缩效果，减轻疏松、缩孔和偏析等缺陷，如图 3-12 所示。

4）机械搅拌与电磁搅拌对比：

优点：不存在电磁搅拌的趋肤效应，搅拌效果与截面大小无关；无须对凝固前沿进行定位，作用于整个铸坯；能耗仅为电磁搅拌的 10%；结构简单，易于控制，投资小。

缺点：从理论和常识上推断有效果，但无应用实例。

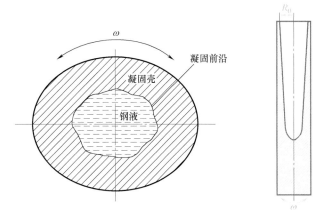

图 3-12　机械搅拌

2. 偏析

由于铸坯冷却速度高于钢锭，同比偏析要小于钢锭，但随铸坯截面的不断增大，偏析也随之加大。就偏析而言，半连铸铸坯的优势在降低。为了减轻偏析，对于大截面铸坯，普遍采用注流电磁搅拌和静态凝固电磁搅拌，通过钢液的流动，均匀成分和温度，抑制选分结晶，大幅减轻了偏析，取得了理想的效果。本项目 $\phi1350mm/\phi1600mm$ 立式半连铸机，采用的是注流电磁搅拌和动态电磁搅拌，跟随凝固前沿移动搅拌线圈，搅拌效果一定好于静态凝固电磁搅拌。

3. 心部裂纹

铸坯的心部裂纹与材质关系密切，低碳钢和低碳低合金钢一般不出现心部裂纹，对于碳和合金元素含量高的合金钢，心部裂纹就是一个普遍现象。与钢锭相比，这是因为铸坯高径比大，凝固较快，表面和心部的温度梯度大，心部最后凝固的钢液快速收缩，这是热应力和组织应力共同造成的。所以，对于易出现心部裂纹的钢种，必须采用在线保温罩降低冷却速度。

3.1.2.2　坯尾补缩

钢液成品率的高低直接影响生产成本，其影响因素较多，如图 3-13 所示。在这些因素中，坯尾的补缩是主要因素。

坯尾凝固后都会产生一定深度的缩孔，截面越大缩孔越深，一般均大于 1000mm，缩孔部分最后都要切除成为弃料。但对于连铸而言，缩孔部分的切除量占比很小，可忽略不计。所以在连铸上不考虑坯尾补缩的问题。对于立式半连铸机，坯尾缩孔部分的切除量大小对铸坯的利用率影响很大，甚至会成为设备研制成败的决定因素。因此，必须对坯尾补缩采取加热补缩措施。

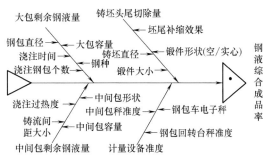

图 3-13　影响半连铸成品率的因素

加热补缩的形式由两种，一种是有冒口感应加热，一种是无冒口感应加热。

3.1.2.3 拉坯速度

$\phi 1600mm$ 铸坯的拉坯速度一般为 $50 \sim 120mm/min$，如果是 1 流，1 包 160t 钢液需要浇注 100min 以上，这样的浇注速度，大包温降是无法保证的。为解决温降问题，除了加强大包保温的常规措施，还可以采用以下三种方式：

1）增加 1 流。一机两流可以使大包浇注速度增加 1 倍。

2）对大包钢液进行等离子加热。等离子加热在中间包上有应用实例，用于大包加热还没有先例。

3）控制每包的钢液量。使每包钢液量不宜过大，缩短浇注时间，减少温降。

3.1.2.4 铸流间距

由于铸坯截面增大，铸流间距也会随之增大，中间包长度也会增大。对于立式半连铸机，中间包留钢增多，会明显降低钢液利用率。因此，结构设计时一定要重点考虑铸流间距，铸流间距越小越好。中间包留钢的深度一般为 $150 \sim 200mm$，在最大和最小的铸流间距，中间包的留钢量相差在 6t 以上。

3.1.3 双超圆坯立式半连铸机的结构

$\phi 1350mm$ 以上大截面铸坯是连铸制造上的一次飞跃，更是一次挑战，能否成功主要在于能否很好地解决上述技术难点，因此在铸机的制造上就要围绕解决技术难点来设计。2010年，武汉大西洋连铸设备工程有限责任公司为河南永通铝业有限公司设计制造了一台 $\phi 1200mm$ 一机 2 流分段立式铸机，由于市场变化公司投资转型，当时调试仅浇注了约 20 只铸坯，最大直径为 $\phi 800mm$，存在较多质量问题。仅一年多，国内建设了几台 $\phi 1200mm$ 弧形连铸机，正处于试生产阶段。$\phi 1350mm$ 以上立式半连铸机是世界最大铸机，没有可借鉴的经验，关键参数需要模拟和实验室试验研究。中国一重的这台铸机生产的大圆坯是半连铸式的，用于生产锻件，与弧形连铸是有区别的，因此在设计上需要有独到之处。

双超圆坯立式半连铸机主要由钢包浇注车、中间包、振动平台、结晶器、电磁搅拌系统、铸坯保温罩、拉坯机构、出坯机构等组成。浇注过程为钢包吊至浇注位，打开钢包滑动水口，钢液注入中间包；打开中间包塞棒装置，钢液经过浸入式水口注入结晶器，钢液达到设定液位后，启动结晶器振动台振动，启动铸坯拉坯装置，拉坯装置通过引锭杆以设定的拉坯速度拉坯或支承铸坯并向下移动，直到浇注结束后停止。其结构如图 3-14 所示。

在浇注过程中，结晶器振动台、引锭杆等装置均采用了自动化控制系统。在中间包的塞棒位置设有手动或自动控制的完整系统，带有精确导向系统和热保护，并配备塞棒的氩气吹入管道。其中，自动控制系统采用伺服电动机的电子机械自动驱动器，用于塞棒机构的精确移动。

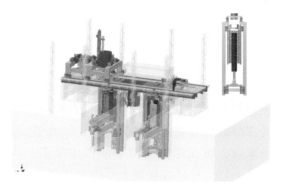

图 3-14 双超圆坯立式半连铸机的结构

结晶器振动台采用模块化的振动系统，使用电动机械驱动器，并配有精确导向系统，该导向系统保证了结晶器精确和稳定的运动；电动机械式振动的偏心轮使用无反冲的伺服驱动，振动运动依靠改变伺服驱动器旋转方向来完成。浇注结束后，主要卸料、出坯设有自动化控制系统，主机配有机械式操作手，把铸坯刚性夹紧，移动载料小车从浇注工位将工件移出，再通过桥式起重机将工件从浇注地坑内吊运出地面后，直接装载在热送保温车上，运至锻造车间进行后续的产品加工。

立式半连铸机延续了传统立式连铸机的构造，并在此基础上借鉴及吸纳常规模铸及连铸机思想对其进行了一定的结构优化。中国一重用于制造双超圆坯的立式半连铸机的主要结构包括钢液浇注系统、结晶器、振动台、坯尾感应加热装置、电磁搅拌装置及保温罩等，主要结构件均布置在铸机垂直轴线上，因此整个设备在车间内占用了很大的高度空间。

1. 主体设备

（1）钢包承载装置　用于钢包承放及载运。钢包承载装置可将钢包由受包位置载运至浇注位置，实现多包钢液连续浇注，并设有钢包升降及钢包称重装置。目前，钢包承载装置主要有两种形式，即钢包回转台和钢包浇注车。

1）钢包回转台。在冶金行业，绝大多数都采用钢包回转台，如图 3-15 所示。钢包回转台主要由底座、回转臂、驱动装置、回转支承、事故驱动控制系统、润滑系统和锚固件等组成，有蝶形钢包回转台和直臂式钢包回转台两种，其优点是：

① 钢包回转台能迅速、精确地实现钢包的快速更换，只要旋转半周就能将钢包更换到位，同时在等待与浇注过程中支承钢包，不占用起重机的作业时间。

② 钢包回转台占用浇注平台的面积较小，也不影响浇注操作。

图 3-15　钢包回转台

③ 操作安全可靠，易于定位和实现远距离操作。

缺点是结构偏载导致回转轴承旋转阻力大，容易磨损，底座基础庞大，投资造价高。

2）钢包浇注车。钢包浇注车是电动平车的一种，炼钢厂运送钢包用电动平车的动力由电动机提供，电动机为耐高温防爆电动机。

钢包浇注车如图 3-16 所示，其优点是：

① 可遥控操作，避免出现高温灼伤。

② 在轨道上运行平稳，可最大限度地避免钢液溅出。

③ 运行速度可自由控制。

④ 设备简单，投资小。

（2）钢包钢液加热装置　用于将钢包钢液温度控制在可浇注范围内。可采用等离子加热等方式。

（3）钢包下渣检测系统　可自动检测钢包下渣。

（4）长水口操作装置　安装在浇注位置，用于钢包长水口操作，配有气体保护，并能用于两种钢包不同的水口位置。

（5）中间包车 用于中间包在预热位置到浇注位置之间的运送，带有中间包升降功能及中间包称重功能，如图 3-17 所示。

图 3-16 钢包浇注车

图 3-17 中间包车

（6）中间包 用于盛放从钢包中注入的钢液，并将钢液注入结晶器。中间包设计有挡渣功能，结构及容量既要保证浇注温度，又要能使夹杂物充分上浮，如图 3-18 所示。

目前，中间包常用的结构有矩形和 T 形两种，主要由以下几部分组成：

1）中间包盖。盖在中间包上，对中间包钢液进行保温及防辐射。

2）中间包溢流罐。用于盛接中间包溢流钢液。

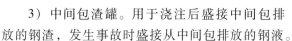

图 3-18 中间包

3）中间包渣罐。用于浇注后盛接中间包排放的钢渣，发生事故时盛接从中间包排放的钢液。

4）中间包钢液测温及取样系统。用于中间包钢液温度检测及取样测氢。

5）塞棒系统。带有手动控制功能和自动控制系统，精确控制中间包注入结晶器钢液的流量，并带有氩气接口。

6）浸入式水口事故闸板。位于中间包底部，用于发生事故时截断钢流。

7）中间包预热装置。位于浇注平台上，用于浇注前将中间包预热到设定温度。

8）铸机操作箱支架。用于安装铸机操作箱，具有手动旋转功能。

9）事故流槽。位于浇注平台上，用于发生事故时使钢包钢液流到事故包内。

10）浸入水口快换装置。用于浸入水口需要更换时，在线快速更换。

（7）结晶器 结晶器主要由铜管、冷却水套、框架及足辊等构成，注入结晶器中的钢液通过铜管冷却形成一定厚度的坯壳，铜管有合理的长度、锥度、表面镀层及合适的冷却形式；足辊处设有铸坯二次冷却喷嘴。结晶器如图 3-19 所示。

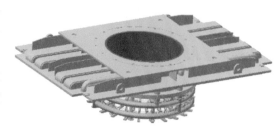

图 3-19 结晶器

结晶器系统主要由以下几部分组成：

1）结晶器盖。焊接结构，罩在结晶器上，起保护作用。

2）结晶器液位控制系统。主要由液位检测传感器及信号处理器等构成，连续检测结晶器中的液位高度，与塞棒自动控制联锁，控制浸入水口的钢液流量，从而精确控制结晶器中的液面波动。

3）结晶器自动加渣系统。通过管道及送渣系统，将结晶器中的保护渣从料仓自动输送到结晶器中，并通过连续控制保护渣的加料速度，使结晶器中的保护渣层保持恒定。

（8）结晶器振动台 结晶器被放置到振动台上，冷却水自动接通，浇注时使结晶器按照设定的振动频率、振幅及振动曲线振动，并可动态调节。振动驱动是完整的伺服控制系统，并有精确的导向系统，使结晶器的振动精确而稳定。振动曲线为正弦曲线和非正弦曲线，有机械振动和液压振动两种。结晶器振动台如图 3-20 所示。

图 3-20　结晶器振动台

引锭系统主要包括引锭杆头、引锭杆头安装装置、引锭杆脱开装置、引锭杆、引锭拉坯及导向系统等，用于浇注前将引锭杆头送入结晶器下口并完成封堵，浇注时进行拉坯并支承铸坯。拉坯系统可保证铸坯以设定的拉坯速度向下移动，浇注结束后继续支承铸坯，直到铸坯完全凝固。出坯前，脱开装置将引锭杆与铸坯脱开。其中，引锭杆头有水冷和非水冷两种。引锭杆如图 3-21 所示。

（9）动态电磁搅拌系统 电磁搅拌器安装在可以沿拉坯方向运动的移动装置上。浇注时，搅拌器位于结晶器下方，起到结晶器电磁搅拌作用；浇注结束后，向下移动到铸坯凝固末端，在最佳位置处对铸坯凝固末端进行电磁搅拌，自动跟踪凝固末端并向上移动，全程起到凝固末端电磁搅拌作用，并且搅拌参数动态可调，可获得最佳搅拌效果。动态电磁搅拌系统如图 3-22 所示。

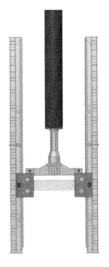

图 3-21　引锭杆

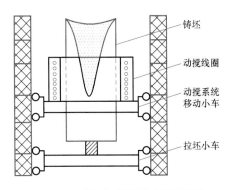

铸坯

动搅线圈

动搅系统移动小车

拉坯小车

图 3-22　动态电磁搅拌系统示意图

（10）电磁搅拌器升降及导向装置 用于安装及沿拉坯方向升降移动电磁搅拌器，使电磁搅拌器在浇注时上升至结晶器的位置，浇注结束时下降到铸坯凝固末端，自动控制电磁搅拌器，使其处于最佳搅拌位置。

（11）机械搅拌装置 铸坯旋转角速度 ω 一定后，凝固前沿带动钢液旋转的线速度 v 与液心半径 R_0（见图 3-12）成正比，即 $v = \omega R_0$。

随着凝固的进行，液心半径 R_0 是随时间逐渐变小。为了达到最佳搅拌效果，通过凝固传热数学模型，可计算出不同时间段内的液心半径，判断一段时间内合理的搅拌速度，并直接给搅拌装置下达指令，实现机械搅拌全程动态自动控制。机械搅拌参数见表 3-3。不同搅拌时间的纵向速度（抽吸效应）分布如图 3-23 所示。

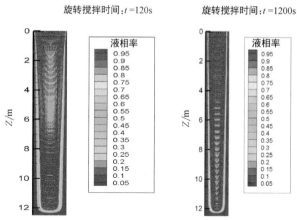

图 3-23 不同搅拌时间的纵向速度（抽吸效应）分布

表 3-3 机械搅拌参数

序号	名称	规格
1	截面	ϕ1600mm
2	铸坯旋转速度	2r/min
3	电动机功率	30kW

（12）坯尾感应加热装置 在浇注结束后，铸坯处于在线凝固阶段，对坯尾进行感应加热补缩，可避免形成较大的缩孔。2010 年，武汉大西洋连铸设备工程有限责任公司为河南永通铝业有限公司设计的 ϕ1200mm 分段铸机采用的就是坯尾电极加热。如图 3-24 所示，补缩效果很好，坯尾切除量仅为 100mm 左右，但电极加热设备复杂，占地面积大，坯尾增氢风险大。坯尾加热的应用实例不是很多，目前坯尾加热有带冒口感应加热和无冒口感应加热两种，如图 3-25 和图 3-26 所示。

图 3-24 坯尾电极加热

冒口加热是在结晶器上方安装一个冒口，冒口由耐火材料制成，耐火材料外面是感应线圈，能够对冒口内的钢液进行感应加热。浇注结束后，在冒口内继续浇入钢液，冒口内的钢液在加热的情况下始终保持液态，最后补缩到铸坯内。无冒口加热是在浇注结束后不另外浇注补缩钢液，待坯尾形成坯壳后移开结晶器，把坯尾送入感应线圈内进行感应加热，保持铸坯坯尾内部钢液呈液态，起到补缩作用，但坯壳不得熔化。

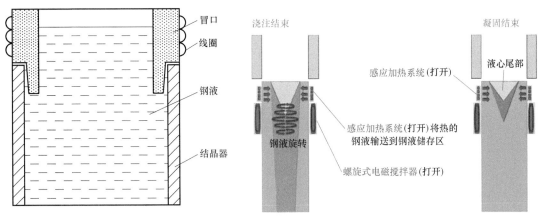

图 3-25　带冒口坯尾感应加热　　　　　　　　　　图 3-26　无冒口坯尾感应加热

带冒口坯尾感应加热的补缩效果比较好，凝固后坯尾断面基本是平的，几乎没有缩孔，坯尾切除量小于 200mm，但冒口和结晶器结合面如何密封是关键，必须保证不能漏钢，同时冒口耐火材料消耗增加了成本。无冒口坯尾感应加热补缩效果较差，有 700~1000mm 的缩孔需要切除，铸坯利用率低，但加热装置简单。

（13）坯头加热　对于裂纹敏感钢种，坯头、坯尾温度梯度过大，易出现裂纹。可对坯头进行感应加热，避免出现裂纹。

（14）铸坯导向装置　足辊装置主要起铸坯导向作用，有多层导向辊。在足辊装置上装有多排二冷水喷嘴，如图 3-27 所示。

（15）保温罩　用于铸坯在线缓冷凝固时对铸坯进行保温，可以自动控制打开及关闭保温罩（见图 3-28）。

图 3-27　铸坯导向装置

图 3-28　保温罩

（16）铸坯二冷　二冷水主要用于对裂纹敏感性不强的钢种实施冷却。

（17）出坯设备　将铸坯置于合适的状态及位置，便于铸坯吊出线外。有三种形式：一种是采用自动化出坯机构，直接将垂直状态的铸坯运至地面并呈水平状态；第二种是在坑内将铸坯水平放倒，再用吊具吊出；第三种是利用铸坯平移装置将铸坯平行移出，垂直方向吊出，在地面放倒。水平出坯如图 3-29 所示。

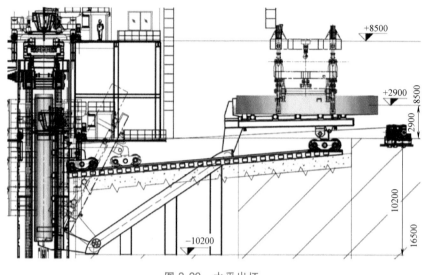

图 3-29　水平出坯

（18）冷却室　用于使铸坯二冷产生的蒸汽及结晶器烟尘不外散，便于蒸汽集中排出。二冷室内设有设备维护走台。

（19）蒸汽排出系统　通过管道及风机将二冷室内蒸汽及烟尘排出。

（20）铸造坑通风系统　通过管道及风扇将清新空气输入地坑中。

（21）氧化皮及废水收集系统　用于收集铸坯氧化皮及流入地坑的废水。

（22）铸机辅助设备移送装置　用于结晶器、振动台及坯尾感应加热装置移送的装置。

2. 辅助设备及系统

（1）钢液区液压系统　主要参数有液压站参数、液压介质、工作压力、流量等。主要功能是给钢包承载设备、中间罐车、水口更换、引锭杆设备、出坯设备等液压机构提供液压源。结构组成有油箱系统、过滤装置（包括回油过滤、循环过滤、压力管路过滤）、循环冷却装置、高压泵装置、阀台、管路（一般采用不锈钢材质）、仪表、蓄能组。

（2）结晶器振动液压系统　主要参数有液压介质、工作压力、流量等。结构组成有油箱系统、过滤装置（包括回油过滤、循环过滤、压力管路过滤）、循环冷却系统、高压泵站、蓄能器、阀台、管路（一般采用不锈钢材质）、仪表。

（3）润滑系统　铸机润滑系统的功能是对钢包承载等设备进行润滑。结构组成有润滑泵，主要参数有泵的流量、油箱的容量、泵工作压力、润滑点数量、润滑脂牌号等。润滑方式采用双线干油润滑，配管及管件一般采用不锈钢材质。

（4）压缩空气及其他工艺气体系统　压缩空气（普通压缩空气、工艺压缩空气）、氧气、氩气、氮气、天然气等相关的管道及管件、手动阀及仪表。仪表压缩空气管线及二冷气管道材质一般为不锈钢。

3. 电气系统

（1）供配电系统要求及供电方案　供配电系统应满足设备长期正常运行需求。铸机设备考虑两路进线电源，一路正常电源，一路事故电源，互为备用手动切换。电源容量需考虑铸机全部负荷并有裕量。变压器出线接入低压配电系统，配电柜向铸机在线、离线设备供电，包括电动机控制中心、变频调速系统及维修区、区域内的设备，以及照明、空调等。

（2）功率补偿　功率因数补偿装置配置在高压侧或中压侧。

（3）不间断电源 UPS　保护计算机、重要仪表及相关设备的供电，满足 30min 使用。

（4）特殊工艺设备所用变压器　根据设备工艺需要设计所需的变压器及相关的配电系统。

（5）电动机　应使用不低于现行标准规定的二级能耗的电动机。电压为 AC380V，频率为 50Hz，防护等级为 IP55 或以上，绝缘 H 级，适应冶金工业用途，可重载运行。

（6）电动机控制中心（MCC）　铸机系统设置 MCC，采用固定式柜体，防护等级为 IP31，向所有不需要调速的传动设备供电。55kW 以上的恒速电动机控制采用软启动器启动，软启与电动机一拖一配置，配置 ET200M 传动远程 IO。

（7）变频调速装置　变频器按照电动机额定电流及使用负载工况选型，根据不同的控制对象和控制要求，分别采用矢量控制方式或 V/F 控制方式。

（8）控制柜、操作台、箱　柜体材质一般为冷轧钢板，喷塑处理，铰链需有一定的承重能力。柜体必须有简洁、明确，能表明柜内控制功能的中文标识，如有按钮、指示灯、仪表，也必须有明确功能的标识牌，标识牌要固定牢固。

4. 自动化系统

（1）自动化系统采用二级控制，预留与 L3 级通信接口　一级（L1）是电气、仪表系统组成的基础自动化级；二级（L2）是以过程计算机为中心的过程控制级。

基础自动化 L1 级的主要功能：驱动系统和仪表系统的联锁和控制；基础自动化级控制计算和设定；过程实际值数据收集；过程状态信息检测及显示；故障报警及故障打印。

过程控制 L2 级的主要功能：接受和输入生产计划；过程控制动态计算和设定；数据信息收集；操作指导；数学模型计算；物流跟踪；数据记录和数据报告（报表等）；产品质量信息的收集和管理。

（2）基础自动化控制系统的硬件　包括公用 PLC 控制系统；结晶器振动 PLC 控制系统；液面控制 PLC 控制系统；特殊工艺控制系统。

以上各系统之间的数据交换通过通信网络实现，操作监视通过人机交互（HMI）操作站完成。

（3）人机交互（HMI）的主要功能　根据生产和控制需要，基础自动化系统需设置必要的人机交互装置，采用服务器/客户机方案，一般具备如下主要功能：

——灵活方便的画面设计和画面操作。

——控制系统总体及局部的工作状态显示。

——过程控制的数据处理及趋势图显示。

——系统故障及报警信号的显示、记录及打印。

——承担主要生产过程的大部分生产操作及故障处理。

（4）基础自动化 L1 系统选型原则

1）具有高可靠性安全功能的 CPU、DC24V 电源和网络架构。

2）PLC 与远程站间采用工业以太网通信，PLC 之间通过以太网进行相互通信。系统原则上均使用 ET200MP 远程站接收各类信号。

3）模拟量输入带隔离，开关量输出带中间继电器。

4）PLC 柜内模块电源与负载电源分别采用独立电源。

5）编程软件采用当前主流博途 TIA V16 软件，编程语言英文，注释中文，HMI 语言为中文。

6）应用软件程序除特殊工艺包，其他代码应开放，注释完整、清晰易懂。

（5）PDA 系统　过程数据采集系统，简称 PDA 系统，能够通过以太网、工业以太网总线等方式采集自动化系统的信号，并实现 PDA 系统的数据采集、监控、压缩、存储和分析等多种功能，对铸机在线主体设备和工艺关键的过程数据、设备状态、关键操作等进行采集并储存。

（6）铸机 L2 过程计算机系统　主要功能有数据库管理、铸机生产跟踪、生产操作指导、数学模型计算、专家系统模型自学习、报表、质量数据跟踪，具备与车间 L3 级管理计算机通信，满足智能工厂的数据需求。

（7）工业电视系统　为提高产品质量和生产率，确保设备及人身安全，在操作人员必须监视而又不易直接观察到的生产部位，可设置工业电视系统，包含彩色摄像机、云台和彩色液晶监视器等。

3.1.4　双超圆坯立式半连铸机的参数

半连铸在浇注钢种上几乎与模铸相同，并且圆坯直径又可大于连铸（见表 3-2），所以根据轧辊材料的有效基材截面（见第 2.2.2.1 节），可选择的铸坯直径为 1350~1600mm 且范围可调；铸坯长度按设备能力及产品需求等综合考虑确定为 12.5m。基本可涵盖支承辊、曲柄、船用轴、风机轴、齿轮轴等轴类件，铰链梁、大型轴承、支撑法兰、风机法兰、齿圈、轮带、替打环等环类件，其他容器类锻件及新开发产品的制坯要求。为提高生产率，控制大包钢液的温度下降，可采用一机双工位模式，即一次浇注两根铸坯，可年产 15 万吨优质铸坯。

中国一重"重型高端复杂锻件制造技术变革性创新研究团队"基于公司产品结构及解决困扰多年的世界难题，在多年的技术积累基础上，提出采用立式半连铸机生产超长、超大直径的高品质、高质量、中高合金圆坯产品，即"双超圆坯"，实现双超圆坯代替钢锭，用于高品质、特殊钢关键材料的生产。

根据产品定位、产品规格、产能、质量要求、铸坯利用率等因素来确定立式半连铸机的主要参数，包括铸坯直径、铸坯长度、铸机流数、产能、铸坯拉坯速度、结晶器长度、电磁搅拌的频率、铸流间距、坯尾补缩形式等。中国一重 $\phi1350/\phi1600$mm 双超圆坯立式半连铸机的主要技术参数见表 3-4。

表 3-4　双超圆坯立式半连铸机的主要技术参数

参数	取值/描述	参数	取值/描述
机型	立式半连续铸机	电磁搅拌方式	组合式（铸流搅拌+末端动态搅拌）
圆坯有效截面/mm	$\phi1350 \sim \phi1600$	铸坯最大长度/mm	12500
结晶器形式及坯尾加热方式	管式,抛物线锥度无冒口感应加热线圈	引锭杆形式	挠性、下装、辊道侧面存放
振动形式	非正弦液压振动	出坯方式	自动出坯系统
振动频率/（次/min）	60~100	铸坯保温	可分段式开合保温罩

1. 铸坯直径

产品的规格决定了所需毛坯的规格，依据锻造工艺、毛坯规格确定铸坯的直径。例如，中国一重目前适合采用铸坯生产的主要产品有轧机支承辊、风机轴、水机轴、齿轮轴等轴类件，以及船用曲柄锻件等。小规格的火电产品、核电产品等有待进一步开发。

支承辊：目前在支承辊方面，中国一重的国内市场占有率约为58%。轧机轧制钢板的宽度小于1780mm的轧机支承辊都可以采用 ϕ1350mm 铸坯进行生产；轧机轧制钢板的宽度小于2800mm的轧机支承辊可以采用 ϕ1600mm 铸坯进行生产，可涵盖国内绝大多数轧线。

风机轴：2021～2030年，风电新增装机容量保守估计约为2亿千瓦（陆上1.11亿、海上0.89亿），根据行业数据，按陆上3MW、海上5MW计算，新增机组54800台（陆上37000台、海上17800台），平均每年约需风机主轴5480根。ϕ1600mm 铸坯几乎可以满足当前所有规格风机轴的坯料需求。

船用曲柄：目前，S50～S90型为主要大型船用曲柄，其中以S70型最为典型。S70型曲柄单重16t，并且以6缸柴油机居多，每套曲轴包括6件曲柄，每套S70型曲柄总重约96t。预计每年曲柄需求约120套，数量700件，质量约12000t。ϕ1600mm 铸坯可用于生产S90型以下曲柄。

铸坯直径越大，质量风险越大，国内技术比较成熟的铸坯最大直径为1300mm，直径小于1600mm的铸坯质量风险可控。据此确定，中国一重立式半连铸机铸坯直径为1350～1600mm，可涵盖连轧机支承辊、曲柄、船用轴、风机轴等大部分产品需求。

2. 铸坯长度

依据铸坯头、尾的切除量来测算铸坯利用率，与钢锭的利用率比较有较大幅度的提高。根据产品规格，一根铸坯锻造多件产品。另外，铸坯长度影响铸机的总高度，与厂房的高度、地坑的深度密切相关，对投资影响较大。综合考虑，中国一重确定铸坯最大长度为12500mm。

3. 铸机流数

铸机流数由铸机产能和钢液温降来确定。大规格铸坯的拉坯速度比小规格铸坯要慢得多，浇注时间长，控制钢液温降难度大，考虑产能因素，中国一重确定为一机两流，可同时浇注两根铸坯。

4. 产能

根据企业产能设计和拉坯速度，可一机多工位，也可以一机多流。中间包车、大包车、平台可共用。根据产能、产品需求，中国一重设计年产能为两流15万吨铸坯。

5. 铸坯拉坯速度

铸坯拉坯速度是分段铸机的主要工艺参数，应依据结晶器的冷却能力、安全因素和铸坯质量综合考虑来确定。设计前，需要对铸坯拉坯速度进行模拟和计算，如图3-30所示。

6. 结晶器长度

经过反复比较研究，结晶器长度确定为600mm。

7. 电磁搅拌的频率

确定结晶器电磁搅拌频率为1～4Hz。

8. 铸流间距

铸流间距是由铸坯直径、拉坯装置的结构形式及附属的电磁搅拌占位空间来确定的。由

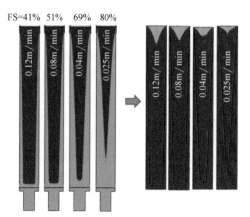

拉坯速度对宏观缩孔的影响

FS=41% 51% 69% 80%

拉坯阶段结束后未凝固的钢液参与第二阶段的凝固过程和收缩过程

拉坯速度 /(m/min)	宏观缩孔深度 /m	宏观缩孔容积 /m³	补缩钢液质量 /t
0.12	1.35	0.904	6.75
0.08	1.08	0.723	5.42
0.04	0.65	0.4354	3.26
0.025	0.6	0.402	3.02

图 3-30　铸坯拉坯速度的模拟和计算

FS—固相率

于涉及中间包残钢量和耐火材料的消耗量，因此要求铸流间距越小越好。

9. 坯尾补缩形式

坯尾的补缩是铸坯重要的参数，将影响铸坯利用率和铸坯心部质量。在传统连铸机上，一般不考虑坯尾补缩，缩孔较深，切除量一般都在 1.5m 以上，这是由于铸坯利用率很高，可忽略不计。但立式半连铸机铸坯长度较连铸短，坯尾的补缩对铸坯的利用率影响很大，甚至关系到铸机建设的意义。图 3-31 所示为带冒口坯尾加热的一种结构，图 3-32 所示为带冒口坯尾加热的铸坯尾部补缩效果。从图 3-31 和图 3-32 可见，带冒口坯尾加热补缩效果更好，坯尾切除量小于 200mm，但耐火材料消耗增加，结构复杂。无冒口坯尾加热补缩切除量为 700~1000mm。

图 3-31　带冒口坯尾加热的结构

图 3-32　ϕ800mm 铸坯尾部补缩效果

3.1.5　内部质量控制

中国一重双超圆坯最大尺寸达到 ϕ1600mm，因此在铸坯凝固过程中，其横向、纵向的热传递由于距离增大且整个截面的温度梯度较小，凝固速度慢，不利于凝固缺陷的控制。若铸坯处于自由凝固状态，则铸坯内部还未凝固的钢液，尤其是凝固末端糊状区钢液的流动受阻、补缩通道不畅，极易形成裂纹、疏松、缩孔等缺陷。为了提高大截面圆坯内部质量，中国一重立式半连铸机充分借鉴常规模铸生产经验，在铸坯尾部安装坯尾加热装置，如同模铸钢锭冒口作用，通过延迟封顶来提高熔池补缩能力，进而改善尾坯质量，提高铸坯收得率。同时，借鉴连铸机生产经验，在凝固末端安装动态电磁搅拌装置，这一方面通过电磁搅拌迅速均匀钢液过热度，使得柱状晶向等轴晶转变加速，提高铸坯心部等轴晶率；另一方面通过搅拌对凝固前沿富集的溶质元素均匀化，降低铸坯中心的偏析程度。

由于选分结晶的作用，凝固前沿的钢液中富集了较多溶质元素，被电磁搅拌在同一位置持续冲刷时，溶质元素迅速扩散，导致电磁搅拌位置的钢液碳含量明显低于凝固前沿固相中的碳含量，形成负偏析区域，即白亮带。末端动态电磁搅拌的引入，若控制不当，铸坯最终会出现不同程度的白亮带，这会对后续产品质量控制及最终产品造成不利影响。

此外，铸坯尾坯由于补缩不充分、中包下渣、夹杂物上浮时间短等因素，内部质量（如疏松、缩孔、洁净度、气体含量等）比正常坯差，在实际生产中需要保证一定的切尾长度来确保产品质量。坯尾切除量对铸坯收得率造成重要影响，尤其对于大截面半连铸坯；减少坯尾切除量并保障铸坯质量将会极大地减少浪费。因此，坯尾补缩功能的结构设计至关重要。中国一重立式半连铸机铸坯坯尾采用感应加热装置，在浇注结束后启动，最终使得铸坯坯尾切除量小于 700mm，在保证铸坯心部质量的同时又大大提高了铸坯收得率。

中国一重立式半连铸机铸坯质量要求主要包括以下几方面：

1）成品率。以 $\phi1600mm$、长 10000mm 铸坯为准，铸坯切头、切尾后的质量与切头、切尾之前质量的百分比即为成品率。在保证铸坯质量的情况下，应尽量减少中间包和钢包中的留钢量。

2）中心疏松。中心疏松缺陷根据 YB/T 153—2015 附录 D 评级图评定。采用 3 根材质为 45Cr5NiMoV 的合格铸坯，在每根铸坯切头、切尾后做低倍酸洗，其中心疏松等级不应低于 1 级。

3）中心缩孔。中心缩孔缺陷根据 YB/T 153—2015 附录 D 评级图评定。分别采用三根材质为 45Cr5NiMoV 和三根材质为 S34MnV（美国牌号，相当于我国的 35Mn）的合格铸坯，在每根铸坯切头、切尾后做低倍酸洗，其中心缩孔等级不应低于 1 级，或者中心缩孔最大直径不大于额定圆坯直径的 1.5%。

4）裂纹。各类裂纹缺陷的形貌特征、产生原因及评定原则应符合 YB/T 153—2015 的规定，并根据附录 D 评级图评定。测试钢液浇注的每根铸坯在切头、切尾之后，沿铸坯长度方向任意截取 6 个横截面，做宏观腐蚀检测。验收钢种为 45Cr5NiMoV 和 S34MnV，各生产 3 根铸坯，共截取 36 个横截面。

5）皮下裂纹。要求 95% 的样品是 0 级（无裂纹），100% 的样品不低于 1 级。皮下单个裂纹长度应不大于 6mm，否则直接按照高于 1 级处理。

6）中间裂纹。要求 95% 的样品是 0 级（无裂纹），100% 的样品不低于 1 级。中间单个裂纹长度应不大于 10mm，否则直接按照高于 1 级处理。

7）中心裂纹。要求 95% 的样品是 0 级（无裂纹），100% 的样品不低于 1 级。中心单个裂纹长度应不大于 20mm，否则直接按照高于 1 级处理。

8）碳偏析指数。采用 3 根材质为 45Cr5NiMoV 的铸坯，在每根铸坯切头、切尾后，任意选取 3 个横截面，在选取截面的径向线上均匀切取 16 个化学成分试样，计算 16 个试样 C 元素含量的平均值：

$$w(\overline{C}) = \frac{\displaystyle\sum_{i=1}^{16} w(C_i)}{16}$$

式中，$w(C_i)$ 是第 i 个试样中碳的质量分数（%）。

每个截面碳偏析指数：$C_D = \dfrac{w(C_C)}{w(\overline{C})} \leqslant 1.10$

式中，$w(C_C)$ 是铸坯几何中心试样碳的质量分数（%）

9）等轴晶区比例。等轴晶区比例的计算公式为

$$E_q = \frac{X_E}{X_0} \times 100\% \geqslant 50\%$$

式中，X_E、X_0 是等轴晶区直径、铸坯直径。

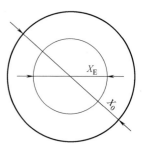

等轴晶区比例示意

10）增氢。

在中间包中测量钢液中的氢含量，当一包钢液浇注了 25%、50% 和 75% 时，分别测量相应钢液中的氢含量。计算 3 次氢含量测量值的平均值，将这个平均值与真空脱气（VD）处理后的最后一次氢含量测量值进行比较，要求 $\Delta w(H) \leqslant 0.6 \times 10^{-6}$（质量分数）。VD 的最后一次氢含量测量应该不早于钢包离开 VD 到达垂直铸机之前的 5min。

11）表面质量。铸坯表面应无横、纵、网状裂纹，无结疤、气孔、重皮、夹渣、裹渣、折叠等缺陷，无明显白亮带，裂纹深度不超过 1.0mm，表面凹坑深度不大于 3mm，机械划痕或压痕深度不大于 2mm。

12）截面尺寸。

$$\Delta D = \left| \frac{D_x - D}{D} \right| \times 100\% \leqslant 1.2\%$$

式中，D_x 是实际圆坯直径（可取 3~5 个测量值求取平均值）；D 是额定圆坯的直径。

13）直线度。直线度的计算公式为

$$T = \frac{c}{l}$$

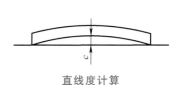

直线度计算

式中，l 是铸坯的额定长度；c 是最大弯曲弦高。

14）圆柱度。圆柱度的计算公式为

$$R\% = \left| \frac{L_{max} - L_{min}}{0.5(L_{max} + L_{min})} \right| \times 100\%$$

式中，L_{max} 和 L_{min} 是两个垂直的测量值。

15）振痕深度。稳态浇注条件下的振痕深度 $\leqslant 0.6mm$，振痕为圆弧形。

3.1.6 自动化与信息化

在传统的模铸实践中，长水口的装拆主要靠人工操作，一开始非常不安全（见图 3-33）；虽经改进（见图 3-34），仍然非常笨重，给长水口连用带来麻烦（见图 3-35）。

为了实现新增设备的自动化，拟对双超圆坯立式半连铸机安装自动操作系统（见图 3-36），在设备自动化的基础上实现信息化。

图 3-33 长水口的安装

a）对中 b）对接 c）旋入 d）安装完毕

图 3-34 长水口装配附具改进

a）改进前 b）改进后

图 3-35 长水口连用

a）上一精炼包浇注结束 b）从上一精炼包卸下长水口 c）卸下的长水口与下一精炼包装配 d）下一精炼包浇注

浇钢位辅助机器人(1个)
覆盖剂分拣

受钢位机器人(1个)

1)自动安装滑动水口液压缸
2)自动插拔介质管道：
• 滑动水口冷却用压缩空气
• 密封用氩气
• 下渣检测系统的电信号

浇钢位主机器人(1个)

1)自动装拆大包长水口
2)自动添加长水口密封圈
3)自动氩气密封
4)长水口碗部清理
5)中包自动测温取样
6)中包自动添加覆盖剂

自动加渣机器人(2个)

自动添加保护渣

图 3-36 自动操作系统

3.2 双超圆坯的应用

双超圆坯的超大截面决定了其具有广泛的应用范围，既可用于制作大型锻件，也可用作增材制坯的有效基材。由于双超圆坯内部会存在一定的冶金缺陷，尤其是裂纹，必须在分割之前对铸坯进行心部压实使其形成锻坯，然后再按需分割。双超圆坯的改性及应用如图 3-37 所示。

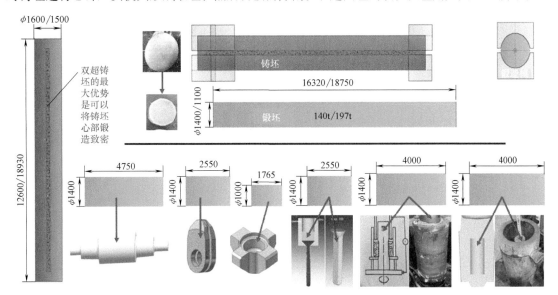

图 3-37　双超圆坯的改性及应用

铸坯心部压实形成锻坯模拟如图 3-38 所示。

此次模拟采用优化后的铸坯进行，心部初始 Niyama 值较大。

锻造采用 1500mm 上下宽 V 砧，压下量设定为 400mm，单砧相对压下量为 25%，90°翻转宽砧大压下量（KD）拔长压下。

由图 3-38 可见，随着压下量和压下道次增加，铸坯心部疏松区域变化较为明显。在第三道次压下后，砧下区域原疏松区域致密性达到与基体同等水平，共压下八道次，砧下原疏松区域致密性全部达到基体水平，可认为疏松被压实。

3.2.1 锻坯

双超圆坯经心部压实变为锻坯后，可用于制作质量小于 40t 的锻件。代表性的产品有连轧机的支承辊、S60～S90 大型船用曲柄、船用轴、水轮机主轴、风机轴等锻件，以及铰链梁、管模、高强度特厚钢板等。此外，大型优质锻坯还可以外销。

3.2.1.1 支承辊

（1）自由锻对比

1）产品选取。选取净质量为 37.12t 的支承辊，锻件毛坯质量为 49.81t，如图 3-39 所示。

2）材料成本。制造图 3-39 所示的支承辊锻件，需要真空浇铸的钢锭质量为 74t，该类产品的直接成本（不考虑人工、折旧等固定成本）约为 4923 元/t。通过对 148t 真空浇铸（出

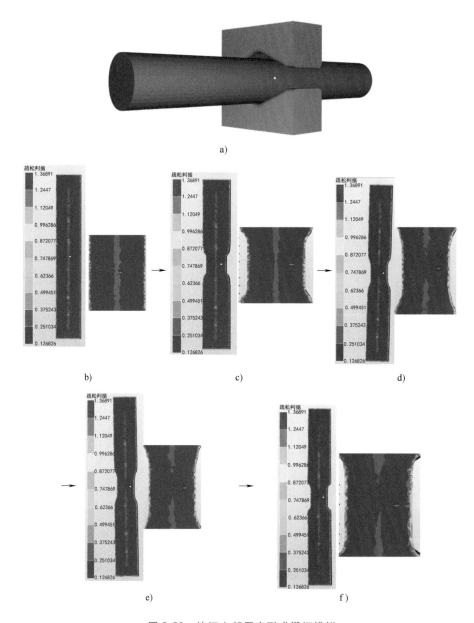

图 3-38　铸坯心部压实形成锻坯模拟

a) 锻造　b) 铸坯心部 Niyama 云图-初始　c) 第一道次心部 Niyama 云图　d) 第三道次
心部 Niyama 云图　e) 第五道次心部 Niyama 云图　f) 第八道次心部 Niyama 云图

两根净质量为 37.12t 支承辊）钢锭成本（见表 3-5）的分析可以看出，真空浇铸钢锭的成本为 739.29 元/t。

136t 立式半连铸机生产（出两根净重 37.12t 支承辊）的铸坯成本见表 3-6，相应的成本为 101.5 元/t。

真空浇铸钢锭的材料成本为 4923 元/t+739.29 元/t=5662.29 元/t。立式半连铸机生产的铸坯材料成本为 4923 元/t+101.5 元/t=5024.5 元/t。

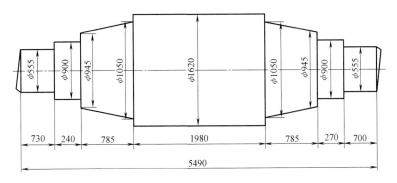

图 3-39 净质量为 37.12t 的支承辊锻件

表 3-5 148t 真空浇铸钢锭成本

名称	用量/t	单价/(元/t)	金额/元
中间包锆石包壁	1.03	10920	11279.39
中间包锆石包底	0.27	10920	2945.09
中间包方砖	0.01	13750	125.85
中间包水口	2 块	300 元/块	600
包沿料	0.25	3550	898.73
冲击块	0.04	17320	677.05
袖砖	0.33	9270	3059.1
塞头	0.03	12450	323.7
刚玉粉	0.01	15500	93
捣打料 0~3mm	0.01	4220	42.2
冒口砖	4.23	3100	13113.49
轻质保温砖	0.18	5198	925.24
工艺砂(农安砂)	0.16	314	50.24
导流管	0.52	6730	3472.68
石墨导流环	0.06	33400	1837
引流剂	0.04	4920	184.5
发热剂	0.21	8358	1731.78
保温剂	0.15	2145	317.46
真空天然气(按抽真空时间核算)	60m³	120 元/m³	7200
钢锭模、底盘、底盘套、保温冒铁壳	148	389.15	57593.96
底盘钢板	514.33kg	4 元/kg	2057.33
钢锭模、底盘打磨人工费用	148	3	444
中间包清理	148	3	444
真空铸锭成本	—	739.29	109415.80

3)锻造成本。模铸钢锭锻造三火次出成品,即第一火次压钳口,第二火次镦粗、KD 拔长,第三火次拔长出成品,整体计算,消耗的燃料费、动力费等直接能源成本为 75159 元。

表 3-6　136t 立式半连铸机生产的铸坯成本

名称	用量/t	单价/(元/t)	金额/元
长水口	0.05	24000	1080
塞棒	0.06	18000	990
干式镁质涂抹料（工作层）	3	2550	7650
挡墙	0.35	5000	1750
挡坝	0.08	5000	400
座砖	1 个	180 元/个	180
浸入式水口	0.04	50000	1750
结晶器	1 次	10 元/次	10
铸坯成本	—	101.5	13810.00

立式半连铸机生产的铸坯经锻造两火次出成品，与模铸钢锭锻造工艺相比，省去了压钳口火次，节约燃料费、动力费等直接能源成本 64651 元。

4）锻件成本对比。净质量为 37.12t 支承辊钢锭与铸坯自由锻成本对比见表 3-7。

表 3-7　净质量为 37.12t 支承辊钢锭与铸坯自由锻成本对比

成形方式	净质量/t	锻件质量/t	钢锭/铸坯质量/t	材料成本/万元	锻造成本/万元	单价/(万元/t)	备注
钢锭自由锻	37.12	49.81	74	7×0.56623 = 41.9	7.5159	1.3312	—
铸坯自由锻			57.6/62.6	57.6×0.50245÷0.92 = 31.45	6.4651	1.0214	−3098 元

（2）钢锭自由锻与铸坯模锻成本对比

1）产品选取。选取某净质量为 48.8t 的 2050mm 热连轧机支承辊，采用钢锭自由锻的锻件毛坯质量为 65.1t，如图 3-40 所示。采用铸坯模锻的锻件毛坯质量为 55.796t，如图 3-41 所示。

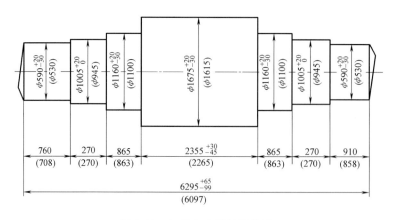

图 3-40　钢锭自由锻的锻件图

注：图中括号内的数值是加工后的尺寸。下同

2）锻件成本对比。净质量为 48.8t 支承辊钢锭自由锻与铸坯模锻的成本对比见表 3-8。

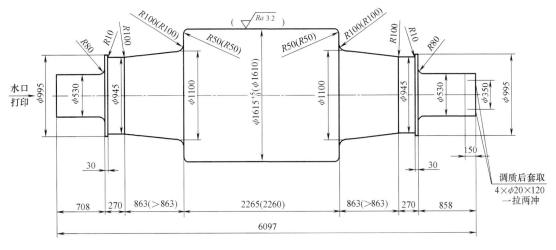

图 3-41　铸坯模锻的锻件图

表 3-8　净质量为 48.8t 支承辊钢锭自由锻与铸坯模锻的成本对比

成形方式	锻件质量/t	钢锭/铸坯质量/t	材料成本/(元/t)	锻造成本/元	单价/(元/t)	差价/(元/t)
钢锭自由锻	65.11	114	114×5662.3 = 645500	131100	15914	-7134
铸坯模锻	55.796	56.9/66.9	56.9×5024.5÷0.92 = 310750	117771	8780	

从表 3-8 可以看出，采用超大型液压机模锻成形，支承辊锻件成本仅为 8780 元，较钢锭自由锻成本降低 7134 元，效益非常明显。

3.2.1.2　船用曲柄

（1）产品选取　选取船用曲柄中规格最大的 S90，净质量为 23.7t，如图 3-42 所示。中国一重目前船用锻件生产相对较少，主要是受市场价格影响，若采用立式半连铸机生产，可进一步优化后续锻造工序，大幅降低生产成本。现以 S90 曲柄为例，简述其中的工艺改进措施。

（2）模铸钢锭制坯方案

1）工艺流程。67t 钢锭→压钳口→镦粗拔长到 ϕ1500mm×2900mm→压扁到 1100mm 厚×1725mm（max）宽×2720mm 高→粗加工→超声检测→模锻成形。

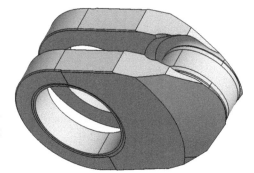

图 3-42　S90 曲柄

2）制造成本。计算中的质量数据来源于中国一重工艺计算，成本数据来源于中国一重财务统计。下同。

① 材料成本（单件）（钢锭）：67t×5700 元/t = 381900 元。

② 锻造成本（单件）：40.5t×2000 元/t+38.6t×4000 元/t = 235400 元。

③ 模具成本（单件）摊销：（62.6t×13000 元/t）÷60 件 = 13500 元/件。

④ 锻件成本（单件）：381900 元/件+235400 元/件+13500 元/件 = 630800 元/件。

零件成本：630800 元÷23.7t＝26616 元/t。

（3）铸坯制坯方案

1）工艺流程。φ1500mm×2900mm 铸坯→自由锻（压下 400mm）压扁到 1100mm 厚×1725mm（max）宽×2720mm 高→模锻成形。

2）制造成本。

① 材料成本（单件）（铸坯）：40.5t×5000 元/t＝202500 元。

② 模锻成本（单件）：38.6t×4000 元/t＝154400 元。

③ 模具成本（单件）摊销：（62.6t×13000 元/t）÷60 件＝13500 元/件。

④ 锻件成本（单件）：202500 元/件+154400 元/件+13500 元/件＝370400 元/件。

零件成本：370400 元÷23.7t＝15629 元/t。

（4）模铸钢锭与铸坯结果对比

根据以上理论分析结果，S90 曲柄采用 150MN 水压机模锻后，可节约费用为 26616 元/t-15629 元/t＝10987 元/t。不同规格的曲柄锻件采用钢锭和铸坯模锻的成本对比见表 3-9。

表 3-9 曲柄锻件采用钢锭和铸坯模锻的成本对比

曲柄规格		净质量/t	锻件质量/t	坯料质量/t	锻件成本/（元/件）	零件成本/（元/件）
S90 曲柄	S90	23.7	38.6	钢锭 67	630800	26616
		23.7	38.6	铸坯 40.5	370400	15629
	小结					10987
S70 曲柄	S70	13.95	19.8	钢锭 32	319100	22875
		13.95	19.8	铸坯 21	199700	14315
	小结					8560
S60 曲柄	S60	9.066	11.9	钢锭 21	201800	22259
		9.066	11.9	铸坯 13.6	122900	14306
	小结					7953

3.2.1.3 船用轴锻件

（1）产品选取 按 104t 钢锭用双超圆坯替代计算，161t 双超圆坯可替代 2×104t 模铸钢锭，坯料规格为 φ1600mm×10210mm。

选取净质量为 43.293t 的中间轴，锻件毛坯质量为 58.24t（见图 3-43）。

（2）提高材料利用率 对比单件中间轴消耗锭型，双超圆坯为 80.5t，原模铸钢锭为 104t，材料减少 23.5t。该类产品的直接成本（不考虑人工、折旧等固定成本）约为 4321 元/t，计算节约材料成本为 101544 元。

（3）浇注工序对比 通过对 208t 真空浇铸钢锭（出两根净质量为 43.293t 中间轴）成本（见表 3-10）及 161t 双超圆坯成

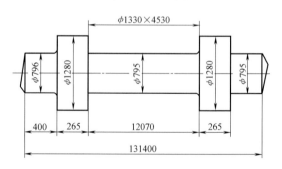

图 3-43 净质量为 43.293t 的中间轴锻件毛坯

本（见表 3-11）进行计算，得出真空浇铸钢锭成本为 666.36 元/t，双超圆坯成本为 85.78 元/t。

通过立式半连铸机方式浇注仅需消耗水口、耐火材料等成本 6905 元，较模铸钢锭方式的 69302 元，大幅节约耐火材料、附具、人工等成本费用约 62397 元。

表 3-10　208t 真空浇铸钢锭成本

名称	用量/t	单价/(元/t)	金额/元
中间包锆石包壁	1.03	10920	11279.39
中间包锆石包底	0.27	10920	2945.09
中间包方砖	0.01	13750	125.85
中间包水口	2个	300 元/个	600
包沿料	0.25	3550	898.73
冲击块	0.04	17320	677.05
袖砖	0.33	9270	3059.1
塞头	0.03	12450	323.7
刚玉粉	0.01	15500	93
捣打料 0~3mm	0.01	4220	42.2
帽口砖	4.23	3100	13113.49
轻质保温砖	0.18	5198	925.24
工艺砂(农安砂)	0.16	314	50.24
导流管	0.52	6730	3472.68
石墨导流环	0.06	33400	1837
引流剂	0.04	4920	184.5
发热剂	0.29	8358	2433.85
保温剂	0.21	2145	446.16
真空天然气(按抽真空时间核算)	70m³	120 元/m³	8400
钢锭模、底盘、底盘套、保温冒铁壳	208	389.15	80942.86
底盘钢板	1376.13kg	4 元/kg	5504.51
钢锭模、底盘打磨人工费用	208	3	624
中间包清理	208	3	624
真空浇铸钢锭成本	—	666.36	138602.65

（4）锻造工艺对比　将双超圆坯切口处锻造压实后，下料 φ1600mm×4290mm 两块，采用 100MN 水压机按一火次出成品整体计算，消耗的燃料费、动力费等直接能源成本为 36433 元。

对 104t 模铸钢锭，采用 100MN 水压机锻造，按压钳口+镦粗+拔长出成品三火次整体计算，消耗的燃料费、动力费等直接能源成本为 87797 元。

采用双超圆坯可一火次出成品，较模铸钢锭锻造工艺省去了压钳口、镦粗和拔长火次，整体锻造成本可节约 51364 元。

表 3-11　161t 双超圆坯成本

名称	用量/t	单价/(元/t)	金额/元
长水口	0.05	24000	1080
塞棒	0.06	18000	990
干式镁质涂抹料(工作层)	3	2550	7650
挡墙	0.35	5000	1750
挡坝	0.08	5000	400
座砖	1	180	180
浸入式水口	0.04	50000	1750
结晶器	1 次	10 元/次	10
双超圆坯成本	—	85.78	13810

考虑以上因素，本件产品共节约成本 215305 元，折合净质量成本为 5007.09 元/t（见表 3-12）。

表 3-12　中间轴锻件制造成本汇总

产品名称	双超圆坯	钢锭	节约金额	净质量成本
产品净质量	43t	43t		
产品锭型	80.5t	104t	−23.5t	
浇注成本	6905 元	69302 元	−62397 元	−1451.09 元/t
锻造成本	36433 元	87797 元	−51364 元	−1194.51 元/t
圆坯/钢锭成本(直接)	347841 元	449384 元	−101544 元	−2361.49 元/t
节约成本合计	391179 元	606483 元	−215305 元	−5007.09 元/t

3.2.1.4　水轮机主轴锻件

（1）产品选取　按 124t 模铸钢锭用双超圆坯替代计算，双超圆坯需 116t，坯料规格为 $\phi1600mm×7350mm$。选取净质量为 44.916t 的主轴，锻件毛坯质量为 80.44t（见图 3-44）。

（2）提高材料利用率　对比单件主轴消耗锭型，双超圆坯为 116t，原模铸钢锭为 124t，材料减少 8t，该类产品的直接成本（不考虑人工、折旧等固定成本）约为 3974 元/t，计算节约材料成本为 31792 元。

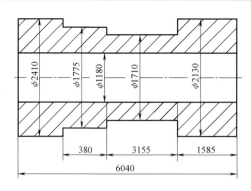

图 3-44　净质量为 44.916t 的水轮机主轴锻件毛坯

（3）浇注工序对比　通过对 124t 真空浇铸钢锭成本（见表 3-13）及 116t 双超圆坯铸坯成本（见表 3-14）进行计算，得出真空浇铸钢锭成本为 676.37 元/t，双超圆坯铸坯成本为 119.05 元/t。

通过立式半连铸机模式浇注仅需消耗水口、耐火材料等成本 13810 元，较模铸方式的 83870 元，大幅节约耐火材料、附具、人工等成本费用约 70060 元。

表 3-13　124t 真空浇铸钢锭成本

名称	用量/t	单价/(元/t)	金额/元
中间包锆石包壁	0.52	10920	5639.7
中间包锆石包底	0.13	10920	1472.55
中间包方砖	0	13750	62.92
中间包水口	1个	300 元/个	300
包沿料	0.13	3550	449.37
冲击块	0.02	17320	338.53
袖砖	0.17	9270	1529.55
塞头	0.01	12450	161.85
刚玉粉	0	15500	46.5
捣打料 0-3mm	0.01	4220	21.1
冒口砖	4.23	3100	13113.49
轻质保温砖	0.18	5198	925.24
工艺砂(农安砂)	0.08	314	25.12
导流管	0.26	6730	1736.34
石墨导流环	0.03	33400	918.5
引流剂	0.01	4920	61.5
发热剂	0.17	8358	1450.95
保温剂	0.12	2145	265.98
真空天然气(按抽真空时间核算)	30m³	120 元/m³	3600
钢锭模、底盘、底盘套、保温冒铁壳	124	389.15	48254.4
底盘钢板	688.06kg	4 元/kg	2752.25
钢锭模、底盘打磨人工费用	124	3	372
中间包清理	124	3	372
真空浇铸钢锭成本	—	676.37	83869.84

表 3-14　116t 双超圆坯铸坯成本

名称	用量/t	单价/(元/t)	金额/元
长水口	0.05	24000	1080
塞棒	0.06	18000	990
干式镁质涂抹料(工作层)	3	2550	7650
挡墙	0.35	5000	1750
挡坝	0.08	5000	400
座砖	1	180	180
浸入式水口	0.04	50000	1750
结晶器	1 次	10 元/次	10
双超圆坯成本	—	119.05	13810.00

（4）锻造工艺对比　双超圆坯采用 100MN 水压机锻造，第一火次锻造工序，整体镦粗至高为 1700mm、直径为 3000mm，冲孔直径为 1000mm；第二火次锻造工序，用直径为 1180mm 的芯棒将直径为 3000mm 的坯料拔长至外径为 2500mm、内径为 1180mm，长度约为 3000mm；第三火次锻造工序，平整至高度为 3200mm、清空内孔；第四火锻造工序：用直径为 1180mm 的芯棒将平整后的坯料拔长至外径为 2500mm，内径为 1180mm，长度约为 2940mm，下料出成品，进行整体计算，消耗的燃料费、动力费等直接能源成本为 31124 元。

由于产品结构特点，采用双超圆坯与钢锭锻造的锻造工序及火次相同，均四火次锻造出成品。但由于双超圆坯、钢锭尺寸不同，气割下料、第一火次镦粗在锻造成本上存在差异，按模铸工艺整体计算，消耗的燃料费、动力费等直接能源成本为 37547 元。

虽然两者的火次一致，但由于双超圆坯尺寸、质量优于模铸钢锭，可节约锻造成本约 6423 元。

考虑以上因素，本件产品共节约成本 108275 元，折合净质量成本为 2410.61 元/t（见表 3-15）。

表 3-15　水轮机主轴锻件制造成本汇总

产品名称	双超圆坯	钢锭	节约金额	净质量成本
产品净质量	44.916t	44.916t		
产品锭型	116t	124t	−8t	
浇注成本	13810 元	83870 元	−70060 元	−1559.80 元/t
锻造成本	31124 元	37547 元	−6423 元	−143.00 元/t
圆坯/钢锭成本（直接）	460984 元	492776 元	−31792 元	−707.81 元/t
节约成本合计	505918 元	614193 元	−108275 元	−2410.61 元/t

3.2.1.5　风机轴

（1）产品选取　以 4MW 风机轴为例，4MW 风机轴精加工形状与尺寸如图 3-45 所示，精加工质量为 15.7t。

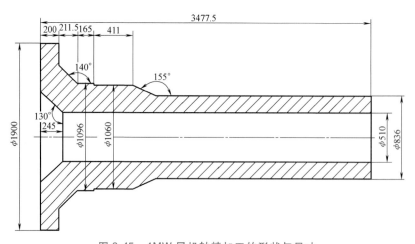

图 3-45　4MW 风机轴精加工的形状与尺寸

（2）传统钢锭自由锻工艺及生产成本（方案 1） 传统钢锭自由锻生产的 4MW 风机轴锻件图如图 3-46 所示。锻件质量为 27.6t，钢锭质量为 45t。

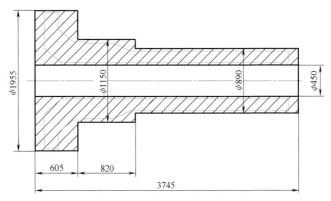

图 3-46 传统钢锭自由锻生产的 4MW 风机轴锻件图

传统钢锭自由锻生产 4MW 风机轴的锻造工艺为气割钢锭（45t 下注）水口、冒口→镦粗（$\phi2400mm$）、冲孔→芯棒拔长（$\phi1955mm\rightarrow\phi1150mm\rightarrow\phi890mm$）出成品，需要两火次完成锻造成形，其变形过程如图 3-47 所示。

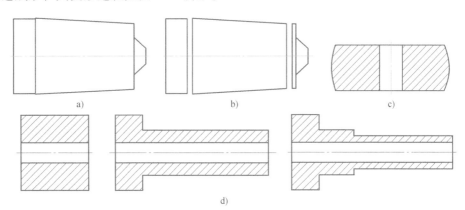

图 3-47 传统钢锭自由锻生产 4MW 风机轴的变形过程
a）下注钢锭 b）气割冒口与水口 c）镦粗、冲孔 d）芯棒拔长出成品

根据锻件锻造工艺及使用设备情况计算的自由锻（含锻后热处理）成本为 27.6t×3500 元/t = 96600 元

（3）双超圆坯自由锻工艺及生产成本（方案 2） 采用双超圆坯，利用现有水压机自由锻生产 4MW 风机轴时，所需铸坯尺寸为 $\phi1600mm\times2280mm$，坯料质量为 35.983t。

双超圆坯自由锻工艺为镦粗（$\phi2400mm$）、冲孔→芯棒拔长（$\phi1955mm\rightarrow\phi1150mm\rightarrow\phi890mm$）出成品，其变形过程如图 3-48 所示。

与传统钢锭相比，采用双超圆坯自由锻成形风机轴时，成本如下：

1）锻造（含锻后热处理）成本：27.6t×3500 元/t = 96600 元。

2）节省钢锭气割水口、冒口费用：$4.0m^2\times880$ 元/m^2 = 3520 元。

综上所述，双超圆坯自由锻的成本为 96600－3520 = 93080 元。

（4）双超圆坯模锻创新工艺及生产成本（方案 3） 如果采用超大型多功能液压机将双

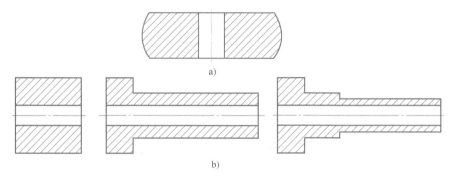

图 3-48 双超圆坯自由锻生产 4MW 风机轴的变形过程

a）镦粗、冲孔 b）芯棒拔长出成品

超圆坯模锻成 4MW 风机轴，则锻件图如图 3-49 所示。锻件质量为 22.4t。

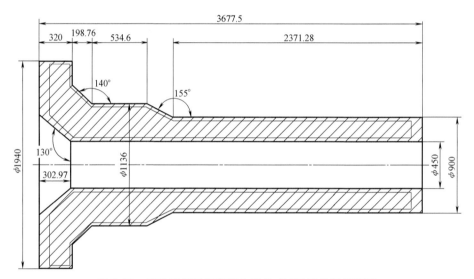

图 3-49 采用双超圆坯模锻生产的 4MW 风机轴锻件图

采用双超圆坯模锻生产 4MW 风机轴的成形过程如图 3-50 所示。

采用大型多功能液压机模锻生产 4MW 风机轴的成本为：

1）制坯。锻造成本：22.4t×800 元/t = 17920 元。

2）模锻。

① 模具成本为 60t×13000 元/t = 780000 元。

② 模具按 80 件摊销，每件增加 780000 元÷80 件 = 9750 元。

③ 锻造成本为 22.4t×2500 元/t = 56000 元。

成本合计为 17920 元+9750 元+56000 元 = 83670 元。

（5）不同坯料不同锻造方式成本对比 不同坯料不同锻造方式的生产成本参考上述支承辊、船用轴锻件、水轮机主轴产品（上述产品钢锭的直接成本范围为 4000～5000 元/t；立式半连铸机浇注模成本范围为 85～120 元/t；模铸方式成本范围为 670～740 元/t），暂定风机轴钢锭的直接成本为 4200 元/t，立式半连铸机制坯成本为 90 元/t，模铸制坯成本为 650 元/t，则真空浇注钢锭吨成本为 4850（4200+650）元，双超圆坯吨成本为 4290（4200+

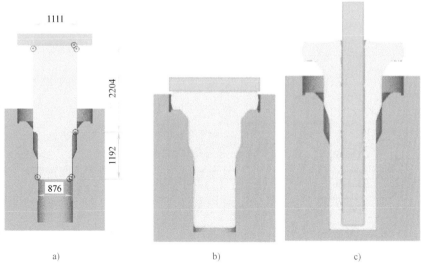

图 3-50 采用双超圆坯模锻生产 4MW 风机轴的成形过程

a）镦粗前　b）镦粗后　c）冲孔

90）元。

采用模锻生产方式，锻件粗加工余量显著减少，所以加工工时不到原来粗加工的 20%，机械加工费一般可按市场价 550 元/h 计算。因此，粗加工可节省费用为 550 元/h×24h×2.5 天×（1-0.2）= 26400 元。折算为成品锻件，每吨可节省粗加工成本 1681.5 元。

净质量为 15.7t 的 4MW 风机轴不同制造方式的成本对比见表 3-16。

表 3-16　净质量为 15.7t 的 4MW 风机轴不同制造方式的成本对比

成形方式	锻件质量/t	钢锭/圆坯质量/t	材料成本/元	锻造成本/元	锻件单价/（元/t）	加工成本/元	差价/元
钢锭自由锻	27.6	45	45×4850 = 218250	96600	20055		
双超圆坯自由锻	27.6	36	36×4290÷0.92 = 167970	93080	16770		-3426
双超圆坯模锻	22.4	25	25×4290÷0.92 = 116580	83670	12575	-1681.5	-8981

3.2.1.6　铰链梁

近年来，我国金刚石合成技术已取得了很大进展，六面顶压机（见图 3-51）已成为最常用的金刚石合成技术设备。目前，六面顶压机结构主要由铰链梁、一体式工作缸、活塞三部分组成。由于金刚石六面顶压机具有高温高压的特点，所以组成铰链梁系统的铰链梁也是承受超高压力的关键部件。每一个铰链梁前面有一个顶锤，六个顶锤的压力都是依靠铰链梁施加到高压腔体中的样品中。

目前，六面顶压机正向着大型化和工艺精细化的方向发展。但是，由于生产大颗粒金刚石的需要，在作业过程中需要承受到极高的压力，其承受的工作载荷也随着生产的需要而越来越大，常常造成结构致命的破坏，给生产造成巨大的损失。

人工合成金刚石用六面顶在研制初期，由于复杂零件的自由锻加工余量较大，并且出于

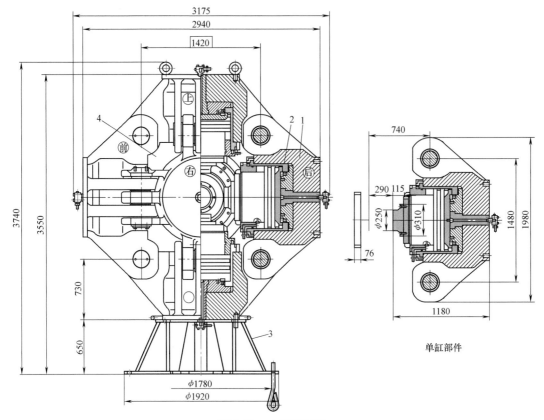

图 3-51　六面顶压机

1—铰链梁　2—工作缸　3—底座　4—防护装置

成本考虑，铰链梁开始时是以铸造形式生产，其材质为 ZG35Cr1Mo，随着近年来锻造设备吨位的逐渐增大，不少企业开始尝试进行锻造铰链梁的制造（见图 3-52），目前工艺已趋于成熟。随着材料利用率的逐渐提高，锻件制造成本也在逐渐降低。

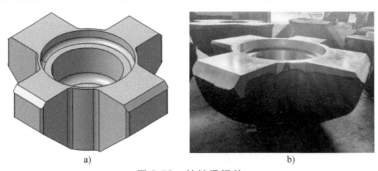

a)　　　　　　　　　　　　　　　　b)

图 3-52　铰链梁锻件

a）立体图　b）粗加工锻件

中国一重于 2018 年开始制造铰链梁锻件，所采用的技术路线为下注钢锭压十字坯下料，模内成形的锻造成形方案，目前，中国一重已通过胎模锻的方式对 850 型及 1000 型铰链梁进行工程化制造。其中，850 型铰链梁目前市场需求量较大，胎模成形制造方案为 33t 下注钢锭制造两件，平均每件需 3~4 火次完成制造，其他锻造厂的工艺也基本相同。铰链梁胎模锻造成形过程如图 3-53 所示。

 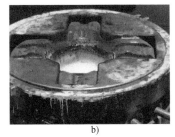 

a)   b)   c)

图 3-53　铰链梁胎模锻造成形过程

a）十字坯料　b）胎模锻造　c）锻件

近年来，中国一重与国内优势企业就超大型锻件的模锻及热挤压成形展开了多项新产品的工艺技术开发工作，模锻方案可提高材料利用率达 30% 以上，若结合采用双超圆坯立式半连铸机所制造的圆坯对铰链梁锻件进行制造，则可进一步提高材料利用率，从而实现提质增效，提高经济效益。以 850 型铰链梁为例，双超圆坯由 $\phi1600$mm 挤压至 $\phi1100$mm，有效焊合心部缩孔后进行分段，每段尺寸为 $\phi1100$mm ×

图 3-54　铰链梁模锻件

1360mm，随后进行 FGS 锻造［一种同时将成形（forming）、晶粒（grain）与应力（stress）有机结合，让锻坯在多向压应力下近净成形，使锻件获得均匀细小晶粒的原创性锻造技术］成形。采用此方案可将铰链梁最终材料利用率提高至 50% 以上。FGS 锻造成形的铰链梁如图 3-54 所示。

3.2.1.7　管模

管模是生产离心铸造铸铁管的重要工具，被广泛用于城市、工业给水排水管道和煤气管道等的离心铸管制造中。管模所处工况恶劣，长期承受交变热应力、拉伸应力、扭转应力等作用，属于工业消耗品。

在铸铁管道的生产中，常用的生产工艺有两种，即水冷法和热模法。从用途上来看，球墨铸铁管一般为压力管道，长度在 4.5~8m 之间，直径在 75~2600mm 之间。管道规格决定了所对应管模的规格尺寸，水冷管模的公称直径在 80~1200mm 之间，热模管模的公称直径在 1200~2600mm 范围内，长度均在 6500mm 左右。超大型管模如图 3-55 所示。

中国一重进入管模市场较早，制造工艺为自由锻芯棒拔长，这也是长期以来国内管模制造的主流工艺。该工艺的主要问题是管坯端部冷却较快且锻造过程中经受较大的剪切变形，常造成端

图 3-55　超大型管模

头开裂。此外，由于拔长过程中，锻件表面处于拉应力状态，表面顺纹伤严重。

近年来，随着热挤压成形设备的蓬勃发展，DN800 及以下的管模产品已能够实现一火次挤压成形，随后再进行局部加热局部镦粗，使管模的材料利用率得到了大幅提升。以

DN800 管模为例，以往采用自由锻制造单件管模所需钢锭近 40t，而采用热挤压成形，仅需 18t 钢锭即可，切除水口、冒口后，下料重为 14.5t。DN800 管模的主要制造过程如图 3-56 所示。

a)　　　　　　　　　　　　　　　b)

c)

图 3-56　DN800 管模的主要制造过程

a) 挤压　b) 承口局部感应加热镦粗及扩孔　c) 管模锻件

目前，DN600 及以下管模坯料是用圆坯挤压成形的。受连铸坯规格限制，DN800 及以上的管模产品目前仍需利用模铸钢锭来制造。随着近几年铸坯设备的发展，国内最大的铸坯直径已到达 1300mm，该铸坯尺寸已经可用于制造 DN1000 及以下的管模产品，但若制造 DN1200 以上的热模管模，则需更大的铸坯来制造。以 DN1200 管模为例，目前采用自由锻工艺所需钢锭质量接近 50t，采用冲拔工艺所需钢锭质量为 39t，采用热挤压成形工艺，所需圆坯质量仅为 26t，采用双超圆坯立式半连铸机铸造 $\phi1600$mm 圆坯，热挤压至 $\phi1450$mm，单件管模圆坯下料尺寸为 $\phi1450$mm×2000mm。

3.2.1.8　高强度特厚钢板

高强度特厚钢板广泛应用于船舶、冶金、军工等领域，受限于国内冶金轧制设备的能力，高强度特厚轧制钢板由于轧制比满足不了要求，无损检测质量难以保证，因此高强度特厚钢板目前仅能通过冶炼模铸钢锭或电渣重熔钢锭经镦粗、拔长、压实后拔长板坯的制造方式进行制造，但由于自由锻成形过程时间长，导致坯料温度逐渐降低，因此各位置变形条件无法保证完全一致，尤其是尺寸超长的特厚板锻件，其头尾的变形温度可能相差近 200℃，因此常出现晶粒尺寸及性能的不一致性，影响锻件的使用。此外，由于拔长过程中所产生的拉应力，使锻件表面常出现锻造裂纹，锻件必须预留较大的加工余量，从而降低了材料利用率。锻件边角位置冷却速度快，更加剧了该位置的裂纹萌生及扩展。自由锻板材锻件及应力分布如图 3-57 及图 3-58 所示。

图 3-57 自由锻板材锻件

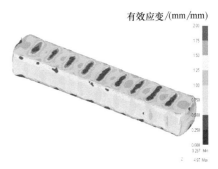

图 3-58 自由锻板材的应变分布

采用双超圆坯经热挤压成形的制造方案，从原理上可有效解决自由锻特厚板材工艺的先天缺陷，热挤压过程中所产生的三向压应力状态可有效抑制板材的表面开裂，由于变形过程较快完成，因此各位置变形条件近似一致，从而有效保证了变形均匀性，变形后各处晶粒尺寸均匀细小，力学性能均一。更重要的是，相比于自由锻，热挤压成形的机械加工余量小，可大幅提高材料利用率。板材热挤压成形及数值模拟如图 3-59 及图 3-60 所示。

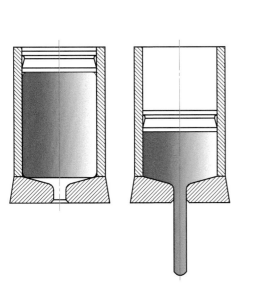

图 3-59 板材热挤压成形示意图

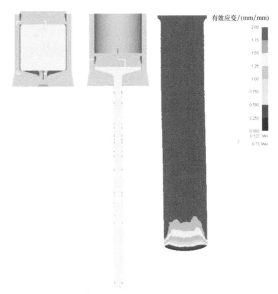

图 3-60 板材热挤压成形数值模拟

3.2.1.9 其他

1. 转子锻件

（1）产品选取　以某型号小型汽轮机转子为例，转子锻件精加工图如图 3-61 所示，质量为 16.1t。

（2）传统钢锭自由锻工艺（方案 1）　传统自由锻生产的锻件图如图 3-62 所示，锻件质量为 35.53t，钢锭质量为 62t。

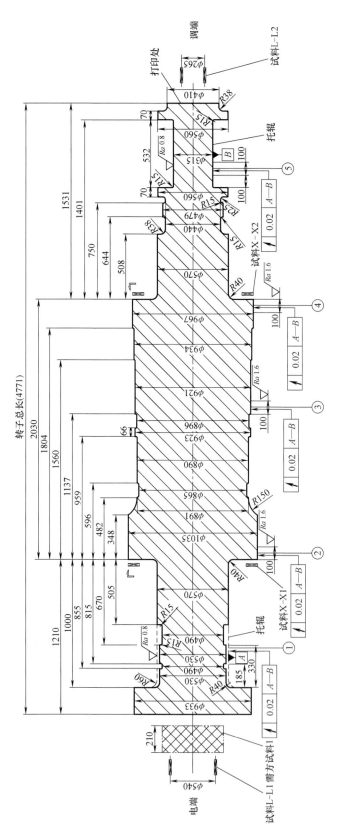

图 3-61 转子锻件精加工图

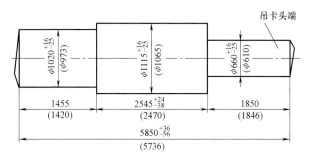

图 3-62 传统自由锻生产的转子锻件图

注：括号内的数值为锻件成品尺寸。

传统钢锭自由锻生产转子的锻造工艺为钢锭压钳口，气割水口、冒口弃料→镦粗、拔长→拔长下料、出成品，其变形过程如图 3-63 所示。

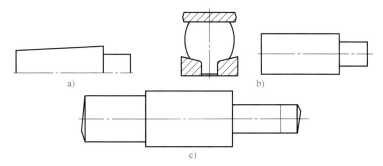

图 3-63 传统钢锭自由锻生产转子的变形过程

a）钢锭压钳口，气割水口、冒口弃料　b）镦粗、拔长　c）拔长下料、出成品

（3）采用双超圆坯自由锻工艺（方案 2）　采用双超圆坯，利用现有水压机自由锻生产转子锻件时，所需铸坯尺寸为 $\phi1350mm×3650mm$，坯料质量为 41t。

双超圆坯自由锻工艺为铸坯压钳口→镦粗、拔长→拔长下料、出成品，其变形过程如图 3-64 所示。

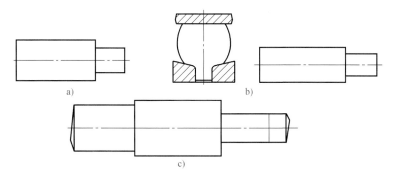

图 3-64 双超圆坯自由锻工艺的变形过程

a）铸坯压钳口　b）镦粗、拔长　c）拔长下料、出成品

与传统钢锭相比，采用双超圆坯自由锻成形转子锻件时，成本如下：

1）锻造（含锻后热处理）成本：16.1t×11800 元/t = 190000 元。

2）节省钢锭气割水口、冒口费用：2.3m²×880 元/m² = 2024 元。

综上所述，圆坯自由锻的成本为 190000 元-2024 元 = 188000 元。

（4）不同坯料不同锻造方式成本对比　不同坯料不同锻造方式生产成本参考上述支承辊、船用轴锻件、水轮机主轴产品（上述产品钢锭的直接成本范围为 4000~5000 元/t；立式半连铸机制坯成本范围为 85~120 元/t；模铸制坯成本范围为 670~740 元/t），暂定转子钢锭的直接成本为 5000 元/t，立式半连铸机制坯成本为 90 元/t，模铸制坯成本为 650 元/t，则真空钢锭吨成本为 5650（5000 元+650 元）元，双超圆坯吨成本为 5090（5000 元+90元）元。

净质量为 16.1t 转子锻件不同制造方式的成本对比见表 3-17。

表 3-17　净质量为 16.1t 转子锻件不同制造方式的成本对比

成形方式	锻件质量/t	钢锭/圆坯质量/t	材料成本/元	锻造成本/元	锻件单价/(元/t)	加工成本/元	差价/元
钢锭自由锻	35.53	62	62×5650 = 350300	190000	15207	—	
双超圆坯自由锻	35.53	41	41×5090÷0.92 = 226840	188000	11675	—	-3532

通过以上两种方案锻造工艺对比，采用双超圆坯的自由锻方案，不仅所采用的原始坯料质量小，而且易开展后续锻造，因此具备较好的工艺优势与较低的制造成本优势。

2. 外销

从图 3-37 可以看出，双超圆坯在应用前被压实成锻坯，压实后的锻坯除了可用于制造上述锻件，还可根据用户的需要提供毛坯锻件或半成品锻件。

3.2.2　复合芯棒

1. 液-固复合组坯芯棒

双超圆坯可以直接或端部压实后用于包覆式或 ESR 增径液-固复合的芯棒，将在第 4 章进行详细描述。

2. 固-固复合组坯料块

双超圆坯在压实后分解成需要的长度，然后闭式镦粗成圆饼类坯料，用于制作固-固复合的料块，将在第 5 章进行详细描述。

液-固复合组坯

本章对各种液-固复合组坯的试验进行介绍及分析。

4.1 包覆式模铸

4.1.1 同种材料

用于制造大型锻件的大型钢锭浇注过程是将多包精炼钢液依次通过中间包注入真空室中的钢锭模内。由于温度、浓度、凝固顺序等差异，钢锭都会不同程度地产生缩孔、缩松、偏析等缺陷。实践证明，对于单包浇注而言，钢锭越大缺陷越严重，无法满足大锻件均匀性和致密性等性能需求。同时，目前大锻件液-固复合浇铸技术中的设计不当，从而造成界面存在大量的氧化、夹渣、裂纹等质量问题，并导致大钢锭在铸态下便发生界面不愈合的现象，即使钢锭经过后续高温加热锻造等措施也难以补救，最终导致钢锭报废。此外，在后续锻造中，若锻造工艺不当，也会因界面氧化开裂并最终导致锻件报废。因此，本小节将结合前期技术的缺点，面向大型锻件的尺度问题，拟通过"真空液-固复合+对称锻造复合"工艺设计、辅具设计、结构设计等最终解决大锻件的质量问题。

对于同种材质的复合，相关文献均有一定的报道：井玉安等人研究了一种大型钢锭的还原浇铸复合方法，并申请了相关专利[14]。如图4-1所示，主要包括芯坯、调整芯坯的温度、芯坯表面预除鳞、芯坯表面的氧化皮还原、浇铸复合、复合锭的冷却、复合锭的重复浇铸复合。该专利所用的装置包括炉体、外壳、保温层、内壳、排气口、真空抽气装置、惰性气体入口、钢锭模、垫铁、芯坯、铁冒口、绝热板、浇口砖、连接螺栓、密封胶圈、还原气体入口、炉盖、浇注通道、阀杆、阀体、阀板、石棉垫片、滑动水口、钢液包。根据专利报道，通过该专利方法和装置，可以制备出普通模铸方法无法生产的大型和特大型模铸钢锭。

许长军等人针对复合钢锭，研究了在复合钢锭内置冷芯及预置电磁场相关内容[15]。如图4-2所示，其主要发明内容包括冷芯制备、冷芯预热/内置冷芯、排空气、钢锭充型、顶置电磁场和脱模冷却。根据专利说明，其内置冷芯可以有效控制钢锭中心缺陷，如粗大的结晶组织、中心偏析、疏松等；顶置的电磁场对冒口钢液进行加热和搅拌，可以有效降低钢锭冒容比和压力加工切头率，促进钢锭凝固补缩和分散元素偏析，减少钢锭热加工工序和提高产品超声检测合格率。这一发明适用于各种规格、材料和形状的实心钢锭和实心复合钢锭的铸造。

由单纯浇铸复合出的钢锭仍然是铸态组织，尤其是冷芯浇铸复合后，初始液态部位与冷芯表面仍有可能存在一定的缺陷，如空隙等，因此若能将复合钢锭在高温作用下进行轴向变形，将进一步有利于界面的复合。对于轴向变形，可以为挤压、特殊轴向锻造等；对于特殊轴向锻造，主要与变形工艺和变形所用模具有一定的关系。

以上是基于无外部补热的液固浇铸复合，对于存在外部补热的液固复合方式，乌克兰基辅的 Elmet-Roll、巴顿电焊研究所的 LB Meoddvar 教授及其团队，于 20 世纪 90 年代发明的液态金属电渣表面复合（ESSLM）方法（见图 4-3[16]），得到了较好的推广应用。该方法的主要技术是导电结晶器技术。在 ESSLM 方法中，覆着层的材料可以是铸铁、高速钢、工具钢、不锈钢、镍基高温合金及其他金属，所制成的复合轧辊可用作冷轧辊、热轧辊或连铸辊。

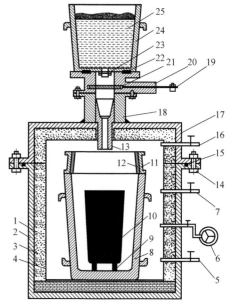

图 4-1 一种大型钢锭的还原浇铸复合装置

1—炉体 2—外壳 3—保温层 4—内壳 5—排气口 6—真空抽气装置 7—惰性气体入口 8—钢锭模 9—垫铁 10—芯坯 11—铁冒口 12—绝热板 13—浇口砖 14—连接螺栓 15—密封胶圈 16—还原气体入口 17—炉盖 18—浇注通道 19—阀杆 20—阀体 21—阀板 22—石棉垫片 23—滑动水口 24—钢液包 25—钢液

这项技术适合复合直径从 100mm 到 1800mm，甚至更大直径的圆锭外表面，并作为轧钢厂的轧辊。复合层的厚度可以从 15~20mm 到 100mm，甚至更大，具体尺寸可按照客户要求进行确定。

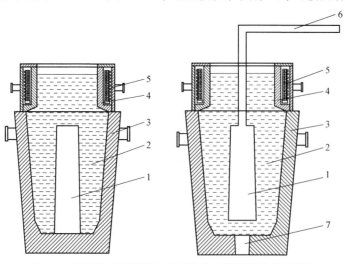

图 4-2 内置冷芯和预置电磁场铸造大型钢锭的相关装置

1—冷芯 2—钢液 3—钢锭模 4—冒口保温材料 5—顶置电磁场 6—排气口 7—进气口

这项技术与日本的连续浇铸成形复合（CPC）方法基本相同，两者最大的不同在于，CPC 方法在中心芯棒的上端使用感应线圈对其进行预热，而 ESSLM 方法使用渣阻热对芯棒进行加热；ESSLM 方法的另外一个优点是，所生产的轧辊接合处存在渗透层，而 CPC 方法生产的轧辊基本没有渗透层。

因此，对于 ESSLM 技术，主要应用方向可考虑两个方面，一方面是轧辊修复与制造，另一方面是瞄准大直径高温合金等产品。对于轧辊修复与制造，东北大学已在开展相关研究，而对于大直径的高温合金，如镍基合金在抚顺特殊钢股份有限公司（简称抚顺特钢）采用"三联"工艺进行制备，但产品重量及尺寸受限，对于大规格镍基合金，迫切需要寻找合适工艺或装备进行制备。

谭波等人研究了弧形砧（见图 4-4）砧型参数对车轴锻件拔长效率的影响[17]，针对长轴形锻件所用的辅具——弧形砧的砧形参数开展了研究。研究结果表明，随着弧形砧圆弧半径 R 的减小、圆弧所对应的圆心角 θ 增大，拔长效率增加，所需的最大锻造力也增大，如图 4-5 所示。在相同工况下，使用带预成形段的弧形砧比使用普通弧形砧对设备的吨位要求更低，并且能保持较高的拔长效率，适用范围更广。

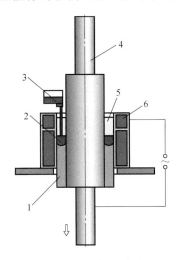

图 4-3 ESSLM 方法

1—堆焊层 2—液态金属池 3—浇注炉 4—轧辊
5—电渣池 6—水冷结晶器

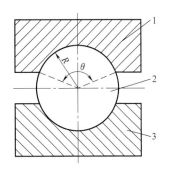

图 4-4 弧形砧

1—上模 2—工件 3—下模

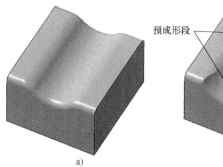
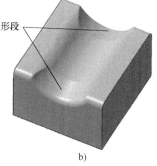

a)   b)

图 4-5 普通弧形砧与带预成形段的弧形砧对比

a）普通弧形砧 b）带预成形段的弧形砧

因此，基于以上相关研究，特围绕轧辊、高温合金等开展相关实验室研究工作。

4.1.1.1 支承辊

本研究仅限于实验室范围，分别采用大气浇铸复合与真空浇铸复合展开对比研究。

1. 大气浇铸复合

（1）支承辊大钢锭浇铸复合模拟与分析　本次模拟采用轧辊类产品常用83t锭型进行，如图4-6所示。

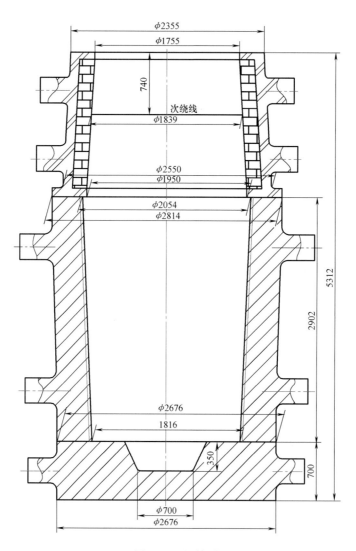

图 4-6　83t 锭型

83t 钢锭对应的锻件成品直径为 1500~1600mm，其中工作层厚度为 100mm，考虑轧辊向心部过渡，设置工作层厚度为 200~300mm，反推芯棒直径规格至少为 1000mm。本次模拟分别设计了直径为 1000mm、800mm 和 600mm 三种芯棒规格。

模拟钢种选取 42CrMo 作为芯棒材质，YB-70（企业牌号）作为表面工作层。模拟钢种的基本参数和模拟结果见表 4-1 和表 4-2 及图 4-7。

表 4-1　模拟钢种的基本参数

模拟钢种	液相线温度/℃	固相线温度/℃	浇注温度/℃
YB-70(企业牌号)	1474	1394	1540
42CrMo	1494	1425	—

表 4-2　模拟结果

方案	芯棒直径/mm	浇注温度/℃	芯棒温度/℃	凝固时间	芯棒最高温度/℃
方案 1	600	1540	30	17h51min	1430
方案 2		1540	300	18h	1441
方案 3		1580	300	19h	1448
方案 4	800	1540	30	16h41min	1374
方案 5		1540	300	17h15min	1395
方案 6		1580	300	18h7min	1410
方案 7		1600	500	19h2min	1434
方案 8		1600	800	19h52min	1467
方案 9		1600	1000	19h55min	1505
方案 10	1000	1540	30	15h37min	1323
方案 11		1540	300	16h15min	1359
方案 12		1580	300	17h18min	1373
方案 13		1600	500	18h8min	1405
方案 14		1600	800	19h30min	1458
方案 15		1600	1000	20h1min	1511

　　仿真模拟采用 ProCAST 软件，共设计 15 种模拟方案，分别考虑芯棒规格，芯棒温度和浇注温度三个方面。整体来看，按照以往工艺，当浇注温度为 1540℃ 时，无论芯棒温度在室温 30℃，还是将芯棒加热至 300℃，三种规格的芯棒的最高温度均未达到液相线，仅芯棒规格为 600mm 时，芯棒最高温度处于固-液两相区。

　　当将芯棒温度由 30℃ 加热至 300℃ 时，凝固时间有所延长，但增幅不大。芯棒最高温度有所增加，其中直径为 1000mm 的芯棒温度增加幅度最大，为 36℃。

　　当浇注温度升高至 1580℃ 时，凝固时间和芯棒温度都有所提升。但当芯棒直径为 1000mm 和 800mm 时，芯棒最高温度仍低于固相线温度。仅芯棒直径为 600mm 时，芯棒最高温度能够进入固-液两相区。

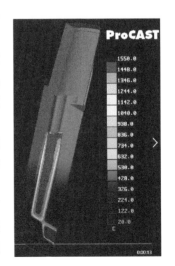

图 4-7　83t 模拟结果

　　方案 9 和方案 15 将模拟条件设置为工况所能达到的极限情况，芯棒加热温度为 1000℃，浇注温度为 1600℃，芯棒最高温度能达到液相线以上，但模拟结果显示，芯棒其余部位温度区仍在固-液两相区，甚至以下。

根据液-固复合过程相关的数值模拟结果发现，单纯依靠浇注钢液和对芯棒坯料加热，固-液复合会存在一定的问题。这在南昌航空大学熊博文等人的论文中也有相应的模拟表述[18]。因 ESSLM 技术是存在外部补热（渣阻热），所以可以将热量源源不断地向钢液进行补充，从而满足固-液界面的反应，即芯棒表面氧化膜熔融，并形成渗透层。

因此，为了解实际浇铸的情况，利用 40kg 真空感应炉进行了相关浇铸复合试验。

（2）制备工艺　芯棒制备→芯棒加工（冷段、热段）→热段芯棒加热→冷段芯棒准备→外层金属冶炼→热段芯棒出炉去氧化皮、冶炼炉破坏真空→热态芯棒放入钢锭模、浇注（氩气保护）。

本方案优点：对芯棒进行了加热补热，减少了芯棒与钢液的温差，有利于界面熔合。

本方案缺点：本方案存在一定的风险，主要是对于热段金属芯棒，其经耐火材料包裹以控制高温氧化等问题，其包裹材料为耐火材料，若在坯料加热后不能有效去除表面耐火材料，反而会对后续复合造成严重的影响。

（3）复合组坯过程

1）芯棒制备与加工。为接近实际，采用 YB-70 材料。根据 83t 钢锭（芯棒直径为800mm）尺寸等比例缩小，利用线切割，得到直径为58mm，长度为 303mm 的试验用芯棒（见图 4-8）。由于要考虑在浇注复合时的芯棒温度问题，所以在第一次的固-液复合时，对芯棒进行了加热，同时考虑补热问题，因此将芯棒切割成长度分别为 203mm、100mm 两段，其中长度为 203mm 的为热段，长度为 100mm 的为冷段。

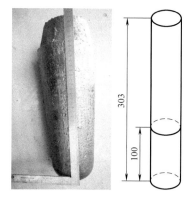

图 4-8　试验用芯棒

2）热段芯棒加热防氧化试验与结果。在包覆试验过程中，将对芯部棒料进行高温预热，然后转移至钢锭模内浇注后续钢液。预热及转运过程中无法避免氧化皮的产生。为减少氧化皮的产生，同时最大限度地避免转运过程中芯棒热量散失，在进入加热炉前，使用耐火材料对芯棒进行包裹。

根据前期热轧复合板制备数据，选取玻璃布和玻璃粉进行对比试验。选取四个试样，将试样表面用砂纸打磨见光，1#试样不包裹耐火材料，2#试样包裹两层玻璃布，3#试样包裹三层玻璃布，2#、3#试样用钼丝缠绕以防止玻璃布脱开，用玻璃粉（主要成分 SiO_2）与水混合呈糊状后均匀涂满4#试样整个试样表面。加热前的试样如图4-9所示。

a)　　　　　　　　b)　　　　　　　　c)　　　　　　　　d)

图 4-9　加热前的试样

a）1#　b）2#　c）3#　d）4#

将四个试样按顺序放入加热炉中升温 1h，随后用钳子首先夹取 1#和 2#试样，敲击 2#试样，看包裹的玻璃布能否被震落。通过对比观察发现，完全裸露的 1#试样表面的氧化皮只需轻微敲击即可剥落，并且剥落的氧化皮比较完整；2#试样通过敲击，氧化皮也能完全剥离试样表面，并且剥离后人眼可见整个试样表面较 1#试样更为红热，说明玻璃布还具有一定的保温效果。

随后继续夹取 3#和 4#试样，3#试样因为包裹的玻璃布层数较 2#试样多，目测试样表面更为红热；4#试样通过敲击能够去除大部分耐火材料，但仍有部分残余耐火材料粘连在试样表面。加热、敲击后的试样如图 4-10 所示。

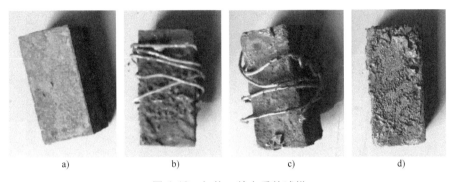

图 4-10　加热、敲击后的试样

a) 1#　b) 2#　c) 3#　d) 4#

对比各试样产生的氧化皮发现，1#试样的氧化皮完整、平滑且较厚，2#~4#试样产生的氧化铁皮与包裹的耐火材料熔为一体，如图 4-11 所示。

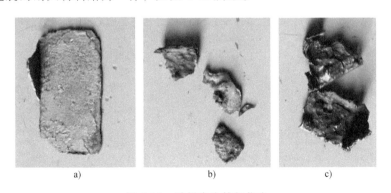

图 4-11　试样产生的氧化皮

a) 1#　b) 2#/3#　c) 4#

通过对比试验结果可以看出，玻璃布既能在一定程度上防止氧化皮的产生，还能对包裹试样具有一定的保温作用，因此最终选取玻璃布作为后续包覆试验耐火材料。

3）浇铸复合。首先将长度为 100mm 的芯棒在室温状态下放置于钢锭模底部，将用玻璃布包裹的长度为 203mm 的芯棒放入加热炉内，随炉升温至 1100℃，并保温 2h 备用。与此同时，感应炉同步冶炼钢液，待合金完全熔化后，在感应炉内充入标准大气压的氩气。随后夹取红热芯棒并快速运至感应炉炉门口，敲碎震落玻璃布，将裸露的红热芯棒快速竖直放入钢锭模中间位置，随后关闭感应炉炉门，完成液态钢液浇注。浇铸复合过程如图 4-12 所示。

图 4-12　浇铸复合过程

a) 包覆芯棒　b) 局部加热　c) 安放芯棒　d) 浇注完毕后真空室内冷却　e) 包覆式铸锭

（4）铸锭解剖　为检验液-固复合铸造试验结果，对钢锭进行解剖分析。解剖钢锭之前，在加热炉内恒温 1200℃ 保持 20h 并随炉冷却。目的是使钢锭均质化，防止其在后续解剖过程中发生开裂。

分别选取钢锭高温区（锭身顶部）、加热长芯棒底部和室温状态下短芯棒顶部，切取三个 15mm 厚的切片（见图 4-13）。从图 4-14 所示的切片与余料切口表面形貌可以看出，钢锭周身分布有气孔类缺陷，芯棒与补浇钢液有明显的界线痕迹。

如图 4-15 所示，在每个切片上选取两个位置（目测选取结合情况最好和最差的两个位置），分别加工成边长为 15mm×15mm 的方形试样。试样在加工过程中，芯棒与补浇钢锭开裂分离成两部分，说明界面结合效果不理想。

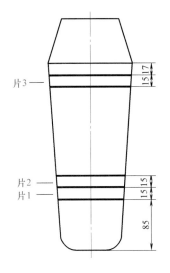

图 4-13　切取试片位置

图 4-14　切片与余料切口表面形貌

图 4-15　取样位置

（5）冷段径向锻造　将冷段复合钢锭端头进行密封焊接，随后放入加热炉加热，准备锻造（见图 4-16）。其中，加热设备为蓄热式加热炉，保温温度为 1150℃（由 1100℃ 至 1150℃ 升温并保温 30min）。冷段复合钢锭直接一火次拔长至设定直径 50mm，随后埋砂缓冷至室温，并按图 4-17 所示位置进行解剖，观察界面结合情况。

2. 真空浇铸复合

（1）真空浇铸复合思路　鉴于大气浇铸复合时，受气体影响较大，复合界面结合效果不太理想，为减少气体对浇铸复合的影响，将处理好的金属冷锭芯坯提前放置于真空室钢锭模中，使钢液可在真空环境下对冷锭芯坯进行浇铸复合，并通过设计，使冷锭芯坯完全被钢液包覆。本次不再对铸态复合效果进行评价，而是直接将复合钢锭进行径向变形，从而保障不破坏铸态复合后的真空状态，保障复合效果。真空浇铸复合后的复合钢锭形貌如图 4-18 所示。

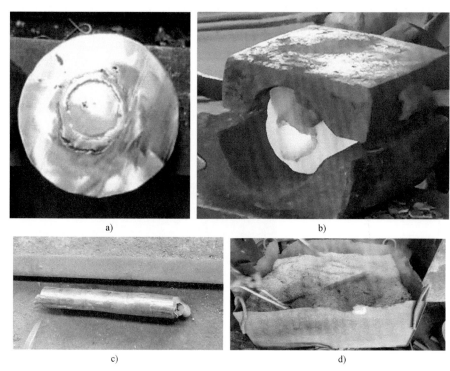

图 4-16　冷段复合钢锭端头锻造
a）钢锭端头　b）心部压实　c）拔长　d）缓冷

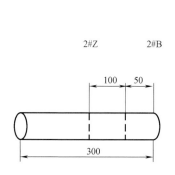

图 4-17　冷段复合锻坯解剖位置

图 4-18　真空浇铸复合后的复合钢锭形貌

真空浇铸复合主要技术流程为：冷锭芯坯准备及处理（冷锭芯坯的形状为圆柱状）→冷锭芯坯放入钢锭模→抽真空、惰性气体清洗，抽真空→钢液真空冶炼→钢液真空浇注→冷锭被钢液完全包覆、钢液凝固、钢锭脱模→均质扩散热处理、空冷至室温→切除钢锭冒口→重新加热、保温→控速、控温（慢速、变形速度）镦粗变形，相对压下量大于 35%，横放，小变形整形归圆→保温扩散加热→锻造辅具准备（成套弧形砧）→非对称小变形锻造（与弧形砧使用有关，即上下辅具弧形砧不对称，从而控制局部变形速度、变形量、旋转锻造、旋转速度，结合最终产品尺寸，整个变形过程可采用分火次锻造，中间加热及保温，从而促进复合的思路）→转后续使用。真空液-固复合如图 4-19 所示，冷锭芯坯仰视图如图 4-20 所示，非对称径向锻造复合如图 4-21 所示。

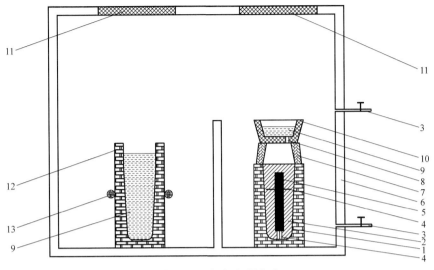

图 4-19　真空液-固复合

1—钢锭模　2—钢锭凝固区　3—抽真空设备　4—金属支撑棒　5—冷锭芯坯　6—真空室　7—保温冒口
8—浇注口　9—钢液　10—偏心中间包　11—料口及密封盖　12—熔炼炉　13—冶炼炉翻转倾倒装置

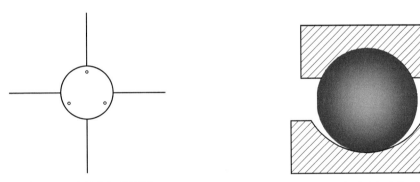

图 4-20　冷锭芯坯仰视图　　　　　　　　图 4-21　非对称径向锻造复合

（2）真空浇铸复合具体过程

1）冷锭芯坯准备及处理。冷锭芯坯为圆柱状，质量占总钢锭质量（含水口、冒口质量）的 20% 以下，其表面采用机械加工的方法进行加工，表面粗糙度 ≥3.2μm，底端面加工三个以上的内孔，用于安装金属支撑棒，支撑冷锭芯坯，并在距离冷锭芯坯底端面 2/3 的位置对称焊接四根金属支撑棒，防止浇注时冷锭芯坯倾斜。四根金属支撑棒不接触钢锭模内壁，材质与冷锭芯坯相同，高度为冷锭芯坯高度的 1/6~1/5（以便钢液在底部良好充型）。金属支撑棒需考虑的因素有直径、高度、数量，保障后续浇注时能与钢液熔合，同时可在浇注时支撑住冷锭芯坯，防止浇注时倾斜。

2）清洗与冷锭芯坯放置。待冷锭芯坯加工完毕后，采用有机溶剂（丙酮、无水乙醇等）对冷锭芯坯及金属支撑棒的表面进行清洗，并按图 4-19 所示通过料口放入真空室的钢锭模中，中途不得污染冷锭芯坯表面。冷锭芯坯为室温温度，不许进行表面加热处理，严防表面氧化。

冷锭芯坯位于钢锭模正中心位置，冷锭芯坯与钢锭模颈部的距离为冷锭芯坯高度的 $1/6 \sim 1/5$；在钢锭模上依次放置保温冒口、偏心中间包。其中，偏心中间包的浇注口为偏心设计，防止钢液直接浇注在冷锭芯坯上，以利于钢液快速流入钢锭模的底部。

3）抽真空、惰性气体清洗、抽真空、钢液真空冶炼。关闭真空室料口，将真空室真空度控制在 10^{-1} Torr（1Torr = 133.322Pa）以下，随后冲入氩气进行冲洗真空室，随后再对真空室进行抽真空处理，待真空度再次达到 10^{-1} Torr 以下并稳定后，进行钢液真空冶炼。

4）真空浇铸。钢液在冶炼炉中准备就绪后，利用冶炼炉翻转倾倒装置将钢液倾倒入偏心中间包中，随后偏心中间包中的钢液进入钢锭模，待钢液完全充满钢锭模停止浇注；待钢液凝固冷却后，打开真空室，对钢锭进行脱模处理。

5）钢锭处理。待钢锭脱模后，对钢锭进行均质化处理，保温温度 ≥1230℃，保温时间 ≥24h（一方面，促进结合；另一方面，促进元素扩散，改善成分偏析等），随后空冷至室温，沿钢锭颈部切除冒口，于距离钢锭底部约 1/10 冷锭芯坯高度的水口部位（注：切除水口、冒口时，不可切到冷锭芯坯位置，以防破坏冷锭芯坯位置的真空；需要说明的是，切除水口时，三根金属支撑棒由于直径非常小，已与钢液完全熔合，可保障冷锭芯坯的真空不被破坏，保障后续进一步的锻造复合）。

6）锻造复合。

① 重新加热、保温。采用升温速度 v_1 将钢锭升温至 650℃，保温时间 ≥2h；随后采用 v_2 升温速度使温度 ≥1230℃，保温时间 ≥2h；其中 $v_1 > v_2$。

② 整形、镦粗复合。从加热炉中取出钢锭，由于钢锭存在一定的锥度，为保障后续变形，先对钢锭径向进行规圆锻造处理，采用小变形、慢速规圆锻造；随后沿轴向，采用 ≤10mm/s 的变形速度对钢锭镦粗，相对压下量为 35% ~ 50%，保障冷锭芯坯上下端面的复合；最后钢锭返炉加热保温，保温时间 ≥2h，促进冷锭芯坯上下端面进一步扩散复合。

③ 非对称锻造变形复合。根据对钢锭预先设计的变形工艺，准备成套弧形砧。成套弧形砧提前采用火焰烘烤预热，保障弧形砧表面温度 ≥200℃；采用上小、下大的弧形砧对坯料沿径向进行旋转变形，坯料从一端开始变形，直至变形至另一端，这是第一道次径向变形复合，同时根据坯料直径逐步调整上下弧形砧型号，直至所需变形尺寸，第一道次相对压下量 ≤10%，变形速度为 10mm/s；返炉保温，保温时间 ≥2h，随后出炉开展第二道次径向变形。第二道次相对压下量为 20% ~ 30%，变形速度为 30 ~ 60mm/s，快速变形；返炉保温，保温时间 ≥2h；采用 ≤10mm/s 的变形速度对钢锭进行二次镦粗，相对压下量 ≤35%；返炉保温，保温时间 ≥2h。出炉开展第三道次径向变形，第三道次相对压下量为 20% ~ 30%，变形速度为 30 ~ 60mm/s，快速变形至所需坯料尺寸，返炉加热进行后续热加工工序。

（3）支承辊包覆式复合　采用实验室的方法进行验证，材质为 YB-70，钢锭整体质量为 40kg，其中冷锭芯坯为 6kg，冷锭芯坯材质与钢液相同。

对冷锭芯坯进行机械加工，有效去除表面氧化皮，在底端面加工四个 $\phi 3.1mm \times 10mm$ 盲孔，以便插入金属支撑棒，并在冷锭芯坯上焊接四根金属支撑棒；冷锭芯坯的表面粗糙度 ≥3.2μm；先采用无水乙醇进行表面清洗，吹风干燥后，再采用丙酮溶液擦洗表面，并吹风干燥，随即将冷锭芯坯放入钢锭模。需注意的是，冷锭芯坯经丙酮溶液处理后，不得二次污染坯料表面。冷锭芯坯处理如图 4-22 所示。

a)　　　　　　　　b)

图 4-22　冷锭芯坯处理

a）芯棒处理　b）芯棒放入钢锭模

在钢锭模上方依次放置保温冒口、偏心中间包。

将原材料按冶炼要求放入熔炼炉，封闭真空室，真空室真空度小于 10Pa 后开始冶炼。

将熔炼炉中的钢液通过翻转倾倒装置倒入偏心中间包中，钢液随即通过浇注口进入钢锭模中；待钢液浇注完毕，等待钢液凝固、冷却。待钢液凝固冷却后，破坏真空室真空，对钢锭进行脱模处理。待钢锭脱模后，对钢锭进行均质化处理，保温温度≥1230℃，保温时间为 24h，随后空冷至室温，沿钢锭颈部切除冒口（见图 4-23）及位于距离钢锭底部约 1/10 冷锭芯坯高度的水口。

图 4-23　钢锭切除冒口

采用升温速度 v_1 将钢锭升温至 650℃，保温时间 2h；随后采用 v_2 升温速度将钢锭升温至 1230℃，保温时间 4h；其中 $v_1>v_2$。

从加热炉中取出钢锭，对钢锭径向进行规圆锻造处理，采用小变形、慢速规圆锻造；沿轴向，采用 10mm/s 的变形速度对钢锭镦粗，相对压下量为 40%，保障冷锭芯坯上下端面的复合；钢锭返炉加热保温，保温时间为 3h，促进冷锭芯坯上下端面进一步扩散复合。真空浇铸复合钢锭开坯及最终整形如图 4-24 所示，复合锻坯及埋砂冷却如图 4-25 所示。

根据对钢锭预先设计的变形工艺，准备成套弧形砧。成套弧形砧提前采用火焰烘烤预热，保障弧形砧表面温度为 250~300℃；采用上小、下大的弧形砧对坯料沿径向进行旋转变形，坯料从一端开始变形，直至变形至另一端，这是第一道次径向变形复合，同时根据坯料直径逐步调整上下弧形砧型号，直至所需变形尺寸；第一道次相对压下量≤10%，变形速度为 10mm/s；返炉保温，保温时间 2h，随后出炉开展第二道次径向变形。第二道次相对压下量为 30%，变形速度为 45mm/s，快速变形；返炉保温，保温时间为 2h；采用 8mm/s 的变形速度对钢锭进行二次镦粗，相对压下量≤30%；返炉保温，保温时间为 2h。出炉开展第

a)　　　　　　　　　　　b)

图 4-24　真空浇铸复合钢锭开坯及最终整形

a）钢锭开坯　b）最终整形

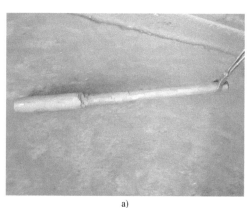

a)　　　　　　　　　　　b)

图 4-25　复合锻坯及埋砂冷却

a）复合锻坯　b）锻造后埋砂冷却

三道次径向变形，第三道次相对压下量为 25%，变形速度为 50mm/s，快速变形至所需坯料尺寸。最终通过自由锻整形，从而得到一体化锻坯，随后埋入砂中缓冷至室温。

支承辊复合锻坯解剖位置如图 4-26 所示。

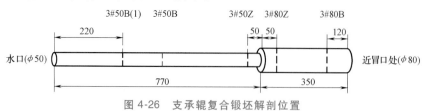

图 4-26　支承辊复合锻坯解剖位置

4.1.1.2　GH4169 合金铸锭

由于 GH4169 合金优异的综合性能，它被广泛应用于航空发动机及燃气轮机的关键部件，但较高的 Nb 含量导致其复杂的凝固过程和严重的元素偏析，而随着产品的不断升级，所需铸锭尺寸的不断扩大，仅仅依靠现有冶炼设备水平的提升和冶炼工艺的改进，已经很难解决大铸锭的偏析问题，因此拟采用液-固复合的增材制坯技术使高温合金铸锭大型化，首先进行了包覆式浇注试验。

从 GH4169 合金自耗锭冒口盘片切取一个圆柱，表面车光后作为芯棒，切取块料，与芯棒一并进行喷砂处理，以彻底去除表面的油污。将芯棒提前放置于 40kg 的钢锭模中，并采取措施保证芯棒在钢液浇注过程中能够保持在原位；块料在真空感应炉的坩埚中重熔后在真空状态下进行浇注，浇注后芯棒周边的包覆层厚度可达 10～40mm，上部包覆层厚度可达 100mm 以上。待钢锭凝固后从钢锭模中取出并进行解剖，对复合效果进行评估研究。

开展试验前首先采用数值模拟的方法进行了相关的研究，以选出合理的尺寸。利用 ProCAST 软件对浇注后的凝固过程进行了模拟计算。芯棒高度均为 130mm，直径选取 40mm、60mm、80mm 三个不同的规格，如图 4-27 所示。在芯棒上选取五个不同的位置，提取出这五个位置点在凝固过程中的温度变化曲线，如图 4-28 所示，由图 4-28 可以看出，在浇注后的凝固过程中，不同规格芯棒上的 $P1$ 点和 $P2$ 点均为温度最高的点，$P3$ 点温度次之，$P4$ 点和 $P5$ 点温度最低。根据计算结果：固相线温度为 1286.3℃，液相线温度为 1364.7℃，浇注后只有 ϕ40mm 芯棒上端面 $P1$、$P2$ 点的温度位于固-液相线温度区间，见表 4-3，即这两个位置点理论上能够实现冶金结合，而 ϕ60 和 ϕ80mm 的芯棒，浇铸后的温度最高点都低于固相线温度，理论上各点都不具备实现冶金结合的条件，因此选取 ϕ40mm 的芯棒比较合适。

芯棒规格选定后，在钢锭模内预先放置一个底部开槽的薄垫环，将芯棒放置在垫环上，一方面，薄的垫环可以起到支撑作用，把芯棒垫高到一定高度，使其恰好位于整个钢锭的中间；另一方面，垫环底部开槽，可以确保钢液浇注后通过槽流向芯棒下方，从而基本实现对芯棒的全包覆。

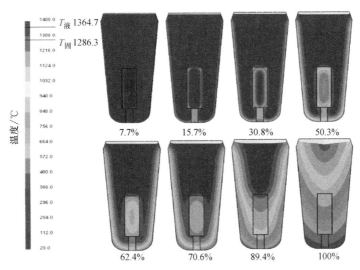

图 4-27　ProCAST 软件模拟计算重熔钢锭凝固过程

注：图中的百分数（%）代表凝固量的比例。

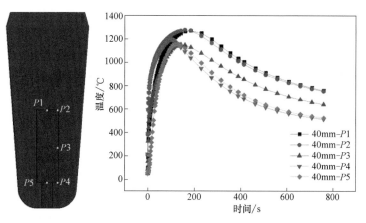

图 4-28　凝固过程中芯棒不同位置点的温度曲线

表 4-3　不同规格芯棒上不同位置的最高温度

芯棒直径/mm	$P1$	$P2$	$P3$	$P4$	$P5$
	最高温度/℃				
40	1287	1291	1154	1198	1158
60	1131	1159	887	1068	953
80	987	1059	727	974	781

　　将芯棒放置于钢锭模，块料放于坩埚内，然后对整个炉体抽真空并通电加热。待块料完全熔化后，调整钢液温度到约 1400℃，然后快速浇注至钢锭模中。重熔钢液凝固冷却后，从炉内取出并沿纵向剖开，用来观察界面结合情况。将钢锭对称剖开后，用低倍腐蚀液进行了腐蚀并观察复合情况。图 4-29 所示为钢锭纵剖面的低倍腐蚀结果。可观察到芯棒上部重熔部分的柱状晶沿着芯棒上的等轴晶连续生长，实现了冶金结合；侧面自上而下结合越来越差，并且在局部有一些微小的孔洞；在芯棒下端与垫环接触的地方，有很大的缝隙，完全没有结合。随着钢液自上而下浇入铸锭模，芯棒上端持续经受钢液冲刷，并且钢液温度相对较高，上端面局部发生了熔化，因此芯棒上端与重熔部分完全实现了冶金结合。但是，随着浇注过程的进行，钢液在不断接触冷态钢锭模和芯棒的过程中，热量逐渐损失，温度有所降低，芯棒表面已不够熔化温度，无法实现冶金结合。在芯棒上端面，重熔钢液在凝固过程中沿芯棒上的等轴晶生长出了柱状晶，这是因为在浇注过程中，芯棒上端温度介于固-液相线区间，处于半熔化状态，实现了冶金结合，而浇注的液体在凝固过程中形成了柱状晶。

　　对芯棒上端两侧的界面处取样进行了扫描电镜观察，结果如图 4-30 所示。一侧界面上存在间隙，另一侧完全结合。结合的界面两侧是不同的枝晶组织，芯棒本身的枝晶间距较大，而重熔部分的枝晶间距较小，枝晶较细密，枝晶间有大量的拉弗斯相（见图 4-31）。界面两侧附近形成大量块状和棒状的 Nb(Ti)C，远离界面处则全部为小块状的 Nb(Ti)C。从芯棒中段取一个横向盘片，进行低倍腐蚀后可以观察到，芯棒为等轴晶组织，重熔钢锭径向由内向外依次为较薄的等轴晶层→柱状晶层→等轴晶层→柱状晶层→等轴晶层，如图 4-32 所示。将重熔钢锭水口端，即芯棒底端横向切开，观察到芯棒与重熔锭部分完全分离，无有效结合（见图 4-33）。

图 4-29　钢锭纵剖面的低倍腐蚀结果

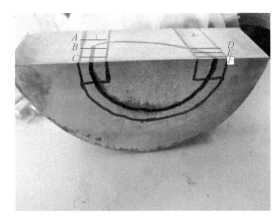

图 4-30　芯棒上端两侧取样观察结果

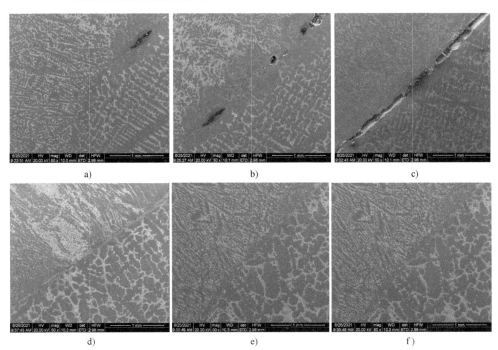

图 4-31　芯棒上端不同位置界面结合情况
a）A 位置　b）B 位置　c）C 位置　d）D 位置　e）E 位置　f）F 位置

图 4-32　芯棒中段横向盘片低倍组织

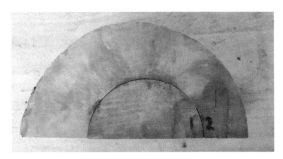

图 4-33　重熔钢锭水口端（芯棒底端）横截面图

从芯棒上端面发生冶金结合的部位取样，做完均匀化后再加工成 gleeble 试样（ϕ10mm× 15mm），在合适的温度下进行压缩，相对压下量为 50%，观察压缩后界面及附近的组织变化。如图 4-34 所示，说明变形后已无法观察到界面，整体复合效果良好。

上述试验研究表明，采用液-固复合方法实现高温合金铸锭的大型化是有可行性的，但采用钢液直接浇注的方法时，芯棒和外部同时带来的冷却效果会使芯棒表面温度较低而难以发生冶金结合，在结合效果方面尚存在一些问题，需要采用电渣液-固复合技术等进行复合效果的改善，下一步需要开展更加深入的工作以进行探索研究。

图 4-34　gleeble 试样压缩后的金相组织

4.1.2　异种材料

异种材料液-固复合制坯最早用于生产复合轧辊。冶金复合铸造轧辊主要有半冲洗复合铸造、溢流（全冲洗法）复合铸造和离心复合铸造三种。此外，还有连续浇注包覆（continues pouring process for cladding，CPC）、喷射沉积法、热等静压（hot isostatically pressed，HIP）、电渣融焊等特殊复合方法制造的复合轧辊。目前，双金属复合轧辊制造技术运用较好的只有轧辊产品离心复合、日本的 CPC 工艺和乌克兰的 ESSLM 技术。离心复合铸造法比较容易出现碳化物的偏析现象，从而影响产品的质量，严重影响轧辊的耐磨性和寿命。当采用 CPC 技术生产复合轧辊时，在辊芯进入钢液之前，需要用感应线圈对轧辊芯部材料进行预热，辊芯外层涂玻璃渣。此外，还要用另一个感应线圈对钢液进行加热。在这个过程中，辊芯的外层有一部分会熔化，在实际生产中要严格控制加热的温度和时间，控制难度大，对生产要求极高，不适合大规模生产。ESSLM 技术由于其复杂的浇注形式，生产率较低，生产成本较高，产品吨位较小，而且该技术在我国尚无工业应用的成功案例，其技术的成熟性有待考证。

虽然各类技术均不成熟，但仍给我们带来很大启发。中国一重"重型高端复杂锻件制造技术变革性创新研究团队"将低合金钢，如 42CrMo 钢作为芯轴，外层包覆轧辊材料。这一方面，大大降低了支承辊合金用量，节省了成本，提高了产品竞争力；另一方面，为开发大型支承辊积累了经验，彻底解决了大型支承辊心部偏析严重导致的断裂风险。

为了验证异种材料包覆式液-固复合的设计思想，开展了系列数值模拟工作。以 363t 钢锭为例，设计多组模拟方案（见表 4-4 和表 4-5）。设计将底盘倒扣，中心放置低熔点材质，支撑座为芯轴做支撑，芯轴为 ϕ1600mm 立式半连铸机 42CrMo 双超圆坯，异种材料包覆式液-固复合如图 4-35 所示，支撑座形状及布置形式如图 4-36 所示。

表 4-4　支撑座材质及其化学成分

编号	材质名称	化学成分(质量分数,%)						
		C	Si	Mn	Cu	Mg	Fe	其余
1	纯铜	—	—	—	99.9	—	—	—
2	Al-A3004	—	0.3	1.25	0.25	1.05	0.7	Al
3	QT400-18	3.45~3.64	2.47~3.00	0.45~0.57	—	—	—	Fe
4	CFHI-0	—	—	—	—	—	—	Al

表 4-5　支撑座材质性质及模拟方案

项目	材质名称	液相线温度/℃	固相线温度/℃	形状	个数/个	布置方式
方案 1	纯铜	1083	1081	圆柱	4	对称分布
方案 2				哑铃	1	中心布置
方案 3				方形	3	三角分布
方案 4	3004	654	629	圆柱	4	对称分布
方案 5				哑铃	1	中心布置
方案 6				方形	3	三角分布
方案 7	QT400-18	1170	1163	圆柱	4	对称分布
方案 8				哑铃	1	中心布置
方案 9				方形	3	三角分布
方案 10	CFHI-0 (企业牌号)	—	—	圆柱	4	对称分布
方案 11				哑铃	1	中心布置
方案 12				方形	3	三角分布

图 4-35　异种材料包覆式
液-固复合

 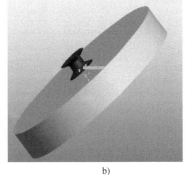

a)　　　　　　　　　　　b)

图 4-36　支撑座形状及布置形式

a) 多点支承　b) 单点支承

异种材料包覆式液-固复合浇注后,钢锭不同凝固时间的温度分布如图 4-37 所示。从模拟结果可以得知,当钢锭凝固 1.3h 时,支撑座在高温钢液的直接传热下温度达到最高,为 800℃ 左右(见图 4-37a),随后由于芯轴等的冷却使得支撑座的温度有下降趋势(见图 4-37b)。当钢锭凝固 9.9h 时,钢锭锭身已凝固完毕,钢液主要集中在冒口中(见图 4-37c),此时随着芯轴等冷却强度的逐步下降,支撑座的温度又逐渐升高(见图 4-37e)。

当钢锭凝固 20.8h 时，与传统浇注凝固逐步趋于一致（见图 4-37f）。这期间，当钢锭凝固 6.4h 时，除支撑座外围存在钢液，其余均已经凝固（见图 4-38），并且温度基本在 650～750℃ 之间。因此，选用恰当的支撑座材料、形状、尺寸、分布至关重要：一方面在凝固期间能够拥有足够强度以对芯轴形成支撑，另一方面需要在合适的时间融化以降低固-液结合界面存在的问题。经过反复摸索，我们设计的异种材料液-固复合能够满足设计要求，当钢锭完全凝固时，疏松缩孔情况良好（见图 4-39）。

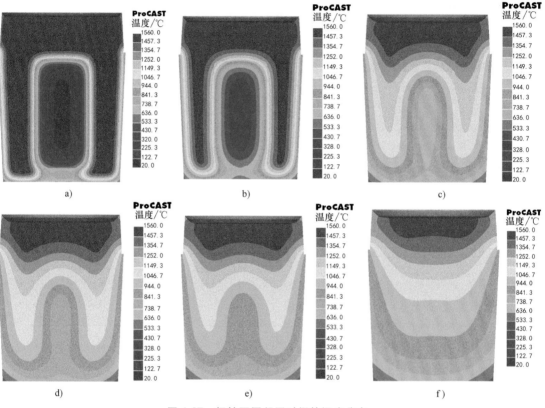

图 4-37　钢锭不同凝固时间的温度分布

a）1.3h　b）3.4h　c）9.9h　d）11.9h　e）13.4h　f）20.8h

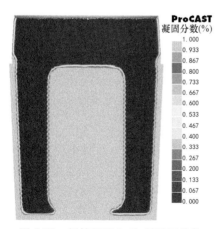

图 4-38　钢锭凝固 6.4h 时凝固分数

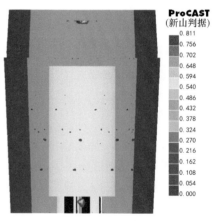

图 4-39　钢锭完全凝固时的缩孔分布

4.2 电渣重熔增径

4.2.1 电渣重熔钢锭断面的局限性

早在 20 世纪 80 年代，中国就建成了世界上最大的电渣炉——上海重型机器厂的 200t 电渣炉，超过第二名德国萨尔钢厂的 165t 电渣炉。当时世界上最大的电渣钢生产厂家是乌克兰德聂泊尔特钢厂，该厂拥有 22 台电渣炉和年产 10 万 t 电渣钢锭的生产能力，最大的板坯电渣炉是俄罗斯双极串联 70t 板坯电渣炉。我国最大的板坯电渣炉是河北钢铁集团舞阳钢铁有限责任公司的 40t 双极串联大型板坯电渣炉。它的主要产品为特种用钢大型扁锭，最大锭重 40t，最大截面尺寸为 950mm×2000mm，最大重熔锭 40t，其中截面为世界第一位。到了 2009 年 5 月 5 日，世界上最大的 450t 电渣重熔炉进行了首次热调试并冶炼，拟生产主要用于第二、三代百万千瓦核电机组的汽轮机低压转子、发电机转子、蒸发器管板等核电大锻件，以及大型支承辊等所需的电渣钢锭。这台 450t 电渣重熔炉（450t 电渣锭相当于 600t 普通钢锭）是目前世界上最大的电渣炉，能生产最大直径为 3.6m、高度为 6m、质量为 450t 的电渣锭，等效于 600 吨级真空浇铸钢锭，覆盖了当前世界上最大吨位的锻件用钢锭，但效果不太理想。

随着锭型直径的扩大，电渣锭凝固冷却效果大大降低，元素的偏析难于控制，碳化物不均匀问题等突出，如 GH4169/GH4706 合金中 Nb、Ti 等的含量较高，偏析严重，严重限制了锭型的扩大；GH617mod（美国高温合金牌号）中 Mo、Ti、W 等元素偏析较严重，在冶炼时控制不当，后续在均匀化处理中很难消除，同时偏析严重时易形成 M(C, N)，后续很难回溶，占用了强化元素的同时还容易形成大颗粒析出，在锻造过程中成为开裂源，也易使后续性能热处理后的组织不均匀。

4.2.2 钢液增径

ESSLM 钢液增径的复合过程在一个铜质水冷导电结晶器中进行，将被复合的锻造的、铸造的或用过的旧辊放在结晶器中心，再将其他容器中预先熔化好的熔渣倒入辊芯与结晶器之间的间隙中。结晶器不仅是复合层的成形设备，同时也是保持电渣过程的非自耗电极。熔渣中产生的热量将辊芯的表面熔化，从而进行复合过程，满足化学成分要求的液态金属被倒入辊芯与结晶器之间的间隙中，那么辊芯就会按照预定的程序被包覆起来。液态金属占据了熔渣的位置而使渣池上升，并与表面熔化的辊芯连接起来形成复合层。在此过程中，辊芯被不断地从结晶器中抽出，同时不断倒入液态金属，直到复合层达到预定的长度。

4.2.3 电极增径

国家重大工程和重大装备对大型高质量大型铸锭的需求不断增加，急需高质量大型铸锭的生产技术。电极增径制造技术可用于单金属多层增材制造大型钢锭，经实验研究结果表明，增材制造最关键的复合界面无夹渣、气孔、缩孔等缺陷，界面结合良好，界面处的力学性能优异，其拉伸试样断口和剪切试样断口均发生在单一材料部位，而非复合界面位置，充分说明了此工艺铸坯的界面结合质量较好。

辽宁辽重新材有限公司创造性地发明了内冷圈保护电渣重熔复合工艺，实现了芯棒表层熔化深度均匀可控、复合层材料纯净、致密均匀的目标。该技术具有有以下特点：

1）熔化层厚度均匀，可根据要求尺寸进行控制。

2）复合层材质均匀、组织致密，杂质少、晶粒细化。

3）生产过程为单一的电渣重熔过程，设备操作简单。

4）液-固冶金结合，可实现同种或异种材质的复合。

5）生产流程短，不需要辅助外部设备，产品质量稳定可靠。

内冷圈保护电渣重熔复合工艺从根本上解决了液-固复合质量较差的技术难题，可广泛用于圆锭复合材料的生产，同种材质圆锭的增径制坯，也可用于大型复合材料厚板坯复合和增厚。辽宁辽重新材有限公司轧辊材料电极增径后的解剖检验结果如图 4-40 所示。其中，图 4-40a、b 所示为电极增径后的横断面的宏观检验结果，无人眼可见的缺陷；图 4-40c、d 所示为纵断面的渗透检测（PT）和低倍检验结果，也无缺陷显示。

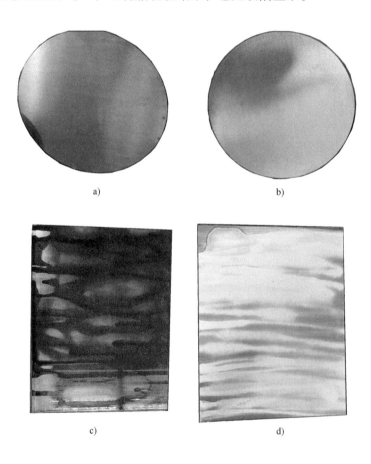

图 4-40 轧辊材料电极增径后的解剖检验结果

a）宏观（左断面） b）宏观（右断面） c）PT d）低倍

液-固结合多电极增径如图 4-41 所示，通过改变圈电极的直径，可以调节单层增径的厚度，从而制造出更大截面的坯料。

图 4-41　液-固结合多电极增径

第5章

固-固复合组坯

5.1 料块表面加工控制

5.1.1 料块表面氧化膜结构

5.1.1.1 冷态下料块表面氧化膜结构

在固-固复合增材制坯过程中，表面状态起着非常重要的作用。金属表面从外到内依次存在四层物质，即吸附层、氧化层、过渡层和基体层。吸附层主要是由吸附的离子、气体、灰尘、水和油脂等构成，氧化层由基体金属的氧化物构成[19]。吸附层和氧化层是影响金属复合板界面复合的主要表面因素，如果在复合之前能够将金属表面的吸附层及氧化层清理掉，那么在随后的复合过程中，两层坯料之间就可以直接接触，通过变形可以形成牢固的冶金结合[20]。所以，表面清理主要是去掉基材表面的吸附层和氧化层，得到干净、清洁的待复合表面。

对于界面结合的前期基础，需要清楚界面氧化物的来源、结构、成分、厚度、形貌等，从而来研究其解决措施。关于金属表面的氧化膜，由于其成分不同，氧化膜的结构、成分、厚度、形貌等均有所不同，这与材质本身合金成分体系有关。

金属表面的氧化膜，在本技术的研究中主要涉及常温常压、常温低压、高温低压等状态。因此，需要从机理上了解氧化物，以及它的变化状态、变化过程等，从而为后续工艺定型提供参考。

例如，对于 SA508Gr.3（美国核电材料牌号）钢，目前企业的冶炼钢锭中的氧含量（质量分数）控制在 30×10^{-6} 以下，界面处抽真空时的真空度为 0.01Pa 级别，那么结合界面处氧化膜在机械加工后的状态、抽真空组坯后的状态、高温保温锻压后的状态等分别是什么样的？理论依据有哪些？界面氧化物的演变过程如图 5-1 所示。

为让读者清晰了解金属的氧化过程，下面引用王海涛等人的相关论述[21]。高温氧化指金属在高温氧化气氛中被腐蚀的现象，它是化学腐蚀的一种形式，是在高温下金属与氧气反应生成金属氧化物的过程，其表达式为 $M + O_2 \rightarrow M_xO_y$。

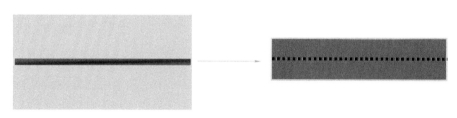

图 5-1 界面氧化物的演变过程

M 为金属，可以是纯金属、合金、金属间化合物等；氧气可以是纯氧或含氧的干燥气体，如空气等。金属材料在高温气体环境中能否自发地进行化学反应，反应产物稳定性如何，需要借助于化学热力学的基础知识来分析和判断。可以用 Ellingham 绘制金属氧化自由能变化 ΔG^0 与温度 T 之间的关系[22]，即 ΔG^0-T 图（见图 5-2）来表述金属氧化物之间的热力学稳定性，即可以表述金属的被氧化顺序。

从图 5-2 中可以看出 Cr、Al、Si 元素的氧化反应位置较低，并且均在 Fe 的下方，因此

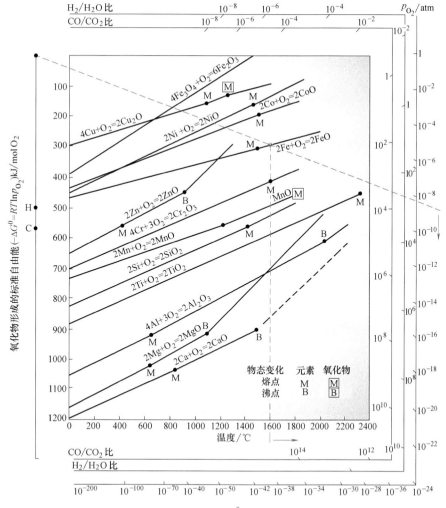

图 5-2 金属氧化反应 ΔG^0-T 图（Ellingham 图）

注：1atm = 101325Pa。

Al_2O_3、Cr_2O_3、SiO_2 氧化物优先生成且热稳定性高，高温下不易被分解；从热力学角度分析，Al_2O_3、Cr_2O_3 等氧化物均具备保护 Fe 元素的能力。

金属材料氧化是一个复杂的过程，如图 5-3 所示。整个氧化过程可以分为以下五个阶段：

1）氧化前的三个阶段是气-固反应阶段，从气相氧原子碰撞金属材料表面和氧分子以范德华力与金属形成物理吸附，到氧分子分解为氧原子并与基体金属的自由电子相互作用形成化学吸附，这是一个复杂的过程，需要用化学吸附的试验方法进行测定与研究。

2）第四个阶段为氧化膜形成初始阶段。由于材料组织结构与特性的不同，以及环境温度与氧分压的差异，金属与氧的相互作用各异。有些金属因化学吸附而形成均匀外氧化膜，有些金属，如钛，由于氧在其中的溶解度大，氧首先溶解于金属基体中，过饱和后生成氧化物。有些条件下，初始是发生氧原子与金属原子位置交换，金属表面上氧原子与金属原子二维结构进行有序重整，直到形成氧化膜。氧化膜形成之后便进入第五个阶段。

3）第五个阶段为氧化膜的生长。

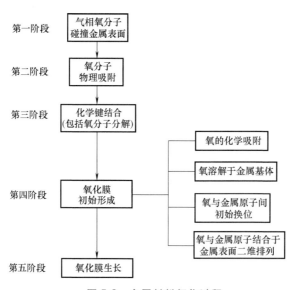

图 5-3　金属材料氧化过程

金属氧化后形成一层氧化物薄膜，此薄膜将基体与外部氧隔开，外部的氧离子与内部的金属离子只有经过该层氧化膜扩散传质才能促使氧化的进行，这需要对氧化膜结构和性质做进一步的了解。

金属氧化膜的结构和性质：金属氧化后生成金属氧化物，金属氧化物是由金属离子和氧离子组成的离子晶体，它是在金属晶体表面上形核并长大，氧化物组成了氧化膜，因此氧化膜具有晶体的性质。氧化物晶体在不同的介质、温度等氧化条件下，形成的氧化膜厚度、颜色、颗粒度、致密性也各不相同，但从结构上氧化物可分为两种类型：

1）离子导体型氧化物。离子导体是严格按照化学计量比组成的晶体，其典型氧化物有 MgO、CaO、卤化物等。

2）半导体型氧化物。半导体型氧化物是非当量化合的离子晶体，又可以分为两种，一种是 P 型半导体氧化物，如 Cr_2O_3、NiO、FeO、CoO、MnO、Ag_2O、Cu_2O 等；另一种是 N 型半导体氧化物，如 Fe_2O_3、Al_2O_3、SiO_2、MoO_3 等。

在此，应该从热力学、动力学角度分析氧化物的形成、长大、扩散等问题；从氧化物抛物线形成理论、电化学腐蚀理论等不同理论对氧化的进行过程进行描述；从氧化膜的结构完整性、熔点、蒸气压、浓度梯度等方面，了解氧化物的性质。我们了解到的材料，一般目的是要增强其抗氧化能力，添加关键合金元素，如不锈钢、耐热钢等添加一些 Cr、Si、Al 等元素，主要用于保障材料的抗氧化腐蚀能力，保障氧化膜的致密性，减少后续氧化对基体的破坏，而在我们的研究中，却是希望界面氧化物在冷态下减薄、在高温下分解，其实是一个相反的过程。因此，可以利用这个思路来解析，获得金属表面氧化物相应的控制工艺。

5.1.1.2　热态处理后料块表面氧化膜结构

上面我们对材料常温下的氧化状态进行了较为系统的研究，那么材料在高温状况下，氧化膜又会是怎样的状态呢？由于材料在组坯后要经历高温加热，虽然组坯是在真空室中进行的，但仍不可避免两层金属之间会保留一定量的氧气，造成材料在高温加热时促使结合界面处进一步的氧化，因此有必要对材料高温下的氧化膜进行分析。

1. 低合金钢高温氧化膜分析

用扫描电镜对低合金钢高温氧化膜进行观察，并确定其成分。从扫描图中可以看出，条带层氧含量较高，为氧化层，该氧化层由球形颗粒组成。从氧化层的能谱分析图中可以看出，黑色条状物中 Si、O 元素含量较高，可能是 SiO_2 等氧化物，球形颗粒中含有 O、Si、Mn、Fe 等元素，主要是 Si 的氧化物，可能含有 (Fe，Mn) 的氧化物。低合金钢高温后的形貌及取样位置如图 5-4 所示，低合金钢高温后氧化层的金相照片及氧化物分析如图 5-5 所示。

2. 不锈钢高温氧化膜分析

将各规格不锈钢管分别按随炉和到温装入炉子中，保温温度为 1230℃，保温时间为 1200min，然后快速水冷。在光学显微镜下观察各试样的氧化情况，并记录各规格不锈钢管氧化前后壁厚的变化，如图 5-6 所示。从图 5-6 中可以看出，不管随炉装样还是到温装样，在 1230℃ 温度下氧化 1200min 后，各规格不锈钢管氧化程度大致相同，均发生了较为严重的氧化，氧化层厚度为 $942\sim961\mu m$。

a)　　　　　　　　　　　　　　　　　b)

图 5-4　低合金钢高温后的形貌及取样位置

a）处理前　b）处理后

c)

图 5-4　低合金钢高温后的形貌及取样位置（续）

c）取样位置

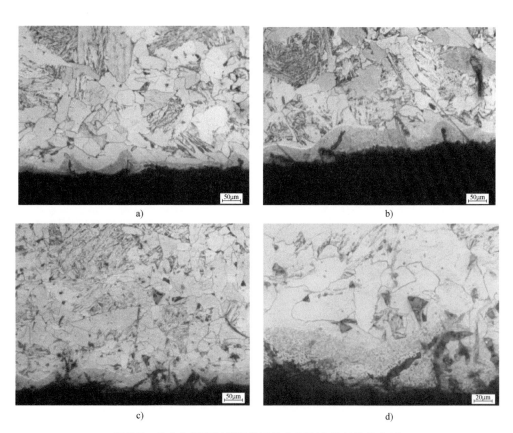

图 5-5　低合金钢高温后氧化层的金相照片及氧化物分析

a）取样位置 1　b）取样位置 2　c）取样位置 3　d）取样位置 4

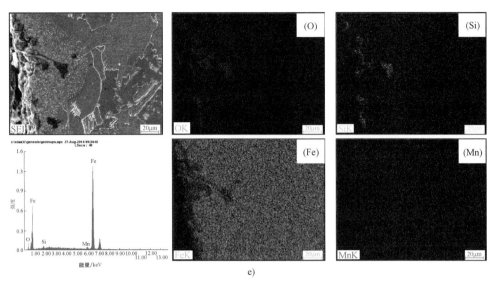

图 5-5　低合金钢高温后氧化层的金相照片及氧化物分析（续）

e）氧化物分析

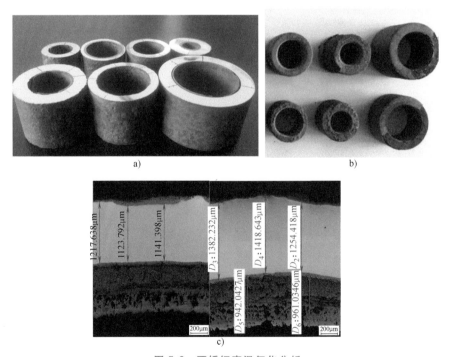

图 5-6　不锈钢高温氧化分析

a）试样内部氧化层　b）试样外部氧化层　c）氧化层厚度

　　根据某大学热轧复合板相关研究数据[23]，将两组真空封焊完毕的不锈钢复合坯料放置于高温炉后，随炉加热至 600℃保温后空冷至室温，打开坯料，发现若不锈钢坯料未能较好地封焊，即存在一定的漏气现象，如图 5-7a、b 所示，其表面会出现明显的灰色氧化层，经EDS 分析，其表面主要为 Al、Fe 的氧化物；若坯料经完好的真空封焊后，即无漏气现象，如图 5-7c、d 所示，其表面仍然为金属色泽，说明其在高温下未发生明显的氧化。真空封焊后不佳导致加热至 600℃后不锈钢表面氧化状况如图 5-8 所示。

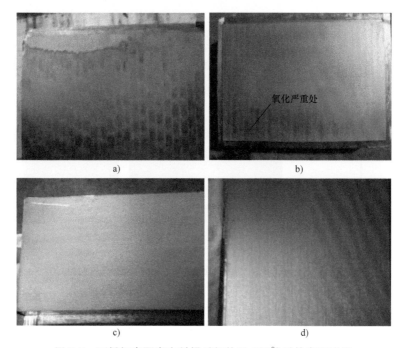

图 5-7　不锈钢表面真空封焊后加热至 600℃后的表面形貌

a）氧化处表面　b）氧化严重处　c）未氧化处表面　d）未氧化处表面局部

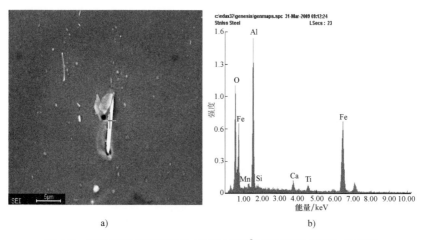

图 5-8　真空封焊后不佳导致加热至 600℃后不锈钢表面氧化状况

a）局部氧化状况　b）能谱分析

3. 典型不锈钢氧化膜结构及成分案例分析

为了解不同材质的金属表面氧化膜结构，下面引用相关案例进行说明。

对于不锈钢坯或低合金钢坯，一般选用退火态坯料。对于出厂表面处理，一般选择酸洗处理。因不锈钢种类繁多，因此我们选用钢厂两种常规的 20Cr13、06Cr13 不锈钢进行对比分析，从而获得二者氧化膜结构、成分的差异性[24]。

06Cr13 不锈钢热轧板表面氧化膜形貌及成分分布如图 5-9 所示；20Cr13 不锈钢热轧板表面氧化膜形貌及成分分布如图 5-10 所示；20Cr13 不锈钢退火板表面氧化膜形貌及成分分布如图 5-11 所示。

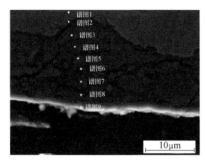

谱图	化学成分(质量分数，%)							
	C	O	Si	Ca	Cr	Mn	Fe	总量
谱图1	4.39	1.41	0.54	—	12.58	0.42	80.67	100
谱图2	3.98	17.88	0.67	0	18.31	0.58	58.58	100
谱图3	4.11	28.48	0.58		11.11	0	55.72	100
谱图4	4.23	28.35	0.15		3.05	0	64.21	100
谱图5	4.15	28.07	0.24		5.47	0	62.06	100
谱图6	8.52	25.75	0.28	0.31	9.74	0	55.3	100
谱图7	9.95	24.18	0.48	0.46	10.19	0.36	54.38	100
谱图8	11.35	22.88	0.43	0.38	8.29		56.67	100
谱图9	7.32	25.86	0.36	0.61	7.13	0.3	58.43	100

图 5-9　06Cr13 不锈钢热轧板表面氧化膜形貌及成分分布

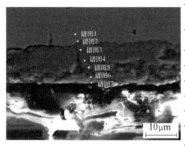

谱图	化学成分(质量分数，%)							
	C	O	Si	Ca	Cr	Mn	Fe	总量
谱图1	5.03	—	0.44	—	9.11	0	85.42	100
谱图2	3.07	12.37	0.72	—	18.09	1.55	64.2	100
谱图3	3.46	29.48	0.49	0.18	17.27	1.12	48	100
谱图4	3.42	29.62	0.24	0.14	14.85	0.85	50.88	100
谱图5	3.71	29.31	0.13	—	8.95	0.4	57.49	100
谱图6	6.57	33.04	0.15	0.27	1.72	0.33	57.92	100
谱图7	5.4	31.03	0.15	0.21	1.6	0.36	61.25	100

图 5-10　20Cr13 不锈钢热轧板表面氧化膜形貌及成分分布

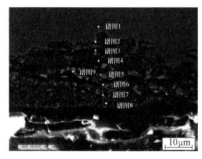

谱图	化学成分(质量分数，%)										
	C	O	Mg	Al	Si	S	Cl	Ca	Cr	Mn	Fe	总量
谱图1	4.62	—			0.52			—	11.37	0	83.49	100
谱图2	4.06	7.73		1.85	2.92			1.13	11.9		70.41	100
谱图3	5.13	27.58	0.26	0.18	2.32		0.13	0.82	23.86	5.95	33.55	100
谱图4	4.68	25.13			1.83	0	0.2	0.39	10.8	2.68	54.28	100
谱图5	6.26	23.82			4.16	0.22	0.23	0.36	4.91	1.48	58.56	100
谱图6	5.19	19.26			0.91	0.14	0.22	0.35	9.21	1.02	63.69	100
谱图7	7.63	17.96	0		0.26		—	0.32	4.73	0.35	68.76	100
谱图8	12.48	21.18			0.46			0.75	7.54	0.42	57.18	100
谱图9	8.09	9.37			0.25			0.31	1.43		80.55	100

图 5-11　20Cr13 不锈钢退火板表面氧化膜形貌及成分分布

通过上述对比检测分析可知，06Cr13 热轧板、20Cr13 热轧板和 20Cr13 退火板氧化皮存在以下区别：

1）06Cr13 热轧板氧化皮厚度较薄，氧化皮与基体结合部位光滑，制样过程中已发生破碎、脱落，靠近基体位置的氧化皮中 Fe_2O_3 与 Cr_2O_3 数量比约为 9∶2，远离基体位置的氧化皮中 Fe_2O_3 与 Cr_2O_3 数量比约为 6∶1。

2）20Cr13 热轧板较 06Cr13 热轧板氧化皮厚，氧化皮与基体结合部位较粗糙，结合较为紧密，靠近基体位置的氧化皮中 Fe_2O_3 与 Cr_2O_3 数量比约为 3∶1，远离基体位置的氧化皮基本为 Fe_2O_3。

3）20Cr13 退火板氧化皮较热轧板薄，氧化层中出现大量银白色颗粒，疑似氧化皮在退火过程中还原产生，结合部位非常粗糙，氧化层向基体延伸明显，这也是造成 20Cr13 退火板氧化皮难以酸洗处理的原因。靠近基体位置的氧化皮结构为 Fe_2O_3 和 $FeCr_2O_4$，数量比约为 1:1；远离基体位置的氧化皮主要为 Fe 颗粒物和 Fe_2O_3。

坯料务必在真空封焊阶段做好封焊，确保不漏气，可以加大焊缝的检测，以防后续高温段的界面氧化，从而保障后续结合性能。

5.1.1.3 环境对料块表面氧化的影响

1. 选材与试验设计

材质：Q345R。

试验设计：对加工后的试样表面状态进行研究，包括加工中和加工后水分处理，以及干磨后在空气中的存放时间对试样表面氧化的影响等，主要模拟经过常用机械加工方式处理后表面的氧化情况。

选用金相试样，试样表面处理方法见表 5-1。采用扫描电镜（SEM）与能量色散 X 射线谱仪（EDS）初步观察各试样表面形貌及氧化膜成分情况。

表 5-1 试样表面处理方法

试样名称	试样处理方式	具体处理方法
试样 1	表面干磨	分别采用 200#、600#、1000# 砂纸依次对试样进行打磨，冷风清灰，空气中存放（0.5h、2h、6h、24h、168h）
试样 2	表面磨抛	砂纸打磨，抛光（金刚石抛光膏、尼龙抛光布和少量水）、乙醇冲洗，冷风干燥，干燥器存放（6h）
试样 3	表面干磨后清洗	干磨后水冲洗立即干燥（操作时间<5s），乙醇冲洗，冷风干燥，空气中存放（2h）
试样 4	表面干磨水冲洗后自然干燥	干磨后水冲洗，保留试样表面水迹，约 3min 后表面水分自然蒸发完全，人眼可见表面锈迹薄层
试样 5	磨削加工后干燥处理	自封袋存放（4 年），表面光亮
试样 6	磨削加工后潮湿处理	自封袋存放（4 年），表面有锈迹

2. 研究结果

（1）试样表面加工状态　试样表面加工状态如图 5-12 所示。从图 5-12 可以看出，试样经磨抛后表面更加平整。

通过表 5-2 中两种表面处理方法下氧化膜的 EDS 结果对比可知，干磨试样和磨抛试样表面中的氧含量差异不大，磨抛试样表面的氧含量相比干磨试样有所增加，可能是在磨抛后的清理干燥过程中，水分的存在增加了试样表面的氧化；对于低合金钢，在保证金属表面原始氧化层去除的情况下，与水分存在等条件相比，表面加工状态对表面氧化影响较小。

（2）加工后表面水分处理　选取表 5-1 中的试样 1 与试样 3，两试样均在空气中存放 2h。经观察，试样 3 经干磨后水冲洗立即干燥（操作时间<5s），然后静置 2h 的金相试样表面氧化程度稍大（见图 5-13）。但实际工况下，料块表面的机械加工过程中多数需要采用冷却液进行表面冷却，而冷却液中含有水分，并且长时间作用于加工工件的表面，因此在试验中对试样 4 干磨后水冲洗，并保留试样表面水迹，以观察水分处理对试样表面各元素含量

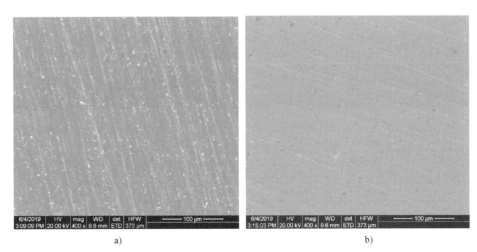

a) b)

图 5-12 试样表面加工状态

a）试样干磨后静置 6h b）试样磨抛后静置 6h

表 5-2 两种表面处理方法下氧化膜的 EDS 结果对比

元素	表面处理方式	
	干磨	磨抛
	元素含量（质量分数，%）	
C	3.98	5.30
O	1.80	1.98
Si	0.80	1.49
Mn	1.55	1.81
Fe	91.88	89.41

的影响，见表 5-3。试样 4 经水冲洗约 3min 后表面水分自然蒸发完全，通过人眼可见试样表面锈迹薄层，随后经 2h 空气静置暴露后的试样表面形貌如图 5-14 所示。其中，氧化严重区域有大量的氧化物颗粒。

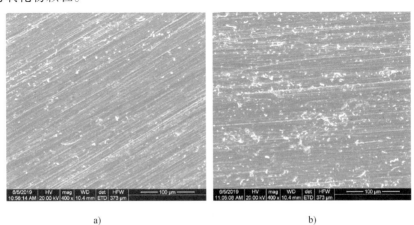

a) b)

图 5-13 试样表面形貌

a）试样 1 干磨后静置 2h b）试样 3 干磨后水冲洗立即干燥后静置 2h

表 5-3　水分处理对试样表面各元素含量的影响

元素	试样表面处理方式		
	试样 1:干磨后静置 2h	试样 3:干磨水冲洗立即干燥静置 2h	试样 4:干磨水冲洗自然干燥（3min）,随后静置 2h
	元素含量（质量分数,%）		
C	3.91	4.23	9.47
O	1.92	2.13	5.86
Si	0.82	1.63	1.04
Mn	1.64	1.83	1.49
Fe	91.72	90.19	82.14

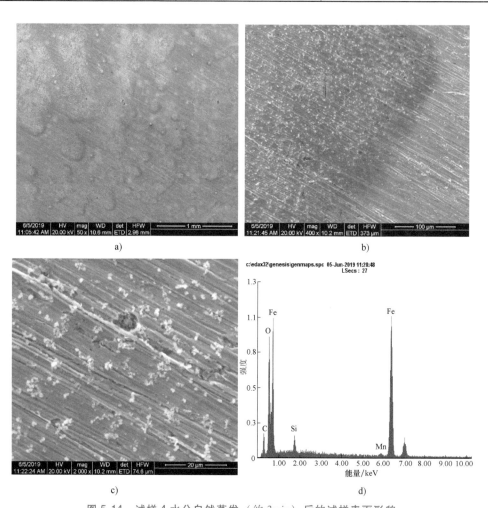

图 5-14　试样 4 水分自然蒸发（约 3min）后的试样表面形貌

a) 局部氧化形貌　b) 氧化严重区边界　c) 氧化严重区域的氧化物颗粒　d) 能谱分析

　　另外，试样 4 中氧化物周围的基体表面氧化程度也明显增加，而腐蚀较轻区域的基材和试样 3 相比，氧含量也有所增加（见表 5-4）。通过与试样 4 对比可以看出，表面水分长时间的存在对低合金钢料块表面氧化腐蚀有很大影响，试样表面会生成大量氧化物颗粒，同时推断均匀氧化膜厚度也有所增加。

表 5-4　试样 4 表面不同区域元素含量对比

元素	试样 4	
	腐蚀严重区基材	腐蚀较轻区基材
	元素含量(质量分数,%)	
C	6.44	5.08
O	4.37	2.32
Si	1.08	1.38
Mn	1.72	1.65
Fe	86.4	89.57

（3）干磨试样空气存放时间　图 5-15 所示为试样 1 干磨后在空气中存放不同时间的试样表面形貌；图 5-16 所示为磨削加工后存放 4 年的试样表面形貌；试样表面元素含量对比见表 5-5。从图 5-16 中可见，与 kruger 等人的研究结果相符[25]，干燥的试样表面在氧化初期快速形成一层氧化膜，氧化膜的厚度在随后的增加并不明显。

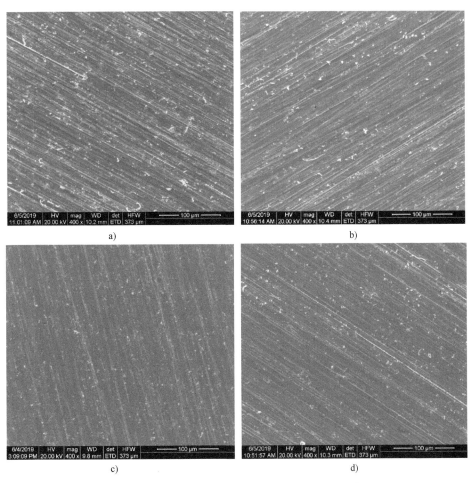

a)　　　　　　　　　　　　　　　　b)

c)　　　　　　　　　　　　　　　　d)

图 5-15　试样 1 干磨后在空气中存放不同时间的试样表面形貌

a）0.5h　b）2h　c）6h　d）24h

图 5-16　磨削加工后存放 4 年的试样表面形貌

a）试样 5 表面光亮　b）试样 6 表面锈迹部位

表 5-5　试样表面元素含量对比

元素	试样 1					试样 5	试样 6
	0.5h	2h	6h	24h	168h	磨削加工后干燥处理	磨削加工后潮湿处理
	元素含量（质量分数,%）						
C	3.74	3.91	3.98	3.08	3.80	7.83	15.14
O	1.73	1.92	1.80	1.76	1.99	2.87	22.91
Si	1.18	0.82	0.80	0.84	0.96	0.51	0.42
Mn	1.80	1.64	1.55	1.84	1.82	1.66	1.27
Fe	91.55	91.72	91.88	92.48	91.42	87.14	60.27

（4）干磨冲洗试样空气存放时间　图 5-17 所示为干磨水冲洗后存放不同时间的试样表面形貌；表 5-6 列出了试样 3 干磨冲洗试样不同空气存放时间对表面元素含量的影响。

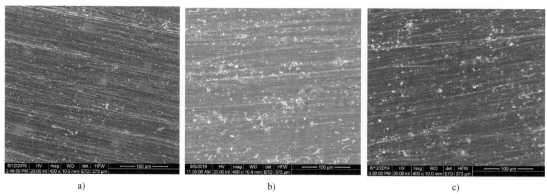

图 5-17　干磨水冲洗后存放不同时间的试样表面形貌

a）0.2h　b）2h　c）168h

表 5-6　试样 3 干磨冲洗试样不同空气存放时间对表面元素含量的影响

元素	试样 3		
	0.2h	2h	168h
	元素含量(质量分数,%)		
C	2.87	4.23	4.83
O	1.98	2.13	2.22
Si	1.05	1.63	1.79
Mn	1.80	1.83	1.82
Fe	92.31	90.19	89.34

从图 5-17 和表 5-6 可以看出,初期水分快速处理后,后续的存放时间对料块表面氧含量影响不大,因此后续料块在表面加工后可干燥存放一段时间。

3. 研究小结

1) 从试验结果看,在干燥的加工环境中,试样的表面粗糙度对表面氧化的影响不大。

2) 试样加工过程中,水分的存在会导致试样表面氧化程度迅速增加。

3) 试样在干燥清洁的环境中保存很长时间,表面氧化情况没有显著增加;与文献调研结果相同,干燥的试样表面在氧化初期快速形成一层氧化膜,氧化膜的厚度在随后的增加并不明显。

4) 从存在水分影响下的表面基材氧化结果来看,SEM+EDS 的分析结果有一定的参考性,并且能够在一定程度上表征较薄氧化膜厚度的增加。后期可以继续细化研究,并与其他表面氧化膜厚度精确测定方法做对比。

5) 在试样表面加工过程中(尤其是最终加工工序),要保证表面没有含水液体污染表面;当采用机械加工方法时,应注意无润滑冷却条件下的表面温度控制,防止试样表面高温氧化,可采用减小加工量、降低加工速度,以及采用表面生成热量较少的机械加工方法。

5.1.2　料块表面加工

料块表面加工或处理的方法很多[26-28],在金属表面处理的工业生产过程中,对金属表面进行处理的方法有机械法、化学法及其他方法。不同的方法对界面结合的影响和作用是不同的[29,30]。同时,表面粗糙度对金属表面的氧化膜控制也有一定的作用,主要是考虑周围环境中水蒸气的影响。

例如,分别对 Q345R 钢的金相试样表面进行干磨与磨抛处理,其中干磨处理程序为:分别采用 200 目、600 目、1000 目砂纸依次对试样进行打磨,冷风清灰,空气中存放 6h;磨抛处理程序为:砂纸打磨,抛光(金刚石抛光膏、尼龙抛光布和少量水)、乙醇冲洗,冷风干燥,干燥器存放 6h。图 5-18 所示为加工后的试样表面形貌;表 5-7 列出了加工后试样表面 EDS 成分的分析结果。

两组对比试样在空气中存放了 6h 后,干磨试样和磨抛试样差异不大。磨抛表面粗糙度低,和空气接触面积小氧化程度低,但是,磨抛过程中存在水分,在磨抛后清理干燥过程中水分的存在增加了试样表面的氧化。

由图 5-18 和表 5-7 可见,在保证表面原始氧化层去除的情况下,应在避免水分影响下,尽量降低试件的表面粗糙度。

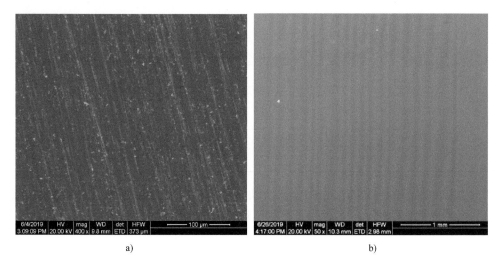

a)   b)

图 5-18 加工后的试样表面形貌

a）干磨 b）磨抛

表 5-7 加工后试样表面 EDS 成分的分析结果

元素	1 组		2 组	
	干磨	磨抛	干磨	磨抛
	成分（质量分数，%）			
C	3.98	5.30	5.90	4.98
O	1.80	1.98	1.90	1.57
Si	0.80	1.49	0.70	0.51
Mn	1.55	1.81	1.81	1.82
Fe	91.88	89.41	89.69	91.12

5.1.2.1 机械加工

1. 抛丸或喷丸处理

抛丸主要是用电动机带动叶轮体旋转，利用离心力的作用，使直径为 0.2~3.0mm 的丸子被抛掷出去并高速撞击零件表面的清理方法；喷丸是利用压缩空气将金属弹丸喷射到钢板表面，以除去金属氧化层的方法。抛丸或喷丸的主要优点是可去除表面氧化层，控制表面粗糙度，并能将工件表面的拉应力改为压应力状态，但利用抛丸或喷丸处理较薄的材料时，容易使金属板发生变形，并产生较大的残余应力。另外，抛丸或喷丸处理无法彻底清除油污。因此，这两种处理方法常被用于铸件表面的清理，或者对零件表面进行强化处理，很少用于钢板复合前的预处理。

2. 喷砂处理

喷砂处理技术起源于 19 世纪 80 年代[31]，它是以压缩空气为动力，将石英砂、金刚砂等磨料高速喷射到待处理金属板表面，使金属表面发生变化，由于磨料对金属板表面的冲击和磨切作用，金属表面可获得一定的清洁度和不同的表面粗糙度。当磨料的粒径较大时，会对工件有一定的强化作用，不但能够清除表面氧化皮，降低表面粗糙度值，还可以去除金属材料的内应力，提高金属表面耐磨性、受压能力等[32]。喷砂可用作料块复合的前处理工序，以获得活性表面，提高固-固复合结合界面之间的附着力。不过，喷砂处理的表面易有湿气，容易再生锈，具有清理效率低、劳动强度大、自动化程度低、喷后的表面不易清理等缺点。

为进一步了解磨料成分、磨料大小、喷砂速度、喷砂角度、喷射材质等一系列参数对界面复合的影响，设计了一系列试验。

图 5-19 所示为 Q345R 钢板表面的喷砂处理，通过对比发现：

1）碳素钢较不锈钢钢表面容易处理。碳素钢氧化皮硬脆，易于处理，磨料不易镶嵌在碳素钢表面，但对于不锈钢，磨料易于镶嵌在不锈钢表面，处理效果差。

2）磨料成分及硬度影响表面处理效果。经试验，$\phi 1mm$ 棕刚玉砂粒对碳素钢表面处理效果良好。

3）喷砂效率较低，表面粗糙，含较多凹坑，对后续表面处理造成困难，易于生锈氧化、藏污，不易后续处理。

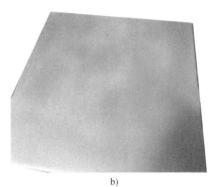

a)   b)

图 5-19   Q345R 钢板表面的喷砂处理

a）喷砂设备   b）喷砂后的钢板表面

图 5-20 所示为料块喷砂处理复合界面处残留磨料分析结果。可以看出，由于喷砂是依靠磨料等颗粒高速撞击料块表面，磨料残留在表面，在后续界面结合时保留着结合界面位置，将不利于界面结合。

3. 机械打磨

机械打磨是利用砂带机、砂轮机或钢丝刷等机械设备对金属表面进行打磨，除去金属表面的吸附层和氧化层等[33]。

砂带机是通过高速旋转的砂带的研磨来清除氧化皮的一种机械装置。砂带机主要使用布轮、麻轮、千叶轮、尼龙轮、砂带等抛光材料，广泛应用于各种金属平面、端面的打磨等。砂带机可通过步进电动机和模拟测距仪的精确控制，确保精确的研磨深度。此外，把抛光膏涂在高速旋转的砂带上，利用剧烈摩擦产生高温，可使加工面上形成极薄熔流层，填平加工面上的微观凹凸不平，从而降低金属表面的表面粗糙度值，获得光亮的镜面[34]。不过，在对冷轧复合薄带进行处理时，如果金属表面复合前过于光滑，会导致两表面硬化层的相对剪切变形降低，反而不利于界面的结合。

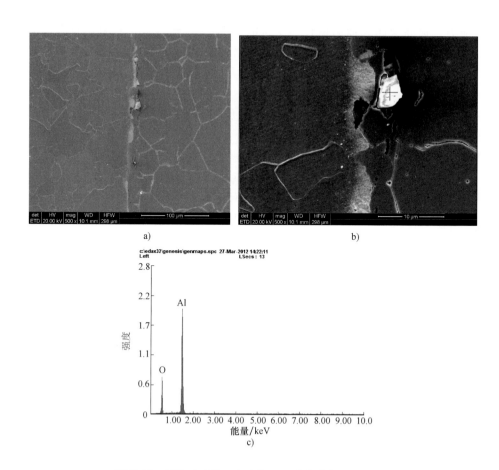

图 5-20　料块喷砂处理复合界面处残留磨料分析结果

a）表面形貌　b）局部放大表面形貌（SE1）　c）能谱分析

　　钢丝刷不但能清洁表面，还可以使金属料块表面形成一定的表面粗糙度[21,22]。粗糙的表面不仅接触面积大，而且在复合变形过程中更易产生局部的剪切变形，从而使表面的硬化层和氧化膜破裂，并导致底层新鲜金属暴露，界面两侧的新鲜金属在正压力作用下通过硬化层的裂缝挤出并互相接触，使复合金属料块表面间距在变形复合时达到原子间距尺寸，产生足够的结合力，以克服金属间的界面势能，从而形成牢固的冶金结合[35]。不过，在钢丝刷的处理过程中，也需要控制表面粗糙度，当表面粗糙度值太大时，结合强度不稳定。另外，需控制钢丝刷的速度和力度，以免由于速度过快，产生的热量来不及散失，而使处理表面发生二次氧化。

　　研究发现，利用机械清理能成功实现复合并不仅仅是因为清理了表面，还因为通过加工硬化在接触面上制造了一层脆性覆膜[36,37]。加工中，脆膜破裂，产生无污染的高真空间隙，从而保证了接触面的活性和结合的牢固性。

　　为进一步研究料块表面处理效果，选取三种不同的表面处理工具，如图 5-21 ~ 图 5-25 所示。经过大量试验，单从表面处理效果来看，砂布轮近似于抛光处理，处理效果较好，能获得较光亮的表面，易于后续除污处理，但由于其磨损量较小，效率较差；对于钢丝刷，处理不锈钢时效果一般，效率相对较高，但其打磨碳素钢时效率极低，尤其当碳素钢板为热处理状态，氧化皮硬而厚时，极难处理，效果不理想；对于砂轮，与砂布轮相比，表面粗糙度不高，但比砂布轮效率高；与钢丝刷相比，处理效果及效率均比钢丝轮要好。因此，单从表面处理的角度来看，对于不同原材料应选择不同的表面处理形式。

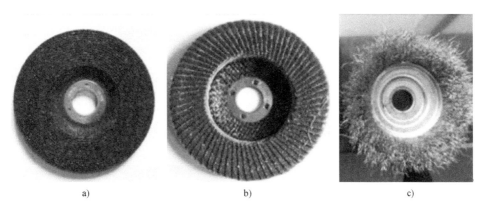

图 5-21　表面处理工具

a）砂轮　b）砂布轮　c）钢丝轮

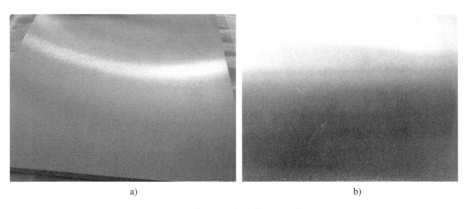

图 5-22　砂布轮打磨效果

a）不锈钢表面　b）碳素钢表面

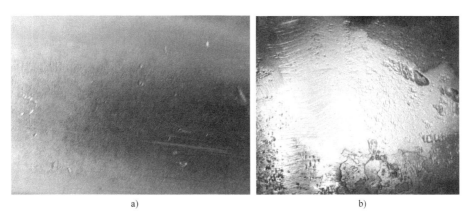

图 5-23　钢丝刷打磨效果

a）酸洗不锈钢打磨表面　b）热处理后氧化不严重的碳素钢表面

a)　　　　　　　　　　　　b)　　　　　　　　　　　　c)

图 5-24　工业钢丝刷打磨热处理后的碳素钢表面效果

a）表面打磨前　b）工业钢丝刷　c）表面打磨后

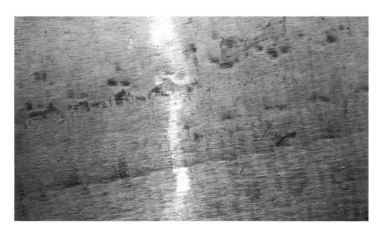

图 5-25　碳素钢表面砂轮打磨效果

对于工业化使用的表面处理方法，必须考虑加工效率与加工效果。对模拟连铸坯采用钢丝刷进行打磨的结果发现，钢丝刷远不能满足料块后续复合的使用要求。

图 5-26 所示为 Q345R 连铸坯钢板铣床加工。铣床可有效加工规则钢板的上下及四周表面，操作相对灵活，易于机械化操作。经过对工业规格碳素钢板加工试验，采用大型龙门铣床，刀具采用硬质合金铣刀，铣刀每齿进给量可达 0.5mm，切削深度达 2~3mm，可一次性去除热轧碳素钢板表面氧化皮及缺陷，通过控制走刀速度，可较好地控制表面粗糙度，完全满足复合板基层碳素钢的加工要求。

对于工业生产，由于所用原材料基本为较厚板材或大型圆柱形料块，形状相对规则，而且具有较厚的表面氧化皮及孔状缺陷。因此，铣床加工可有效去除表面氧化皮及表面缺陷，并保证表面加工后的平直度。从综合质量及工业生产高度集成的角度来看，铣床加工的方法能够满足加工效率及表面粗糙度的要求。

目前，对于金属板坯的表面处理，最传统的机械处理方法是利用机床，如铣床、磨床等进行加工，其优点是氧化皮清理彻底，加工的表面粗糙度值较低，表面较为平整；缺点是加工较为费时，效率低下，在处理大面积薄钢板时存在很大的难度。另外，如果钢板的平面度误差较大时，加工量也会相应增加，金属损耗大[38]。表 5-8 对各种机械处理方法进行了对比，可根据具体情况进行选择。

图 5-26　Q345R 连铸坯钢板铣床加工效果

a）铣床加工　b）千分尺测量　c）加工后表面　d）加工后的表面粗糙度

表 5-8　机械处理方法对比

方法	设备	优点	缺点	使用场合
抛丸 喷丸	抛丸机 喷丸机	1）打击力大，能够有效去氧化皮 2）能使工件表面达到一定的粗糙度 3）使工件表面的拉应力状态变为压应力状态 4）清理效率高，污染小	1）无法彻底清除油污 2）灵活性差，受场地限制	用于产品涂装前预处理，保障产品表面光亮
喷砂	喷砂机	1）清理效果好，可除去氧化皮、油污等残留物 2）可选择不同力度的磨料，达到不同的表面粗糙度 3）设备结构简单，维修费用低	1）喷射过程中产生大量粉尘，污染环境，不利于人体健康 2）喷后的表面不易清理 3）磨料易嵌入金属表面	适用于低合金钢表面氧化皮的预处理
砂轮 砂带	砂轮机 砂带机	1）设备简单，易于操作 2）表面光洁，表面粗糙度值低	1）容易发热而使工件表面局部氧化，需冷却 2）对料块的平直度要求高	可用于金属料块的预处理，主要用于较平直的厚板
钢丝刷	不锈钢钢丝刷	1）不锈钢丝韧性强，可对钢材表面进行除锈、除油 2）钢丝刷辊高速旋转，可有效除去表面氧化皮，效率高	1）刷掉的氧化皮需及时清理 2）钢丝刷需定期更换，否则会影响清理效果 3）对含厚氧化皮料块效果不佳 4）可处理低合金钢	可用于金属料块的预处理

（续）

方法	设备	优 点	缺 点	使用场合
高压水	高压水	1)不产生粉尘和锈尘 2)劳动强度低,生产率高,成本低廉	1)容易产生水锈 2)在水中添加防腐剂,增加成本,回收水也较麻烦	适用于大型、形状简单且对表面质量要求较低的产品
铣削	铣床	1)氧化皮切削彻底 2)表面粗糙度值低 3)机械化程度高	1)切削量大 2)易受材料影响,如不锈钢出现粘刀等现象 3)也受原材料板形影响	适用于大型、形状简单且切削量大的产品

5.1.2.2 化学处理

化学处理主要是利用溶液对金属表面进行溶解,以达到去除金属板表面吸附层及氧化层的目的。表 5-9 对三种化学处理方法进行了对比。对碳素钢进行酸洗,可除去表面的氧化层;不锈钢则普遍采用先碱洗、后酸洗的工艺,先碱洗去除油污等吸附层,再酸洗去除表面氧化层。化学处理适用于薄板件的清理,但会留下液体和气体组成的吸附层,若时间和温度控制不当,会使金属表面产生过腐蚀现象,而且也会对环境造成污染。

表 5-9　化学处理方法的对比

处理方法	原料	优点	缺点	适用场合
酸洗	酸液	1)可除去表面氧化皮 2)不同材料经不同成分处理液处理,表面可生成不同结构和成分的膜层 3)形状复杂的工件也可进行处理	1)酸洗后的表面粗糙度不能保证 2)采用酸洗去除不锈钢表面厚氧化皮时,温度高,时间长,加工成本高 3)酸洗时间和温度不易控制,工作条件差 4)生成的钝化膜太厚,可能会阻碍基体和复层结合	适用于碳素钢表面氧化皮的去除,与"碱洗"组合适用于不锈钢表面氧化皮的去除
碱洗	碱液	1)能有效去除表面油污 2)形状复杂的工件也可进行处理	1)不能去除表面氧化层 2)需把碱液加热到一定的温度才能进行表面处理,操作复杂,效率低	仅在表面氧化皮对后续工艺无影响的情况下使用
化学镀镍	镀镍液	1)厚度均匀 2)可沉积在多种材料的表面 3)可以处理形状比较复杂的零件	1)溶液的调整和再生比较困难 2)化学镀镍前需进行机械处理	针对不锈钢工件表面要求镀镍的场合

1. 酸洗

酸洗是利用酸性溶液与氧化物发生化学反应,使之形成溶于酸溶液的盐类而被除去。酸洗按工艺主要分浸渍酸洗法、喷射酸洗法和酸膏除锈法,其中浸渍酸洗法应用较为广泛。在酸洗法中,酸性溶液主要为盐酸、硫酸、硝酸、磷酸、铬酸、氢氟酸及混合酸等。酸液的选择可根据材料的特性及具体要求而定,如铬酸化学处理结合电化学处理已经应用于航空航天材料 Al/Mg 合金复合板轧制前的表面处理上[39]。酸洗可有效去除不锈钢和碳素钢表面的氧化层,但在去除厚氧化层时,除表 5-9 中提及的缺点,在处理氧化层较厚的表面时易出现欠酸洗或过酸洗的情况。另外,酸洗后,需用丙酮、乙醇和水等冲洗掉残余酸液,后续处理比较烦琐。不过,日本 JFE 针对不锈钢复合板轧制前的表面处理开发了一种专用的连续酸洗设备,并成功地用于不锈钢复合板的工业生产中[40]。

大型锻件的增材制坯

158

2. 碱洗

碱洗是利用氢氧化钠、碳酸钠、磷酸三钠等配制成的高强度碱液对钢板表面进行清理。为提高除油效率，一般处理需在 70~90℃ 进行，除油后，表面需用 60℃ 左右的热水清洗，将皂化产物和多余乳化剂洗去。该方法主要是通过皂化和乳化作用去除油污，因此不能去除表面氧化皮，仅能在表面氧化皮对后续工艺无影响的情况下使用。表 5-10 列出了不同金属材料轧制复合板的表面处理方法，从中可以看出，在机械处理过程中，基本都结合了化学脱脂过程。机械处理结合化学脱脂处理，是提高金属复合板界面结合力较为有效的方法。脱脂阶段一般采用环保溶液，如乙烯、石油醚和乙醇，或者选择未氯化的溶液，如苯或丙酮等。zhang 等研究了化学脱脂、钢丝刷、化学镀镍、热镀镍、镀铬等不同表面处理方法对结合强度的影响[29]，并指出在复合时，粗糙的表面可以明显提高复合能力并显著降低轧制力。不过，不同的表面处理方法都存在一个优化的制度。例如，获得较低表面粗糙度值的表面处理方法对铝/铝复合较为适用，获得较高粗糙度值的表面钢丝刷处理有利于铝/铜复合和铝/钢复合。对铝/铝材料来说，钢丝刷和镀镍处理比丙酮处理和阳极电镀能获得更高的结合强度。喷砂法处理的钼/铜界面犬牙交错，表面有起伏；钢丝刷处理后的表面有微小突起，而化学方法处理的铜/钼界面比较平直。因此，喷砂后的界面结合强度最高，钢丝刷处理的次之，化学法处理的最低[33]。

表 5-10　不同金属材料轧制复合板的表面处理方法

复合材料	表面处理方法
铝/铝	钢丝刷、电化学镀镍、化学镀镍、阳极氧化、丙酮处理
铝/铝、铝/铜、钢/钢、铝/钢	化学脱脂、钢丝刷、化学镀镍、热镀镍、镀铬
钢/铝/铜	喷砂法、钢刷处理法、化学处理法
铜/铝	苯脱脂结合钢丝刷处理（钢丝直径为 0.3mm，钢丝刷轮表面线速度为 10m/s）
铜/铝/锌/锡/铅	三氯乙烯脱脂结合钢丝刷处理
钢/铝/银	丙酮脱脂结合钢丝刷处理
铝	三氯乙烯脱脂结合不锈钢钢丝刷处理（钢丝刷轮直径为 120mm，钢丝直径为 0.25mm，钢丝刷轮表面线速度为 23m/s）
铝/钢、铜/不锈钢	脱脂结合刷子清理
铝/钢/铝	丙酮脱脂后吹干，再利用钢丝刷清理
铜-银合金，铜/锆	脱脂结合金属刷处理
铝/镍	脱脂结合金属刷处理
铝/铝	丙酮脱脂结合金属刷处理
钛/铝/铌	清理、脱脂结合不锈钢钢丝刷处理

在不锈钢复合板制造过程中，清洁的钢板表面状态是获得良好界面结合的一个重要前提，为获得高质量的结合表面，对经过机械打磨的钢板表面，需采用电动钢刷打磨与酸洗两种不同方式对组坯前的不锈钢表面进行处理。

综合上述表面处理方法，在工业生产不锈钢复合板中，碳素钢可选用高精度的铣削处理，不锈钢可选用酸洗或砂带打磨进行表面处理，能够满足后续除污要求，保证后续得到较高的界面结合质量。因此，采用"机械处理（或酸洗）+化学清理（乙醇或石油醚）+干燥处理"可以保证良好的初始结合表面质量。对于增材制坯相关料块的表面，可参考工业不锈钢复合板相关坯料的处理方法。

5.1.2.3　激光处理

1. 激光处理方案设计

可通过分析清洗前后基材表面的显微形貌、元素成分变化来检验激光表面处理效果，包括清洗工艺参数对清洗效果的影响，以及其对表面粗糙度和表面氧化程度的影响。表 5-11 列出了试样激光处理的相关参数。

表 5-11　试样激光处理的相关参数

激光处理参数 （功率比例，扫描间距）	干磨试样编号	干磨水冲洗自然 干燥（3min）	磨削加工后干燥 处理（4 年）	磨削加工后潮湿 处理（4 年）
30%，0.01mm	1-1	1-2		
20%，0.005mm	2-1	2-2		
10%，0.01mm	3-1	3-2		
10%，0.005mm	4-1	4-2	5-1	5-2

（1）试验方法

1）材料：Q345R。

2）试样：①干磨；②干磨水冲洗自然干燥（3min）。

（2）高功率处理参数

1）输出功率：最大 20W，选取了 10%、20%、30%的功率。

2）激光波长：1064nm。

3）移动速度（振镜控制）：2000mm/s。

4）扫描间距：0.005mm、0.01mm。

（3）低功率处理参数

1）输出功率：最大 20W，选取了 25%、35%、50%的功率。

2）激光波长：1064nm。

3）移动速度（振镜控制）：2000mm/s。

4）扫描间距：0.02mm、0.01mm。

5）试验设备：光纤激光打标机（见图 5-27）。

图 5-27　光纤激光打标机

2. 高功率激光表面处理

采用高功率激光处理前后试样的表面形貌如图 5-28～图 5-32 所示，试样表面分析及氧化情况见表 5-12～表 5-16。

表 5-12　激光凹坑和边缘凸起氧化 EDS 分析结果

元素	凹坑	凸起
	元素含量（质量分数，%）	
C	3.85	4.29
O	2.08	3.63
Si	0.53	0.63
Mn	1.72	1.64
Fe	91.82	89.83

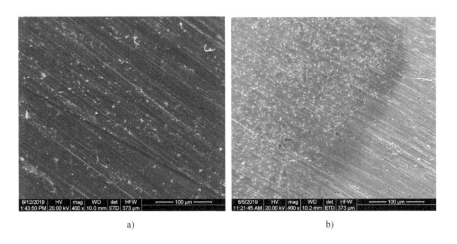

图 5-28 处理前试样的表面形貌

a）干磨 b）干磨水冲洗自然干燥（3min）

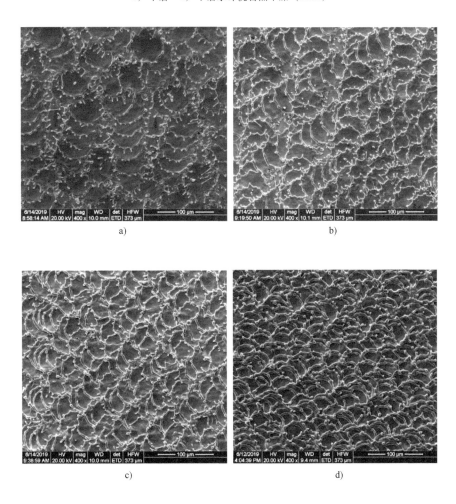

图 5-29 高功率激光表面处理干磨试样表面形貌

a）30%，0.01mm b）20%，0.005mm c）10%，0.01mm d）10%，0.005mm

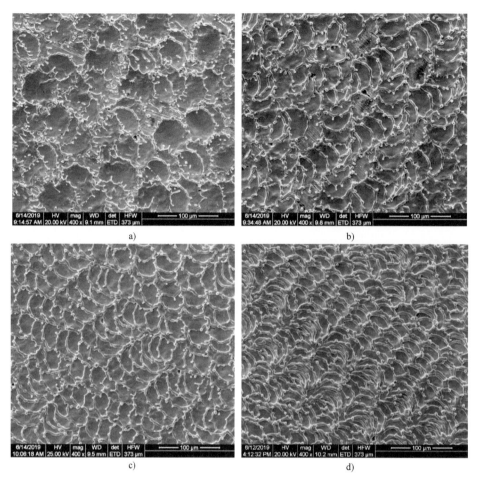

图 5-30　高功率激光表面处理干磨水冲洗自然干燥试样表面形貌

a）30%，0.01mm　b）20%，0.005mm　c）10%，0.01mm　d）10%，0.005mm

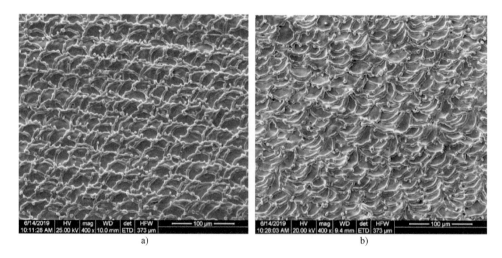

图 5-31　高功率激光表面处理 10%，0.005mm 试样表面形貌

a）磨削加工后干燥处理（4 年）　b）磨削加工后潮湿处理（4 年）

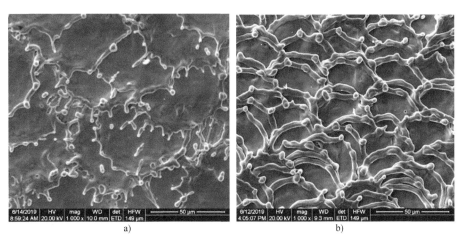

图 5-32 高功率激光表面处理激光清理表面熔坑

a）30%功率　b）10%功率

表 5-13 激光表面处理前表面氧化情况

元素	干磨	干磨水冲洗自然干燥（3min）	磨削加工后自然干燥（4 年，20keV）
	元素含量（质理分数，%）		
C	4. 57	5. 33	5. 11
O	2. 09	3. 38	2. 51
Si	1. 18	0. 69	0. 48
Mn	1. 72	1. 76	1. 74
Fe	90. 45	88. 85	90. 16

表 5-14 干磨试样激光表面处理后表面氧化情况

元素	激光功率比例，扫描间距			
	30%,0. 01mm	20%,0. 005mm	10%,0. 01mm	10%,0. 005mm
	元素含量（质量分数,%）			
C	5. 06	5. 27	4. 93	4. 53
O	3. 11	3. 20	2. 82	2. 67
Si	0. 59	0. 54	0. 53	0. 63
Mn	1. 79	1. 74	1. 82	1. 83
Fe	89. 46	89. 24	89. 90	90. 34

表 5-15 干磨自然干燥试样激光表面处理后表面氧化情况

元素	激光功率比例，扫描间距			
	30%,0. 01mm	20%,0. 005mm	10%,0. 01mm	10%,0. 005mm
	元素含量（质量分数,%）			
C	5. 26	5. 45	5. 32	4. 86
O	3. 79	3. 46	2. 67	2. 68
Si	0. 76	0. 71	0. 73	0. 61
Mn	1. 45	1. 97	1. 67	1. 81
Fe	88. 75	88. 40	89. 61	90. 05

表 5-16　10%，0.005mm 激光表面处理后表面氧化情况

元素	磨削加工后干燥处理（4 年）	磨削加工后潮湿处理（4 年）
	元素含量（质量分数，%）	
C	5.38	5.50
O	2.90	2.87
Si	0.51	0.43
Mn	1.70	1.75
Fe	89.52	89.45

从图 5-28~图 5-32 及表 5-12~表 5-16 可以看出，当激光功率较高时，表面受到高能量激光冲击，表面熔坑面积较大，并且飞溅效果明显。

3. 低功率激光表面处理

采用低功率激光表面处理试样的表面形貌如图 5-33~图 5-35 所示，干磨试样激光表面处理后的表面氧化情况见表 5-17。

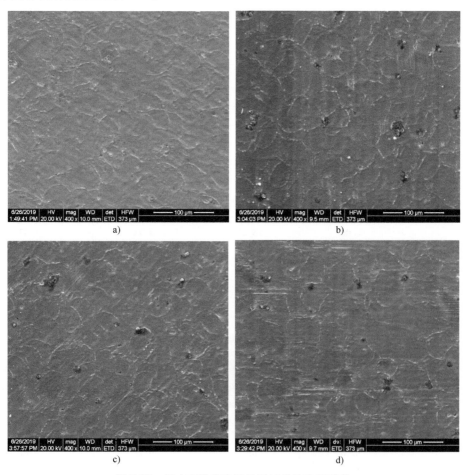

图 5-33　低功率激光表面处理试样的表面形貌

a）50%，0.01mm，手接触　b）50%，0.01mm　c）50%，0.02mm　d）35%，0.01mm，两遍

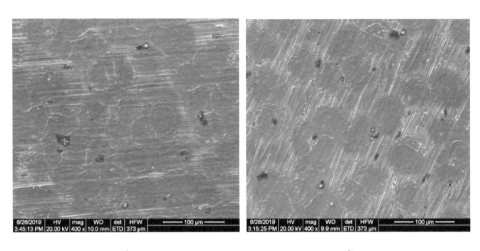

e) f)

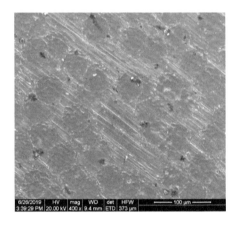

g)

图 5-33 低功率激光表面处理试样的表面形貌（续）

e）35%，0.01mm f）35%，0.02mm g）25%，0.01mm

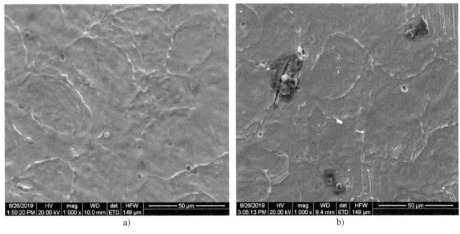

a) b)

图 5-34 低功率激光表面处理试样表面形貌放大图

a）50%，0.01mm，手接触 b）50%，0.01mm

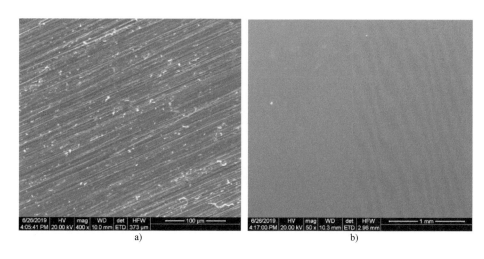

a) b)

图 5-35　低功率激光表面处理水冲洗自然干燥试样表面形貌

a）1000#砂纸干磨　b）抛光

表 5-17　干磨试样激光表面处理后的表面氧化情况

元素	激光功率比例，扫描间距						
	50%，0.01mm 手接触	50%，0.01mm	50%，0.02mm	35%，0.01mm 两遍	35%，0.01mm	35%，0.02mm	25%，0.01mm
	元素含量（质量分数，%）						
C	8.53	9.94	10.90	9.81	10.26	8.52	9.82
O	4.84	5.27	5.66	4.91	4.71	3.98	4.31
Si	0.63	0.77	0.90	0.76	0.68	0.76	0.98
Mn	1.61	1.80	1.77	1.85	1.69	1.82	1.66
Fe	84.39	82.21	80.76	82.67	82.66	84.91	83.24

从图 5-33～图 5-35 及表 5-17 可以看出，功率较高时表面受到高能量激光冲击，表面熔坑面积较大，而且飞溅效果明显。

综合上述激光处理方法，可得出以下结论：

1）随着激光功率的降低，试样表面的氧化程度明显降低，但未处理表面面积增加对结果有影响。

2）试样表面经低功率激光清理后有明显的清理产物沉积，导致表面氧化程度增加。

3）试样表面经激光两次清理后表面氧化程度增加，应该是多次熔化导致的高温氧化引起的结果。

4）激光整体功率降低，清理的产物只是熔化后再次附在试样表面，加上熔化高温引起的氧化，从而导致试样清理效果明显降低。

5）与干磨试样和抛光试样相比，激光处理后的表面氧化程度大幅度增加。

5.2　料块表面清洁与检测

5.2.1　料块表面清洁

清洗，在工业领域被广泛用于获得比较洁净的表面，如在航空航天、兵器装备、船舶等现代工业高端装备的镍基合金、不锈钢、钛合金等大尺寸关键金属部件的增材制坯制造中，通过对料块的表面进行清洗，可降低料块之间结合的阻碍，能够有效地提高大尺寸关键金属部件的性能。

料块在表面机械加工后、组坯焊接前的表面清洁处理，一般选用有机溶剂，如无水乙醇等。一方面考虑去除料块表面油污；另一方面清洗溶液可以快速挥发，不会在料块表面残留，减少对料块表面氧化。碳素钢机械加工表面的清洁处理如图 5-36 所示。

图 5-36　碳素钢机械加工表面的清洁处理

5.2.2　料块表面清洁度检测

对料块表面，采用有机溶剂（无水乙醇、无尘布擦拭）进行清洗，用吹风机对表面进行吹扫，利用表面清洁度测量仪检测表面油污残留状况，即在板幅面积内选取几个位置进行检测，若达到相应标准则可组装，若不能达到则需进行二次打磨、清洗，直到达到所需水平。图 5-37 所示为表面清洁度检测现场。表面清洁度测量仪采用的是德国 SITA 公司生产的 SITA CleanoSpector，如图 5-38 所示。

据公开资料报道，德国 SITA 公司生产的 SITA CleanoSpector 表面清洁度测量仪，可用于检查金属表面上的油渍、油脂、冷却润滑剂蜡及有机粉尘等污染物，确保需要表面涂

图 5-37　表面清洁度检测现场

装、表面处理等深加工的金属部件清洁度。测试结果可为清洁时间、化学工艺和浸泡温度等整个清洁过程的优化提供数据支持。

表面清洁度测量仪探测污染物的过程如图 5-39 所示。SITA CleanoSpector 表面清洁度测量仪使用共焦法原理，通过光源发射出最佳波长的光探测金属表面的污染物，另一侧的感应器则探测荧光强度，荧光强度的大小取决于测试点的污染物数量。借助完整的紫外线（UV）光源和感应器的帮助，表面清洁度测量仪能够达到最高敏感度，并与众多实验室系统进行对比，同时探头也易于摆放。此外，周围的光源、表面温度和表面粗糙度并不会对测

图 5-38　德国 SITA 公司生产的 SITA CleanoSpector 表面清洁度测量仪

试结果造成影响。结果输出以百分比表示，100% 则表示一个绝对洁净的表面。

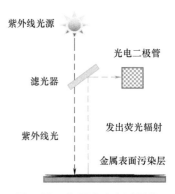

紫外线照射后产生的荧光是一种特殊形态的冷光。当荧光分析的电子吸收了光子后能量提高，但这种状态并不稳定，它会马上变回初始状态并把吸收的能量再次释放出来，发出荧光。由于部分能量转化成热量消耗了，所以发出的光线能量降低，波长也变长了。由于污染物的荧光特性，通过一个含紫外光波的发光二极管（LED）灯照射，表面清洁度测量仪即可探测出污染物。仪器探头里的光电二极管负责测量 UV 荧光的强度。UV 荧光越强，表示污染程度越大，反之则越洁净。

图 5-39　表面清洁度测量仪探测污染物的过程

图 5-40 所示为冷却润滑油在 365nm 波长下激发的荧光光谱图。由于它在 460nm 波长下的荧光强度非常强，所以用 SITA 表面清洁度仪在此波长下最容易检测到这种润滑油玷污。

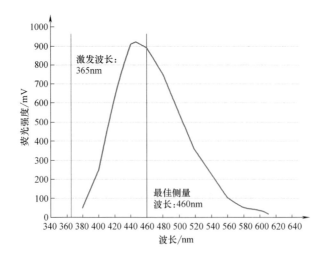

图 5-40　冷却润滑油在 365nm 波长下激发的荧光光谱图

读数方式：百分比值或相对荧光单位（RFU）值，RFU值越高，清洁度情况越差。

对于平常清洁过程中的污染物，SITA CleanoSpector表面清洁度测量仪的参数已经设计得最合适。对于特殊的检验要求，它也可能适合LED的波长。此外，它也可能用于检查腐蚀或已知厚度的蜡层。

5.3　料块组坯

由于组坯时间较长，遵循逐块加工、逐块组装的原则进行组坯，可以减少各层界面的氧化与表面污染。组装时，将各块坯料进行对中，以确保各条焊缝位置平齐，保障后续焊接质量，尤其是直角焊缝之间的搭接，确保直角焊缝不漏气。小型中试件组坯焊后形貌如图5-41所示。

图 5-41　小型中试件组坯焊后形貌

5.4　料块真空封焊

5.4.1　真空焊接设备

电子束焊机是较复杂的精密设备（见图5-42），价格较昂贵。根据桂林狮达技术股份有限公司（简称狮达公司）宣传资料，许多用户是首次接触它，如何选购适用的电子束焊机非常重要，这对今后的焊机的工作效率、工件的焊接质量都有很大的影响。

首先，根据所要焊接工件的最大焊接深度决定焊机的电子束功率，一般应留有一定的功

图 5-42　狮达公司生产的 THDW-20 特厚板复合大型电子束焊机

率余量，以避免焊机一直在满功率下使用。

其次，需根据所焊工件的大小和焊缝行程决定真空焊接室的大小。焊接室大小关系到工作台的大小、真空机组抽气速率的大小，因而对焊机的整体价格影响也较大。此外，它还关系到真空抽气速率和设备的工作效率。因此，在保证工件焊接的前提下，应适当控制焊接室的尺寸。

最后，根据所焊工件选择必需的工作台和工装夹具，根据所需要的焊接真空度选择真空机组。

目前，国内外生产电子束焊机的厂家不多，国际上比较先进的德国、法国、英国生产的电子束焊机都已采用了加速电压的高频逆变开关电源，它较以往的可控硅、中频机组电源有着很大的优越性，在反应速度、纹波系数、稳定性、焊缝质量等方面都是以往电源所难以相比的。狮达公司于 2000 年在国内首次独家开发出了 IGBT 高频逆变开关电源，并在各型号电子束焊机上全面应用，获得了用户的高度评价；其参数稳定度和焊缝质量达到了国际先进水平。

5.4.2　真空度对料块表面氧化的影响

图 5-43 所示为 kruger 等人研究的不同氧压和 300K 下氧化膜厚度随时间变化的曲线[25]。

从图 5-43 中可以看出，在高真空（10^{-4}Torr 以下时）、室温下，多晶铁（即由多种氧化物组成的混合物）的氧化膜，无论真空度如何变化，随着时间的延长，其氧化膜的厚度都趋向于 26Å。文献中还指出，该氧化膜的极限厚度与在 1 个大气压下氧气氛中氧化时所观察到的氧化膜的极限厚度相同。所以，对于钢铁材料，在表面处理干净后，室温下的金属氧化膜厚度并不厚，而且有一定的极限值。

图 5-44 所示为 300K 时 760 Torr 与 2×10^{-4} Torr

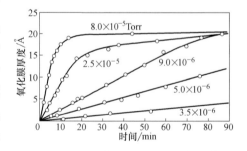

图 5-43　不同氧压和 300K 下氧化膜
厚度随时间变化的曲线

注：1Torr = 133.322Pa；1Å = 10^{-10} m。

真空度下铁的氧化比较。从图 5-44 可以看出，相同温度、不同真空度下，随着时间的延长，对高真空度（2.0×10^{-4}Torr）与低真空度（760Torr）下氧化膜厚度的对比发现：

1）前 10min，二者氧化膜厚度迅速增加，增长速度也相当，但高真空度下氧化膜的增长速度略低于低真空度下氧化膜的增长速度。

2）10min 后，二者趋于稳定，增长速度非常缓慢，低真空度下的氧化膜厚度仍大于高真空度下的氧化膜厚度，差值为 1~2Å，但最大厚度也未超过 30Å。

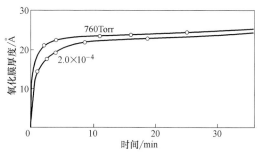

图 5-44　300K 时 760 Torr 与 2×10^{-4} Torr
真空度下铁的氧化比较

5.4.3　焊接密封效果

钢坯间 1mm 空间缝隙的空气，在 1atm（1atm = 101325Pa）气压下全部生成氧化物（Fe_3O_4、SiO_2、Al_2O_3）膜的厚度为 0.09~0.13μm。因此，与前期表面氧化控制相比较而言，更需要重视抽真空阶段氧元素的控制，其氧化程度的影响有数量级的差异。在抽真空阶段，为了避免焊缝漏气，真空度越高越好，钢坯组合后的间隙越小越好。

5.4.4　抽真空与材料出气速率

任何固体材料在大气环境下都能溶解、吸附一些气体，当材料置于真空中时，就会因解溶、解吸而出气。对一般真空设备来说，材料的出气是真空系统最主要的气源。常用的出气速率单位为 $[Pa \cdot L/(s \cdot cm^2)]$。出气速率通常与材料中的气体含量成正比。材料的出气速率除了与材料性质有关，还与材料的制造工艺、贮存状况有关。预处理工艺（如清洗、烘烤、气体放电轰击、表面处理等）对材料出气速率的影响也很大[41]。因此，为保障增材制坯时料块的出气效果，必须考虑以上情况。

《真空设计手册》中指出，材料的出气速率是温度和时间的函数，因此在设计增材制坯真空系统的真空度时必须考虑实际使用温度。需着重指出的是，《真空设计手册》中指出，已经出过气的材料经长时间暴露于大气后，能重新吸气并恢复到原来的情况。经常运转的系统，如果只是在两次运转之间短时间暴露于大气的话（如 1h 之内），则等效为材料在真空中经历 10h 的出气时间；对于经常运转而只暴露于低真空的材料，则可等效于经历 100h 的出气时间。因此，在增材制坯真空封焊时，坯料进入真空系统中进行抽真空后，不建议半途中断抽气系统，否则将重新抽气并延长抽气时间；同时，密封焊接时，务必确保焊缝的焊接效果，保障焊缝不漏气，一旦焊缝漏气，料块间将很快通过漏气焊缝充满大气，进而在后续加热时料块表面严重氧化，造成界面结合效果不佳。

《真空设计手册》中详尽提供了不同预处理方式、不同材质的出气速率等数据。通过数据可以看出，常温下，不锈钢经电抛光预处理较其他预处理方式在相同时间内的出气速率小，在一定程度上，也说明这种预处理方式的出气效果最佳；同时，经烘烤后的不锈钢的出气效果较未烘烤的出气效果好。因此，出气速率不仅与所经历的出气时间有关，而且与材料的表面预处理方式有很大的关系。这是因为材料表面可能有不同程度的油污染。金属在空气中会吸附大气中的气体、水分和其他杂质。在室温抽真空状态下，金属表面会释放吸附的物质，出气的主要成分为水气（占90%以上），而水气的出气速率在一定程度上又和表面预处理有关。

对于清洁的表面来说，表面粗糙度越低（表面粗糙度不仅与抛光方法有关，而且与加工工艺有关），吸附的水气就越少；在干燥氮气或空气中烘烤，使不锈钢表面形成一层密实的淡黄色氧化膜，也可以减少水气的出气，而且可以把表面的污染物氧化呈气体或烧掉，这在前面所述的不锈钢复合板实验中就有所体现；用有机溶剂去脂时，表面的单分子层污染是无法去除的，只能靠真空下的烘烤来去除；温度在200℃以上的真空烘烤可有效地去除水气，但要有效地去除氢，则必须在400℃以上的温度下进行真空烘烤。

各种金属表面的出气速率如图5-45所示。以图5-45中的数据，计算低合金钢极端条件下，1h时出气（水气）形成氧化膜厚度和上述1atm气压下生成氧化膜厚度相当。在此假设初期速率恒定，经计算，低合金钢氧化膜的厚度约为0.22μm。

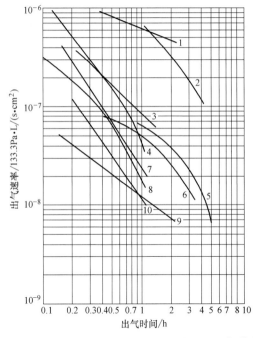

图线号	金属名称	预处理	出气温度/℃
1	磁钢	丙酮擦洗	25
2	铁板	未加工	6
3	铝板	表面锉光	20
4	镀铝碳钢	未加工	23
5	紫铜片	未加工	12
6	镍片	未加工	11
7	钢板	表面锉光	12
8	保险丝	未加工	20
9	碳素钢(AT3F)	车削，丙酮清洗	20
10	碳素钢(AT3F)	车削，甲苯、乙醚中各泡1min	22

注：因为出气速率较低，测量误差较大。当对弯曲线外推使用时，可取沿尾部切向外推的保守值

图 5-45 各种金属表面的出气速率

因此，综合考虑料块的材质、加工工艺、加工方式等问题，料块在抽真空时需要在高真空度下保持一定时间，以尽量多地去除金属表面吸附的气体等。

5.4.5 真空焊接工艺

1. 焊接参数

综合考虑增材制坯时的焊接材料、真空度、焊接效率、焊接效果等因素，同时考虑目前真空电子束焊机装置的装备能力，增材制坯固-固复合组坯时的焊接参数选用如下：真空度为 $5.0 \times 10^{-3} \sim 1.0 \times 10^{-2}$ Pa，加速电压 >50 kV，束流 >200 mA，聚焦电流 >500 mA，功率 >10 kW，焊接速率为 50mm/s $< v <$ 300mm/s。

2. 焊接过程

按照目前真空电子束焊接装备的能力，当待焊接的坯料质量较小时，焊枪可固定，采用立式载物托台可旋转焊接或卧式夹紧台可旋转焊接，而当待焊接的坯料质量较大时，焊枪可进行移动焊接。同时，焊接装备均配备焊接路线设计与跟踪系统，实现电流、电压、焊接速度等调节可控，并配备可视系统，以实现焊缝高质量焊接，满足直焊缝、环焊缝等不同形式的焊接需求。

对于增材制坯的固-固复合的料块焊接过程，一般是将所需焊接的料块叠放后放置于真空电子束焊接装备中，进行抽真空处理，达到所需真空度后，开始对每条待焊焊缝位置进行调整及确定焊接参数，以保证焊接效果。

下面为 SA508Gr. 3 材质小型试料的试验过程，仅供参考。

（1）料块尺寸　长×宽×厚为 100mm×100mm×50mm，3 块；聚焦试块 2 块；焊接附属块若干。

（2）设备参数

1）加速电压：60kV。

2）最大束流：250mA。

3）最大功率：15kW。

4）真空室尺寸（长×宽×高）：5200mm×1500mm ×1500mm。

5）工作真空度：最低真空度约为 $1\times10^{-2}\mathrm{Pa}$。

6）不同材质最大特征熔深：不锈钢为 45mm；钛合金为 40mm；铝合金为 60mm。

7）最大行程：X 方向最大行程为 2000mm，Y 方向最大行程为 800mm。

8）可焊接最大回转体直径：900mm。

9）由于试验料块较小，需要辅助焊接，采用氩弧焊。

（3）焊接参数调试　由于试样尺寸较小，初步设计单边焊缝深度约为 15mm。因此，需要通过调节聚焦电流等参数确定熔深，将聚焦试板（15mm 厚度）是否焊透作为参考，以确定最终焊接参数。图 5-46 所示为聚焦试块的正面和背面焊缝形貌。

（4）料块焊接过程　钢丝刷打磨料块表面，初步去除料块表面氧化层→有机溶剂清洗料

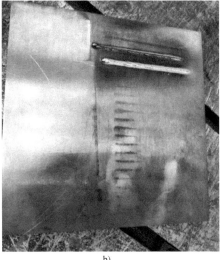

a)　　　　　　　　　　　　　　　　　b)

图 5-46　聚焦试块的正面和背面焊缝形貌

a）正面　b）背面

块表面,去除表面油脂→堆垛、整齐放置→料块间定位焊固定(氩弧焊)→焊接辅助块定位焊固定→料块焊接前夹持固定→真空电子束焊(焊枪预走位、定位焊定位)→氩弧焊补焊缺肉处。

焊接真空度为 7.5×10^{-2}Pa,焊接电压为 60kV,束流为 150mA,聚焦电流为 580mA,焊接时间约为 2s。

料块焊接的实际过程如图 5-47~图 5-51 所示。

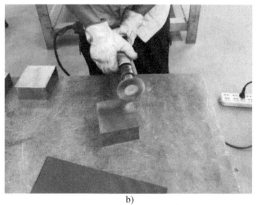

a)   b)

图 5-47 料块焊接组坯前的表面打磨清洗

a)料块清洗 b)料块打磨

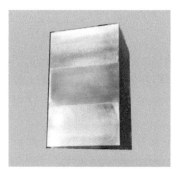

a)   b)

图 5-48 料块组坯   图 5-49 料块间定位焊固定

a)料块定位焊 b)料块定位焊效果

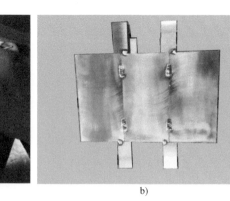

a)   b)

图 5-50 辅助块焊接

a)附属块焊接 b)附属块焊接后形貌

3. 焊缝形貌

试验用料块焊后形貌如图 5-52 所示。

图 5-51　料块组坯焊接过程在线观察　　　　图 5-52　试验用料块焊后形貌

5.4.6　料块类型对真空焊接工艺的影响

为了更好地表述增材制坯技术的优势，下面以某型号低合金钢容器筒节所需的 158t 钢锭坯料为例，并将现有自由锻复合技术与增材制坯固-固复合技术在组坯制备流程方面进行对比，如图 5-53 所示。图 5-53a 所示为现有自由锻复合技术所用坯料制备流程，其初始料块采用宽厚连铸板坯；图 5-53b 所示为增材制坯固-固复合所用坯料制备流程，其初始料块采

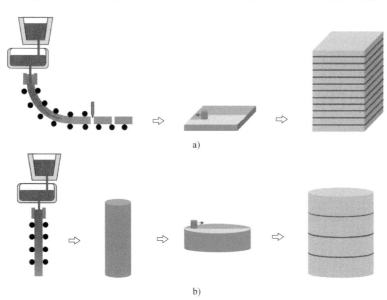

图 5-53　组坯制备流程

a）自由锻复合坯料　b）增材制坯固-固复合坯料

用立式半连铸机所生产的双超圆柱，经闭式镦粗后制备成大型圆饼坯。

表 5-18 列出了两种制坯技术料块的加工参数。从表 5-18 可以看出，增材制坯固-固复合技术初始料块的加工效率明显高于自由锻复合技术。同时需要说明的是，真空电子束焊的目的是要保障结合界面在真空状态下进行复合，因此对焊接密封质量有很高的要求，但由于这两种制备技术所用料块不同，必然在焊接时有所差异。

表 5-18 两种制坯技术料块的加工参数

技术类型	料块类型	数量	表面加工数量	焊缝数量	角焊缝	角焊缝用附属块
自由锻复合	连铸板坯	17	34 个上下表面和 68 个侧表面	64	64	有/无
增材制坯固-固复合	大型圆饼坯	4	8 个上下表面和 4 个圆柱表面	3	无	无

图 5-54 所示为两种制坯技术在焊接时的差异。对于现有自由锻复合技术，它采用的是长方体坯料，在拐角部位进行电子束焊接时均存在起弧和熄弧阶段，如图 5-54a 所示。由于焊接设备的电流、电压、枪头移动速度等参数的变化，在起弧和熄弧焊接位置的焊接深度会受到一定的影响，因此建议在两个侧面焊缝搭接的角部位置设计用于起弧及熄弧时的焊接附属块，将设备参数不稳定性带来的影响引入焊接附属块中，从而保障坯料焊接密封质量；当然，为提高焊接效率也可不添加焊接附属块，但由于两个相邻的焊接方向垂直（图 5-54b），在拐角两侧及拐角位置容易形成焊缝"缺肉""焊瘤"的现象，存在密封漏气隐患。若采用圆柱形坯料（图 5-54c、d），其焊缝为一条完整的圆形焊缝，则无须添加焊接附属块，而且由于起弧位置与熄弧位置电子束入射焊接方向相同，熄弧段可与引弧段进行搭接重叠，则不会出现焊接"缺肉"现象，有效保障了焊接密封质量及加工效率。

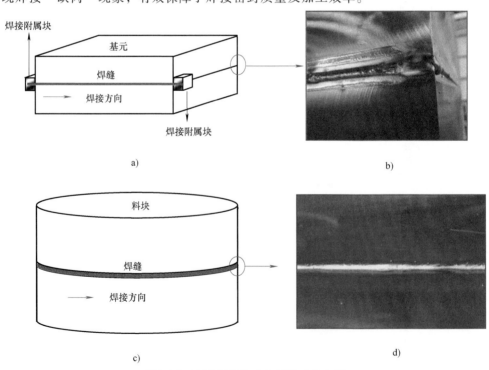

图 5-54　两种制坯技术在焊接时的差异

a）长方体坯料　b）、d）焊缝形貌　c）圆柱形坯料

5.5 固-固复合组坯自动化设计

5.5.1 现有技术缺点及难点

以下按照产品制造先后顺序描述现有技术的缺点与难点：

1）在冶炼方面，解决原始坯料的质量问题。从材料源头解决坯料冶炼质量问题，如脆性夹杂物（Al_2O_3，控制钢液中的 Al、O 含量，减少 B 类夹杂物）、S、P 等有害元素控制等。目前，钢厂提供的板坯质量，因冶炼方式与大型锻件制造厂的冶炼控制方式不同，上述提到的质量问题在现有坯料中仍然存在；因目前钢厂大都采用转炉冶炼，P 含量无法达到 <0.005%（质量分数）的高质量要求。采用电炉冶炼，可以将 P 含量控制在 <0.002%（质量分数）的水平。

2）在料块制备方面，解决组元坯料质量小、机械加工量大的问题。因大截面单块组元坯料现在都是从钢厂购买的连铸方坯，单块组元坯料尺寸小（厚度最大仅 300mm 左右，长度、宽度均约 2m）、重量小，所以制备 200t 以上的锻件需要的组元坯料数量过多，表面加工量巨大、效率低，大大降低了生产节奏。

3）在料块表面处理与清洁方面，解决坯料清洁、自动化、安全等问题。在现有技术中，表面处理仍处于人工处理状态，自动化、连续化、无尘化控制程度较差，效率低；现有操作存在巨大安全隐患，由于坯料上表面处理后，下表面处理时并未翻面操作，需要人为清洁处理下表面，增加了安全隐患。

4）在料块堆垛方面，解决上料难、安全隐患等问题。在现有技术中，上料堆垛仍处于人工处理状态，堆垛平台结构设计不合理，上料堆垛困难，无料块对中系统，无自动化上料系统，坯料高度较高时仍需要工人站在梯子上进行人为对中，增加了人员安全问题，生产率低。

5）在封焊方面，解决焊接质量、焊接效率等问题。在现有技术中，由于料块层数多，则焊缝多，在抽真空焊接后，存在的漏气风险也多，焊接效率大幅度降低；电子束焊接仍存在一定的焊接效率问题。

6）在转运控制方面，解决转运定位、上料准备周期长的问题。在现有技术中，转运工序较烦琐，时间较长，转运期间无保护，导致坯料降温严重；同时，热态坯料放置定位时间长，坯料散热多。

7）在复合坯料均质化方面，解决变形复合中的均匀化问题。在现有技术中，多采用自由锻的方式进行成形，料块数量多，则后续在变形复合时，部分结合界面处于难变形区，达不到均质化（性能均匀）目的。

8）在复合变形方面，解决大吨位或大变形抗力金属一次复合成形难的问题。在现有技术中，对于较大吨位，如 100 余吨不锈钢坯料，已不能利用现有设备进行一次成形复合，需要分级制备小坯料，再进行最终复合，加工周期长，工序复杂，关键在于最后复合时已不能保障最后复合效果，产品质量不易控制。

9）在固-固复合方面，解决因存在难变形区和拉应力区而导致各结合面变形不均匀的问题。在现有技术中，采用的单层料块 <300mm，多层固-固复合时两端料块的结合面处于难变

形区（450t 坯料固-固复合难变形区为 600mm）。此外，多层料块在自由状态下变形时，在复合坯料中部存在拉应力区，从而导致各结合面变形不均匀。

10）解决以往技术忽略因氧化膜而产生的夹杂物问题。对于扩散连接，界面氧化膜是无法回避的问题。尽管氧化膜可以通过大变形而破裂，通过扩散而迁移和分解，最终还是以 B 类夹杂物（以 Al_2O_3 为主）存在于界面附近。此类脆性夹杂物的粒度及分布对坯料的疲劳性能会产生不同的影响，需要引起特别关注。

针对以上现有技术存在的问题，围绕产业链部署创新链，有必要制订出洁净钢冶炼、有效基材制备（在无不可接受的有害缺陷的前提下使料块最大化）、固-液单层或多层复合（制备内外材料不同的大型坯料）、固-固一次性复合（合金钢坯料 ≤450t、不锈钢坯料 ≤350t）、界面愈合，以及氧化膜产物均匀分布、晶粒度均匀细小等创新内容。围绕上述创新链布局产业链，研制料块制备专用模具、超大直径基材制备所需的立式半连铸机、在线清洁系统、超大吨位坯料一次性固-固复合，以及坯料均匀化所需的超大型多功能液压机，根据中国一重未来发展需要，将设计思路按"原料坯冶炼（洁净钢平台）→有效基材制备（连续铸造/电渣零熔，固-液复合、固-固复合）→料块处理（在线清洁处理系统）→料块堆垛（上料系统）→真空封焊（焊接系统）→热态坯料准备（变形前坯料上料系统）→热力耦合变形（热锻闭式复合、其他热成形方式，如自由墩粗复合、挤压复合、热轧复合，或者多种复合方式的组合）→一体化复合坯料→后续生产"进行设计，从而形成材料、技术、工艺、装备等全方位的闭环，有利于工艺技术一体化、生产一体化、装备一体化、智能化、高效化等设计，促进制造业未来加快转型升级与技术、装备引领，促进高效发展。

为促进我国大型锻件行业发展，中国一重紧密围绕增材制坯技术，在固-固复合、液-固复合等方向，逐步布局发明相关专利，同时结合热轧复合板制备技术，已在增材制坯技术上布局发明、实用新型等专利约 20 项。

5.5.2　增材制坯固-固复合关键技术步骤

下面将对增材制坯固-固复合关键技术进行简要表述[42]。

1. 关键要点

1）采用洁净钢控制，保证坯料源头钢液质量，减少夹杂物。

2）采用立式半连铸生产双超圆坯，采用电渣、模铸应对特殊材质，保障初始单块坯料有效截面和质量，满足不同坯料生产需求。

3）对于圆柱坯，采用自由墩粗、半闭式墩粗制备初始单块料块，必要时，初始单块料块可利用模具实现分级制坯；对于板坯，采用模铸，并根据材料的凝固特性，设计坯料外观及尺寸等；对于轴类件，采用液-固复合方式制备初始料块，解决同种材料、异种材料复合问题。

4）材料不仅涉及低合金、不锈钢等黑色金属，也可包括铝合金等有色金属；坯料质量可满足 200t 以上产品需求。

5）在线清洁具有高效、防污染、自动化程度高、节能等特点。

6）设计保温转运，减少辐射温降。

7）满足一次性热力耦合变形，采用分段式闭式复合，即分段式变形控制、保温与变形组合控制等工艺，利用保温闭式墩粗复合，满足复合后界面复合的均匀性与复合效果；同时，利用变形工艺控制与保温、回炉保温等工艺控制，实现界面氧化物破碎、弥散，实现原子间充分结合，晶粒、组织均匀等。

8）采用超大型多功能液压机，满足自由镦粗、模锻、挤压等一体化控制，可实现一种或多种功能的组合，满足大变形下变形力及坯料热力耦合的需求。

2. 关键技术步骤

（1）步骤 S1　将多个表面清洁的初始料块堆垛成形，得到预制坯。

初始料块为圆柱形坯料，该初始料块（即金属坯料）主要由双超圆坯经自由镦粗、半闭式镦粗而成。圆柱形坯料仅有上下两个表面及柱体表面，加工柱体表面的效率要明显高于加工连铸板坯的四周表面，无须多次装夹料块，从而使其加工方便，加工效率高，大大节省后续锻造成本，降低质量风险。对于初始料块的质量 ≥20t 的，可优先采用大的初始料块。由于初始料块变厚，当进行后续热压锻造时，复合坯的结合界面不落在难变形区中，可有效保障界面结合，减少界面开裂风险。需要说明的是，由于初始料块的质量较大，采用热压锻造所需的压力也较大，需要匹配超大型液压机。

在步骤 S1 中，表面清洁的初始料块的制备方法为对所用的初始料块进行表面加工，可采用的方式有铣削、车削、磨削、砂带打磨、砂轮打磨、钢丝打磨等，然后采用有机溶剂对初始料块表面进行清洗，得到表面清洁的初始料块。通过打磨，一方面，对单块坯料进行整体喷砂（或喷丸），以有效去除初始料块所有表面的黑色氧化皮，效率高，同时因柱体对界面结合作用小，故只需能有效去除柱体表面的氧化皮使其呈光亮状态即可，可有效节约后续表面加工时间；另一方面，保障初始料块待焊上下表面的平行度与坯料棱边的垂直度，有效保障电子束焊枪移动时焊接位置的准确性。打磨之后采用无水乙醇、丙酮等有机溶剂对初始料块结合表面进行清洗，经清洁度测量仪检测，相对荧光单位（RFU）≤100 为清洁，从而得到表面清洁的初始料块。上、下表面经打磨清洁后进行烘干（30～50℃）或热风吹干处理，并放置在干燥、洁净环境中，以避免表面因潮湿而产生锈蚀或二次污染等，目的在于提高金属坯件的质量与性能，减少后续金属坯料镦粗时断裂或产生裂纹。

（2）步骤 S2　对预制坯进行焊接，以使多个初始料块之间的结合界面焊合，得到复合坯。

在步骤 S2 中，焊接可采用真空电子束焊、感应加热、搅拌摩擦焊中的一种，在真空条件（真空度 ≤0.1Pa）下进行密封焊接，焊缝熔深 ≥15mm，焊接部位经检测无漏气点，获得复合坯。对于真空电子束焊，为保障焊缝质量，要求参数如下：加速电压 >50kV，束流 >200mA，聚焦电流 >500mA，功率 >10kW，焊接速率：$50mm/s<v<300mm/s$。通过以上参数，可有效保障真空电子束焊后的焊缝无缺肉、无漏焊，有效保障焊缝熔深及焊缝的均匀性。

（3）步骤 S3　将复合坯加热至第一温度 T_1 并保温，到设定时间后，以变形速度 v_1、相对压下量 D_1 进行第一次热压锻造，得到第一锻坯；然后将第一锻坯加热至第二温度 T_2 并保温，同时将盖板、垫板加热至第三温度 T_3 并保温，均到设定时间后，将第一锻坯放置在垫板上，并将模具套入第一锻坯和垫板上，再将盖板放置第一锻坯上，以变形速度 v_2、相对压下量 D_2 进行第二次热压锻造，得到第二锻坯；脱除模具后，将第二锻坯再次加热至第四温度 T_4 并保温，到设定时间后得到一体化复合坯。其中，$v_2>v_1$，$D_2>D_1$。

首先，采用液压机进行锻压复合，将复合坯置于电阻炉中，采用两段升温工艺加热，即从室温以第一升温速率升温至奥氏体转变温度（Ac_3 温度），再从 Ac_3 温度以第二升温速率升温至第一温度，其中第一升温速率>第二升温速率；其次，采用低速率小压下量进行第一次热压锻造，由于初始料块较大，经过电阻炉加热后，初始料块整体尚未热透，按照初始料块加热时的传热规律，初始料块的外部温度将率先达到预定保温温度，而心部尚未达到预定保温温度，并且初始料块上、下表面的结合界面的外层易落入难变形区，利用初始料块内外部的温差和此时坯料的刚度，可使初始料块的外层优先发生变形，并产生界面氧化膜破碎及新鲜金属的机械接触和混合，再回电阻炉进行高温加热，促进界面进一步复合及氧化物弥撒。在第一锻坯加热并保温的同时，将盖板、垫板加热并保温，均到设定时间后，将第一锻坯放置在垫板上，并将模具套入第一锻坯和垫板上，再将盖板放置第一锻坯上。当初始料块复合时，因盖板和垫板经过加热，从而减少了初始料块上、下表面的接触散热，可以更有效地改善坯料上、下表面附近的难变形区，促进变形；采用加热后的盖板和垫板，第一锻坯在模具内变形，可以减少坯料的辐射放热，具有很好的保温效果，明显降低坯料温降，减少变形抗力；同时，给予一定的预变形，进行第二次热压锻造。第一锻坯在模具内经快速变形一步到位，这样也可以快速破碎氧化膜，减少坯料温降；同时，快速变形使坯料在短时间内将内部热量快速聚集，再加上机械能的转化及模具、盖板、垫板的保温等综合作用，使坯料内部温度快速上升，将大幅度促进氧化物的弥散回熔，并促进界面金属的机械混合及元素的均匀混合。经二次变形后的第二锻坯经脱模后放入电阻炉中进行三次高温保温，使经二次变形后界面产生的机械挤压变形缺陷逐步均匀扩散释放，并促进元素扩散的均匀化，为界面组织均匀化做准备，以及为后续热加工提供充足热量，易于变形。

初始料块变形的主要目的是使金属变形更加均匀，尤其是让各层的结合界面处变形更均匀一致，以改善坯料难变形区。将经第一次热压锻造初次变形后的第一锻坯再次送入电阻炉加热保温，同时在送入电阻炉前，在第一锻坯的上表面铺设一层高硅氧布（厚度大于1mm，该材料在室温时为柔软的布料，在高温时可烧结成具有一定硬度的脆性固体，并具有一定的防高温氧化作用；在压力作用下，可随第一锻坯表面进行均匀延展，并具有润滑作用），随后连同第一锻坯一起在设定的T_2下加热、保温，并共同移出电阻炉；盖板及垫板放入另一电阻炉中加热至T_3，在垫板表面铺设一层高硅氧布（厚度大于1mm），其电阻炉温低于第一锻坯的加热温度（例如，坯料加热温度为1250℃，则盖板及垫板加热温度设定在800℃），为了可以使垫板能够重复使用，并具有一定的刚度，垫板材料可选用模具钢H13（美国牌号，相当于我国的4Cr5MoSiV1），具体垫板的材质可根据实际情况自行选取。

现有技术中采用连铸板坯制备的坯料，结合界面很多，并且多个界面处于难变形区内，从而在坯料完成锻压复合后再旋转方向进行拔长时，很容易出现坯料界面开裂的问题。

第一升温速率为200~300℃/h，目的是使坯料快速加热，节省加热时间；第二升温速率为100~200℃/h，目的是减少前段快速加热坯料的内外温差，防止造成试料开裂、弯曲等问题，使坯料温度均匀化。

在步骤S3中，$1mm/s \leqslant v_1 < 5mm/s$、$1\% < D_1 < 5\%$，由于初始料块在第一次锻造时未能完全热透，故$D_1$量不易过大；$10mm/s \leqslant v_2 \leqslant 60mm/s$、$D_2 \geqslant 35\%$，可快速破碎氧化膜，减少初始料块温降。

第一锻坯的高度+垫板的高度<模具的高度<第一锻坯的高度+垫板的高度+盖板的高度，这种高度范围的设置便于盖板放置在第一锻坯上表面上，以及能够使模具放置于垫板及第一锻坯内，具体模具的高度、垫板的高度、盖板的高度可根据第一锻坯的高度进行自行设置。

在步骤 S3 中，模具为圆筒形，其内壁的形状可自行调整。当盖板的直径<模具的直径，垫板的直径<模具的直径，垫板的直径>第一锻坯下表面的直径，盖板的直径>第一锻坯上表面的直径时，易于下压变形时的模具由内向外排气，具体模具的直径、盖板的直径、垫板的直径根据具体的第一锻坯的直径进行设置。

对于温度选择，$T_1 \geq 0.7T_m$，$T_2 \geq 0.7T_m$，$0.5T_m \geq T_3 \geq 0.25T_m$，$T_4 \geq 0.7T_m$，$T_m$ 为熔点温度，单位为℃。锻造前，将初始料块加热至 T_1，初始料块较软，具有良好的可锻造性，易于变形加工，锻造时不易出现裂纹。$T_2 \geq 0.7T_m$，在第一次热压锻造后，实施锻间加热和保温，保证第一锻件整体热透，以便能够顺利地进行第二阶段的大塑性变形处理。在 T_3 的条件下，若温度过高，则强度下降，不利于重复使用。在 T_4 的条件下，可促进元素扩散，实现均匀化。

在步骤 S3 中，T_1 的保温时间>1h，T_2 的保温时间>10h，T_3 的保温时间>10h，T_4 的保温时间>2h。需要说明的是，具体保温时间应依据初始料块尺寸而定。当初始料块尺寸较小时，可适当缩短保温时间，如 10~60min；当初始料块尺寸较大时，则应当适当延长保温时间，以保证初始料块的温度适于进行热压锻造。

相对于现有技术而言，该技术能够有效地减少多层初始料块复合时，因上、下两端初始料块有多层的结合面，存在难变形区和拉应力区而导致各结合面变形不均匀的问题，防止后续锻造时出现变形开裂；该技术有利于界面复合、氧化物弥散碎化，增强界面的均匀化程度和结合强度，提升材料性能。

5.5.3 增材制坯固-固复合料块的制造及模具

下面主要是针对前段初始圆柱形坯料的制备过程来进行研究的。在该技术中，所需的初始料块均采用 20~150t 高质量坯料（连铸坯或锻坯，更大吨位坯料需根据实际情况具体设计），并经高温加热后在模具中采用闭式镦粗的方式进行制备。通过该方法，一方面，可满足后续初始料块表面智能化、数字化加工效率要求，有效去除初始料块表面氧化皮、油污等，同时满足安全吊装、运输等需求；另一方面，通过提高初始坯料的重量来减少后续复合界面数量，从而保障复合钢锭质量，这在以往报道中均未提及[43]。正是由于初始料块需在模具中高温变形，因此对所用模具有很高的要求。笔者通过大量研究，对所需模具进行了多种设计，以期为未来颠覆性大型金属锻件增材制坯技术推广提供重要指导，满足未来核电、石化、海工等众多领域大型锻件生产需求。

1. 增材制坯用模具设计[44,45]

由于大型金属锻件增材制坯技术所需初始坯料的吨位初步设计范围为 20~80t，为保障初始坯料制备的自动化需求，同时考虑材料的高温变形抗力等因素，将初始料块的吨位范围划分为两个重量级，分别为 20~50 吨级、50~80 吨级，因此将模具设计为两种，其中图 5-55 所示为 20~50 吨级初始料块闭式镦粗用模具结构，图 5-56 所示为 50~80 吨级初始料块闭式镦粗用模具结构。

为后续表述方便，现将图 5-55、图 5-56 中所示的各部位名称进行说明：1 代表模具本体，11 代表第一半模，111 代表第一侧板，112 代表第一底板，12 代表第二半模，121 代表第二侧板，122 代表第二底板，2 代表模具腔，3 代表凹槽，4 代表保温层，5 代表锁紧组件，51 代表螺栓，511 代表第一螺栓，512 代表第二螺栓，52 代表螺母，6 代表安装耳板，

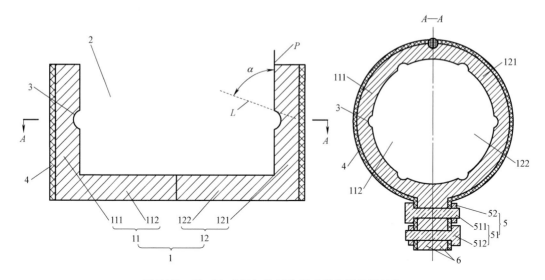

图 5-55　20~50 吨级初始料块闭式镦粗用模具结构

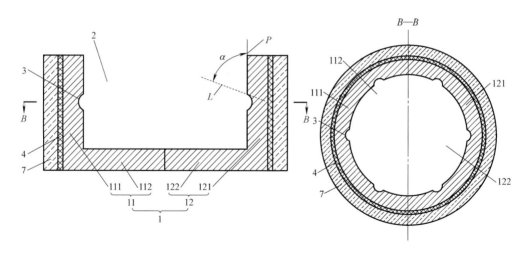

图 5-56　50~80 吨级初始料块闭式镦粗用模具结构

7 代表套筒。

在图 5-55 中，模具本体 1 包括第一半模 11 和第二半模 12，二者经一端铰接对合形成模具本体 1，从而形成模具腔 2，另一端则通过锁紧组件 5 进行固定，其中锁紧组件 5 由螺栓、螺母、安装耳板等组成。对于半模（如 11），其侧板（如 111）与底板（如 112）首尾相接且相互垂直设置，以形成纵截面为 L 形结构。在本套模具中，模具本体的内侧壁的 1/2 高度位置处设置阵列分布 4~8 个弧形凹槽 3，其中弧形凹槽的槽壁端面处的切线 L 与弧形凹槽的槽口所在平面 P 之间形成的角为锐角，角度为 30°~60°。模具本体外侧加装保温层 4，以保障模具及坯料温度。当初始料块吨位较大时，可采用图 5-56 所示的结构，在保温层外侧增加一层套筒（7）。

2. 模具选材及壁厚设计

由于坯料在放入模具前需经高温加热，加热温度甚至高达 1250℃，因此模具本体需采用具有一定耐热强度的材料。在此优选热作模具钢作为模具本体材料，如 H13 钢。H13 钢是一种具有良好热强韧性、红硬性、抗疲劳、抗热裂等优异性能的热作模具钢，被国内外制造业广泛使用[46-48]。由于坯料要在模具本体的模具腔中闭式镦粗变形，因此模具本体需承受一定的坯料变形产生的压力，根据坯料变形时的最大等效应力与模具本体材料的屈服强度比值分析，模具本体侧壁应具有一定厚度，从而保障模具安全及使用寿命。

采用 H13 热作模具钢作为模具本体，对坯料材质为 YB65 轧辊用合金钢进行变形，坯料在放入模具前经 1230℃下高温保温，并热透。为合理设计模具壁厚，选择 YB65 坯料尺寸为 $\phi1600mm \times 5000mm$（高径比 3.125，重量约 80t），压下量 3000mm。当坯料变形至高度 2000mm 时，坯料在模具腔中进行闭式镦粗后获得的尺寸为 $\phi2530mm \times 2000mm$。对于轴向不受力的厚壁圆筒件，模具本体可按照第三强度理论近似计算厚壁圆筒件的壁厚[49]，其公式为

$$t \geq a\left(\sqrt{\frac{[\sigma]}{[\sigma] - 2p_0}} - 1\right)$$

式中，a 是模具本体内壁半径，且 $a = 1265mm$；t 是模具本体壁厚；p_0 是均匀内压；$[\sigma]$ 是许用应力，$[\sigma] = R_m/$安全系数。根据相关企业产品设计经验参数，其外套采用 ZG230-450，抗拉强度 $R_m = 450MPa$，安全系数为 3～2.7。参考相关资料[50]，若选安全系数为 3，对于 H13 合金钢，当硬度为 46HRC 时，$R_m = 1503.1MPa$，则 $[\sigma] = 501MPa$；当硬度为 51HRC 时，$R_m = 1937.5MPa$，则 $[\sigma] = 646MPa$。需要说明的是，以上所得 $[\sigma]$ 均为室温许用应力，而在实际工况下，受高温初始料块的影响，模具本体温度会有所升高，其强度将会相应下降，因此更应该加大模具本体的厚度，可选用最大强度数值以计算其最小壁厚；同时，由于模具本体内侧壁的凹槽尺寸较小，而且数量较少，对应力的影响不大，可暂不考虑，以简化计算过程。

根据前期数值模拟结果，此时坯料最大点应力值，即均匀内压 $P_0 = 96.8MP$，选取较高强度来计算，即 $[\sigma] = 646MPa$，此时模具本体的厚度 t 需大于 246.6mm。由于所用数据的目的是为了寻找模具合理壁厚，从而选择较大吨位坯料进行计算。在实际设计中，模具本体厚度的具体数值还需根据坯料的实际情况进行确定。

3. 模具结构设计探讨

（1）模具本体设计

1）模具本体形状设计。在模具本体设计中，这里主要考虑其形状应与最终成形的坯料形状相适应，其内径和高度等相关参数应依据最终所需坯料的直径和高度而定，但一般需满足坯料的镦粗比小于或等于 3，从而避免初始料块在镦粗过程中产生双鼓变形或折叠现象。此外，成形后的坯料高度还需小于或等于模具本体的高度，从而保障坯料均匀稳定变形，有效抑制镦粗弯曲，进而保证成形后的坯料质量。

2）开合式设计。当坯料在模具本体中镦粗变形完毕后，由于坯料上外壁凸起的阻挡，或多或少都会影响坯料的脱模，因此在图 5-55 和图 5-56 中，模具本体均设计成对合式的分体结构，在镦粗结束后，两个半模分离，便可将带有凸起的坯料从模具中取出。

模具本体第一半模和第二半模通过一端铰接，从而使两半模具能够相对转动，以达到开合模具的作用；另一端通过锁紧组件进行固定。在设计锁紧组件时，主要考虑紧固性好、稳定性强、便于成形后坯料取出等因素，因此锁紧装置通过螺栓、螺母配合固定，并且设置两

道旋向相反的螺栓、螺母，从而利用相互锁定的配合关系，以限制在镦粗过程中承压时两道螺栓同时转动，进而防止模具本体在遇到较大压力时发生松动，实现双向锁定，提高固定效果。在实际操作时，螺栓的具体数量及尺寸等参数，应根据镦粗过程中模具本体实际承受的压力来进行设计。

（2）凹槽设计　凹槽主要用于坯料闭式镦粗时在表面相应位置形成一定高度的凸起，从而便于后续初始料块卡合在运料小车的卡板上，使其不易从运料小车上掉落，进而可通过运料小车运送至下一工位，进行后续的机械加工、清洗、焊接及复合变形等工序。此外，该凸起的设置也可卡合在起重机的夹爪中，有助于成形的初始料块通过起重机吊装运输，减小吊装过程中坯料掉落的风险。同时，在坯料闭式镦粗时，凹槽位置处形成的凸起可起到固定作用，防止坯料在高度减小过程中发生位移，径向受力不均进而影响成形效果，有利于提高坯料变形时受力的均匀性，提高成形后坯料的质量。

将凹槽设置在模具本体内侧壁的1/2高度位置，便于变形后的坯料外侧壁上的凸起正好位于坯料的中部，当将含有凸起的初始料块卡合于运料小车的卡板上时，应尽量使卡板上下的质量一致，从而可以提高运料小车的运输稳定性。

凹槽设计为弧形槽，主要是考虑弧形结构有利于坯料在压力作用下挤入凹槽中形成凸起，也便于后续脱模操作。坯料上所形成的凸起与坯料的直径相关，因此在弧形凹槽槽壁端面处的切线 L 与弧形凹槽的槽口所在平面 P 之间形成的夹角大致设计为 $30°\sim60°$，从而保障在初始料块表面形成较为平缓的曲面形凸起，并且锐角 α 的角度越小越有利于坯料的挤入从而形成凸起，但凸起的高度也就越小，越不利于后续运料小车的卡板卡合坯料。同时，在该角度下，由于坯料在挤压下能较容易地进入弧形凹槽内，可以提高该处的金属流动性，进而减少坯料边缘的难变形区，有利于提高成形后初始料块的整体均匀化程度。

（3）保温层设计　由于初始料块的闭式镦粗过程是在高温下进行的，为减少坯料温度的温降，特在模具本体外侧加装保温层，保温层可由保温棉、珍珠岩，或者耐高温防火布等耐高温的保温材料制成。

在大型金属锻件的锻造过程中，由于表面面积大，表面温降迅速，尤其是坯料边角等位置处的温度降低得更快，从而形成坯料心部温度高，外部温度过低，导致镦粗时坯料表面出现开裂问题，严重影响成形后的坯料质量。因此，为避免温降所引起的质量缺陷，在模具本体的外侧壁上设置保温层：一方面对坯料进行保温，防止闭式镦粗过程中的热量散失过快，进而减少锻造开裂的风险；另一方面，模具本体内外温度相对稳定，有利于保护模具，减少模具开裂风险。

（4）套筒设计　套筒为中空的柱状结构，其内径与模具本体的外径相匹配。在实际生产过程中，对于 $20\sim50$ 吨级的初始料块可采用图5-55所示的结构，能提高坯料脱模的便捷性，但当初始料块的质量大于50t以后，通过锁紧装置固定的模具本体难以承受巨大变形所产生的压力，因此需在模具本体外添加外置套筒（见图5-56），以增加模具本体的抗压强度。在初始料块完成闭式镦粗后，将整套模具及其内部的坯料起吊至旁边工位上放置的一定高度的顶杆上，将模具本体及其内部的坯料从套筒中向上顶起一定高度，再用起重机将模具本体及坯料从套筒中吊出，随后即可进行脱模处理。

4. 模具设计总结

大型金属锻件增材制坯技术作为一种创新技术，其所需的大吨位初始料块利用闭式镦粗方式进行生产，在高温、高压等作用下对模具有很高的要求。模具的合理设计，可有效提高坯料成形效果，满足后续智能化、数字化加工需求。

1）根据初始料块的重量等级，将模具分成两种形式，并根据坯料实际情况设计壁厚，以确保承压安全。

2）模具本体采用开合式设计，并合理匹配保温层、外套筒等，可有效保障坯料成形与脱模。

3）模具本体内壁合理设计凹槽，有助于坯料成形及凸起的形成，保障后续运输与加工。

5.5.4 增材制坯固-固复合制坯处理系统及处理方法

目前，根据技术布局，该技术已申报发明专利[43]，并已授权。增材制坯固-固复合制坯处理系统，包括运料小车、打磨装置、清洗装置、组坯装置和第一导轨。第一导轨依次经过打磨装置、清洗装置和组坯装置，运料小车适于承载坯料并在第一导轨上运动，以输送所述坯料，打磨装置和清洗装置适于分别对放置在运料小车上的坯料进行打磨和清洗，组坯装置包括用于坯料堆垛的堆垛装置。本发明通过第一导轨实现运料小车的可靠支撑，通过运料小车实现对坯料的运输，坯料运输的可靠性和可控性高，坯料不易受力移动，有助于提高打磨和清洗效率，加快增材制坯处理进程，而且具有较高的安全性。

1. 增材制坯固-固复合制坯处理系统关键部件说明

1代表运料小车，11代表移动车体，111代表支撑板，112代表车架，1121代表第一定位槽结构，113代表夹持机构，1131代表卡口结构，114代表第一通孔结构，12代表第一连接结构，121代表限位柱，122代表第一磁性吸附件，123代表复位弹簧，124代表第二磁性吸附件，13代表第一驱动装置，14代表第一连接部，141代表限位孔结构，15代表第二连接部，151代表阶梯孔结构；2代表打磨装置，21代表第一安装架，211代表第一立柱组，212代表第二立柱组，22代表第一移动机构，23代表打磨机构，231代表第一安装座，232代表第一主轴，233代表盘状磨头，2331代表磨盘，2332代表第二主轴，2333代表连接端头，234代表第一驱动件，235代表中空吸尘罩，2351代表吸尘罩本体，2352代表挡尘结构，2353代表第一驱动组件，2354代表进风口结构，25代表第一检测装置，251代表第一位置传感器，252代表第一摄像头；3代表清洗装置，31代表第二安装架，311代表第三立柱组，312代表第四立柱组，32代表第二移动机构，33代表清洗机构，331代表清洗头，3311代表清洗喷头，3312代表干燥喷头，3313代表检测头，3314代表第一清洗喷头，3315代表第二清洗喷头，332代表第一喷头组，333代表第二喷头组，334代表第三喷头组，335代表第四喷头组，336代表第一检测头组，337代表空心轴，338代表第二安装座，35代表第二检测装置，351代表第二位置传感器，352代表第二摄像头，36代表清洗液回收装置；41代表对中机构，4111代表推板结构，4112代表直线运动机构，42代表锁紧机构，43代表第三安装架，44代表第三检测装置，441代表第三位置传感器，442代表第三摄像头，45代表第四检测装置，451代表第四位置传感器，5代表堆垛装置，51代表托盘小车，52代表载板，521代表载板本体，522代表凹槽结构，53代表升降装置；6代表第一导轨；7代表坯料，71代表凸出结构，72代表端面结构；8代表第二导轨；9代表地坑结构，91代表地面，93代表隔离门结构。

2. 增材制坯固-固复合制坯处理系统整体阐述

为更好展示增材制坯固-固复合制坯处理系统，下面对该发明专利进行详细阐述。该发明旨在一定程度上解决如何提高金属增材制坯处理中对料块的处理效率和/或处理效果的技术问题。

为至少在一定程度上解决上述问题的一个方面，本发明一方面提供了一种金属增材制坯处理系统，包括运料小车、打磨装置、清洗装置、组坯装置和第一导轨。

可选地，运料小车包括相对设置的两个夹持机构，适于配合作用，以夹持坯料或释放坯料。

可选地，运料小车包括相对设置的两个移动车体，均适于在第一导轨上运动。两个移动车体上分别设置有一个夹持机构，当两个移动车体相向运动时，两个夹持机构配合作用以夹持坯料；当两个移动车体反向运动时，两个夹持机构释放坯料。

可选地，两个夹持机构形成连通结构，运料小车可沿前后方向运动以输送坯料，当坯料放置于运料小车上时，坯料上用于与另外坯料接触以实现增材的两个端面结构位于第三方向上，坯料沿第三方向穿设于连通结构，第三方向与前后方向相垂直。

可选地，第三方向与上下方向一致，堆垛装置为升降式堆垛装置。

可选地，升降式堆垛装置包括位于第一导轨下方的托盘小车和用于放置托盘小车的载板，组坯装置还包括第二导轨，当载板与第二导轨齐平时，托盘小车适于由第二导轨进入或脱离载板。

可选地，组坯装置还包括第三安装架、安装于第三安装架上的至少两个对中机构，和/或安装于第三安装架上的至少两个锁紧机构。

所有对中机构均设置于托盘小车的上方且位于托盘小车的左右两侧，对中机构适于实现位于最上方的坯料在托盘小车上的定位。

所有锁紧机构均设置于托盘小车的上方且位于托盘小车的左右两侧，至少两个锁紧机构配合作用，以实现所有坯料中与位于最上方的坯料相邻的坯料的位置锁定。

可选地，组坯装置包括四个对中机构，其中两个对中机构位于托盘小车的左侧，另外两个位于托盘小车的右侧，每个对中机构均适于沿与左右方向相倾斜且与前后方向相倾斜的方向推动坯料，以实现位于最上方的坯料在托盘小车上的定位。

可选地，打磨装置包括第一安装架、两个第一移动机构和两个打磨机构。打磨机构包括盘状磨头，两个打磨机的盘状磨头沿第三方向相对设置，并且两个打磨机构分别对两个端面结构进行打磨；两个第一移动机构均安装于第一安装架上，每个第一移动机构适于带动一个打磨机构运动。

清洗装置包括第二安装架、两个第二移动机构和两个清洗机构。两个清洗机构沿第三方向相对设置，适于分别对两个端面结构进行清洗；两个第二移动机构均安装于第二安装架上，每个第二移动机构适于带动一个清洗机构运动。

3. 金属增材制坯处理系统整体阐述

相对于现有技术，该发明所述金属增材制坯处理系统，通过设置第一导轨实现运料小车的可靠支撑，通过运料小车实现对坯料的装载和运输，运料小车运输坯料的可靠性和可控性高，在打磨装置和清洗装置分别对坯料进行打磨和清洗时，坯料不易受力移动，有助于提高打磨和清洗效率，加快增材制坯处理进程，并且采用运料小车运输坯料直至堆垛装置，还能够在一定程度避免因采用悬吊和辊轴等运输方式可能导致的安全性问题。

该发明的第二方面是提供了一种金属增材制坯处理方法，应用于上述的金属增材制坯处理系统。主要包括如下步骤：

1）当运料小车运动至上料位置时，装载坯料。

2）当载有坯料的运料小车运动至打磨位置时，打磨装置对坯料进行打磨作业。

3）当载有打磨完成后的坯料的运料小车运动至清洗位置时，清洗装置对坯料进行清洗作业。

4）当载有清洗后的坯料的运料小车运动至卸料位置时，运料小车卸料，组坯装置的堆垛装置对坯料进行堆垛。

由此，提供了一种快速高效的金属增材制坯处理方法，能够实现大尺寸、大重量关键零部件的增材制坯制造，提高增材制坯的处理效率，在一定程度上提高处理效果，此处不再详细阐述。

4. 具体实施过程

为使该发明的上述目的、特征和优点能够更为明显易懂，下面结合附图对该发明的具体实施过程做一详细说明。

在该发明的描述中，需要说明的是，除非另有明确的规定和限定，术语"安装""相连""连接"应广义理解。例如，可以是固定连接，也可以是可拆卸连接或一体地连接；可以是直接相连，也可以通过中间媒介间接相连。对于该领域的普通技术人员而言，可以具体情况理解上述术语在该发明中的具体含义。

在该发明说明书的描述中，术语"实施例""一个实施例""一些实施方式""示例性地"和"一个实施方式"等的描述，意指结合该实施例或实施方式描述的具体特征、结构、材料或特点包含于该发明的至少一个实施例或实施方式中。同时，对上述术语的示意性表述不一定指的是相同的实施例或实施方式，而且描述的具体特征、结构、材料或特点可以在任何的一个或多个实施例或实施方式中以合适的方式结合。

术语"第一""第二"等仅用于描述目的，而不能理解为指示或暗示相对重要性或隐含指明所指示的技术特征的数量。这样，限定有"第一""第二"的特征可以明示或隐含地包括至少一个该特征。

附图中 Z 轴表示竖向，也就是上下位置，并且 Z 轴的正向（也就是 Z 轴的箭头指向）表示上，Z 轴的负向（也就是与 Z 轴的正向相反的方向）表示下；附图中 X 轴表示水平方向，并指定为左右位置，并且 X 轴的正向（也就是 X 轴的箭头指向）表示右侧，X 轴的负向（也就是与 X 轴的正向相反的方向）表示左侧；附图中 Y 轴表示前后位置，并且 Y 轴的正向（也就是 Y 轴的箭头指向）表示前侧，Y 轴的负向（也就是与 Y 轴的正向相反的方向）表示后侧。同时需要说明的是，Z 轴、Y 轴及 X 轴的表示含义仅是为了便于描述该发明和简化描述，而不是指示或暗示所指的装置或元件必须具有特定的方位、以特定的方位构造和操作，因此不能理解为对该发明的限制。

如图 5-57 所示，该发明提供一种金属增材制坯处理系统，包括运料小车 1、打磨装置 2、清洗装置 3、组坯装置和第一导轨 6，第一导轨 6 依次经过打磨装置 2、清洗装置 3 和组坯装置，运料小车 1 适于承载料块 7 并在第一导轨 6 上运动以输送料块 7，打磨装置 2 和清洗装置 3 适于分别对放置在运料小车 1 上的料块 7 进行打磨和清洗，组坯装置包括用于料块 7 堆垛的堆垛装置 5。

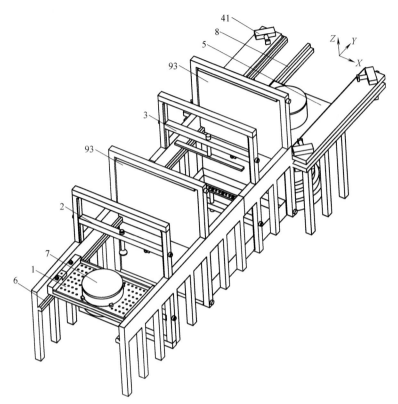

图 5-57 增材制坯固-固复合制坯处理系统

8—第二导轨　41—对中机构　93—隔离门结构

需要说明的是，第一导轨 6 可以是由多个分别设置在打磨装置 2、清洗装置 3 和组坯装置上的子导轨拼接而成，也可以是一个导轨分别与打磨装置 2、清洗装置 3 和组坯装置连接形成。另外，运料小车 1 能够在所有第一导轨 6 上运动，该说明书中将以第一导轨 6 沿前后方向延伸设置（也就是说运料小车 1 沿前后方向运动）为例说明该发明的内容，但不局限于此。例如，在不影响运料小车 1 运动的前提下，第一导轨 6 可以设置为弯曲结构，以降低金属增材制坯处理系统沿第一导轨 6 长度方向（即前后方向）的空间需求，并且运料小车 1 和第一导轨 6 之间可以设置导轨滑块等导向结构，以增强结构稳定性。

示例性地，当料块 7 放置于运料小车 1 上时，料块 7 上用于与另外料块 7 接触以实现增材的两个端面结构 72 位于第三方向上，第三方向与前后方向垂直，打磨装置 2 至少用于对端面结构 72 的打磨，清洗装置 3 至少用于实现对端面结构 72 的清洗。另外，料块 7 的结构形状可以根据实际需要选定，料块 7 不必指定为原材料，也可以是经过加工的半成品，此处不再详细说明。料块 7 堆垛至堆垛装置 5 上的方式可以是转运机构转运等方式，后续还会进行说明。

这样设置的好处在于，通过设置第一导轨 6 实现运料小车 1 的可靠支撑，通过运料小车 1 实现对料块 7 的装载和运输，运料小车 1 运输料块 7 的可靠性和可控性高。在打磨装置 2 和清洗装置 3 分别对料块 7 进行打磨和清洗时，料块 7 不易发生窜动，有助于提高打磨和清洗效率，加快增材制坯处理进程，并且采用运料小车 1 运输料块 7 直至堆垛装置 5，还能够在一定程度上避免因采用悬吊和辊轴等运输方式可能导致的安全性问题。

如图 5-58 所示，在该发明的实施例中，运料小车 1 包括相对设置的两个夹持机构 113，它适于配合作用，以夹持料块 7 或释放料块 7。

示例性地，运料小车 1 包括车底架（图中未示出）和设置于车底架上的两个夹持机构 113，两个夹持机构沿前后方向（即 Y 轴方向）或第二方向相对设置，第二方向与前后方向垂直且与第三方向垂直（即第二方向与 X 轴方向一致）。

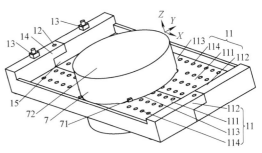

图 5-58　运料小车运输料块

示例性地，两个夹持机构 113 与车底架沿前后方向滑动连接，当两个夹持机构 113 沿前后方向相向移动时，两个夹持机构 113 能够相对于车底架运动（图中未示出），从而实现料块 7 的夹持；当两个夹持机构 113 反向移动时，两个夹持机构 113 能够相对于车底架运动（图中未示出），料块 7 从两个夹持机构 113 之间的间隙落下，实现卸料。运料小车 1 装载料块 7 时可以是人工操作放置、机械手放置、前工位来料等方式，这个释放料块 7 可以是机械手搬运，直接放置、下工位取料等方式，这个不作为限制。另外，两个夹持机构 113 根据料块 7 的具体结构设定，并且两个夹持机构 113 不必完全相同，夹持机构 113 可以是本身能够活动调节大小的夹爪、夹钳等。

这样设置的好处在于，通过两个夹持机构 113 实现料块 7 的夹持限位，避免料块 7 在至少一个方向上的位移，在一定程度上避免了运输过程中料块 7 的窜动，运料小车 1 带动料块 7 运动的稳定性和可靠性高，因此料块 7 的打磨和清洗效果也更好。

如图 5-57 和图 5-58 所示，在本实施例中，两个夹持机构 113 形成连通结构，运料小车 1 适于沿前后方向运动以输送料块 7，当料块 7 放置于运料小车 1 上时，料块 7 上用于与另外料块 7 接触以实现增材的两个端面结构 72 位于第三方向上，料块 7 沿第三方向穿设于连通结构，第三方向与前后方向相垂直。

示例性地，如图 5-58 和图 5-62 所示，夹持机构 113 包括卡口结构 1131，卡口结构 1131 的设置形式可能需要根据移动车体 11 运输的物料的不同进行改变，当料块 7 为圆形棒料时，卡口结构 1131 为半圆形卡口结构，两个半圆形卡口结构形成圆形连通结构，该圆形连通结构的中轴线与上下方向一致（即与 Z 轴方向一致），料块 7 沿上下方向（即 Z 轴方向）穿设于连通结构中。此时，在一些实施方式中，料块 7 的周向侧壁设置有凸出结构 71，用于与卡口结构 1131 的边缘接触，避免料块 7 从该圆形连通结构处掉落，后续不再详细说明。

此时，示例性地说明料块 7 的装载过程：前工位、机械手或其他运料机构将料块 7 运送至上料位置（可以理解为打磨装置 2 之前），此时两个移动车体 11 均位于料块 7 的下方，并且两个夹持机构 113 之间的空间略大于料块 7 的直径，料块 7 的位置下降且其下端插入两个夹持机构 113 之间形成的连通结构内；然后两个移动车体 11 相向移动，直至实现对料块 7 的夹持，此时料块 7 上的凸出结构 71 位于卡口结构 1131 的上方，并与卡口结构 1131 的边缘接触。料块 7 的卸料过程与此类似，此处不再详细说明。

这样设置的好处在于，有助于料块 7 运输的稳定性，便于料块 7 可靠承载；料块 7 的上端和下端将会外露，便于从下方对料块 7 进行支撑，尤其是当堆垛装置 5 为升降式堆垛装置时，卸料更加简单，安全性和可靠性高，还便于对料块 7 的上下两端进行打磨和清洗等作业，结构简单，实用性强。

如图 5-59 所示，区别于第三方向与上下方向一致，即料块 7 沿上下穿设于连通结构的设置方式，在另一些实施方式中，第三方向与左右方向一致，即料块 7（棒材）的轴线方向与左右方向（即 X 轴方向）一致，此时两个卡口结构 1131 沿前后方向（即 Y 轴方向）相对设置，从而限制了料块 7 的运动（如滚动）。当需要卸料时，两个移动车体 11 反向移动，两个卡口结构 1131 逐渐解除对料块 7 的限位，同样能够方便地对料块 7 的端面结构 72 的打磨和清洗，此处不再详细说明。

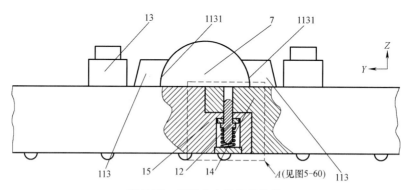

图 5-59　运料小车的部分结构

如图 5-58 所示，在本实施例中，运料小车 1 包括相对设置的两个移动车体 11，两个移动车体 11 均适于在第一导轨 6 上运动，其上分别设置有一个夹持机构 113，当两个移动车体 11 相向运动时，两个夹持机构 113 配合作用以夹持料块 7；当两个移动车体 11 反向运动时，两个夹持机构 113 释放料块 7。

也就是说，将运料小车 1 设置为可以相对移动的两个移动车体 11，通过两个移动车体 11 的相向移动拼合为该运料小车 1，以承载料块 7；通过两个移动车体 11 的反向移动打开两个移动车体 11 之间的间隙，释放料块 7，完成料块 7 的卸料。

这样设置的好处在于，能够通过两个移动车体 11 的相对运动实现两个夹持机构 113 对料块 7 的夹持或释放，能够在一定程度上降低对料块 7 的结构要求，从而适应更多规格的料块 7（如大小不同的料块 7），并且移动车体 11 在第一导轨 6 上运动，相对于其他的设置方式（如夹持机构 113 沿第二方向，即左右方向相对设置），能够缩短移动车体 11 在运动平面内与第一导轨 6 长度方向相垂直方向的尺寸（即能够缩短移动车体 11 在第二方向，也就是左右方向的尺寸），占用空间较小，实用性强。

如图 5-58、图 5-61 和图 5-62 所示，在该发明的实施例中，移动车体 11 包括支撑板 111 和车架 112，夹持机构 113 设置于支撑板 111 上，支撑板 111 与车架 112 可拆卸连接。

如图 5-61 和图 5-62 所示，示例性地，车架 112 为 C 形框架结构，支撑板 111 安装于 C 形框架结构上，可通过螺纹连接、卡接、销钉连接等方式连接。车架 112 上设置有第一定位槽结构 1121，适于放置支撑板 111；第一定位槽结构 1121 的侧壁可以与支撑板 111 卡接，能够实现第一定位槽结构 1121 与支撑板 111 的可靠定位。可以通过更换支撑板 111，以适配不同规格的料块 7，运料小车 1 能够用于运输多种料块 7。

如图 5-58 所示，在该发明的实施例中，移动车体 11 上设置有第一通孔结构 114 用于排液和/或排屑。第一通孔结构 114 设置于车架 112 上（图中未示出）。如图 5-58 和图 5-62 所示，示例性地，第一通孔结构 114 设置于支撑板 111 上，此时支撑板 111 可以与车架 112 一体连接或可拆卸连接；对第一通孔结构 114 的数量不作限制，如支撑板 111 上可设置一个或多个第一通孔结构 114（如阵列分布）。另外，此时支撑板 111 的上边缘也可低于车架 112 的上边缘，这在一定程度上便于收集支撑板 111 上方因打磨产生的碎屑和因清洗掉落的液体，结构简单，实用性强。

当料块 7 的尺寸改变时，支撑板 111 的形状规格也可随之改变。示例性地，当料块 7 为圆柱状结构时，卡口结构 1131 可以设置为弧面结构、V 形面结构等，如设置为与料块 7 外轮廓相贴合的弧面结构；当料块 7 为棱柱结构时，卡口结构 1131 与料块 7 相接触的一侧可以设置为 V 形面，或者与料块 7 外轮廓相适配的结构。例如，当料块 7 为长方体结构时，卡口结构 1131 可以是矩形槽结构，此处不再详细说明。

如图 5-58 所示，在该发明的实施例中，运料小车 1 还包括第一连接结构 12，用于当两个移动车体 11 夹持料块 7 时保持两个移动车体 11 的相对位置锁定。第一连接结构 12 可以采用螺纹连接结构或电控锁紧结构等连接方式。

如图 5-59 和图 5-60 所示，示例性地，两个移动车体 11 上分别设置有第一连接部 14 和第二连接部 15，第一连接部 14 位于第二连接部 15 上方，电控锁紧结构设置于第一连接部 14 和第二连接部 15 上。

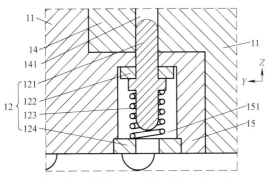

图 5-60　运料小车 A 处的局部放大图

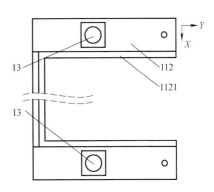

图 5-61　运料小车车架的结构

电控锁紧结构还包括限位柱 121 和复位弹簧 123，第一连接部 14 上设置有沿上下方向延伸的限位孔结构 141，第二连接部 15 上设置有阶梯孔结构 151；限位柱 121 设置为阶梯结构，限位柱 121 至少部分容置于阶梯孔结构 151 内；第一磁性吸附件 122 位于阶梯孔结构 151 内，限位柱 121 的上端穿过第一磁性吸附件 122 插入限位孔结构 141，第二磁性吸附件 124 位于阶梯孔结构 151 并远离第一磁性吸附件 122 的一端。复位弹簧 123 套设于限位柱 121 上，其两端分别与限位柱 121 周向上的台阶和第二磁性吸附件 124 抵接。第一磁性吸附件 122 为永磁铁，第二磁性吸附件 124 为电磁铁，当第二磁性吸附件 124 通电时，第二磁性吸附件 124 与第一磁性吸附件 122 的电磁吸引力使限位柱 121 的上端脱离限位孔结构 141，两个移动车体 11 之间的位置锁定解除，两个移动车体 11 可以反向运动释放料块 7；当第二磁性吸附件 124 断电时，第二磁性吸附件 124 与第一磁性吸附件 122 的电磁吸引力消失，在复位弹簧 123 的作用下，限位柱 121 的上端插入限位孔结构 141，实现两个移动车体 11 的相对位置锁定。

电控锁紧结构也可以是电磁铁。另外，控制器与第一连接结构 12 通信连接，如电连接，控制器控制第一连接结构 12 的动作。

这样设置的好处在于，能够实现两个移动车体 11 相对位置的可靠锁定，在一定程度上避免两个移动车体 11 因负载过大等原因而分离，运料小车 1 运输料块 7 的可控性和可靠性高，并且第一连接部 14 位于第二连接部 15 上方，当两个移动车体 11 的位置保持锁定时，第二连接部 15 能够在一定程度上从下方对第一连接部 14 形成支撑，结构稳定性好。

区别于上述电控锁紧结构的设置方式，在一些实施方式中，第一连接结构 12 为伸缩调节机构（图中未示出），如电动推杆、气缸、齿轮齿条等直线伸缩结构。伸缩调节机构沿伸缩方向的两端分别与两个移动车体 11 连接，伸缩调节机构的伸缩运动带动两个移动车体 11 相对运动，以夹持或释放料块 7。具体地，伸缩调节机构的伸缩方向与两个移动车体 11 相对运动的方向一致。此时，可以仅在两个移动车体 11 中的一个上设置驱动结构，此处不再详细说明。

如图 5-58 所示，运料小车 1 还包括第一驱动装置 13，每个移动车体 11 分别对应设置有至少一个第一驱动装置 13。第一驱动装置 13 适于驱动移动车体 11 沿预设路径运动。如图 5-58 所示，示例性地，第一驱动装置 13 采用轮式移动，它包括多个移动轮，第一驱动装置 13 至少可驱动其中一个移动轮。如图 5-61 所示，在一些实施方式中，每个车架 112 上设置有至少两个第一驱动装置 13，两个第一驱动装置 13 分别设置于 C 形框架结构的两对边上，用于同步驱动设置于 C 形框架结构两对边上的移动轮，此处不再详细说明。

这样设置的好处在于，便于两个移动车体 11 的相对位置调整，并且当两个移动车体 11 相向运动以承载料块 7 时，通过至少两个第一驱动装置 13 的配合作用，还能够在一定程度上实现两个移动车体 11 的相对位置锁定（如驱动两个移动车体 11 的第一驱动装置 13 均保持锁定），能够在一定程度上实现自动装载和卸料，可控性和可靠性高。

如图 5-57 和图 5-63、图 5-66 所示，在该发明的实施例中，打磨装置 2 包括第一安装架 21、两个第一移动机构 22 和两个打磨机构 23。打磨机构 23 包括盘状磨头 233，两个打磨机构 23 的盘状磨头 233 沿第三方向相对设置，并且分别对两个端面结构 72 进行打磨；两个第一移动机构 22 均安装于第一安装架 21 上，每个第一移动机构 22 适于带动一个打磨机构 23 运动。

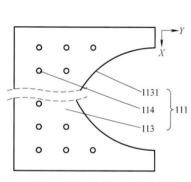

图 5-62　运料小车支撑板的结构

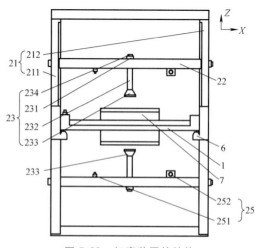

图 5-63　打磨装置的结构

也就是说，当载有料块 7 的运料小车 1 经过打磨装置 2 时，料块 7 沿前后方向（即 Y 轴方向）进入或脱离两个打磨机构 23 之间的间隙，两个打磨机构 23 分别对料块 7 的两个端面结构 72 进行打磨。

如图 5-57 所示，第一安装架 21 安装于地面或其他结构上，用于形成对整个打磨装置 2 的支撑。示例性地，第一安装架 21 包括沿左右方向（即图 5-57 中的 X 轴方向）相对设置的第一立柱组 211 和第二立柱组 212，第一立柱组 211 和第二立柱组 212 分别包括至少一根立柱，第一立柱组 211 和第二立柱组 212 的上端可以通过连接柱等连接结构连接，下端也可以通过连接柱等连接结构连接，以使第一安装架 21 整体结构稳定。第一移动机构 22 可与第一立柱组 211 和第二立柱组 212 中的一个或两个连接，实现可靠安装。

这样设置的好处在于，打磨机构 23 能够实现相对于料块 7 的位置调整，便于对料块 7 进行局部打磨，可以根据实际打磨需要调整打磨机构 23 的位置，打磨效果好，打磨效率高，实用性强。

如图 5-57 和图 5-63 所示，在本实施例中，每个第一移动机构 22 适于带动一个打磨机构 23 沿第二方向和第三方向运动，第二方向与前后方向垂直且与第三方向垂直。

示例性地，第一移动机构 22 包括第一滑动连接机构和第一驱动机构，第一滑动连接机构包括设置于第一立柱组 211 和第二立柱组 212 上的第一滑轨和与第一滑轨滑动连接的第一滑块，第一驱动机构与第一滑块驱动连接，适于驱动第一滑块沿上下方向运动，第一驱动机构可以是可控伸缩结构，如电动推杆，也可以是齿轮齿条结构或丝杠滑块结构。第一移动机构 22 还包括第二滑动连接机构和第二驱动机构，示例性地，第二滑动连接机构包括第二滑块和第二滑轨，第二滑块和第一滑轨滑动连接形成直线滑台机构，并且第二滑块的滑动方向与第二方向（即左右方向）一致；第一滑轨长度方向上的两端分别与两个第一滑块相连，打磨机构 23 安装于第二滑块上。

这样设置的好处在于，无须对打磨机构 23 设置三个方向的移动驱动，就能实现相对于料块 7 在三个相互垂直的方向的运动，两个打磨机构 23 实现对料块 7 上下两端的打磨，便于快速找到打磨位置，便于局部打磨和修整。打磨机构 23 的工作范围大，适用性强，打磨的稳定性和效率高，实用性强。

如图 5-63 所示，在该发明的实施例中，打磨机构 23 还包括第一安装座 231、第一主轴 232 和第一驱动件 234。第一安装座 231 设置于第一移动机构 22 上，第一主轴 232 与第一安装座 231 转动连接，第一驱动件 234 与第一主轴 232 驱动连接，盘状磨头 233 与第一主轴 232 且远离第一安装座 231 的一端可拆卸连接。具体地，第一安装座 231 与第二滑块一体连接或可拆卸连接，第一移动机构 22 带动第一安装座 231 运动。如图 5-64 所示，示例性地，盘状磨头 233 包括磨盘 2331、第二主轴 2332 和连接端头 2333，连接端头 2333 与第一主轴 232 为可拆卸连接，如采用螺纹连接、卡接、键连接。另外，磨盘 2331 可以是钢丝圆盘、砂轮圆盘等。由此可以根据实际打磨需要（如根据料块 7 的材料和精度需求）更换盘状磨头 233，从而针对不同的打磨需要快速高效地实现料块 7 的打磨，结构简单，实用性强。

如图 5-64 所示，在本实施例中，还包括中空吸尘罩 235 和吸尘驱动装置，中空吸尘罩 235 环绕盘状磨头 233 的周向设置，中空吸尘罩 235 与盘状磨头 233 连接。

示例性地，中空吸尘罩 235 与连接端头 2333 连接，并且连接端头 2333 上设置有与中空吸尘罩 235 相连通的通孔（图中未示出），该通孔与吸尘驱动装置相连通。例如，第一主轴

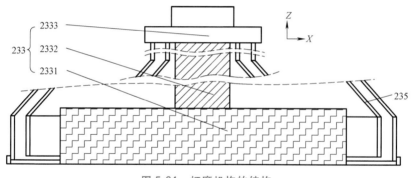

图 5-64 打磨机构的结构

232 为空心轴，空心轴的一端与该通孔连通，空心轴的另一端与吸尘驱动装置相连，该通孔可以是环形孔，不会影响空心轴的转动，或者该通孔通过连接管与吸尘驱动装置相连。

这样设置的好处在于，通过中空吸尘罩 235 将盘状磨头 233 打磨后的粉尘吸除，避免大量粉尘沉积在磨削位置，在便于局部打磨的同时，避免对整个料块 7 造成粉尘污染，减少二次污染与环境污染，降低了后续的清洁工作难度和强度，提高了生产率，在一定程度上能够降低二次返工打磨的工作量，并且当中空吸尘罩 235 与盘状磨头 233 连接时，能够快速整体更换盘状磨头 233 和中空吸尘罩 235，便于针对不同材质的料块 7 更换盘状磨头 233 和中空吸尘罩 235，便于打磨装置的维修维护，结构简单，实用性强。

如图 5-65 所示，在本实施例中，中空吸尘罩 235 包括吸尘罩本体 2351 和与吸尘罩本体 2351 连接的挡尘结构 2352，挡尘结构 2352 间隔盘状磨头 233 上远离第一主轴 232 的端面第一预设距离设置，吸尘罩本体 2351 间隔盘状磨头 233 上远离第一主轴 232 的端面第二预设距离设置，第二预设距离大于第一预设距离，挡尘结构 2352 上设置有用于进风的进风口结构 2354。也就是说，磨盘 2331 的下端面低于挡尘结构 2352 的下端面，挡尘结构 2352 的下端面，低于吸尘罩本体 2351 的下端。挡尘结构 2352 适于相对于吸尘罩本体 2351 沿第一主轴 232 的轴线方向运动，并且挡尘结构 2352 相对于吸尘罩本体 2351 的位置适于保持锁定。

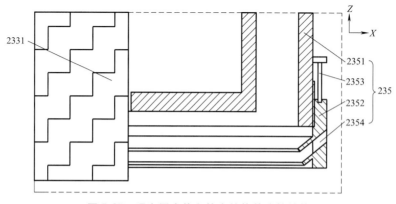

图 5-65 吸尘罩本体和挡尘结构的连接结构

示例性地，挡尘结构 2352 与吸尘罩本体 2351 固定连接，挡尘结构 2352 包括进风口结构 2354，进风口结构 2354 包括进风口本体和挡尘板，挡尘板倾斜设置于挡尘结构 2352 的内侧，避免磨削产生的碎屑从进风口结构 2354 跑出中空吸尘罩 235。挡尘结构 2352 的设置，能够在一定程度上降低中空吸尘罩 235 与料块 7 的待磨削面之间的距离，在一定程度上能够避免盘状磨头 233 磨削产生的碎屑从中空吸尘罩 235 与料块 7 之间的间隙跑出中空吸尘罩 235，避免了二次污染的产生，并且其进风口相对较小，风力强。

示例性地，中空吸尘罩 235 还包第一驱动组件 2353，第一驱动组件 2353 与挡尘结构 2352 驱动连接，适于驱动挡尘结构 2352 沿第一主轴 232 的轴线方向运动。例如，第一驱动组件 2353 为电动推杆结构或齿轮齿条结构，此时挡尘结构 2352 与吸尘罩本体 2351 可以沿第一主轴 232 的轴线方向滑动连接，此处不再详细说明。

这样设置的好处在于，能够根据实际的需要调整第一预设距离的值，从而取得较好地吸尘效果，并且当第一预设距离足够大时，盘状磨头 233 还能够用于打磨与料块 7 的端面相邻的侧面打磨区，焊接时相邻料块 7 的接触面及其接触面的边缘均能够得到打磨，避免氧化膜或其他杂质对焊接的影响，其结构简单，实用性强。

如图 5-63 所示，在该发明的实施例中，还包括第一检测装置 25。第一检测装置 25 包括第一位置传感器 251 和/或第一摄像头 252，第一位置传感器 251 适于检测料块 7 的位置，第一摄像头 252 适于拍摄料块 7 的影像。

具体地，第一检测装置 25 设置于第一移动机构 22 上或第一安装架 21 上，它还包括相应的安装支架。第一位置传感器 251 和第一摄像头 252 可以采用红外模式，无须照明也能使用，此处不再详细说明。

另外，还包括控制器，控制器分别与第一移动机构 22、打磨机构 23、第一检测装置 25 通信连接。这样设置的好处在于，通过第一位置传感器 251 能够检测料块 7 是否到达打磨位置，通过第一摄像头 252 能够实时监控打磨情况，便于及时发现异常和处理异常。

如图 5-66～图 5-68 所示，清洗装置 3 包括第二安装架 31、两个第二移动机构 32 和两个清洗机构 33。两个清洗机构 33 沿第三方向相对设置，适于分别对两个端面结构 72 进行清洗；两个第二移动机构 32 均安装于第二安装架 31 上，每个第二移动机构 32 适于带动一个清洗机构 33 运动。与打磨装置 2 的结构类似，第二安装架 31 包括沿左右方向（即图 5-57 中的 X 轴方向）相对设置的第三立柱组 311 和第四立柱组 312，此处不再详细说明。

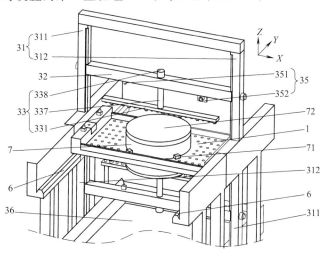

图 5-66　清洗装置的结构

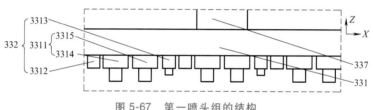

图 5-67　第一喷头组的结构

这样设置的好处在于，两个清洗机构 33 分别从两端对料块 7 进行清洗，无须进行翻面再清洗，可以根据实际清洗需要调整清洗机构 33 的位置，能够针对不同规格或材料的料块 7 选择不同的清洗位置，效果好，效率高。

具体地，第二移动机构 32 适于带动清洗机构 33 沿第二方向和第三方向运动。类似于第一移动机构 22，第二移动机构 32 包括第三滑动连接机构、第三驱动机构、四滑动连接机构和第四驱动机构。第三滑动连接机构包括设置于第三立柱组

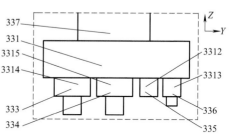

图 5-68　第二喷头组、第三喷头组、
第四喷头组和第一检测组依
次分布的结构

311 和第四立柱组 312 上的第三滑轨和与第三滑轨滑动连接的第三滑块；第三驱动机构与第三滑块驱动连接；第四滑动连接机构包括第四滑块和第四滑轨，第四滑轨与第三滑块固定连接，第四滑块和第三滑轨滑动连接形成直线滑台机构。清洗机构 33 安装于第四滑块上，此处不再具体说明。

这样设置的好处在于，无须对清洗机构 33 设置三个方向的移动驱动就能够实现相对于料块 7 在三个相互垂直的方向的运动，从而两个清洗机构 33 实现对料块 7 的清洗，清洗装置 3 的清洗效果和清洗效率高，实用性强。

如图 5-67 和图 5-68 所示，清洗机构 33 包括清洗头 331，清洗头 331 上设置有清洗喷头 3311，清洗喷头 3311 包括第一清洗喷头 3314 和第二清洗喷头 3315，第一清洗喷头 3314 适于喷射回收清洗液，第二清洗喷头 3315 适于喷射新清洗液。

示例性地，如图 5-67 所示，第一清洗喷头 3314 与输送回收利用的清洗液管路连通，第二清洗喷头 3315 与输送新清洗液的管路连通。这里，清洗液可以是无水乙醇、丙酮等有机溶剂和/或水等溶液，用于去除料块表面的油污等脏污。清洗液回收装置 36 设置于两个清洗机构 33 的下方，适于承接并回收清洗液，泵用于驱动清洗液回收装置 36 中的清洗液流入第一清洗喷头 3314，泵的出液口与第一清洗喷头 3314 相连，泵与第一清洗喷头 3314 之间还可以设置其他加压装置，以增强第一清洗喷头 3314 喷射回收清洗液的压力。

这样设置的好处在于，能够首先通过第一清洗喷头 3314 利用回收利用的清洗液对料块 7 进行清洗，然后再通过第二清洗喷头 3315 采用新清洗液对料块 7 进行清洗，在一定程度上降低了新清洗液的使用量，降低了成本，结构简单，实用性强。

如图 5-68 所示，在本实施例中，清洗头 331 上还设置有干燥喷头 3312 和检测头 3313，干燥喷头 3312 适于喷射干燥风，检测头 3313 适于对料块 7 进行检测。检测头 3313 包括清洁度检测仪、超声检测仪和表面渗透检测仪中的至少一种。示例地，干燥喷头 3312 与鼓风机（图中未示出）连接，二者之间可以设置干燥过滤装置和加热装置。干燥喷头 3312 喷射

的干燥风的温度为 15～60℃，如 30～40℃，能够快速将料块 7 表面的液体干燥，并且避免料块 7 的表面产生氧化层。清洁度检测仪能够检测料块 7 表面的清洁度，示例性地，当清洁度检测仪检测到的清洁度小于等于 150，或者小于等于 120，或者小于等于 100 为合格，可以进行下一步操作，否则需要再次处理。这便于快速通过检测头 3313 检测料块 7 是否合格，避免了另设检测工站，结构简单，实用性强。

如图 5-67 所示，在一些实施例中，至少一个清洗喷头 3311、至少一个干燥喷头 3312 和至少一个检测头 3313 形成第一喷头组 332，多个第一喷头组 332 则沿第二方向等距分布。

如图 5-67 所示，示例性地，每个第一喷头组 332 包括沿第二方向（即图中的 X 轴方向）依次分布的一个干燥喷头 3312、一个第一清洗喷头 3314、一个第二清洗喷头 3315 和一个检测头 3313。这样，多个第一喷头组 332 沿第二方向等距分布，使清洗头 331 能够沿第二方向覆盖较大的范围，并且喷头之间、喷头和检测头之间的结构较为紧凑，同时每个相同种类的喷头或检测头所覆盖的范围基本一致，有助于提高清洗干燥效果，获得可靠地检测数据。

如图 5-68 所示，在另外一些实施方式中，多个第一清洗喷头 3314 沿第二方向等距分布形成第二喷头组 333，多个第二清洗喷头 3315 沿第二方向等距分布形成第三喷头组 334，多个干燥喷头 3312 沿第二方向等距分布形成第四喷头组 335，多个检测头 3313 沿第二方向等距分布形成第一检测头组 336，第二喷头组 333、第三喷头组 334、第四喷头组 335 和第一检测头组 336 沿前后方向依次分布。

这样设置的好处在于，各喷头和检测头单独成组，互不干扰，并且便于对各喷头和检测头进行装配和控制，结构简单，实用性强；同时，当料块 7 和清洗头 331 沿前后方向相对移动时，第二喷头组 333 喷射回收清洗液进行一次清洗，第三喷头组 334 喷射新清洗液进行二次清洗，第四喷头组 335 喷射干燥风进行干燥，第一检测头组 336 再对干燥后的区域进行检测。

如图 5-67 所示，在本实施例中，清洗机构 33 还包括第二安装座 338 和空心轴 337，第二安装座 338 设置于第二移动机构 32 上，空心轴 337 的一端与第二安装座 338 连接，空心轴 337 的另一端与清洗头 331 连接，空心轴 337 内设置有多个管路。多个管路包括与清洗喷头 3311 连接的清洗液管路、与干燥喷头 3312 连通的干燥风管路，并且检测头 3313 的线路也从空心轴 337 内通过。具体地，第二安装座 338 与第四滑块一体连接或可拆卸连接，第二移动机构 32 带动第二安装座 338 运动。

如图 5-66 所示，在本实施例中，清洗装置 3 还包括第二检测装置 35，第二检测装置 35 包括第二位置传感器 351 和/或第二摄像头 352，第二位置传感器 351 适于检测料块 7 的位置（清洗位置），第二摄像头 352 适于拍摄料块 7 的影像。相似地，控制器分别与第二移动机构 32、清洗机构 33、第二检测装置 35 通信连接。

这样设置的好处在于，通过第二位置传感器 351 能够检测料块是否到达清洗位置，通过第二摄像头 352 能够实时监控清洗情况。

如图 5-57、图 5-69～图 5-71 所示，在该发明的实施例中，当第三方向与上下方向一致时，升降式堆垛装置包括位于第一导轨 6 下方的托盘小车 51 和用于放置托盘小车 51 的载板 52；组坯装置还包括第二导轨 8，当载板 52 与第二导轨 8 齐平时，托盘小车 51 适于由第二导轨 8 进入或脱离载板 52。

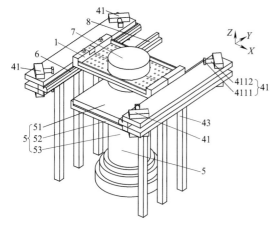

图 5-69　组坯装置的结构

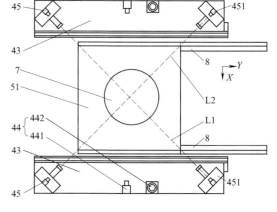

图 5-70　组坯装置的另一结构

需要说明的是，第二导轨 8 适于与组坯装置的后续工站连接。示例性地，托盘小车 51 将组装好的料块沿第二导轨 8 转运至真空焊接室进行后续焊接，此时托盘小车 51 由第二导轨 8 脱离载板 52。示例性地，空载托盘小车 51 经过第二导轨 8 从真空焊接室转运进入载板 52。

升降式堆垛装置还包括升降装置 53，升降装置 53 与载板 52 相连，适于实现载板 52 的升降。升降装置 53 可以采用电动或液压等方式实现升降，也可以是多级升降装置，此处不再详细说明。

这样设置的好处在于，料块 7 通过运料小车 1 运输至升降式堆垛装置 5 的升降装置 53 的上方，升降装置 53 带动托盘小车 51 运动并从下方对料块 7 进行支撑，实现单个料块 7 的堆垛。每实现一个料块 7 的堆垛，升降装置 53 的运动带动托盘小车 51 下移一次，每个料块 7 由第一导轨 6 运输至相同位置即可。堆垛完成后，升降装置 53 的运动使载板 52 与第二导轨 8 齐平，载有料块 7 的托盘小车 51 由第二导轨 8 脱离载板 52 进入后一工站，堆垛效率高，并且无须采用吊装工具，安全性高，实用性强。

如图 5-57 和图 5-70 所示，第一导轨 6 和第二导轨 8 均沿前后方向延伸设置，第二导轨 8 位于第一导轨 6 的下方。示例性地，两个第一导轨 6 关于升降式堆垛装置沿左右方向的中心对称设置，两个第二导轨 8 关于升降式堆垛装置沿左右方向的中心对称设置。第二导轨 8 位于第一导轨 6 的斜下方，较佳地，两个第二导轨 8 之间的距离小于两个第一导轨 6 之间的距离，便于第二导轨 8 的安装。需要说明的是，两个第二导轨 8 可以是整体式结构（如整体为板状结构，用于托盘小车 51 的行走），也可以是分体式结构，第二导轨 8 应理解为对托盘小车 51 起承载作用的部分。

这样设置的好处在于，第一导轨 6 和第二导轨 8 的方向一致，便于第三安装架 43 的设置，无须另外设置避位托盘小车 51 及其上料块 7 的结构，并且第二导轨 8 位于第一导轨 6 下方，能够在一定程度上降低载有料块 7 的托盘小车 51 的高度，提高料块 7 运输的安全性。另外，还在一定程度上避免了第二导轨 8 和第一导轨 6 相互干扰的情形，可靠性高，实用性强。

如图 5-71 和图 5-72 所示，载板 52 包括载板本体 521 和凹槽结构 522，凹槽结构 522 设

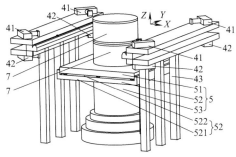

图 5-71　组坯装置堆垛的结构

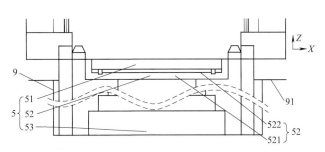

图 5-72　升降装置安装于地坑结构内的结构

置于载板本体 521 的上方，沿第二导轨 8 的长度方向布置；靠近第二导轨 8 的凹槽结构 522 一端的侧壁设置为开口结构，托盘小车 51 至少部分容置于凹槽结构 522 内，开口结构适于托盘小车 51 进入或脱离凹槽结构 522。具体地，凹槽结构 522 可以设置为阶梯凹槽结构，其中位于下方的凹槽可用于实现托盘小车 51 运输的导向，位于上方的凹槽可以在一定程度上限制托盘小车 51 在载板 52 的上位置窜动；载板 52 和托盘小车 51 之间还可以设置锁紧结构，如电控锁紧结构，以实现相对位置的锁定和解锁，此处不再详细说明。

如图 5-57 和图 5-69 所示，组坯装置还包括至少两个对中机构 41，所有对中机构 41 均设置于托盘小车 51 的上方，适于实现料块 7 在托盘小车 51 上的位置定位。在堆垛时，通过对中机构 41 能够实现料块 7 在托盘小车 51 上的位置定位，多个料块 7 堆垛的对中性好。

如图 5-57、图 5-69 和图 5-71 所示，具体地，包括四个对中机构 41，其中两个对中机构 41 设置于托盘小车 51 的左侧，另外两个对中机构 41 设置于托盘小车 51 的右侧，每个对中机构 41 均适于沿与左右方向相倾斜且与前后方向相倾斜的方向推动料块 7，以实现料块 7 在托盘小车 51 上的位置定位。

如图 5-71 所示，具体地，每个对中机构 41 推动料块 7 运动的力具有左右方向（即图中的 X 轴方向）和前后方向（即图中的 Y 轴方向）上的分力，在一定程度上避免了在料块 7 的前后左右四个方向上分别设置料块 7 可能造成的对料块 7 运输的阻碍。

如图 5-69 所示，在本实施例中，对中机构 41 包括用于与料块 7 接触的推板结构 4111 和与推板结构 4111 连接并用于推动推板结构 4111 运动的直线运动机构 4112。直线运动机构 4112 可以是滚珠丝杠直线运动机构、齿轮齿条直线运动机构、同步带直线运动机构、电动推杆、气缸和液压缸中的任意一种，其推动行程可调或者说可控。

如图 5-70 所示，其中一个位于料块 7 左侧的对中机构 41 和一个位于料块 7 右侧的对中机构 41 均沿第四直线方向 L1 推动料块 7，第四直线方向 L1 相对于左右方向（即图中的 X 轴方向）倾斜设置且相对于前后方向倾斜设置。当该两个对中机构 41 分别沿第四直线方向 L1 向料块 7 施加相同的推动力时，料块 7 在左右方向上的位移一致，而且在前后方向上的位移也一致，便于实现料块 7 的位置控制。

相似地，另一个位于料块 7 左侧的对中机构 41 和另一个位于料块 7 右侧的对中机构 41 均沿第五直线方向 L2 推动料块 7，第五直线方向 L2 相对于左右方向倾斜设置且相对于前后方向倾斜设置，此处不再详细说明。

如图 5-70 所示，在本实施例中，第四直线方向 L1 与左右方向的夹角和第五直线方向 L2

与左右方向的夹角相等，并且第四直线方向 L1 与第五直线方向 L2 呈 90°夹角设置。

这样设置的好处在于，当每个对中机构 41 推动料块 7 运动时，对中机构 41 的行程与对应料块 7 在左右方向和前后方向上的位移一致，每个对中机构 41 推动料块 7 运动的模式一致，利于简化每个对中机构 41 对料块 7 的位置调整过程，便于对每个对中机构 41 的控制。

如图 5-70 所示，在本发明的实施例中，还包括第四检测装置 45 和控制器，第四检测装置 45 设置于对中机构 41 上，包括第四位置传感器 451。第四位置传感器 451（如红外传感器）适于检测料块 7 与对中机构 41 之间的距离，控制器分别与对中机构 41 和第四检测装置 45 通信连接。

这样设置的好处在于，当对中机构 41 动作时，能够实时检测料块 7 与对中机构 41 之间的距离，从而根据检测数据调整四个对中机构 41 的动作控制，快速实现料块 7 的对中，并在一定程度上避免其中部分对中机构 41 的行程过大导致料块 7 偏离目标位置。

如图 5-71 所示，在上述实施例中，组坯装置还包括锁紧机构 42。至少两个锁紧机构 42 设置于料块 7 的左右两侧，所有锁紧机构 42 均设置于托盘小车 51 的上方，至少两个锁紧机构 42 配合作用，以实现所有料块 7 中与位于最上方的料块 7 相邻的料块 7 的位置锁定。

示例性地，如图 5-71 所示，当组坯装置包括对中机构 41 时，对中机构 41 和锁紧机构 42 均安装在第三安装架 43 上，对中机构 41 位于锁紧机构 42 的上方。当第一个料块 7 放置于升降式堆垛装置 5 上时，通过升降装置 53 使第一个料块 7 在上下方向的位置与中机构 41 的位置相对应，通过四个对中机构 41 实现第一个料块 7 在托盘小车 51 上的位置对中；通过升降装置使第一个料块 7 在上下方向的位置移动至便于承载第一导轨 6 运输过来的第二料块 7，此时第一个料块 7 在上下方向的位置与锁紧机构 42 的位置相对应，通过锁紧机构 42 锁定第一个料块 7 的位置，然后通过对中机构 41 能够实现第二个料块 7 在第一个料块 7 上的位置对中（例如，对中机构 41 在第二个料块 7 与第一个料块 7 的接触处分别与第二个料块 7 与第一个料块 7 挤压），后续其他料块 7 的对中情况与此类似，从而实现多个料块 7 的对中，此处不再详细说明。示例性地，锁紧机构 42 的结构与对中机构 41 的结构相同，数量也相同。在一些实施方式中，锁紧机构 42 锁定其中一个料块 7 时与料块 7 接触的位置，与对中机构 41 与该料块 7 接触定位该料块 7 时的位置相同。这样，控制器控制锁紧机构 42 和对中机构 41 的方式一致，并且对中机构 41 的控制参数能够用于控制锁紧机构 42，使用简单，实用性强。

如图 5-70 所示，在该发明的实施例中，组坯装置还包括第三检测装置 44，对中机构 41 和第三检测装置 44 均安装于第三安装架 43 上。第三检测装置 44 包括第三位置传感器 441 和/或第三摄像头 442。第三位置传感器 441 适于检测料块 7 的位置，第三摄像头 442 适于拍摄料块 7 的影像，控制器分别与对中机构 41 和第三检测装置 44 通信连接。

在该发明的实施例中，还包括外罩（图中未示出），打磨装置 2、清洗装置 3，组坯装置分别通过一个外罩隔离，外罩上开设有用于料块 7 通过的隔离门结构 93。这样就避免了各处理工站内外环境的干扰，结构简单，安全性高。

如图 5-72 所示，在该发明的实施例中，还包括地坑结构 9，第二导轨 8 与地面 91 平齐或高于地面 91，升降装置 53 安装于地坑结构 9 内。也就是说，地坑结构 9 位于地下。在使用时，载有料块 7 的托盘小车 51 从地面或高于地面的位置运输。

示例性地，地坑结构 9 的整体长度为 3~10m（长度方向与 Y 轴方向一致），如 5~8m，

6m；宽度为 3~10m（宽度方向与 X 轴方向一致），如 5~8m，6m；高度为 6~15m（高度方向与 Z 轴方向一致），如 8~14m，10m、12m。升降装置 53 可承载重量大于等于 100t，如大于等于 140t、大于等于 180t、大于等于 200t，以满足不同规格产品的生产需要。

此时，外罩在地面 91 上部形成一个箱体，该箱体的长度为 3~8m（长度方向与 Y 轴方向一致），如 4~6m，5m；宽度为 3~8m（宽度方向与 X 轴方向一致），如 4~6m，5m；高度为 6~15m（高度方向与 Z 轴方向一致），如 8~14m，10m。

这样设置的好处在于，地坑结构 9 能够在一定程度上降低整个组坯装置在地表的高度，其安全性高，实用性强，并且第二导轨 8 与地面 91 平齐或高于地面 91，便于载有料块 7 的托盘小车 51 的运动，其可靠性和稳定性高，实用性强。

该发明的另一实施例是提供了一种金属增材制坯处理系统方法，用于上述的金属增材制坯处理系统，该方法具体包括：

1）当运料小车 1 运动至上料位置时，运料小车 1 装载料块 7。

2）当载有料块 7 的运料小车 1 运动至打磨位置时，打磨装置 2 对料块 7 进行打磨作业。

3）当载有打磨完成后的料块 7 的运料小车 1 运动至清洗位置时，清洗装置 3 对料块 7 进行清洗作业。

4）当载有清洗后的料块 7 的运料小车 1 运动至卸料位置时，运料小车 1 卸料，组坯装置的堆垛装置 5 对料块 7 进行堆垛。

具体地，控制器获取控制系统的检测数据（如各检测装置的数据和运料小车的位置信息等），并根据检测数据对各装置进行控制，此处不再详细说明。

这样设置的好处在于，能够实现大尺寸重量的关键零部件的增材制坯制造，提高增材制坯的处理效率在一定程度上提高处理效果，此处不再详细说明。

虽然本公开披露如上，但本公开的保护范围并非仅限于此。本领域技术人员，在不脱离本公开的精神和范围的前提下，可进行各种变动与修改，这些变动与修改均将进入该发明的保护范围。

第6章

复合界面的愈合

6.1 液-固复合界面愈合

6.1.1 合金钢大气浇铸复合

6.1.1.1 大气浇铸复合坯料界面宏观形貌

为检验液-固复合铸造试验结果，对钢锭进行解剖分析前要预先进行均质化热处理。将复合钢锭在加热炉内恒温 1200℃、保持 20h 并随炉冷却至室温，随后按照解剖方案进行解剖分析，具体解剖位置见图 4-13。

大气浇铸复合后对复合钢锭的不同位置进行横向解剖（见图 6-1），图 6-1 中上方的三个圆片试料分别对应图 4-13 中的片 1、片 2、片 3 位置，图 6-1 中下方的三个圆形试料分别对应圆片试料取料后的余料。从图 6-1 中可以看出，无论是热段芯棒还是冷段芯棒处，复合效果均不理想，芯棒与包覆层明显出现分层，从分层中可以直接观察到存在氧化形貌；同时，在包覆层中存在大量气孔，主要是因为在大气下浇注，无任何保护措施造成的；从宏观上观察各盘片位置，仅有局部存在疑似粘连复合的形貌。

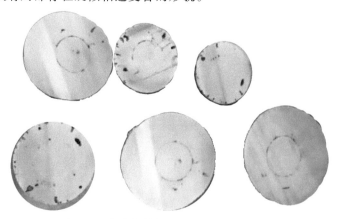

图 6-1　复合钢锭解剖后各位置复合形貌

取各处金相试样进行观察，结合界面形貌如图 6-2 所示。两层金属在加工过程中就直接分开，用乙醇对金相试样进行良好清洗后观察，其同一位置包覆层与芯棒分开后的两侧试样的结合面都存在大量的黑色氧化皮，从而造成包覆层与芯棒无法结合。

a)   b)

图 6-2   金相试样结合界面形貌

a）加工后状态   b）清洗后试样形貌

6.1.1.2　大气浇铸复合坯料界面微观形貌

利用 SEM 对大气浇铸复合坯料不同位置的界面微观形貌进行观察，如图 6-3 所示。

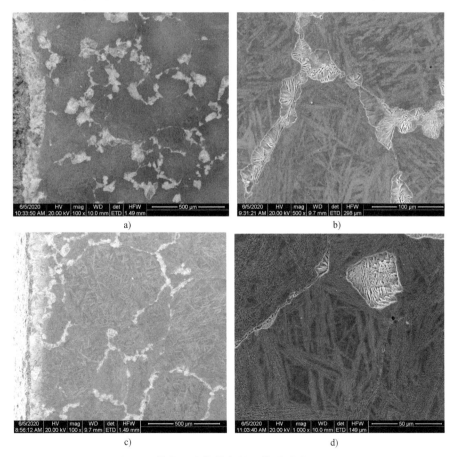

a)   b)

c)   d)

图 6-3   热段、冷段结合界面微观形貌（SEM）

a）位置 1   b）位置 1 形貌放大图   c）位置 2   d）位置 2 形貌放大图

6.1.1.3 大气浇铸复合坯料界面氧化物分析

为便于进一步了解界面未能复合的本质，分别对热段、冷段处试样的结合界面进行了扫描及能谱分析。

热段结合界面形貌（SEM）与氧化物 EDS 成分分析如图 6-4 所示。

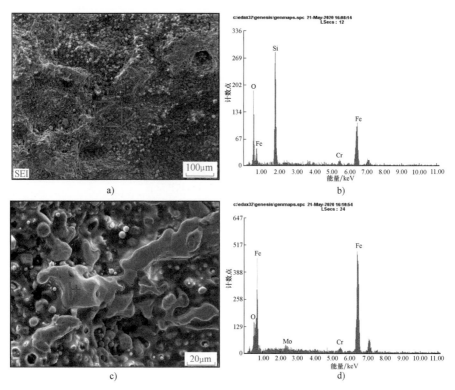

图 6-4　热段结合界面形貌（SEM）与氧化物 EDS 成分分析

a）位置 1（SEM）　b）位置 1 氧化物 EDS 成分分析　c）位置 2（SEM）　d）位置 2 氧化物 EDS 成分分析

经 SEM 与 EDS 分析可以看出，在芯棒加热段的复合处结合界面氧化严重，主要分布的杂质为氧化皮和包裹芯棒用玻璃布的残余。

冷段结合界面形貌（SEM）与氧化物 EDS 成分分析如图 6-5 所示。

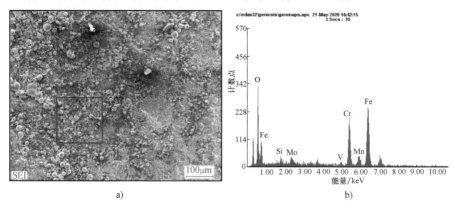

图 6-5　冷段结合界面形貌（SEM）与氧化物 EDS 成分分析

a）位置 1（SEM）　b）位置 1 氧化物 EDS 成分分析

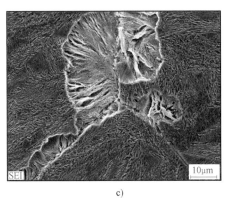

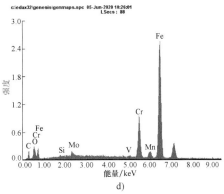

c)

d)

图 6-5　冷段结合界面形貌（SEM）与氧化物 EDS 成分分析（续）
c）位置 2（SEM）　d）位置 2 氧化物 EDS 成分分析

经 SEM 和 EDS 分析可以看出，在芯棒冷段的复合处，结合界面氧化严重，主要分布的杂质为氧化皮和高铬夹杂物。

6.1.1.4　大气浇铸复合坯料径向变形后分析

将冷段复合钢锭端头进行密封焊接，随后送入加热炉加热后锻造，选取两个位置进行解剖，从图 6-6 可以看出，两个位置的盘片芯棒仍与包覆层存在明显分层。

图 6-7 所示为两处界面宏观形貌（SEM）；图 6-8 所示为两处界面微观形貌（SEM）；图 6-9 所示为两处界面氧化物形貌（SEM）及 EDS 成分分析结果。

图 6-6　冷段结合界面纵剖面形貌

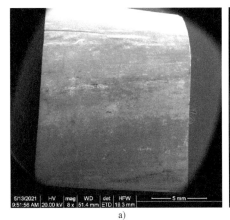

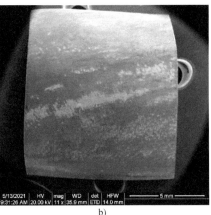

a)

b)

图 6-7　两处界面宏观形貌（SEM）
a）位置 1　b）位置 2

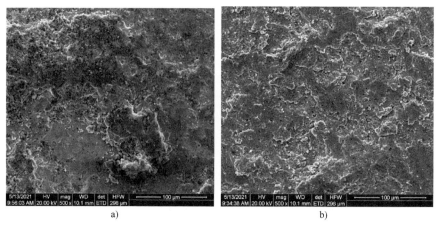

a)   b)

图 6-8　两处界面微观形貌（SEM）

a）位置 1　　b）位置 2

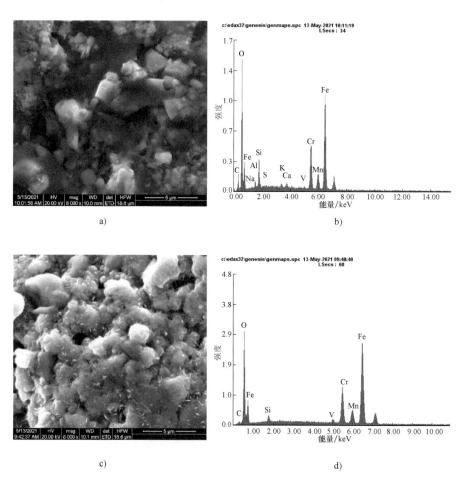

a)   b)

c)   d)

图 6-9　两处界面氧化物形貌（SEM）及 EDS 成分分析结果

a）位置 1 氧化物（SEM）　b）位置 1 氧化物 EDS 成分分析

c）位置 2 氧化物（SEM）　d）位置 2 氧化物 EDS 成分分析

6.1.2 合金钢真空浇铸复合

为保障此次坯料浇注及后续芯棒坯料结合界面一直处于真空下，在前期设计试验时，给定的试验条件是，将表面加工良好并经清洁处理后的芯棒提前放置在真空室中，以实现真空浇铸，同时坯料经后续均质化热处理后切除部分冒口（勿切到芯棒位置）并直接进行特殊锻造复合，详细过程见第4章。

6.1.2.1 变形后界面宏观形貌

将坯料按照试验设计，即图4-26所示的3#50B、3#50Z、3# 80Z 三个位置进行解剖。不同结合位置盘片的宏观形貌如图 6-10 所示。从图 6-10 中可以看出，所有位置变形后的宏观形貌均无法观察到结合界面。从宏观上来看，与大气下浇铸复合相比，该方法的结合效果明显提高。

图 6-10 不同结合位置盘片的宏观形貌

6.1.2.2 变形后界面微观形貌

1. 界面氧化物形貌

为保障可以准确切到含有芯棒的界面位置，分别选取 3#50Z、3#80Z 试样进行分析，液-固浇铸复合+锻造变形后的试样界面附近的氧化物形貌如图 6-11 和图 6-12 所示。界面上断续分布着小颗粒状（直径 1~3μm）的氧化物，零散分布着颗粒较大（直径约 15μm）的氧化物。从图 6-11 和图 6-12 可以看出，第一，经真空浇铸复合+锻造变形后的界面仍然存在一定量的界面氧化物，受实验室浇注设备能力的影响，真空度的效果不理想，同时将芯棒提前放入钢锭模中，由于浇注设备具有连通效应，即冶炼工位对浇注工位有一定的热传导，因此间接地促进了芯棒坯料表面的氧化；第二，浇注钢液与芯棒的比重不大，浇注钢液的温度不足以熔解芯棒表面的氧化层；第三，两个位置的氧化物均呈零星状分布，后续的锻造变形对氧化物变形起到一定的作用，加上 3#50Z 比 3#80Z 压下量大，因此 3#50Z 氧化物尺寸相较

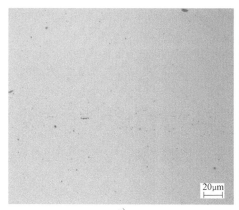

a)

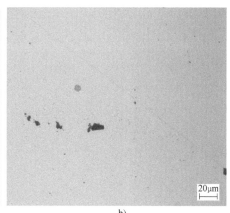

b)

图 6-11 3#50Z 试样界面附近的氧化物形貌
a）位置 1 b）位置 2

3#80Z 小。由此可见，加大压下量对氧化物的破碎有一定的促进作用。

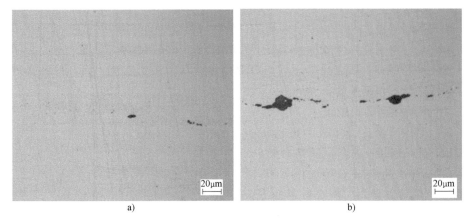

图 6-12　3#80Z 试样界面附近的氧化物形貌

a）位置 1　b）位置 2

2. 界面处微观组织

3#50Z、3#80Z 试样界面附近的微观组织形貌如图 6-13 和图 6-14 所示，其中红色箭头所指为结合界面位置。界面两侧的微观组织相近，同时界面上分布着颗粒状的氧化物。

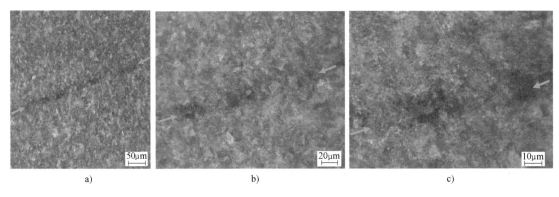

图 6-13　3#50Z 试样界面附近的微观组织

a）界面 200×　b）界面 500×　c）界面 1000×

图 6-14　3#80Z 试样界面附近的微观组织

a）界面 200×　b）界面 500×　c）界面 1000×

6.1.2.3 变形后界面氧化物分析

界面氧化物成分分析结果如图 6-15 所示。EDS 分析结果显示，界面氧化物为富含 Al、Si、Ca 元素的夹杂，少部分氧化物还富含 Mg 元素。另外，还有少量的纯 Al 的大颗粒氧化物。

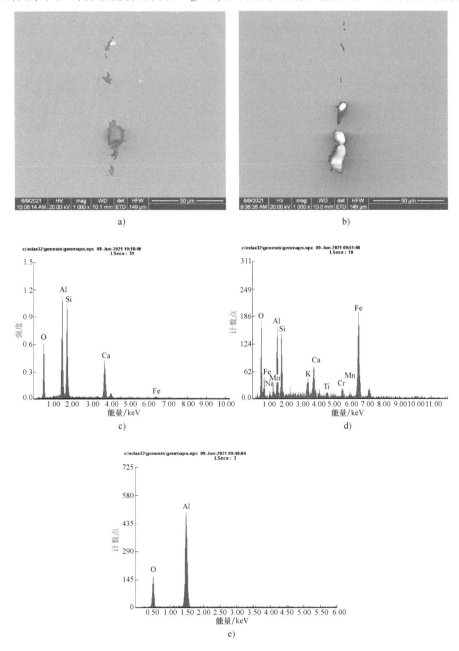

图 6-15 界面氧化物成分分析结果

a）位置 1 氧化物（SEM） b）位置 2 氧化物（SEM） c）位置 1 氧化物 EDS 成分分析
d）位置 2 氧化物 EDS 成分分析 e）大颗粒氧化物 EDS 成分分析

界面附近元素分析结果显示，各元素（C、Si、Mn、Mo、Cr）在界面附近的含量没有明显的区别，如图 6-16 和图 6-17 所示。

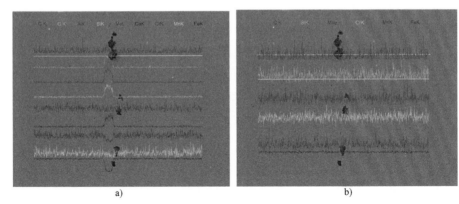

图 6-16 3#50Z 试样界面附近元素分布

a）界面氧化物处线扫描 b）界面无氧化物处线扫描

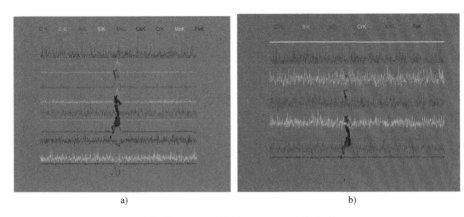

图 6-17 3#80Z 试样界面附近元素分布

a）界面氧化物处线扫描 b）界面无氧化物处线扫描

图 6-18 所示为试样结合界面附近的硬度测试，图 6-19 所示为测试结果。从图 6-19 可以看出，界面附近的硬度没有明显的变化。

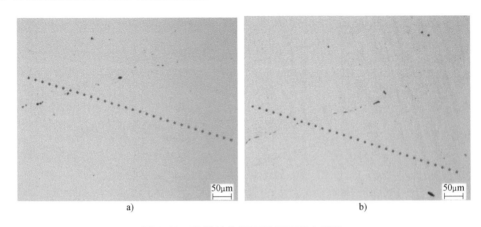

图 6-18 试样结合界面附近的硬度测试

a）3#50Z b）3#80Z

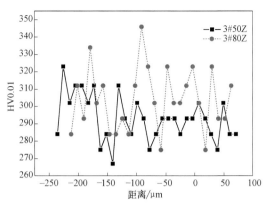

图 6-19　界面附近硬度（HV0.01）测试结果

综上所述，界面两侧的微观组织相近，界面附近各元素（C、Si、Mn、Mo、Cr）的含量没有明显的区别，硬度（HV0.01）没有明显的变化。

6.1.2.4　变形后坯料无损检测

根据 JB/T 4120—2017《大型锻造合金钢支承辊　技术条件》中超声检测的要求，对所有试样进行超声检测。3#50Z 和 3#80Z 试样超声检测如图 6-20 所示。

a)　　　　　　　　　　　　　　　b)　　　　　　　　　　　　　　　c)

图 6-20　3#50Z 和 3#80Z 试样超声检测

a）两组测试试样　　b）3#50Z 超声检测　　c）3#80Z 试样超声检测

经超声检测，3#50Z 和 3#80Z 试样超声检测效果良好。

6.2　固-固复合界面愈合

6.2.1　固-固复合热模拟研究

6.2.1.1　固-固复合热模拟可行性研究

1. 界面氧化及其控制

拟利用 Gleeble 试验机开展料块复合的热物理模拟，从而获得材料物性参数，同时模拟复合效果，以及研究界面氧化膜的变化。该试验通过分析 Q345R 低合金钢和 Inconel 706 镍基合金两种材质的同材质复合热压缩试验结果，对利用热压缩研究锻压复合物理模拟研究的可行性进行论证。

参考相关文献，结合 Gleeble 试验机对试样要求的限制，选择 ϕ8mm×12mm 的圆柱形试样对接压缩模拟同材质料块复合。Gleeble 热压缩复合模拟试验如图 6-21 所示。

a)   b)

图 6-21   Gleeble 热压缩复合模拟试验

a）试样对接   b）Gleeble 热压缩加热过程

Gleeble 热压缩参数见表 6-1，考虑了未变形试样的结合问题。

表 6-1   Gleeble 热压缩参数

牌号	实际相对压下量（%）	保温时间/min	应变速率/s⁻¹	温度/℃	真空度
Inconel 706	0	2	0	1150	0.16Torr
Inconel 706	35.4	5	0.01	1150	—
Q345R	0	5	0	1200	—
Q345R	22.3	5	0.01	1200	—

注：1Torr＝133.322Pa。Inconel 706 是美国高温合金牌号，目前国内还没有对应牌号。

热压缩曲线如图 6-22 所示。试验中压缩力平稳，未出现异常情况。

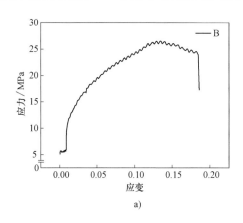
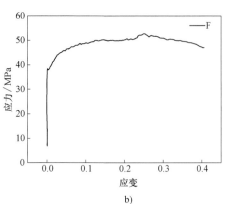

a)   b)

图 6-22   热压缩曲线

a）Q345R-30   b）Inconel 706-30

图 6-23 和图 6-24 所示分别为 Q345R 和 Inconel 706 试样结合界面的氧化情况。从图 6-23 可以看出，Q345R 复合试样边部有一定程度的氧化，这是试样边部在夹紧力下接触不紧和真空室中残余氧气反应的结果，是不可避免的。试样中部几乎看不到氧化，热压缩试验的氧化水平可以得到有效控制。在以后的分析中，主要分析内部氧化情况，保证分析结果的稳定性和可靠性。从图 6-24 可以看出，Inconel 706 复合试样边部氧化严重，试样中部也有一定程度的氧化。

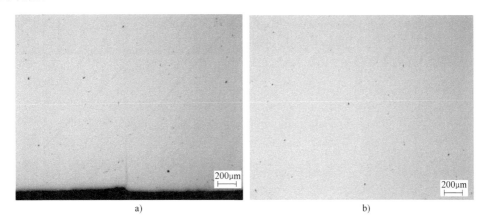

a)　　　　　　　　　　　　　　　　b)

图 6-23　Q345R 试样结合界面的氧化情况

a）试样边部　b）试样中部

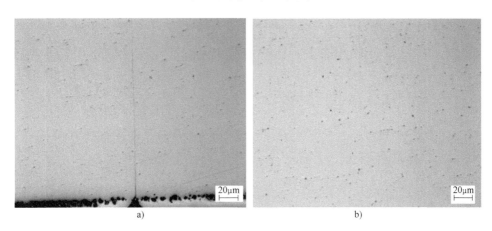

a)　　　　　　　　　　　　　　　　b)

图 6-24　Inconel 706 试样结合界面的氧化情况

a）试样边部　b）试样中部

经对 Inconel 706 试样中部变形后界面的氧化分析（见图 6-25），由于 Inconel 706 材料本身含有较高的 Al 元素，在高温下易氧化并生成氧化薄膜。在以后的试验中要注意对试样的保护，如在试样外加包套。

2. 压缩变形对界面氧化的影响

图 6-26 所示为 Inconel 706 试样中部界面氧化物整体形貌，图 6-27 所示为 Q345R 和 Inconel 706 试样边部界面氧化物整体形貌。从图 6-26 和图 6-27 可以看出，变形前氧化物在界面上呈连续分布，而变形后氧化物破碎，断续分散在界面上。试样压缩变形对氧化物的分布影响很大。后期研究可对界面氧化物进行统计分析，研究变形对氧化物分布及复合性能的影响。

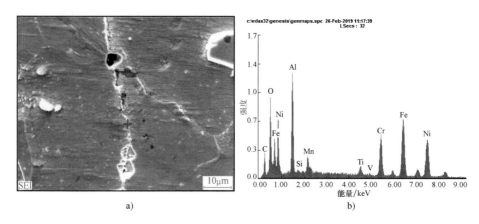

a)　　　　　　　　　　　　　　　b)

图 6-25　Inconel 706 试样中部变形后界面的氧化分析

a）结合界面（SEM）　b）界面氧化物 EDS 成分分析

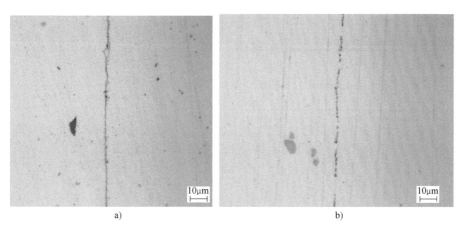

a)　　　　　　　　　　　　　　　b)

图 6-26　Inconel 706 试样中部界面氧化物整体形貌

a）变形前　b）变形后

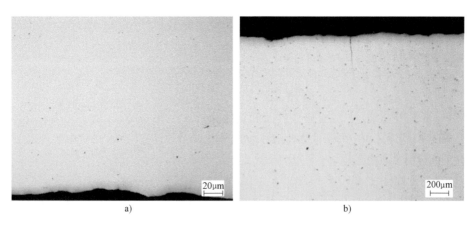

a)　　　　　　　　　　　　　　　b)

图 6-27　试样边部界面氧化物整体形貌

a）Q345R　b）Inconel 706

另外，变形后试样边部界面整体氧化程度降低。由此，也可以看出，试样压缩变形对氧化物的分布影响很大。

3. 变形对界面组织的影响

图 6-28 所示为变形前后 Q345R 试样的界面微观组织，图 6-29 所示为变形前后 Inconel 706 试样的界面微观组织。从图 6-28 和图 6-29 可以看出，Q345R 和 Inconel 706 高温压缩变形时出现不同程度的再结晶现象，组织进一步细化。同时，变形后两种材料界面附近的组织更加均匀。

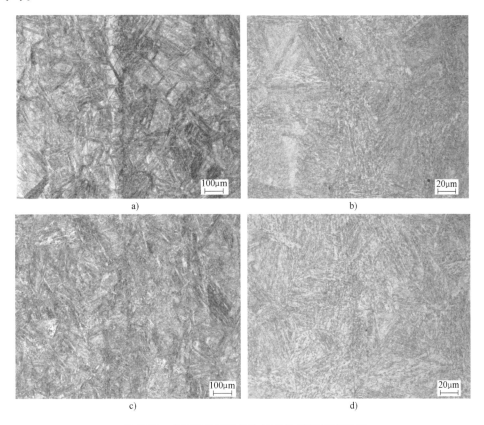

图 6-28　变形前后 Q345R 试样的界面微观组织

a）变形前的界面组织　b）变形前的界面组织放大图　c）变形后的界面组织　d）变形后的界面组织放大图

通过 Q345R 低合金钢和 Inconel 706 镍基合金两种材质的同材质复合热压缩试验结果分析表明，利用 Gleeble 试验机开展锻压复合热物理模拟工作，研究界面组织的变化具有可行性。

"固-固"复合和常规锻压中的镦粗模型相同，区别主要是复合坯料存在多个结合界面。当复合坯厚度较大时，可以忽略复合界面上的剪切力分量，在锻压复合变形区内提取一个能表征复合界面周围高温变形特征的圆柱形微元体，利用微元体所处温度、应变、应变速率等状态参数相似性，建立锻压复合物理模拟模型；试验结果显示，Gleeble3800 热模拟试验机可以保证热压缩试验在一定的真空度下进行，界面氧化可以得到较好的控制；在试验过程中，压缩力平稳，试样接触表面未发现相对移动错位；试验结果显示，压缩后界面组织和界

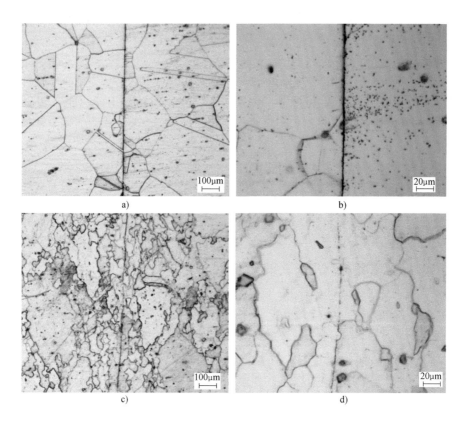

图 6-29　变形前后 Inconel 706 试样的界面微观组织

a）变形前的界面组织　b）变形前的界面组织放大图　c）变形后的界面组织　d）变形后的界面组织放大图

面氧化物的形貌都有较大的差异，可用于研究变形对界面组织和氧化的影响。

　　针对采用 Gleeble 热模拟进行模拟复合试验的研究，建议试样打磨的过程中注意不要将试件的结合平面磨歪，以免影响各个试件接触表面的平面度；要使用不同粒度（由大到小）的砂纸进行打磨，打磨过程中注意蘸水（或用水浸湿砂纸），防止打磨时表面的氧化；清洗时，先用清水清洗表面污垢，后用乙醇去除油污，最后用丙酮彻底清洗。同时，虽然热模拟试验机可以保证热压缩试验在一定的真空度下进行，低合金钢界面氧化控制得很好，但高合金钢存在氧化，因而需要注意试样的保护。例如，增加外隔离层，控制热压缩时的氧化；进行压缩试验时，先对试验舱进行一次抽真空，随后通入保护气体，待保护气体充满试验舱时，再一次进行抽真空的操作，由此可以基本保证试验在真空环境下进行。另外，在以后的分析中，主要分析内部氧化情况，保证分析结果的稳定性和可靠性。对于热压缩试验的加热保温问题，锻压复合本身就是材料在热、力综合作用下高温扩散结合的过程。在热模拟过程中，加热保温的时间很短，因而加热保温过程中界面的初步结合并不影响研究温度、压下量对界面组织和氧化物的影响。压缩速率小，压缩过程时间长，温度下降明显，而温度对复合影响很大。若压缩速率对复合影响较小，可通过提高压缩速率来减少压缩过程中温度下降对复合的影响，从而更准确地研究其他因素对复合的影响。

6.2.1.2　固-固复合热模拟试验研究

　　本试验利用 Gleeble3800 对 30Cr2Ni4MoV 材料进行压缩复合，并对相对压下量、变形速度、变形温度、高温保持等对界面氧化物、微观组织结构的影响进行研究分析。

1. 相同相对压下量、不同变形温度下的界面组织形貌

图 6-30~图 6-37 所示为 10%、30%、50%、80% 相对压下量、不同变形温度下的界面微观组织形貌。从图 6-30~图 6-37 可以看出，随着相对压下量的增加和变形温度的升高，结合界面氧化物破碎程度增加，并且明显发生界面组织与基体组织一体化现象。

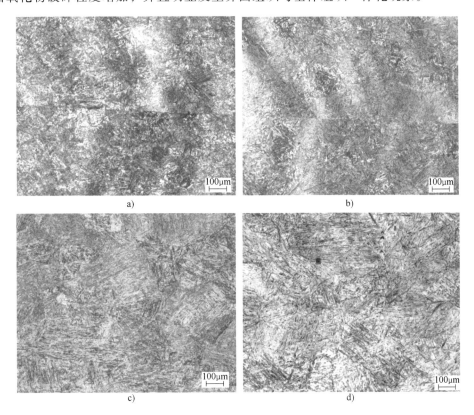

图 6-30　10%相对压下量、不同变形温度下的界面低倍微观组织形貌
a）1000℃　b）1100℃　c）1200℃　d）1300℃

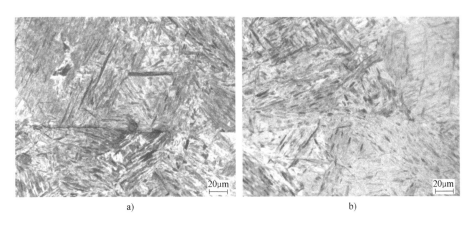

图 6-31　10%相对压下量、不同变形温度下的界面高倍微观组织形貌
a）1000℃　b）1100℃

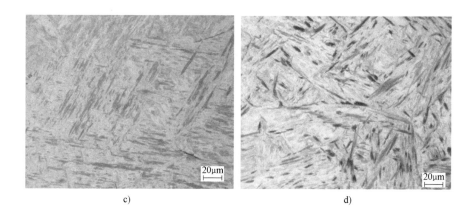

图 6-31　10%相对压下量、不同变形温度下的界面高倍微观组织形貌（续）

c）1200℃　d）1300℃

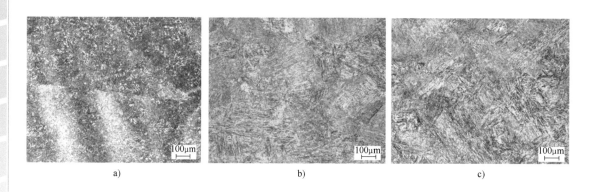

图 6-32　30%相对压下量、不同变形温度下的界面低倍微观组织形貌

a）1000℃　b）1200℃　c）1300℃

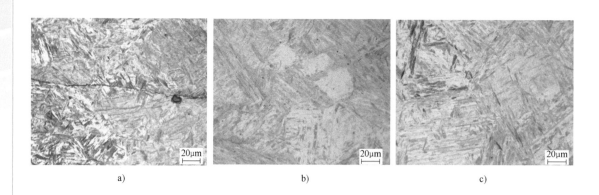

图 6-33　30%相对压下量、不同变形温度下的界面高倍微观组织形貌

a）1000℃　b）1200℃　c）1300℃

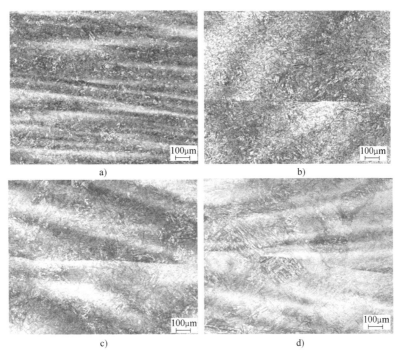

图 6-34　50%相对压下量、不同变形温度下的界面低倍微观组织形貌

a）1000℃　b）1100℃　c）1200℃　d）1300℃

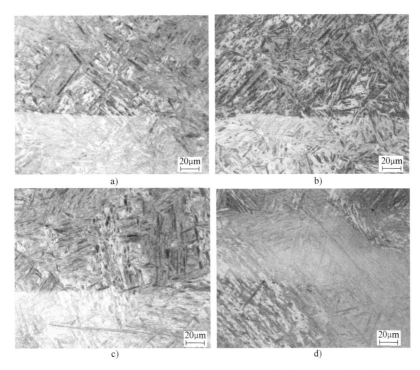

图 6-35　50%相对压下量、不同变形温度下的界面高倍微观组织形貌

a）1000℃　b）1100℃　c）1200℃　d）1300℃

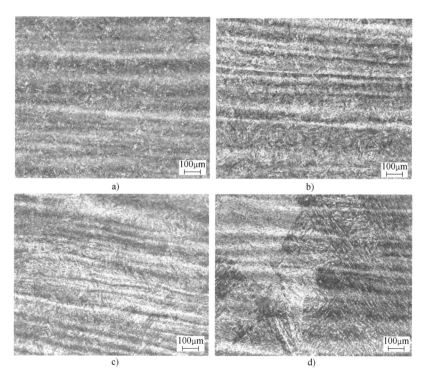

图 6-36　80%相对压下量、不同变形温度下的界面低倍微观组织形貌

a）1000℃　b）1100℃　c）1200℃　d）1300℃

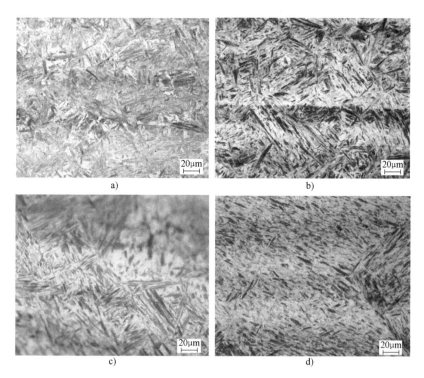

图 6-37　80%相对压下量、不同变形温度下的界面高倍微观组织形貌

a）1000℃　b）1100℃　c）1200℃　d）1300℃

2. 相同变形温度、不同相对压下量下的界面组织形貌

图 6-38~图 6-45 所示为相同变形温度、不同相对压下量下的界面组织形貌。从图 6-38~图 6-45 可以看出，在相同变形温度时，随着相对压下量的增加，有利于界面复合。

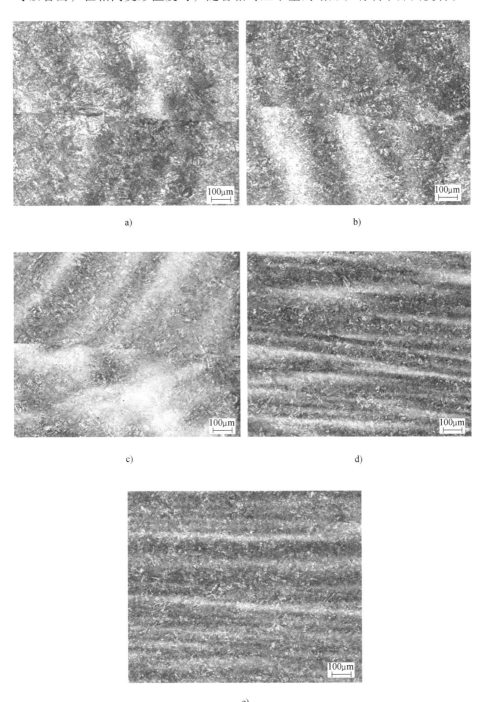

图 6-38 1000℃、不同相对压下量下的界面低倍微观组织形貌
a）10% b）30% c）50%边部 d）50%中部 e）80%中部

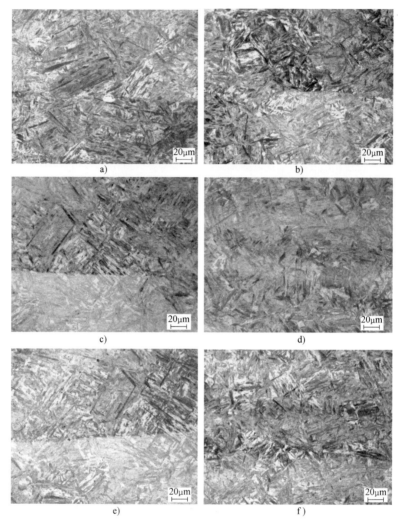

图 6-39　1000℃、不同相对压下量下的界面高倍微观组织形貌

a）10%　b）30%　c）50%边部　d）50%中部　e）80%边部　f）80%中部

图 6-40　1100℃、不同相对压下量下的界面低倍微观组织形貌

a）10%　b）50%　c）80%

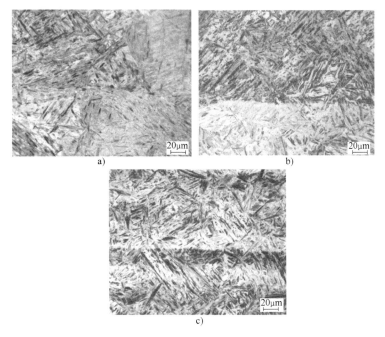

图 6-41　1100℃、不同相对压下量下的界面高倍微观组织形貌

a）10%　b）50%　c）80%

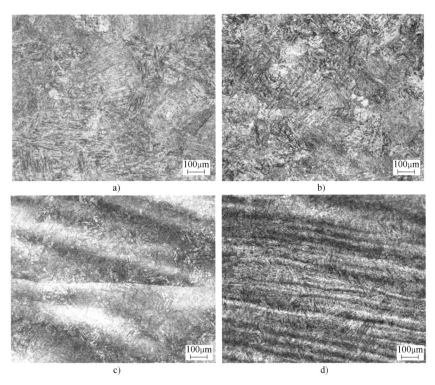

图 6-42　1200℃、不同相对压下量下的界面低倍微观组织形貌

a）10%　b）30%　c）50%　d）80%

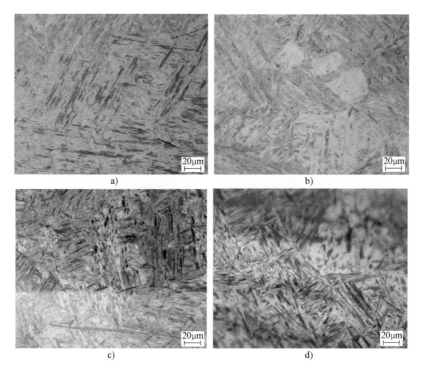

图 6-43　1200℃、不同相对压下量下的界面高倍微观组织形貌

a）10%　b）30%　c）50%　d）80%

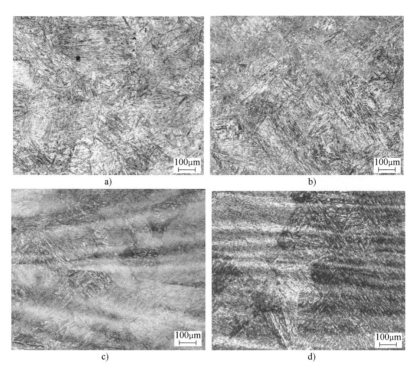

图 6-44　1300℃、不同相对压下量下的界面低倍微观组织形貌

a）10%　b）30%　c）50%　d）80%

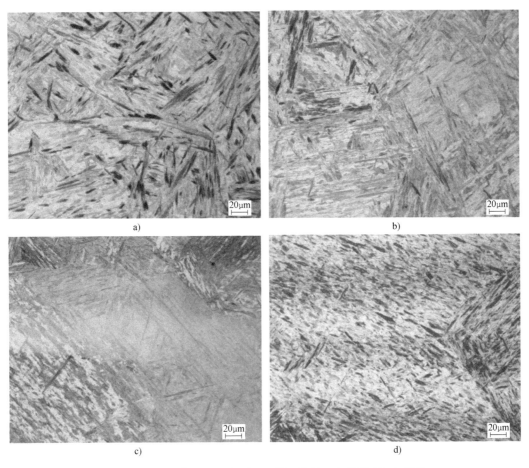

图 6-45　1300℃、不同相对压下量下的界面高倍微观组织形貌

a）10%　b）30%　c）50%　d）80%

3. 相同相对压下量与变形温度、不同应变速率下的界面组织形貌

图 6-46～图 6-49 所示为相同相对压下量与变形温度、不同应变速率下的界面组织形貌。从图 6-46～图 6-49 可以看出，适当降低应变速率，有利于界面复合。

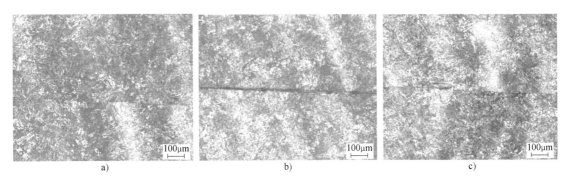

图 6-46　1000℃、10%相对压下量、不同应变速率下的界面低倍微观组织形貌

a）0.1s⁻¹，边部　b）0.1s⁻¹，中部　c）0.01s⁻¹，边部

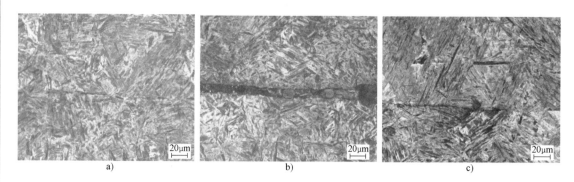

图 6-47　1000℃、10%相对压下量、不同应变速率下的界面高倍微观组织形貌

a）0.1s^{-1}，边部　b）0.1s^{-1}，中部　c）0.01s^{-1}，边部

图 6-48　1000℃、80%相对压下量、不同应变速率下的界面低倍微观组织形貌

a）0.1s^{-1}，边部　b）0.1s^{-1}，中部　c）0.01s^{-1}，边部

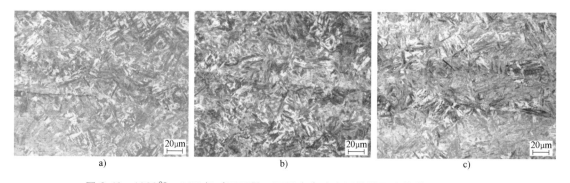

图 6-49　1000℃、80%相对压下量、不同应变速率下的界面高倍微观组织形貌

a）0.1s^{-1}，边部　b）0.1s^{-1}，中部　c）0.01s^{-1}，边部

　　同时，图 6-46~图 6-49 还展示了相同变形温度与应变速率、不同相对压下量下的组织形貌差异。

　　4. 压缩后保持力对界面组织的影响

　　图 6-50 和图 6-51 所示为压缩后在一定保持力下保持不同时间的界面组织形貌。从图 6-50 和图 6-51 可以看出，适当保持压力与高温，有利于界面复合。

图 6-50　1200℃、10%相对压下量、30kgf 下保持不同时间的界面低倍微观组织

a）2min　b）8min　c）0min

注：1kgf = 9.80665N。

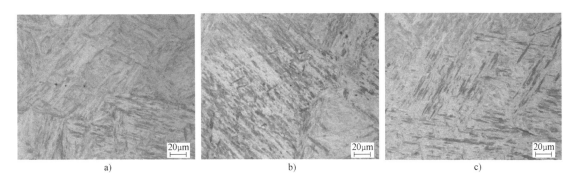

图 6-51　1200℃、10%相对压下量、30kgf 下保持不同时间的界面高倍微观组织

a）2min　b）8min　c）0min

以上关于 30Cr2Ni4MoV 材料压缩复合试验的结果见表 6-2。

表 6-2　30Cr2Ni4MoV 材料压缩复合试验结果

试验条件		界面裂纹	界面组织分界	其他现象
1000℃	10%	有	明显	组织不均匀
	10%,0.1s⁻¹	有明显裂纹	明显	组织不均匀
	30%	有	明显	组织不均匀
	50%	无	不明显(高倍)	组织不均匀,纤维状
	80%	无	不明显(高倍)	组织不均匀,纤维状
	80%,0.1s⁻¹	无	可观察到(高倍)	组织不均匀,纤维状
1100℃	10%	无	明显	组织不均匀
	30%	—	—	—
	50%	无	明显	组织不均匀
	80%	无	不明显(高倍)	组织不均匀,纤维状
1200℃	10%	无	不明显	组织均匀
	10%,30kgf 保持 2min	无	不明显	组织均匀,界面氧化物较多
	10%,30kgf 保持 8min	无	不明显	组织均匀,界面氧化物较多

试验条件		界面裂纹	界面组织分界	其他现象
1200℃	30%	无	不明显	组织均匀
	50%	无	明显	组织不均匀
	80%	无	不明显（高倍）	组织不均匀，纤维状
1300℃	10%	无	不明显	组织均匀
	30%	无	不明显	组织均匀
	50%	无	明显	组织不均匀
	80%	无	不明显（高倍）	组织不均匀，纤维状

通过以上试验发现，Gleeble 试验机真空能力约在 30Pa 左右，与实际真空组坯的真空度（10^{-2}Pa 级）是不同的，但可以利用其生成的氧化物来研究不同热压缩参数对氧化物及界面微观组织的影响；在较高的温度下、快速变形对界面结合及氧化物的碎化有一定的益处。

6.2.2　表面控制对结合性能的影响

6.2.2.1　不同表面加工方式对界面微观组织的影响

1. 不同材质界面微观组织形貌

图 6-52 所示为不同表面处理对 45 钢变形复合后界面微观组织的影响。从图 6-52 可以看出，经砂轮打磨、喷砂处理后的界面在变形后都存在一定的氧化物颗粒，并在界面处呈链状分布；采用喷砂处理后，界面处存在较多且尺寸较大的黑色氧化颗粒。

图 6-53 所示为不同表面处理对 NM360 钢变形复合后界面微观组织的影响。从图 6-53 可

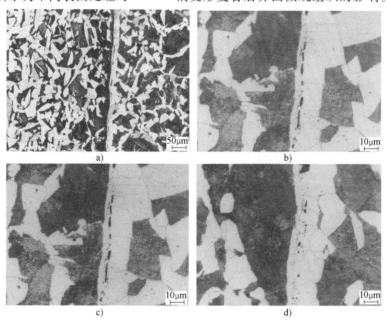

图 6-52　不同表面处理对 45 钢变形复合后界面微观组织的影响

a）砂轮打磨界面低倍微观组织　b）砂轮打磨界面高倍微观组织

c）喷砂处理界面低倍微观组织　d）喷砂处理界面高倍微观组织

以看出，经砂轮打磨、磨削处理后的界面在变形后都存在一定的氧化物颗粒，与图 6-52 类似，同样在界面处呈现链状分布；图 6-53 中黑色氧化物颗粒尺寸较小。

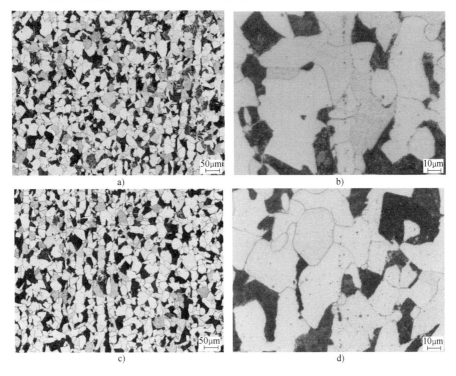

图 6-53　不同表面处理对 NM360 钢变形复合后界面微观组织的影响

a）砂轮打磨界面低倍微观组织　b）砂轮打磨界面高倍微观组织
c）磨削处理界面低倍微观组织　d）磨削处理界面高倍微观组织

2. 不同材质界面氧化物评价

图 6-54~图 6-57 所示为 45 钢与 NM360 钢经不同表面处理后的界面形貌（SEM）及氧化物 EDS 成分分析结果。需要特别说明的是，经喷砂处理后，大颗粒砂粒易在界面处残留，将影响界面结合效果，如图 6-55 所示。

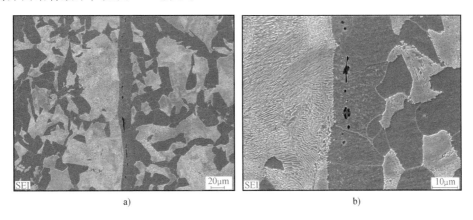

图 6-54　砂轮打磨 45 钢后的界面形貌（SEM）及氧化物 EDS 成分分析结果

a）界面形貌（SEM）　b）界面氧化物（SEM）

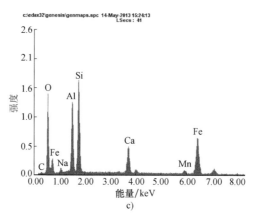

c)

图 6-54　砂轮打磨 45 钢后的界面形貌（SEM）及氧化物 EDS 成分分析结果（续）

c）界面氧化物 EDS 成分分析结果

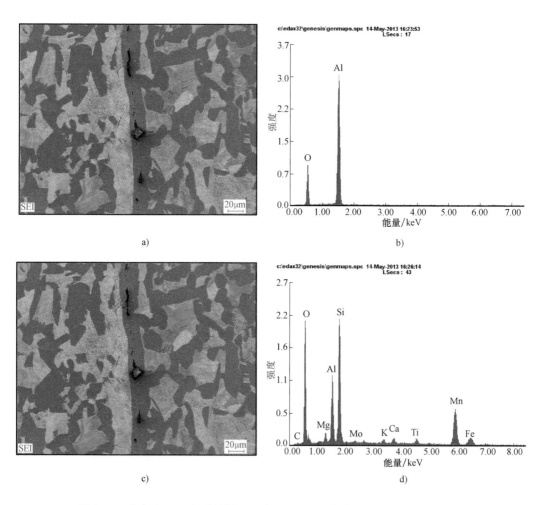

a)

b)

c)

d)

图 6-55　喷砂处理 45 钢后的界面形貌（SEM）及氧化物 EDS 成分分析结果

a）位置 1 界面氧化物（SEM）　b）位置 1 界面氧化物 EDS 成分分析结果

c）位置 2 界面氧化物（SEM）　d）位置 2 界面氧化物 EDS 成分分析结果

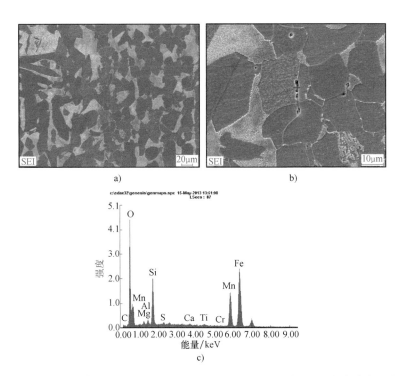

图 6-56 砂轮打磨 NM360 钢后的界面形貌 （SEM） 及氧化物 EDS 成分分析结果

a）界面形貌（SEM） b）界面氧化物（SEM） c）界面氧化物 EDS 成分分析结果

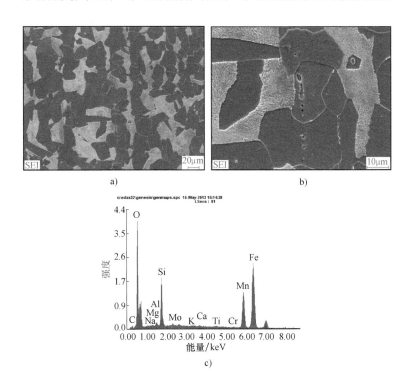

图 6-57 磨削处理 NM360 钢后的界面形貌 （SEM） 及氧化物 EDS 成分分析结果

a）界面形貌（SEM） b）界面氧化物（SEM） c）界面氧化物 EDS 成分分析结果

6.2.2.2　不同表面加工方式对结合性能的影响

图 6-58～图 6-61 所示为 45 钢与 NM360 钢经不同表面处理后的界面剪切试样断口形貌和冲击试样断口形貌及氧化物 EDS 成分分析结果。从图 6-58～图 6-61 可以看出，采用磨削处理的 NM360 钢的冲击试样断口粗糙，并呈现较好的韧窝形貌，复合效果良好，其余图形显示，断口平坦，在局部区域经 EDS 分析，已呈现氧化形貌。

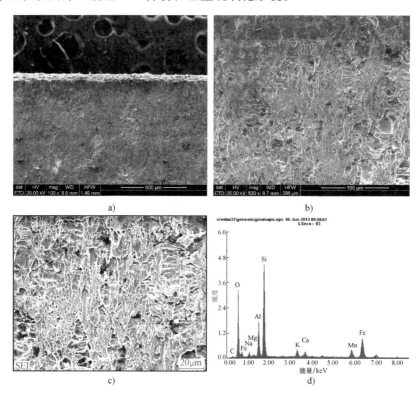

图 6-58　砂轮打磨 45 钢后的界面剪切试样断口形貌及氧化物 EDS 成分分析结果
a）剪切试样断口形貌（SEM）　b）剪切试样断口局部放大图（SEM）
c）含氧化物部位的剪切断口（SEM）　d）氧化物 EDS 成分分析结果

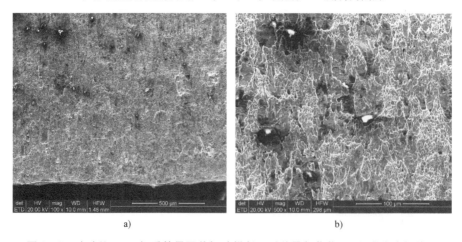

图 6-59　喷砂处理 45 钢后的界面剪切试样断口形貌及氧化物 EDS 成分分析结果
a）剪切试样断口形貌（SEM）　b）剪切试样断口局部放大图（SEM）

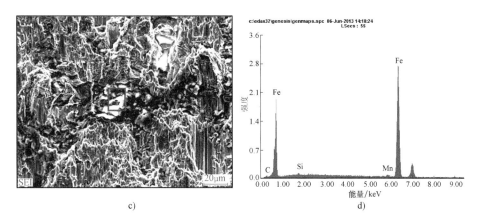

c)

d)

图 6-59　喷砂处理 45 钢后的界面剪切试样断口形貌及氧化物 EDS 成分分析结果（续）

c）含氧化物部位的剪切断口（SEM）　d）氧化物 EDS 成分分析结果

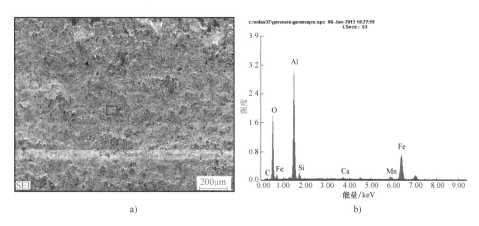

a)

b)

图 6-60　砂轮打磨 NM360 钢后的界面剪切试样断口形貌及氧化物 EDS 成分分析结果

a）剪切试样断口形貌（SEM）　b）剪切试样断口局部区域氧化物 EDS 成分分析结果

a)

b)

图 6-61　磨削处理 NM360 钢后的界面冲击试样断口形貌

a）冲击试样断口形貌（SEM）　b）起裂源断口韧窝形貌（SEM）

6.2.3 真空度对结合性能的影响

6.2.3.1 大气焊接复合效果

1. 试验设计

料块材质：5Ni 容器钢（见表 6-3），为便于下面表述，此次试验研究定义为 0#。

表 6-3 5Ni 容器钢的化学成分（质量分数） （%）

成分	C	Mn	Cr	Ni	Mo
含量	0.086	0.55	0.56	4.62	0.49

料块尺寸：150mm×50mm×30mm，4 块。

试验装置：电阻炉、电弧焊机、1MN 液压机等。

焊接方式：电弧焊，大气状态下 4 块料块叠压焊接，如图 6-62 所示。

加热：将焊接好的坯料放入电阻炉中加热，从室温随炉加热，加热时间为 2h，保温温度为 1200℃，保温时间为 1h。

复合过程：将加热保温后的坯料快速移至 1MN 液压试验机上进行热压变形试验，变形速度约为 50mm/s，相对压下量为 62%，随后将复合后坯料空冷至室温，如图 6-63 所示。

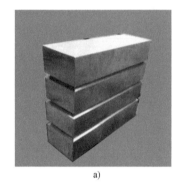
a)

b)

图 6-62 固-固复合组坯

a）焊接前 b）焊接后

a)

b)

图 6-63 扩散连接过程及板坯空冷

a）扩散连接结束状态 b）扩散连接后空冷

2. 复合后界面宏观形貌

0#试样锻压复合后的宏观形貌如图 6-64 所示。从图 6-64 可以看出，自由镦粗导致的变形不均匀非常明显。0#试样锻压复合后结合界面氧化物形貌如图 6-65 所示。从图 6-65 可以看出，氧化物呈链状、点状、短线状等分布，而且分布是不均匀的。

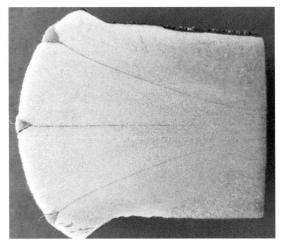

图 6-64　0#试样锻压复合后的宏观形貌

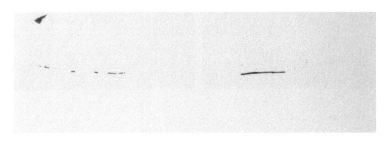

图 6-65　0#试样锻压复合后结合界面氧化物形貌

3. 复合后界面微观形貌

图 6-66 所示为 0#试样锻压复合后结合界面的微观组织形貌。从图 6-66 可以看出，坯料经复合后，界面存在严重的氧化，界面氧化物呈条状、颗粒状分布在界面位置。

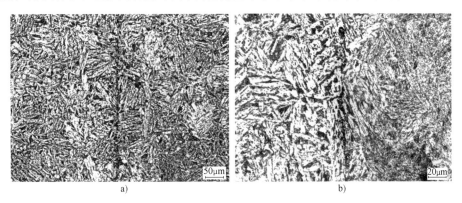

a)　　　　　　　　　　　　　　　　　b)

图 6-66　0#试样锻压复合后结合界面的微观组织形貌

a）界面低倍微观组织　b）界面高倍微观组织

如图 6-64 所示，复合坯料经解剖后可直接观察到界面位置，但坯料并未发生直接开裂等现象，具有一定的结合效果。

6.2.3.2 真空封焊复合效果

1. 试验设计

本次选用 2#试样进行分析。

材料为 508Gr.3，坯料到温入炉，保温温度为 1250℃，保温 2.5h 后出炉锻造，如图 6-67 所示。

中间转运时间约为 1min，手动控制液压机开始下压，如图 6-68 所示。

相对压下量为 33.3%（150mm→100mm），锻后空冷，如图 6-69 所示。

变形速度：设定 160mm/min，实际测算约为 375mm/min。

尺寸测定：对冷却至室温的复合坯料进行尺寸测量（见图 6-70），以便后续解剖设计（见图 6-71）。

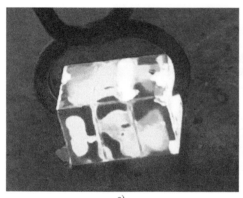 

a)   b)

图 6-67　出炉准备锻造

a）坯料出炉　b）坯料准备变形

a)   b)

图 6-68　锻造过程

a）坯料下压至所需压下量　b）坯料变形完毕

对部分试样进行性能热处理，如图 6-72 所示，具体热处理工艺在此不再展示。热处理风冷过程在模拟热处理井式炉中进行，其余工艺过程在箱式炉中进行。

a)   b)

图 6-69 锻后空冷

a）坯料变形完毕后静置 b）坯料变形完毕后空冷处理

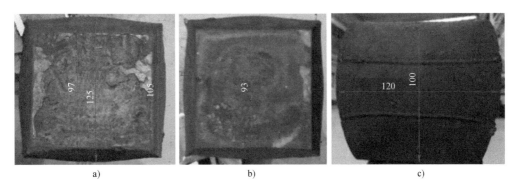

a)   b)   c)

图 6-70 冷却后坯料上表面、下表面和侧表面尺寸测量

a）上表面 b）下表面 c）侧表面

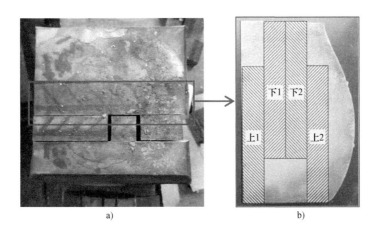

a)   b)

图 6-71 坯料解剖

a）已初步解剖的坯料 b）部分试料的进一步解剖

2. 宏观组织

依据 GB/T 226—2015《钢的低倍组织及缺陷酸蚀检验法》，利用电解腐蚀法（酸液为 100mL 水中加入 10mL 的盐酸，DC5V，10A）进行腐蚀，坯料宏观组织如图 6-73 所示。可

图 6-72　坯料性能热处理

a）热处理试料　b）加热炉

图 6-73　坯料宏观组织

以观察到金属变形流线，边缘处仍保留焊接留下的突起，对于复合界面位置没有观察到其他宏观缺陷的出现。

3. 微观组织分析

2#-1 为 2#锻压上表面试样，2#-2 为 2#锻压下表面试样。

（1）金相组织　上表面和下表面界面热处理前后的金相组织如图 6-74～图 6-77 所示。基

 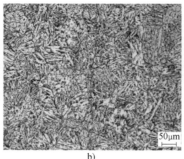 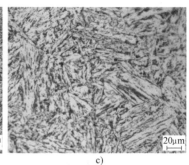

图 6-74　上表面界面热处理前的金相组织

a）100×　b）200×　c）500×

体为贝氏体组织，界面在人眼和低倍下观察较为明显。高倍组织照片显示，界面处晶粒绝大部分沿界面两侧分布，个别晶粒可能越过界面长大，内部能够观察到原结合界面残余结构；热处理对界面组织有一定的改善作用。

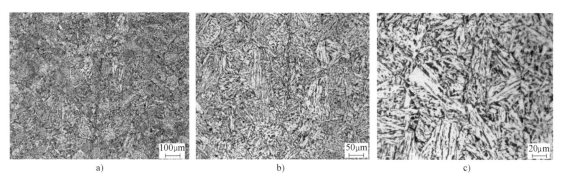

图 6-75　下表面界面热处理前的金相组织

a）100×　b）200×　c）500×

图 6-76　上表面界面性能热处理后的金相组织

a）100×　b）200×　c）500×

图 6-77　下表面界面性能热处理后的金相组织

a）100×　b）200×　c）500×

（2）界面氧化物　上下表面界面氧化物形貌及氧化物 EDS 成分分析结果如图 6-78 和图 6-79 所示。界面氧化物呈断续的链状分布，下表面的界面氧化物数量较少。

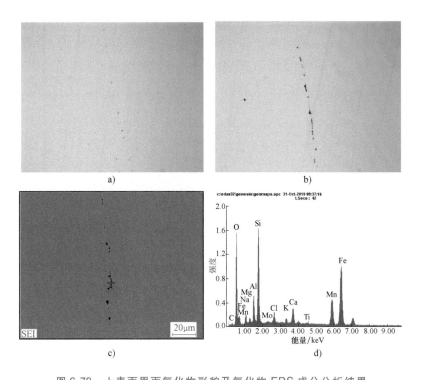

图 6-78　上表面界面氧化物形貌及氧化物 EDS 成分分析结果

a）位置 1 界面氧化物形貌　b）位置 2 界面氧化物形貌　c）界面氧化物形貌（SEM）　d）氧化物 EDS 成分分析结果

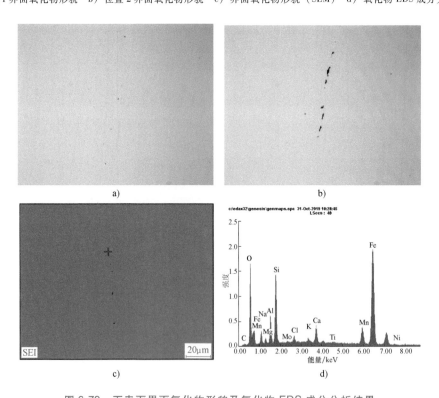

图 6-79　下表面界面氧化物形貌及氧化物 EDS 成分分析结果

a）位置 1 界面氧化物形貌　b）位置 2 界面氧化物形貌　c）界面氧化物形貌（SEM）　d）氧化物 EDS 成分分析结果

从图 6-78d 和图 6-79d 的氧化物成分分析可以看出，主要为含 Al 、Si 和 Mn 元素的氧化物，以及其他少量杂质。

（3）界面附近元素分布 由界面附近元素线扫描（见图 6-80、图 6-81、图 6-83、图 6-84）和面扫描（见图 6-82、图 6-85）结果可以看出线扫描的各元素及面扫描的各元素分布，可以对比氧化物位置的元素分布特点，以及界面无氧化物位置的各元素分布情况。

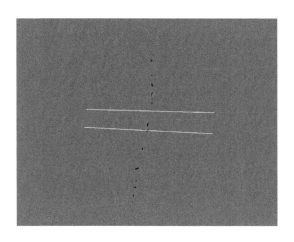

a)

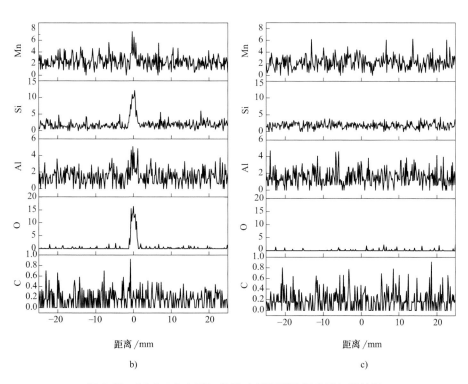

b)　　　　　　　　　　　　　　c)

图 6-80　2#-1（上表面）位置 1 界面附近元素线扫描结果

a）界面氧化物形貌　b）位置 1 界面线扫描 EDS 成分分析结果

c）位置 2 界面线扫描 EDS 成分分析结果

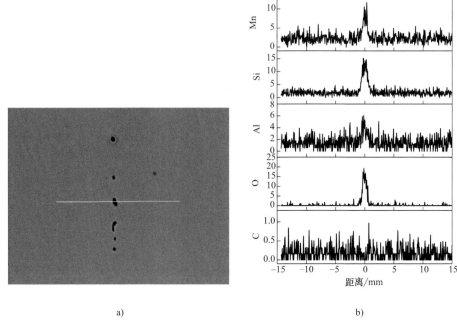

a) b)

图 6-81 2#-1（上表面）位置 2 界面附近元素线扫描结果

a）界面氧化物形貌 b）界面线扫描 EDS 成分分析结果

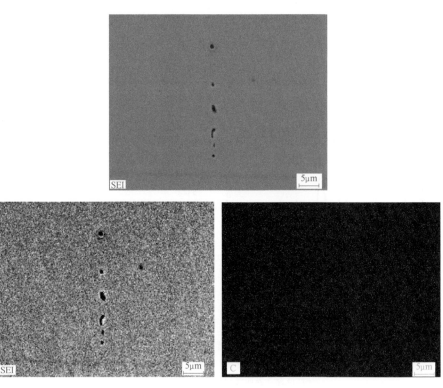

图 6-82 2#-1（上表面）界面附近元素面扫描结果

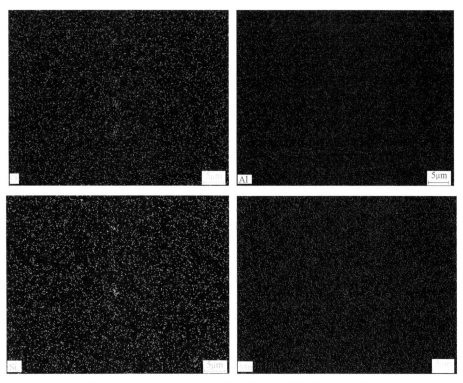

图 6-82　2#-1（上表面）界面附近元素面扫描结果（续）

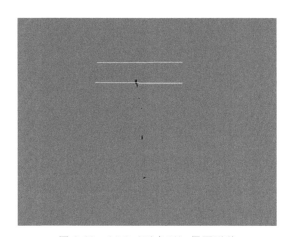

图 6-83　2#-2（下表面）界面形貌

4. 拉伸试验

（1）拉伸性能

1）设备型号：CSS-44300 型电子万能试验机。

2）试样取料方案：每块板坯上下表面各取拉伸试样一个。

拉伸试验按 GB/T 228.1—2021 进行，对于试验速率，屈服平行段为 0.45mm/min，余为 5mm/min；环境温度为 18℃，环境湿度为 40%。拉伸试样标距为 25mm，直径为 5mm。拉伸前和拉伸后的试样如图 6-86 所示。

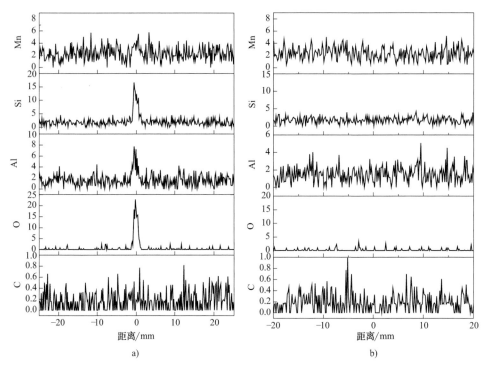

图 6-84 2#-2（下表面）界面附近元素线扫描结果

a）位置 1 界面线扫描 EDS 成分分析结果   b）位置 2 界面线扫描 EDS 成分分析结果

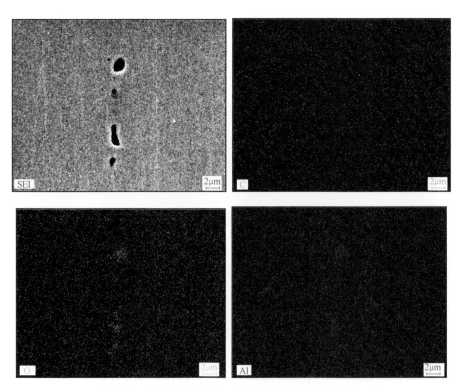

图 6-85 2#-2（下表面）界面附近元素面扫描结果

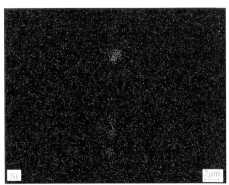

图 6-85 2#-2（下表面）界面附近元素面扫描结果（续）

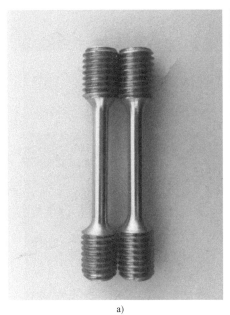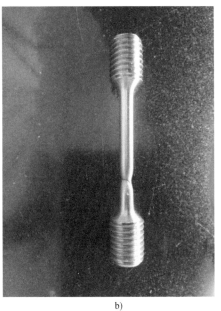

a)   b)

图 6-86 拉伸前和拉伸后的试样

a）拉伸前 b）拉伸后

复合坯拉伸性能试验结果见表 6-4。

表 6-4 复合坯拉伸性能试验结果

试样编号		原始标距 L_o/mm	原始横截面积 S_o/mm²	规定塑性延伸强度 $R_{P0.2}$/MPa	抗拉强度 R_m/MPa	断后伸长率 $A(\%)$	断面收缩率 $Z(\%)$
2# 相对压下量33.3%；空冷	2#-1（上）	24.23	5.00	527.427	720.35	15.477	57.228
	2#-2（下）	24.05	5.00	542.263	733.92	19.044	61.062
2# 热处理	2#H-上1	24.98	5.00	499.528	642.32	30.344	72.752
	2#H-上2	24.98	4.96	495.833	637.51	28.703	74.187
	2#H-下1	24.96	5.04	496.878	635.14	25.120	40.429
	2#H-下2	25.08	4.99	493.509	638.39	25.478	70.506

（2）断口形貌　热处理前后拉伸试样的断口形貌及成分分析如图 6-87～图 6-92 所示。其中，图 6-91 所示的断口呈现平坦形貌，结合表 6-4 中 2#-1（下）的断面收缩率数值，可以初步得出该处断裂出现异常现象。

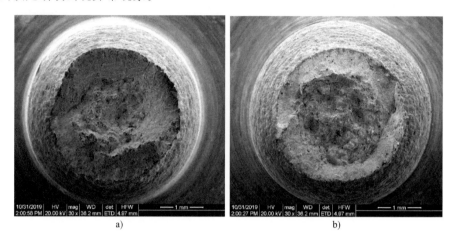

图 6-87　拉伸试样断口宏观形貌

a）2#-1　b）2#-2

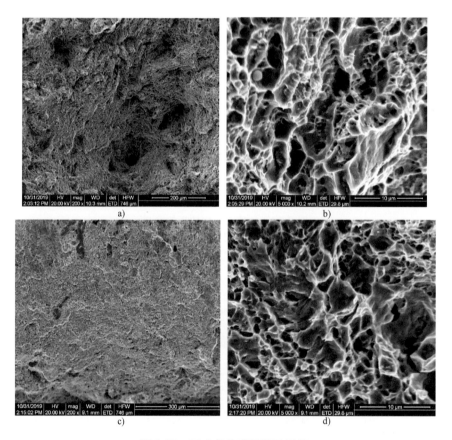

图 6-88　2#-1 拉伸试样断口形貌

a）中心　b）中心韧窝　c）边部　d）边部韧窝

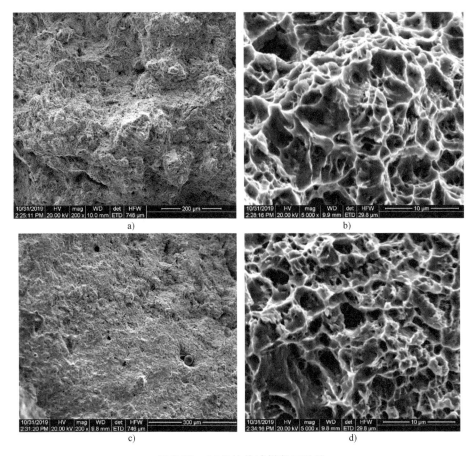

图 6-89　2#-2 拉伸试样断口形貌

a）中心　b）中心韧窝　c）边部　d）边部韧窝

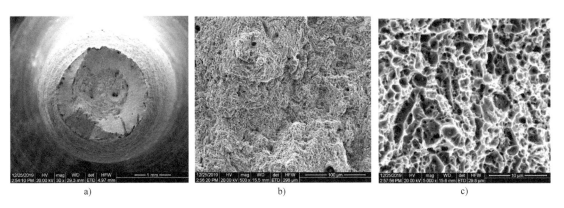

图 6-90　2#H-上 1 拉伸试样断口形貌

a）断口　b）中心韧窝　c）中心韧窝放大图

（3）界面位置和断口位置　结合图 6-91 和图 6-92 所示拉伸试样断口形貌及中心韧窝内氧化物成分分析，以及对断口试样提前的定位分析，2#H-下 1 拉伸试样断口位置位于界面，而其他试样断口均远离界面位置（见图 6-93）。

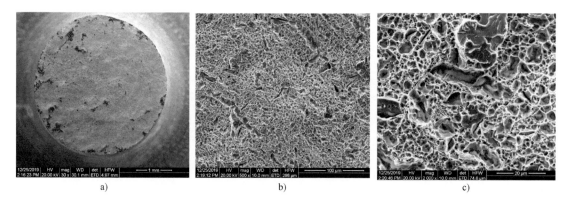

a)　　　　　　　　　b)　　　　　　　　　c)

图 6-91　2#H-下 1 拉伸试样断口形貌

a）断口　b）中心韧窝　c）中心韧窝放大图

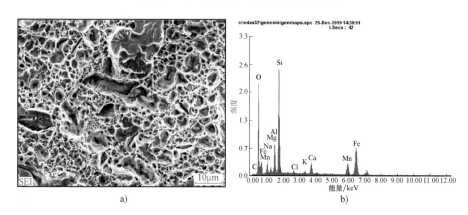

a)　　　　　　　　　　　　　b)

图 6-92　2#H-下 1 拉伸试样断口形貌及氧化物成分分析结果

a）断口形貌　b）氧化物成分分析结果

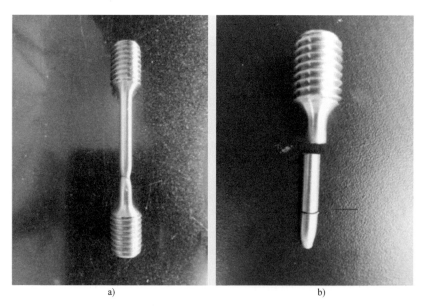

a)　　　　　　　　　　　　　b)

图 6-93　拉伸试样结合界面位置

a）拉伸试样断裂后界面位置初步定位　b）拉伸试样断口横向解剖前界面位置定位

5. 硬度试验

(1) 硬度测试

1) 试验目的：检测复合界面及其附近显微硬度值，从界面硬度变化检测界面组织及元素扩散。

2) 设备及条件：TuKon 2100B 维氏硬度计，负载 0.01kgf（1kgf=9.8066），保压 10s。

3) 内容及过程：设定程序，对界面及其附近区域进行打点（见图 6-94 和图 6-95），记录硬度数据，并对数据进行作图（见图 6-96 和图 6-97）。

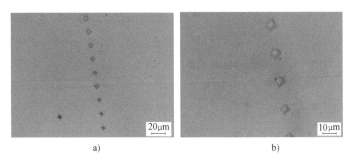

图 6-94　2#-1 试样界面附近硬度压痕

a）界面硬度压痕　b）界面硬度压痕放大图

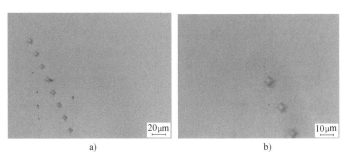

图 6-95　2#-2 试样界面附近硬度压痕

a）界面硬度压痕　b）界面硬度压痕放大图

(2) 硬度结果分析　通过图 6-96、图 6-97 可以看出，界面处未发生明显硬度异常现象。

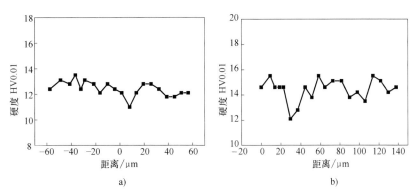

图 6-96　锻后复合试样界面附近硬度分布

a）2#-1　b）2#-2

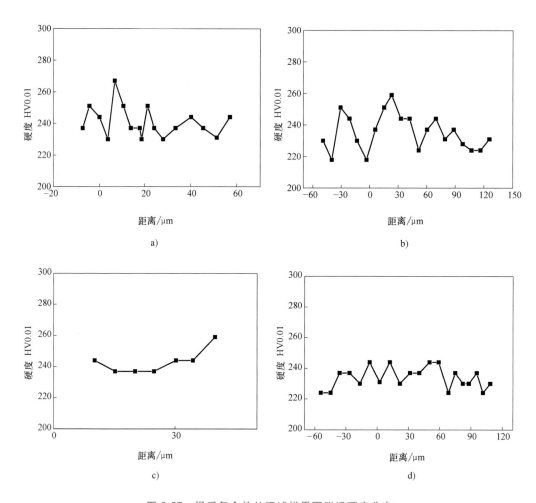

图 6-97　锻后复合热处理试样界面附近硬度分布

a) 2#H-上 1　b) 2#H-上 2　c) 2#H-下 1　d) 2#H-下 2

6.2.3.3　相同变形条件下真空度对界面组织及氧化物的影响

1. 试验设计

按照研究计划，选取 3#、4#试样进行研究，两组试样均由 4 块料块试料组成，每组试料包含三个结合界面（见图 6-98），其中上界面的焊接密封方式为大气下焊接密封。

1）材料：508Gr. 3。

2）制备过程：如图 6-98 所示，坯料到温入炉，3#试样保温温度为 1150℃，保温 2h 后出炉锻造；4#试样保温温度为 1250℃，保温 2h 后出炉锻造。中间转运时间约为 1min，手动控制液压机开始下压；两组试料相对压下量均为 50%；变形速度：设定 160mm/min，实际测算约 375mm/min；锻后空冷至室温（见图 6-99），平均 5min 翻面，使上下表面冷却均匀，待冷却至室温后进行尺寸测定（见图 6-100）。

图 6-100b、d 均含有三条焊缝，其中上面两条焊缝为真空电子束焊的焊缝，呈圆谷状凸出；下面一条则为普通大气下焊接的形貌，没有明显的焊缝鼓肚。

图 6-98　试料

a）锻造前的试料　b）锻压中的试料

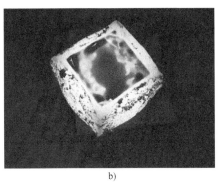

图 6-99　试样锻后空冷

a）3#试样　b）4#试样

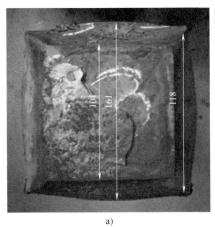

图 6-100　试料尺寸测定

a）3#试样上表面　b）3#试样侧表面

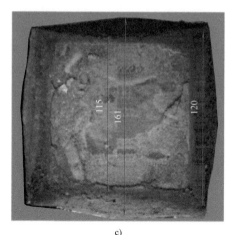 

c)   d)

图 6-100 试料尺寸测定（续）

c）4#试样上表面 d）4#试样侧表面

图 6-101 所示为分析用试样解剖位置分布。从图 6-101 可以看出，两根拉伸试样穿过三个结合界面，并尽量让上下界面在拉伸试样的平行段对称分布，其中上下两个界面呈弧状，上界面为加焊试板的界面。对比两个试样的上界面可以看出，2#拉伸试样界面与 1#拉伸试样界面的角度不同，可能会对 2#试样拉伸时产生一定的影响。

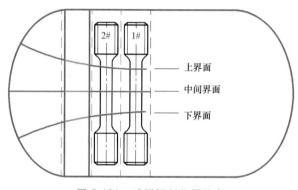

图 6-101 试样解剖位置分布

经与现场人员沟通，3#-1 试样在加工时可能并没有像图中所示均匀分布，而是向上移动了一定的距离。

2. 断面宏观形貌

图 6-102、图 6-103 所示为 3#、4#试样纵截面宏观形貌图。从中可以看出，宏观上已观察不到结合界面。

图 6-102 3#试样断面宏观形貌

图 6-103 4#试样断面宏观形貌

3. 微观组织分析

（1）金相组织 将每组试样的金相试样分成五个部位，分别是上表面、上界面、中界面、下界面、下表面，因此3#试样的3#-1~3#-5为试样自锻压上表面至下表面试样，4#试样的4#-1~4#-5为试样自锻压上表面至下表面试样。需特别指出的是，为便于分析，自上表面向下的第一个界面，即3#-2、4#-2为大气下焊接后的复合界面，上下表面均为基体材料。图6-104~图6-113所示为3#、4#试样不同部位的微观组织形貌。

从图6-104~图6-113可以看出，上表面和下表面界面金相组织为材料的基体组织，即贝氏体组织，界面在人眼和低倍下观察较为明显。通过对3#、4#试样真空电子束焊下的结合界面微观组织的观察可以看出，绝大部分界面处的晶粒沿界面两侧分布，个别晶粒可能越过界面的长大，内部能够观察到原结合界面残余结构。同时，大气下焊接的结合界面在50%的相对压下量下也有一定的界面结合，但界面氧化程度较真空电子束焊下的结合界面要严重。

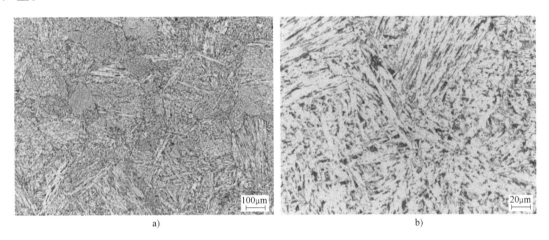

a)　　　　　　　　　　　　　　　b)

图 6-104　3#-1 上表面基体微观组织形貌

a）基体低倍微观组织　b）基体高倍微观组织

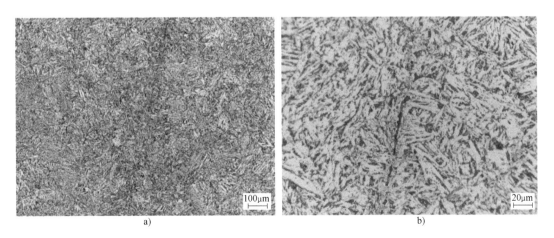

a)　　　　　　　　　　　　　　　b)

图 6-105　3#-2 上界面（大气下焊接）微观组织形貌

a）基体低倍微观组织　b）基体高倍微观组织

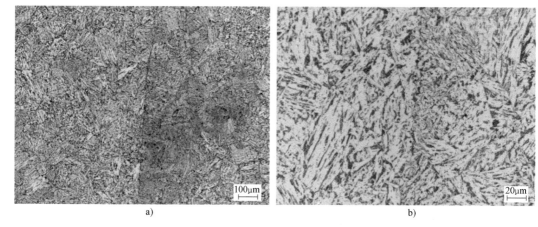

图 6-106　3#-3 中界面（真空电子束焊）微观组织形貌

a）基体低倍微观组织　b）基体高倍微观组织

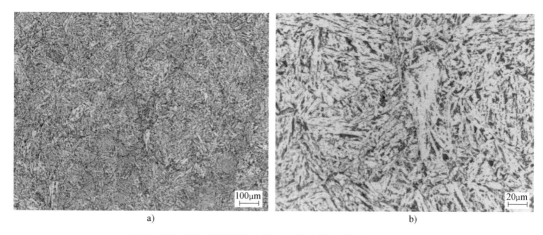

图 6-107　3#-4 下界面（真空电子束焊）微观组织形貌

a）基体低倍微观组织　b）基体高倍微观组织

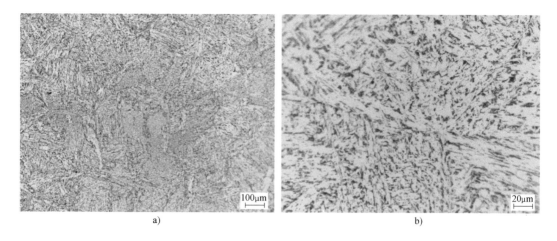

图 6-108　3#-5 下表面基体微观组织形貌

a）基体低倍微观组织　b）基体高倍微观组织

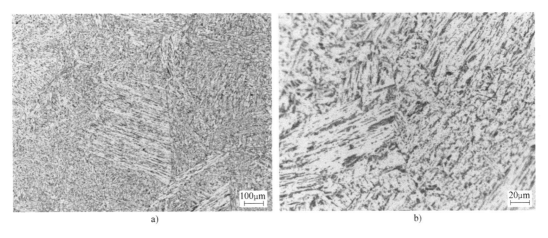

a) b)

图 6-109 4#-1 上表面基体微观组织形貌

a）基体低倍微观组织 b）基体高倍微观组织

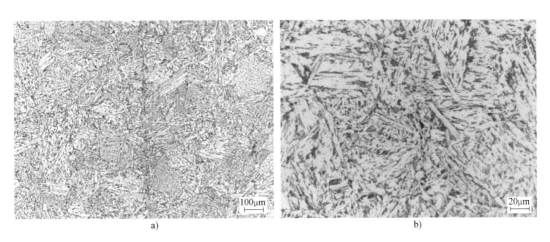

a) b)

图 6-110 4#-2 上界面（大气下焊接）微观组织形貌

a）基体低倍微观组织 b）基体高倍微观组织

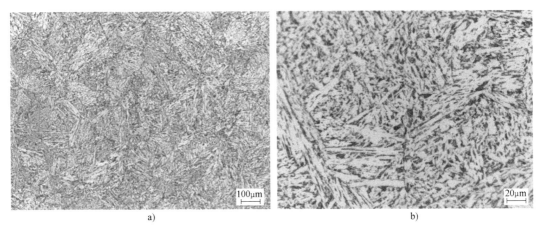

a) b)

图 6-111 4#-3 中界面（真空电子束焊）微观组织形貌

a）基体低倍微观组织 b）基体高倍微观组织

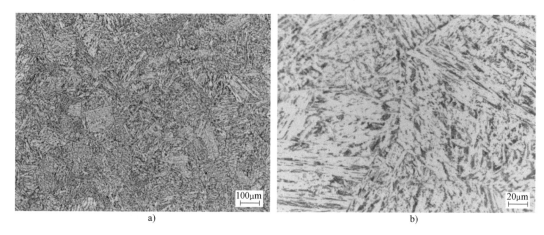

图 6-112　4#-4 下界面（真空电子束焊）微观组织形貌

a）基体低倍微观组织　b）基体高倍微观组织

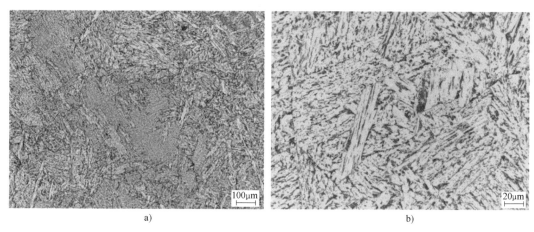

图 6-113　4#-5 下表面基体微观组织形貌

a）基体低倍微观组织　b）基体高倍微观组织

（2）界面氧化物对比　为了能够直观观察大气下焊接、真空电子束焊对界面处氧化物的影响，不对金相试样腐蚀，将待观察的试样表面进行良好处理后直接观察界面处氧化物情况。结合界面氧化物形貌如图 6-114 和图 6-115 所示。界面氧化物呈断续的链状分布，3#、4#试样的下界面的界面氧化物数量较少。其中，3#与 4#相比，4#试样下界面氧化物含量控制水平更高，氧化物极少。根据试验过程记录，焊接时，各组试料表面处理程度相当，但4#试样焊接时，在真空室中每焊完一道次（一条焊缝）都需要进行换面，均得到了较好的冷却，从而减少了焊接完毕后因焊件自身温度较高而导致的大气环境下的界面氧化。

从图 6-114 和图 6-115 中还可直观地看出，大气下焊接氧化程度要远远大于抽真空后的氧化状态。大气下，氧化物颗粒不仅排列紧密，而且局部单个氧化物尺寸（长度、厚度）甚至达到 20μm 级别，宽长比也达到了 1∶2，因此后续再通过二次处理碎化是比较困难的。

界面氧化物形貌及成分分析结果如图 6-116 和图 6-117 所示，主要为含 Al 、Si 和 Mn 元

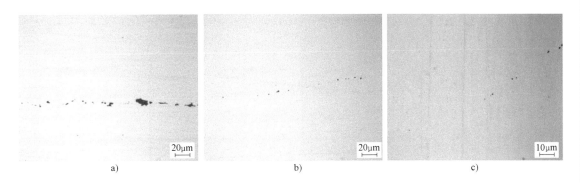

图 6-114　3#锻压复合后各层结合界面的氧化物形貌

a）3#-2 上界面（大气下焊接）　b）3#-3 中界面（真空电子束焊）　c）3#-4 下界面（真空电子束焊）

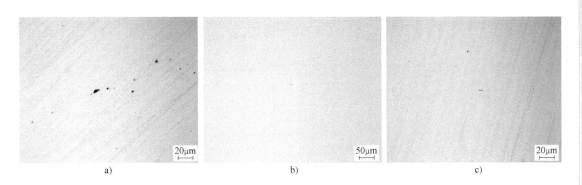

图 6-115　4#锻压复合后各层结合界面的氧化物形貌

a）4#-2 上界面（大气下焊接）　b）4#-3 中界面（真空电子束焊）　c）4#-4 下界面（真空电子束焊）

素的氧化物，以及其他少量杂质。

从扫描图上也可以清晰地看出，4#试样的界面氧化物要远小于 3#试样，但氧化物成分是一致的。

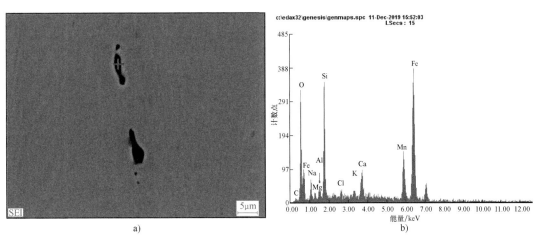

图 6-116　3#-3 中界面氧化物形貌及成分分析结果

a）界面大颗粒氧化物形貌（SEM）　b）氧化物 EDS 成分分析结果

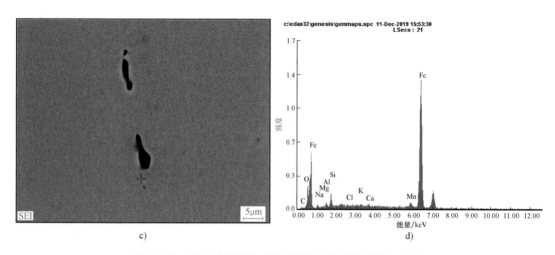

c)

图 6-116 3#-3 中界面氧化物形貌及成分分析结果（续）

c）界面小颗粒氧化物形貌（SEM） d）氧化物 EDS 成分分析结果

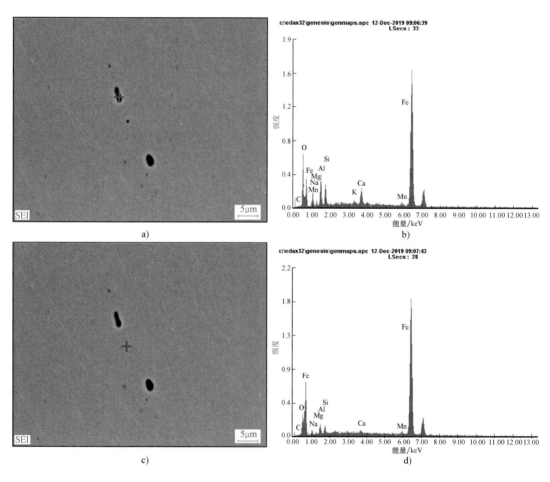

a)

c)

图 6-117 4#-3 中界面氧化物形貌及成分分析结果

a）界面大颗粒氧化物形貌（SEM） b）氧化物 EDS 成分分析结果

c）界面小颗粒氧化物形貌（SEM） d）氧化物 EDS 成分分析结果

（3）界面附近元素分布　由界面附近元素线扫描结果（见图 6-118 和图 6-119）可以看出，界面处氧化物位置有 O、Si、Al、Mn 元素的富集，界面无氧化物位置的各元素含量和基体相比没有变化。

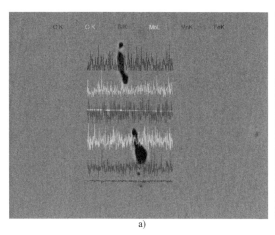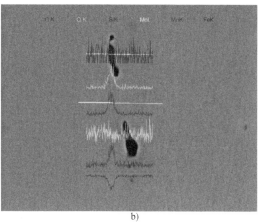

a)　　　　　　　　　　　　　　b)

图 6-118　3#-3 界面附近元素线扫描结果

a）基体线扫描　b）氧化物线扫描

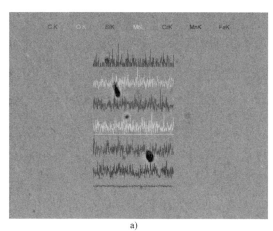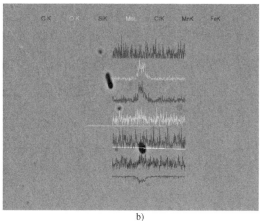

a)　　　　　　　　　　　　　　b)

图 6-119　4#-3 界面附近元素线扫描结果

a）基体线扫描　b）氧化物线扫描

4. 界面拉伸试验分析

（1）拉伸性能

1）设备型号：CSS-44300 型电子万能试验机。

2）试样取料方案：结合界面位置应处于拉伸试样的平行段内。

拉伸试验按 GB/T 228.1—2021 进行，拉伸前和拉伸后的试样如图 6-120 所示。对于试验速率，屈服平行段为 0.45mm/min，余为 5mm/min；环境温度为 18℃，环境湿度为 40%。拉伸试样标距为 25mm，直径为 5mm。

拉伸性能试验结果见表 6-5。

a)   b)

图 6-120　拉伸前和拉伸后的试样

a）拉伸前　b）拉伸后

表 6-5　拉伸性能试验结果

试样编号		规定塑性延伸强度 $R_{p0.2}$/MPa	抗拉强度 R_m/MPa	断后伸长率 A(%)	断面收缩率 Z(%)
3# 1150℃，相对压下量 50%；空冷	3#-1	578	606	1.5	4
	3#-2	521	709	16.5	63
4# 1250℃，相对压下量 50%；空冷	4#-1	536	707	15.5	58
	4#-2	530	699	5.5	6

（2）断口形貌　拉伸试样断口形貌如图 6-121～图 6-125 所示。

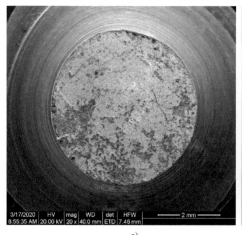
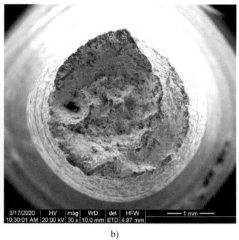

a)   b)

图 6-121　拉伸试样断口宏观形貌

a）3#-1　b）3#-2

c) d)

图 6-121 拉伸试样断口宏观形貌（续）

c）4#-1　d）4#-2

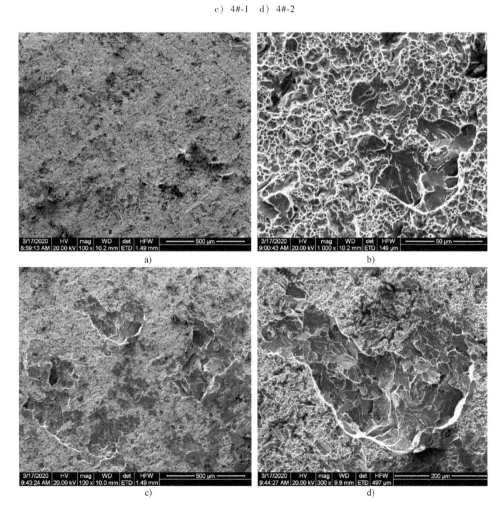

a) b)

c) d)

图 6-122 3#-1 拉伸试样断口中心和边部形貌

a）中心　b）中心形貌放大图　c）边部　d）边部形貌放大图

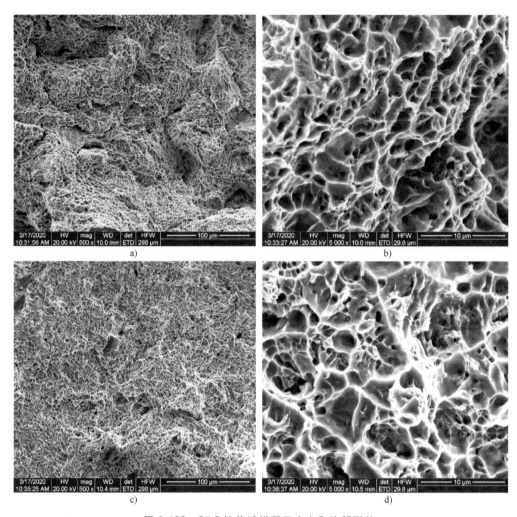

图 6-123 3#-2 拉伸试样断口中心和边部形貌

a) 中心 b) 中心形貌放大图 c) 边部 d) 边部形貌放大图

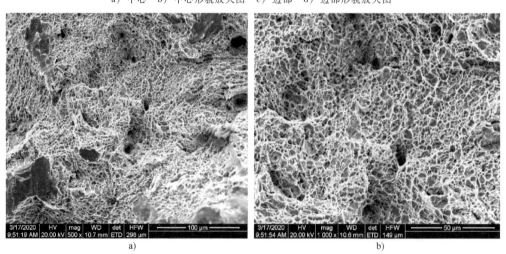

图 6-124 4#-1 拉伸试样断口中心和边部形貌

a) 中心 b) 中心形貌放大图

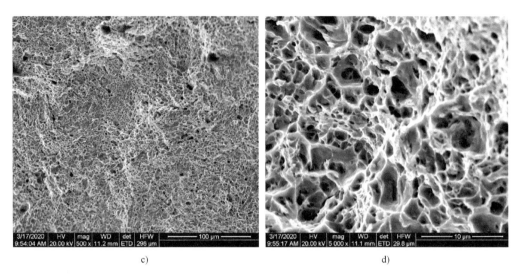

c)

图 6-124 4#-1 拉伸试样断口中心和边部形貌（续）

c）边部 d）边部形貌放大图

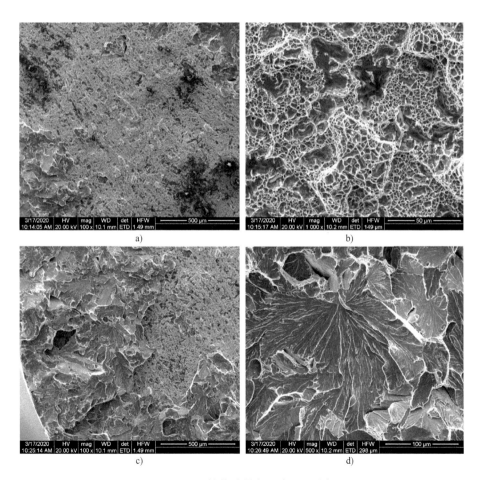

图 6-125 4#-2 拉伸试样断口中心和边部形貌

a）中心 b）中心形貌放大图 c）边部 d）边部形貌放大图

通过对图 6-121~图 6-125 进行分析，3#-1 与 4#-2 断口为脆性断口，其心部呈韧性断裂，存在一定的韧窝，但韧窝小而浅，并且韧窝内分布着一定程度的氧化物（见图 6-126 和图 6-127）。

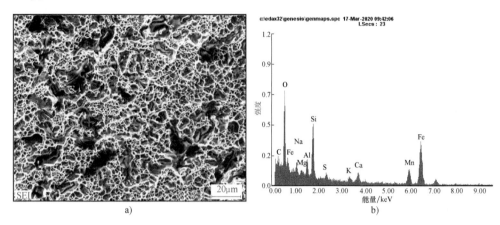

图 6-126　3#-1 拉伸试样断口氧化物成分分析

a）氧化物形貌（SEM）　b）氧化物 EDS 成分分析

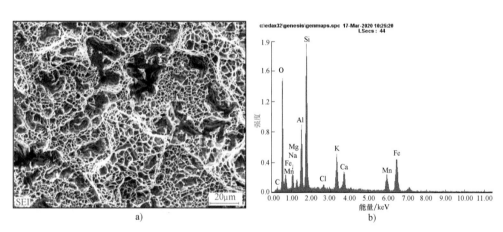

图 6-127　4#-2 拉伸试样断口氧化物成分分析

a）氧化物形貌（SEM）　b）氧化物 EDS 成分分析

（3）界面位置和断口位置评判　拉伸试样断口及界面位置和断口位置如图 6-128 和图 6-129 所示。

通过以上试验和对比观察，可以看出：

1）通过以上图示中的金相、拉伸试样断口等观察，3#-1 试样断于第一个结合界面位置，4#-2 试样断于中间结合界面位置。

2）查看其氧化物形貌，3#-1 试样的上部由于为大气下手工焊接所在位置，表面处理一般，故造成氧化物尺寸较大、较多，从而造成

图 6-128　3#-1、3#-2、4#-1、4#-2 拉伸试样断口

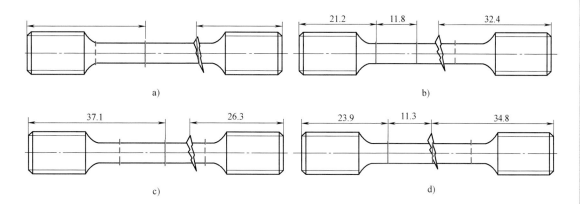

图 6-129　拉伸试样界面位置和断口位置

a）3#-1　b）3#-2　c）4#-1　d）4#-2

注：拉伸试样总长 70mm，红色实线为测定界面位置，红色虚线为推测界面位置，闪电状为断口位置，红粗实线（与闪电组合在一起的）意思是正好断在界面。

3#-1 拉伸试样在上界面处发生断裂，而其他两个电子束焊的界面结合性能良好，因此大气下焊接后的界面复合效果较真空电子束焊下的复合效果差。

3）从 4#-2 界面微观组织来看，其中界面氧化物极少，但断口又含有大量氧化物，并且 4#-1 断口没有氧化物，说明 4#-2 中界面局部含有大量氧化物，因此在处理料块表面时，务必清洁干净，否则即使经过后续高真空的电子束焊接处理后，其缺陷位置仍可能造成复合效果不良，甚至不如大气下焊接时的复合效果。

5. 硬度试验

1）试验目的：检测复合界面及其附近显微硬度值，从界面硬度变化检测界面组织及元素扩散。

2）设备及条件：TuKon 2100B 维氏硬度计，负载 0.01kgf，保压 10s。

3）内容及过程：设定程序，对界面及其附近区域进行打点，记录硬度数据，如图 6-130 所示。界面处未发现明显硬度异常。

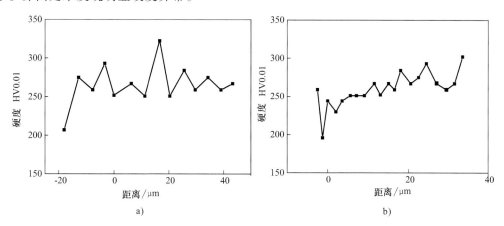

图 6-130　复合试样界面附近显微硬度分布

a）3#-2　b）3#-3

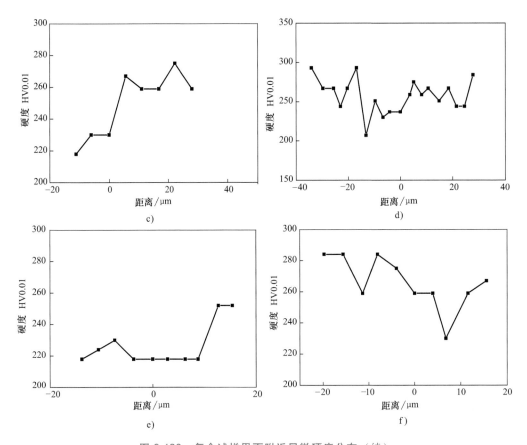

图 6-130　复合试样界面附近显微硬度分布（续）

c）3#-4　d）4#-2　e）4#-3　f）4#-4

6.2.4　压下量、变形温度对界面结合的影响

1. 试料设计

为掌握相对压下量、变形温度等条件对界面结合的影响，特设计表 6-6 所列的试验方案。

表 6-6　试验方案

相对压下量	变形温度/℃		
	1050	1150	1250
	试样编号		
13%	7#	5#	—
33%	8#	6#	2#
50%	—	3#	4#

（1）锻前加热　变形温度按以下规定进行控制。

2#：箱式加热炉中到温入炉，1250℃保温 2.5h 后出炉锻造。

3#：箱式加热炉中随炉加热，3.5h 升温到 1150℃，保温 2h 后出炉锻造。

4#：箱式加热炉中随炉加热，4h 升温到 1250℃，保温 2h 后出炉锻造。

5#、6#：箱式加热炉中随炉加热，3.5h 升温到 1150℃，保温 2h 后出炉锻造。

7#、8#：箱式加热炉中随炉加热，3h 升温到 1050℃，保温 2h 后出炉锻造。

（2）锻造过程　变形速度设定为 160mm/min；相对压下量（压下量）按以下规定进行控制。

5#、7#：13%（150mm→130mm）

2#：33%（150mm→100mm）

6#、8#：33%（150mm→100mm）

3#、4#：50%（200mm→100mm）

其中，8#试样在实际锻造过程中，因锻造压力不足，实际压下后尺寸为 105mm，实际相对压下量为 29%。

锻后空冷，平均 5min 翻面，使上下表面冷却均匀。

2. 界面微观组织

不同变形温度、相对压下量下的界面微观低倍组织及高倍组织见表 6-7 和表 6-8。

表 6-7　不同变形温度、相对压下量下的界面微观低倍组织

相对压下量	变形温度/℃		
	1050	1150	1250
15%			—
30%	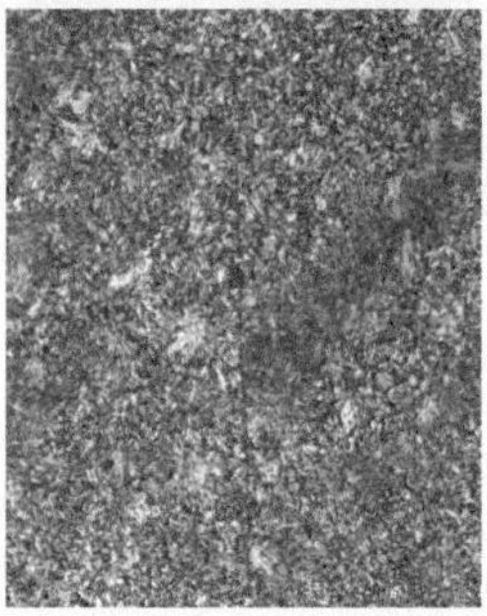		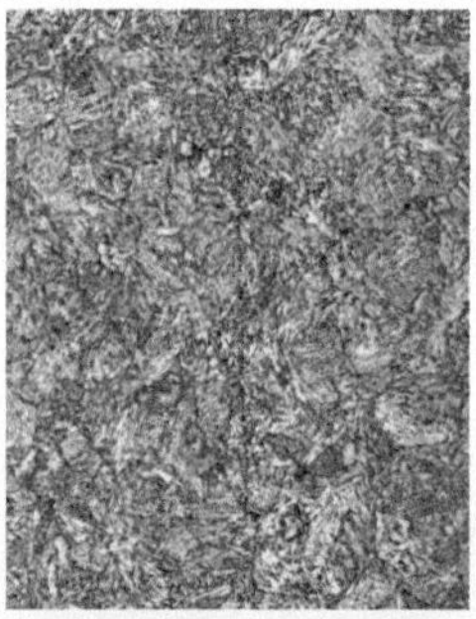
50%	—	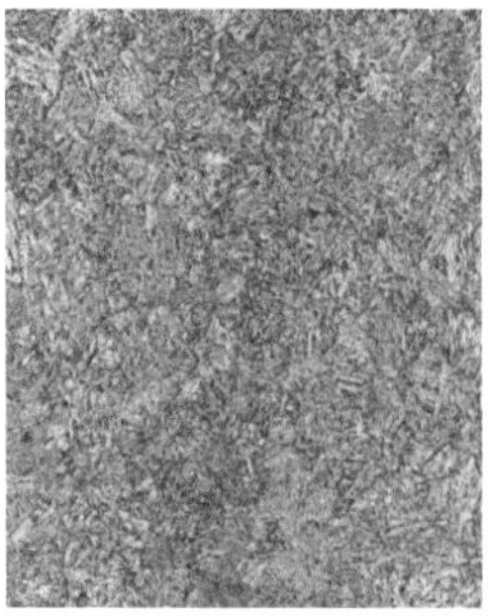	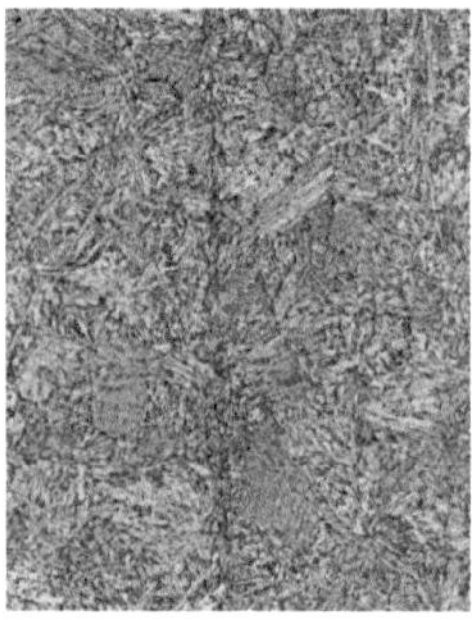

表 6-8　不同变形温度、相对压下量下的界面微观高倍组织

相对压下量	变形温度/℃		
	1050	1150	1250
15%	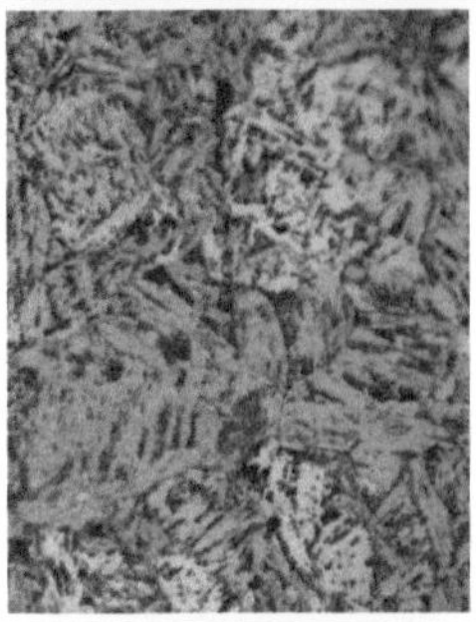	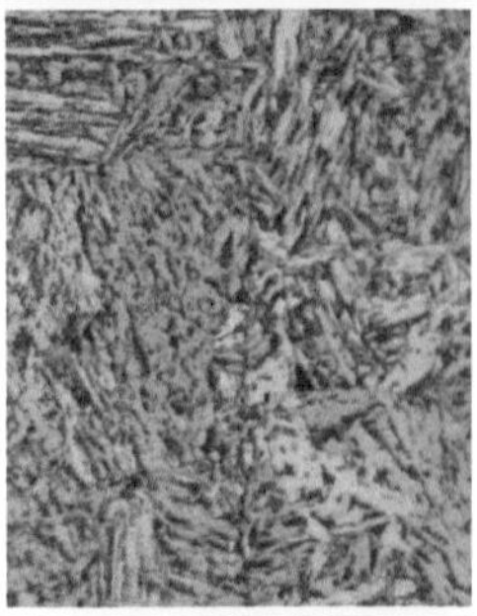	—
30%	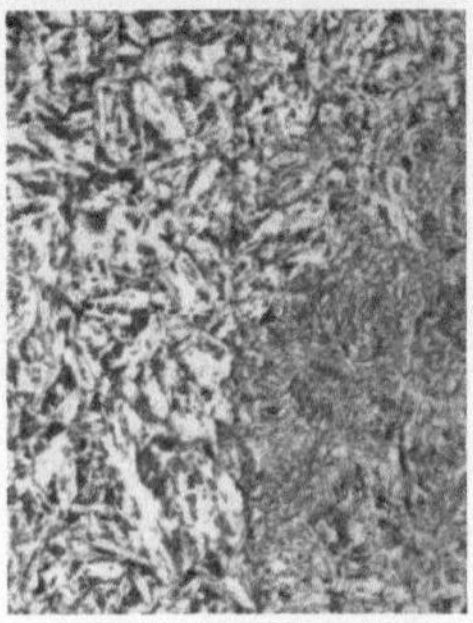	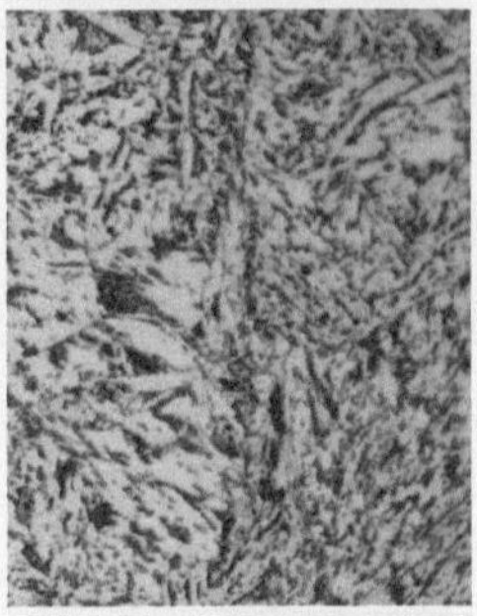	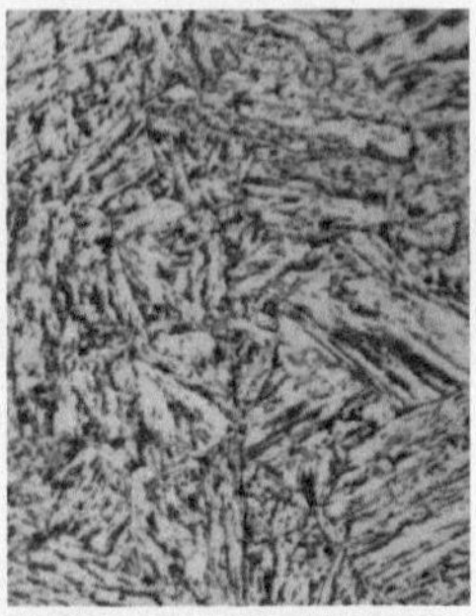
50%	—	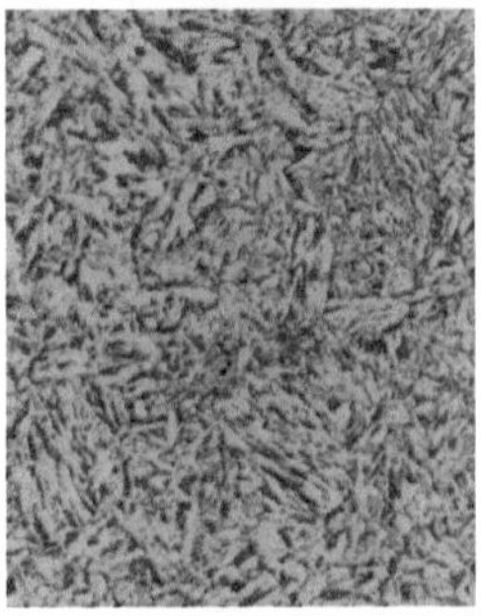	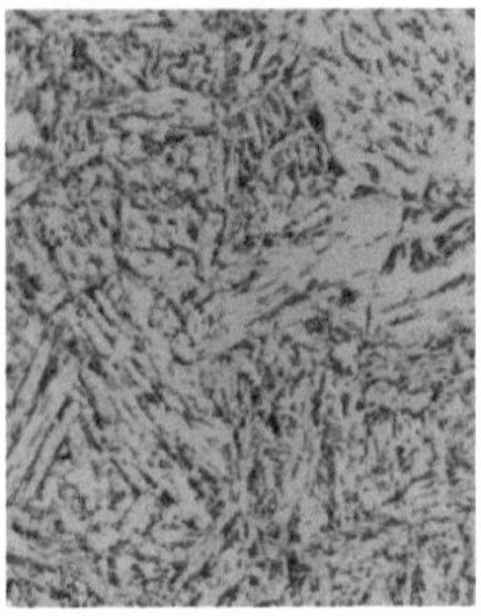

3. 界面氧化物宏观形貌

不同变形温度、相对压下量下的界面氧化物宏观形貌见表 6-9。

表 6-9　不同变形温度、相对压下量下的界面氧化物宏观形貌

相对压下量	变形温度/℃		
	1050	1150	1250
15%			—

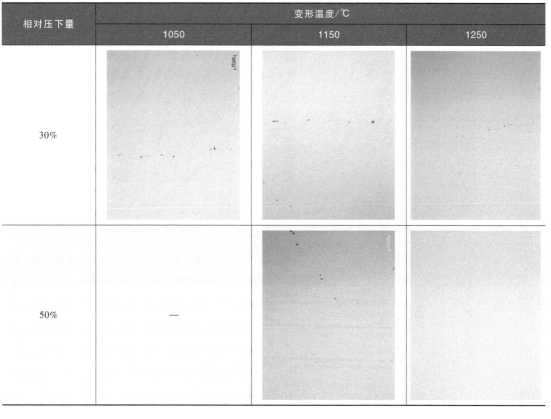

相对压下量	变形温度/℃		
	1050	1150	1250
30%			
50%	—		

4. 界面氧化物成分分析

不同变形温度、相对压下量下的界面氧化物形貌（SEM）和 EDS 成分分析见表 6-10 和表 6-11。

表 6-10　不同变形温度、相对压下量下的界面氧化物形貌（SEM）

相对压下量	变形温度/℃		
	1050	1150	1250
15%			—
30%			

第6章　复合界面的愈合

（续）

相对压下量	变形温度/℃		
	1050	1150	1250
50%	—	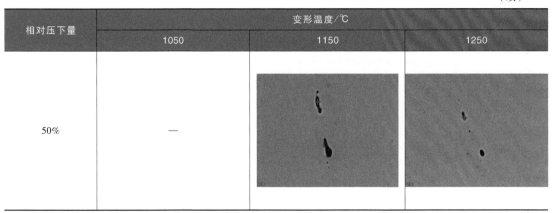	

表 6-11　不同变形温度、相对压下量下的界面氧化物 EDS 成分分析

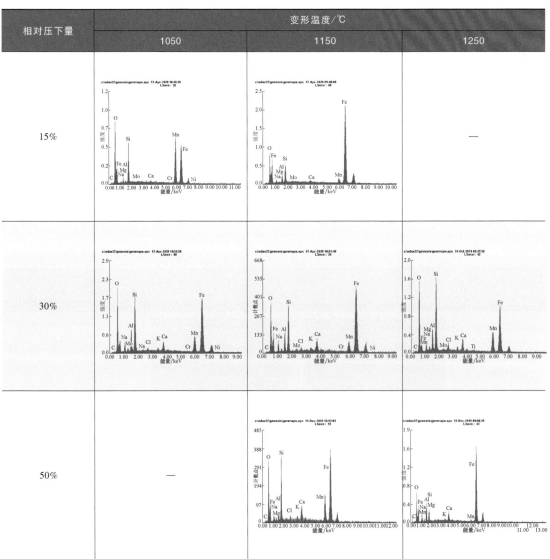

界面氧化物占界面的比例实测值如图 6-131 所示，分析结果如图 6-132 和图 6-133 所示。

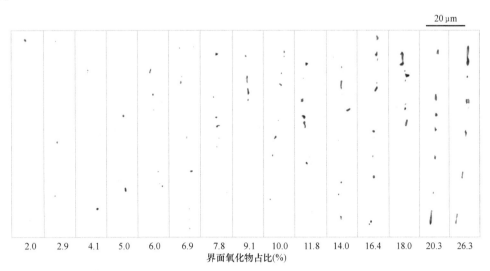

图 6-131　界面氧化物占界面的比例实测值

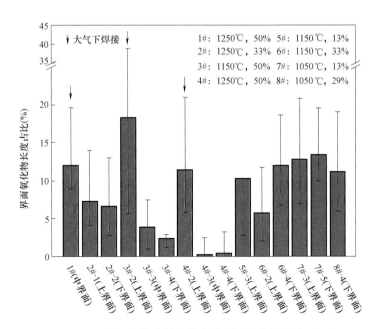

图 6-132　界面氧化物等效长度占界面长度百分比（%）

　　其中，各试样表面处理和焊接方式如下：

　　1）1#。材质 30Cr2Ni4MoV，手工砂纸打磨，干布擦拭，大气下焊接。

　　2）3#-2、4#-2。材质 SA508Gr. 3，表面磨削，大气下焊接。

　　3）2#~8#。材质 SA508Gr. 3，表面砂轮打磨，乙醇擦拭，真空电子束焊。

　　在以上大量试验中，可以通过控制试样表面加工水平、真空电子束焊工艺，以及后续热力耦合作用，使结合界面达到良好的复合效果。

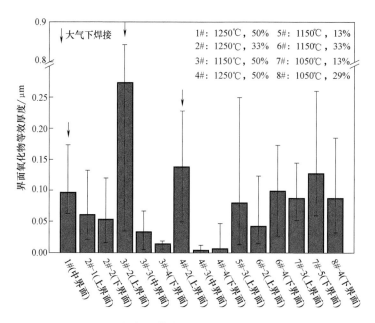

图 6-133　界面氧化物等效厚度占界面长度百分比（%）

5. 界面附近基体与氧化物扫描分析

锻压复合试样中界面附近基体与氧化物扫描分析结果如图 6-134~图 6-139 所示。

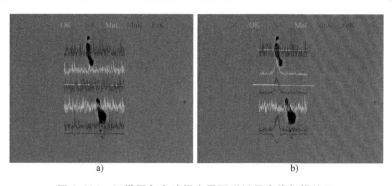

a)　　　　　　　　　　　　b)

图 6-134　3#锻压复合试样中界面附近元素线扫描结果

a）基体线扫描　b）氧化物线扫描

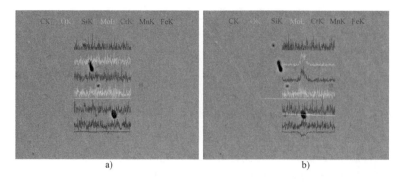

a)　　　　　　　　　　　　b)

图 6-135　4#锻压复合试样中界面附近元素线扫描结果

a）基体线扫描　b）氧化物线扫描

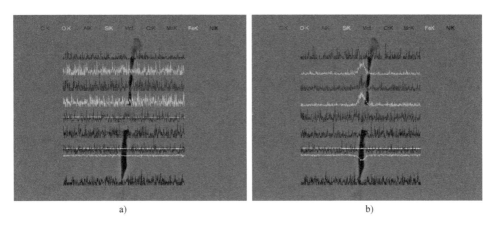

a)　　　　　　　　　　　　　b)

图 6-136　5#锻压复合试样中界面附近元素线扫描结果

a）基体线扫描　b）氧化物线扫描

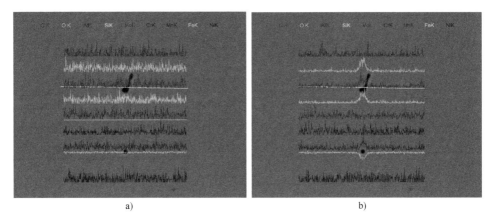

a)　　　　　　　　　　　　　b)

图 6-137　6#锻压复合试样中界面附近元素线扫描结果

a）基体线扫描　b）氧化物线扫描

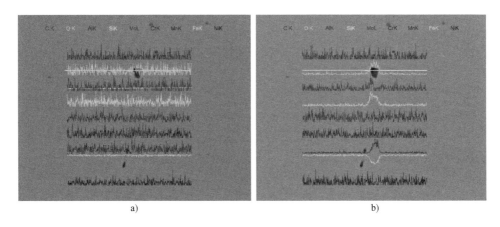

a)　　　　　　　　　　　　　b)

图 6-138　7#锻压复合试样中界面附近元素线扫描结果

a）基体线扫描　b）氧化物线扫描

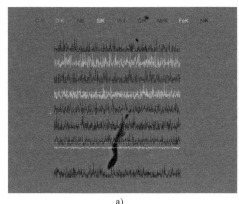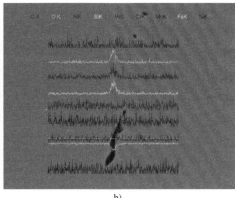

图 6-139　8#锻压复合试样中界面附近元素线扫描结果

a）基体线扫描　b）氧化物线扫描

从以上结果可以看出，氧化物类型相似。

6. 界面拉伸性能

（1）拉伸性能　设备采用 CSS-44300 型电子万能试验机。

拉伸试验按照 GB/T 228.1—2021 进行，常温拉伸试样和高温拉伸断后试样如图 6-140 和图 6-141 所示对于试验速率，屈服平行段为 0.45mm/min，余为 5mm/min；拉伸试样标距为 25mm，直径为 5mm。

a）　　　　　　　　b）

图 6-140　常温拉伸试样

a）拉伸前试样　b）拉伸断后试样

图 6-141　高温拉伸断后试样

结合界面处的拉伸性能见表 6-12 和表 6-13。

表 6-12　结合界面处的常温拉伸性能

相对压下量	变形温度/℃		
	1050	1150	1250
	拉伸性能		
15%	$R_m(R_{p0.2}) = 730(546) \, \text{MPa}$, $A = 18.8\%, Z = 67\%$	$R_m(R_{p0.2}) = 711(542) \, \text{MPa}$, $A = 17.6\%, Z = 62\%$	—

（续）

相对压下量	变形温度/℃		
	1050	1150	1250
	拉伸性能		
30%	$R_{\mathrm{m}}(R_{\mathrm{p0.2}})=731\,(544)\,\mathrm{MPa}$, $A=19.0\%,Z=45\%$	$R_{\mathrm{m}}(R_{\mathrm{p0.2}})=721(535)\,\mathrm{MPa}$, $A=17.5\%,Z=63\%$	$R_{\mathrm{m}}(R_{\mathrm{p0.2}})=727\,(535)\,\mathrm{MPa}$, $A=17.3\%,Z=59\%$
50%	—	$R_{\mathrm{m}}(R_{\mathrm{p0.2}})=709(521)\,\mathrm{MPa}$, $A=16.5\%,Z=63\%$	$R_{\mathrm{m}}(R_{\mathrm{p0.2}})=707(536)\,\mathrm{MPa}$, $A=15.5\%,Z=58\%$

表 6-13　结合界面处 350℃ 高温拉伸性能

相对压下量	变形温度/℃		
	1050	1150	1250
	350℃高温拉伸性能		
15%	$R_{\mathrm{m}}(R_{\mathrm{p0.2}})=761(544)\,\mathrm{MPa}$, $A=22.8\%,Z=59\%$	$R_{\mathrm{m}}(R_{\mathrm{p0.2}})=759(548)\,\mathrm{MPa}$, $A=20.5\%,Z=60\%$	—
30%	$R_{\mathrm{m}}(R_{\mathrm{p0.2}})=762(576)\,\mathrm{MPa}$, $A=14.5\%,Z=41\%$	$R_{\mathrm{m}}(R_{\mathrm{p0.2}})=770(555)\,\mathrm{MPa}$, $A=19.0\%,Z=55\%$	$R_{\mathrm{m}}(R_{\mathrm{p0.2}})=771(620)\,\mathrm{MPa}$, $A=20.8\%,Z=52\%$
50%	—	$R_{\mathrm{m}}(R_{\mathrm{p0.2}})=756(637)\,\mathrm{MPa}$, $A=19.0\%,Z=48\%$	$R_{\mathrm{m}}(R_{\mathrm{p0.2}})=769(622)\,\mathrm{MPa}$, $A=19.5\%,Z=49\%$

（2）断口形貌　常温及高温拉伸试样断口宏观形貌如图 6-142 和图 6-143 所示。

图 6-142　常温拉伸试样断口宏观形貌

a）2#-1　b）2#-2　c）2#H-上　d）2#H-下 1　e）3#-1　f）3#-2

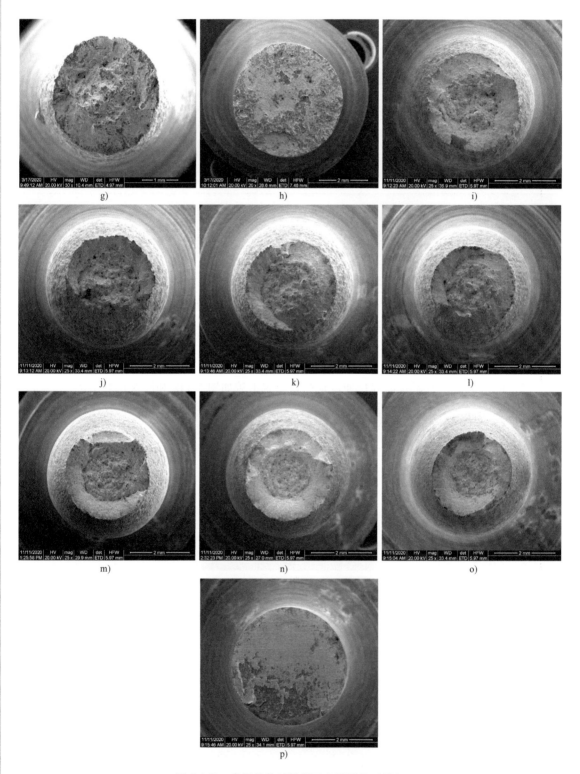

图 6-142　常温拉伸试样断口宏观形貌（续）

g）4#-1　h）4#-2　i）5#-1　j）5#-3　k）6#-1　l）6#-3　m）7#-1　n）7#-3　o）8#-1　p）8#-3

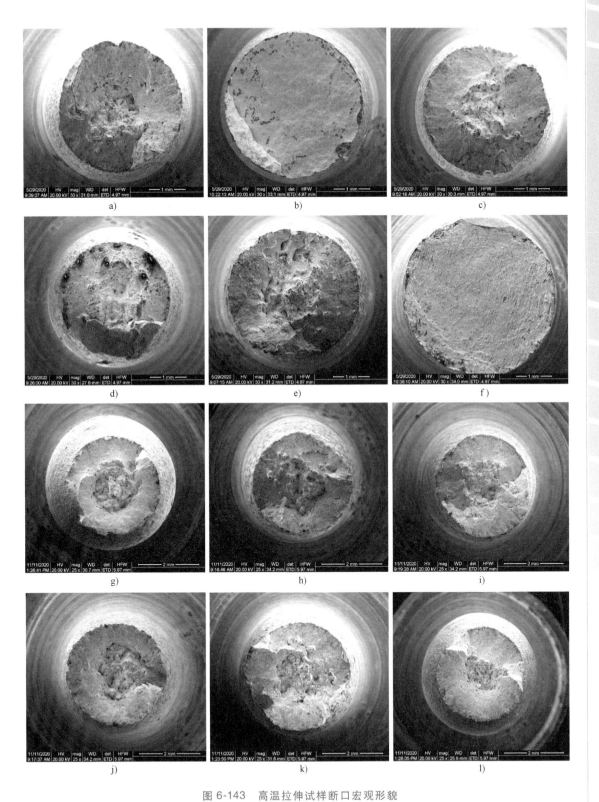

图 6-143　高温拉伸试样断口宏观形貌

a）2#-1　b）2#-2　c）3#-1　d）3#-2　e）4#-1　f）4#-2　g）5#-2　h）5#-4　i）6#-2　j）6#-4　k）7#-2　l）7#-4

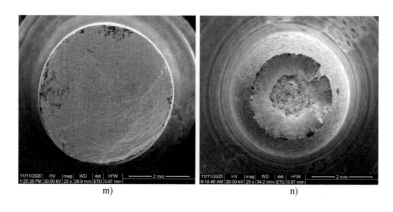

m)   n)

图 6-143　高温拉伸试样断口宏观形貌（续）

m) 8#-2　n) 8#-4

7. 冲击试验

（1）冲击性能结果（0℃）　0℃冲击性能结果见表 6-14。

表 6-14　0℃冲击性能结果

试样编号	V 型缺口距界面 /μm	界面特征	0℃冲击吸收能量 /J	断口形态
c2-1	333	近似直界面,起始位置距缺口底部 1.8mm	10	解理断口
c2-2	538	近似直界面,贯穿	13	解理断口,裂纹源在界面处
c2-3	55	直界面,贯穿	10	解理断口
c2-4		无界面	11	解理断口
c3-1	169	直界面,贯穿	12	解理断口,裂纹源在界面处
c3-2	338	直界面,贯穿	11	解理断口,双裂纹源
c3-3	177	直界面,贯穿	8	解理断口
c3-4	83	直界面,贯穿	11	解理断口
c4-1	126	直界面,起始位置距缺口底部 1.2mm	6	解理断口
c4-2	286	直界面,贯穿	9	解理断口
c4-3	146	直界面,贯穿	6	解理断口
c4-4		无界面	9	解理断口

（2）界面和断口位置统计分析　参照表 6-14 中的界面特征和断口形态统计结果，不同试样的界面位置和断口位置如图 6-144～图 6-146 所示。

（3）断口形貌　图 6-147 所示为冲击试样断口形貌及起裂源位置。通过观察可以看出，大部分裂纹源只有一个，部分试样裂纹源呈区域性，甚至出现双裂纹源的现象。

冲击试验试样各断口均呈现解理断裂形式，断口主要分为裂纹源区和扩展区，如图 6-148 和图 6-149 所示。

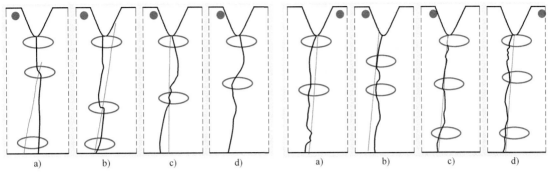

图 6-144　2#试样的界面位置和断口位置

a）c2-1　b）c2-2　c）c2-3　d）c2-4

图 6-145　3#试样的界面位置和断口位置

a）c3-1　b）c3-2　c）c3-3　d）c3-4

注：—— —界面位置；⬭—断口位置。下同。

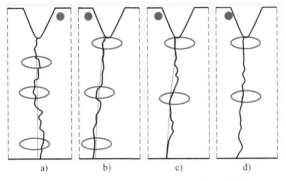

图 6-146　4#试样的界面位置和断口位置

a）c4-1　b）c4-2　c）c4-3　d）c4-4

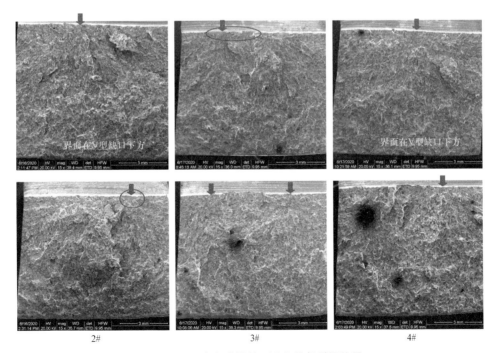

图 6-147　冲击试样断口形貌及起裂源位置

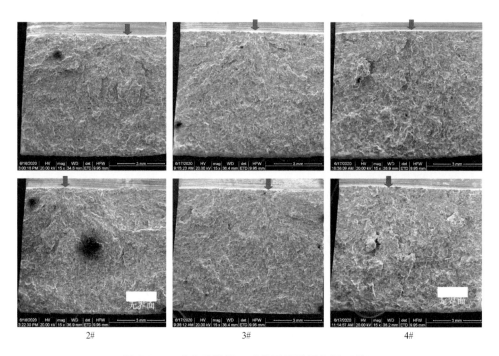

2#   3#   4#

图 6-147　冲击试样断口形貌及起裂源位置（续）

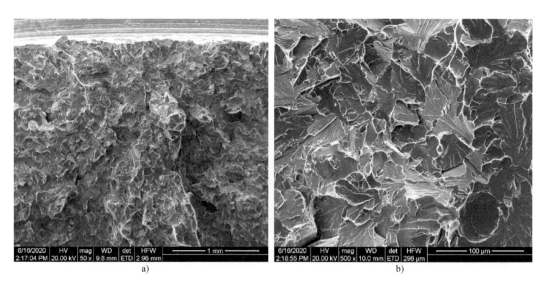

a)　　　　　　　　　　　　b)

图 6-148　2#-1 冲击试样裂纹源

a）裂纹源　b）裂纹源放大图

  冲击试验试样断口扩展区形貌差异较小，裂纹源区有个别试样（2#-2 和 3#-1）在界面开裂，如图 6-150 和图 6-151 所示。

  8. 界面拉伸、冲击等试样取样、开裂位置总结

  为明确分析各组试料的复合效果，获得精准分析的目的，将界面拉伸、冲击等试样取样、

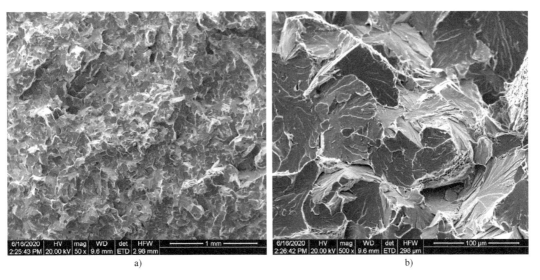

图 6-149　2#-1 冲击试样扩展区

a）扩展区　b）扩展区放大图

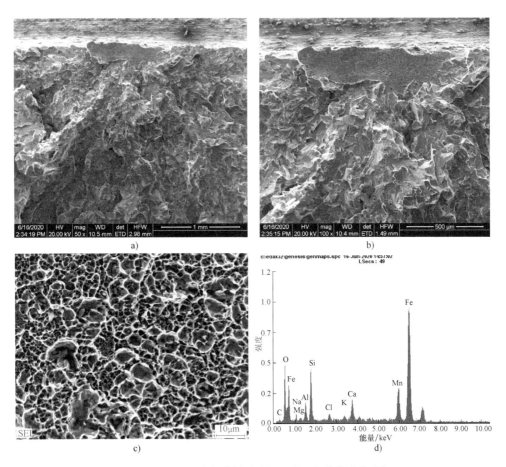

图 6-150　2#-2 冲击试样裂纹源形貌及氧化物成分分析

a）裂纹源形貌（SEM）　b）裂纹源放大图（SEM）　c）裂纹源氧化物形貌（SEM）　d）裂纹源氧化物 EDS 成分分析

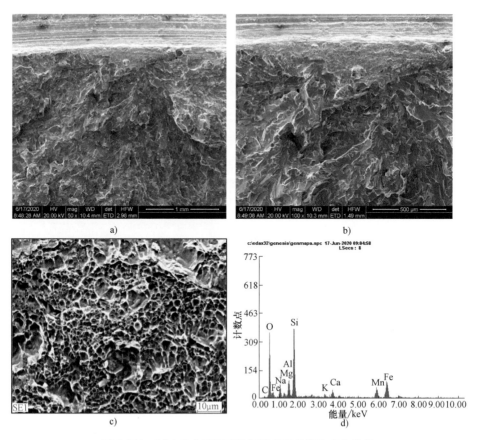

图 6-151　3#-1 冲击试样裂纹源形貌及氧化物成分分析

a）裂纹源形貌（SEM）　b）裂纹源放大图（SEM）　c）裂纹源氧化物形貌（SEM）　d）裂纹源氧化物 EDS 成分分析

开裂位置进行总结（见图 6-152 ~ 图 6-159）。可以看出，除了个别试样在界面附近发生开裂，其他试样均在母材位置开裂。

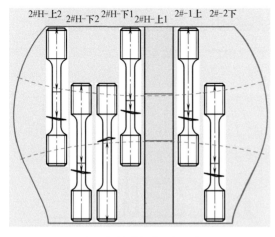

图 6-152　2#常温拉伸试样的取样位置和开裂位置

2H-上 1、2H-下 1—2#-1 上 1 和下 1 常温拉伸试样

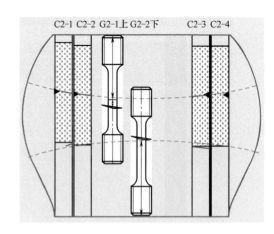

图 6-153　2#高温拉伸试样及冲击试样
的取样位置和开裂位置

G2-1 上—2#-1 上高温拉伸试样

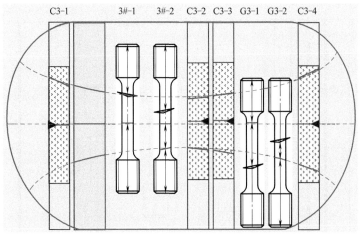

图 6-154　3#拉伸试样及冲击试样的取样位置和开裂位置

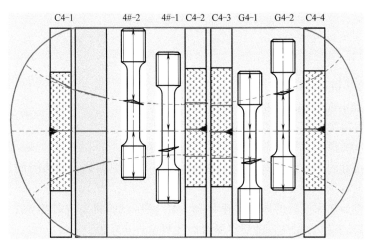

图 6-155　4#拉伸试样及冲击试样的取样位置和开裂位置

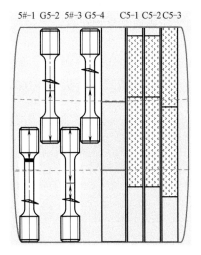

图 6-156　5#拉伸试样及冲击试样的
取样位置和开裂位置

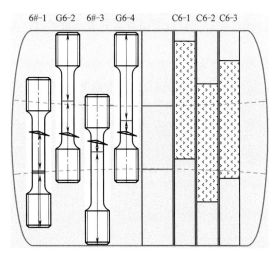

图 6-157　6#拉伸试样及冲击试样的取样位置和开裂位置

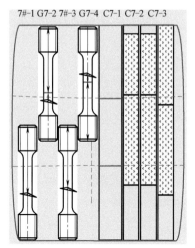

图 6-158　7#拉伸试样及冲击试样的
取样位置和开裂位置

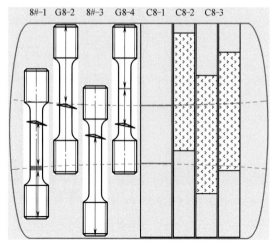

图 6-159　8#拉伸试样及冲击试样的
取样位置和开裂位置

6.2.5　界面氧化物高温演变

材料：5Ni 容器钢。

料块尺寸：150mm×50mm×30mm，4 块。

试验装置：电阻炉、电弧焊机、1MN 液压试验机等。

焊接方式：电弧焊，大气状态下 4 块料块叠压焊接。

加热：将焊接好的坯料放入电阻炉中加热，从室温随炉加热，加热时间为 2h，保温温度为 1200℃，保温时间为 1h。

复合过程：将加热保温后的坯料快速移至 1MN 液压试验机上进行热压变形，变形速度约为 50mm/s，相对压下量为 62%，随后将复合后坯料空冷至室温。

在高温热处理炉中经过约 2.5h 时间升温到 1200℃后保温，试样到温装炉，保温 0.5h、1h、1.5h、2h、3h、6h、12h、24h 后，分别取出一个试样，空冷至室温后分析其界面氧化物。

通过分析保温过程中界面的氧元素扩散、氧化物特征，以分析界面氧化物在热处理过程中的演变。

6.2.5.1　高温保温界面氧化物形貌演化

图 6-160 所示为试样锻压复合后不同位置结合界面氧化物及界面宏观形貌。从图 6-160 可以看出，不同部位的氧化物含量、长度、宽度等均有所不同。

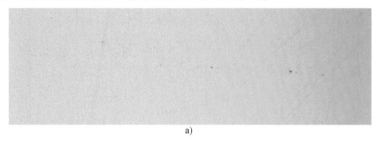

a)

图 6-160　试样锻压复合后不同位置结合界面氧化物及界面宏观形貌 （500×）

a）位置 1

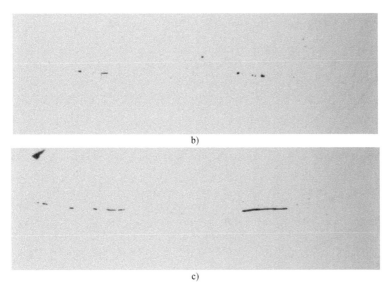

b)

c)

图 6-160　试样锻压复合后不同位置结合界面氧化物及界面宏观形貌（500×）（续）

b）位置 2　c）位置 3

图 6-161 所示为不同热处理时间后的界面氧化物形貌。

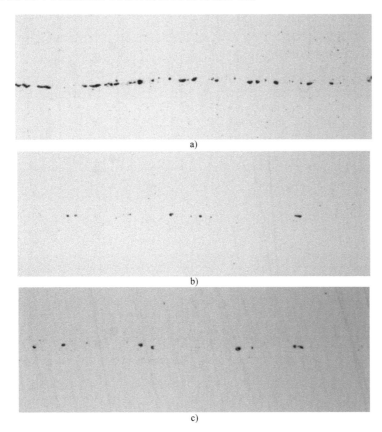

a)

b)

c)

图 6-161　不同热处理时间后的界面氧化物形貌（500×）

a）0.5h　b）1h　c）1.5h

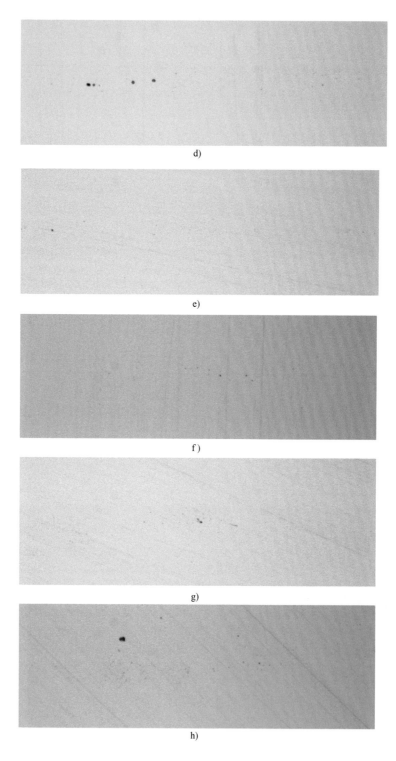

d)

e)

f)

g)

h)

图 6-161　不同热处理时间后的界面氧化物形貌（500×）（续）

d）2h　e）3h　f）6h　g）12h　h）24h

从图 6-161 可以清楚地看到：3h 后大颗粒氧化物明显减少，6h 后基本消失；24h 后微颗粒氧化物数量减少，在结合界面处基本很难再看到较大尺寸的氧化物，氧化物基本处于弥散状态。

6.2.5.2 高温保温界面氧化物成分演化

1. 0.5~2h

对热处理保温不同时间后不同界面位置的界面氧化物形貌进行分析（见图 6-162~图 6-166）。

结合界面位置：大颗粒（1~4μm，此尺寸为氧化物厚度方向尺寸）的 SiO_2 或 $SiO_2+Al_2O_3$ 复合体（0.5h 和 1h 试样中 $SiO_2+Al_2O_3$ 复合体居多，1.5h 和 2h 试样中 SiO_2 居多），小颗粒（0.1~1μm）的 $SiO_2+Al_2O_3$ 复合体，2h 试样界面上有少量的微颗粒（≈0.1μm）Al_2O_3。

界面附近位置：微颗粒（<0.1μm）Al_2O_3（距界面 5~20μm 范围内）。

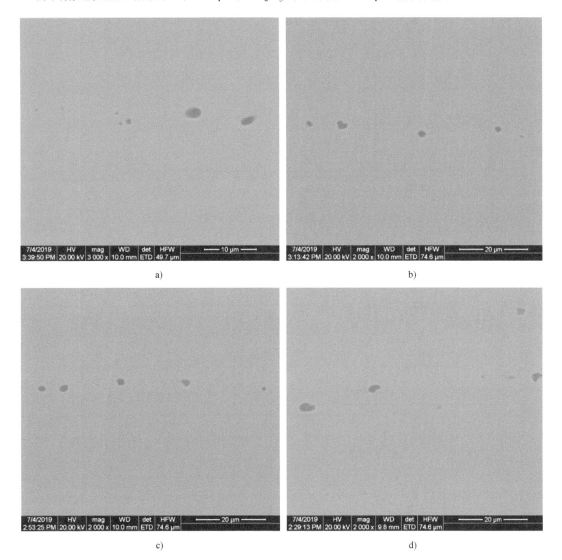

a)

b)

c)

d)

图 6-162　热处理 1h 后不同界面位置的界面氧化物形貌（SEM）

a）位置 1　b）位置 2　c）位置 3　d）位置 4

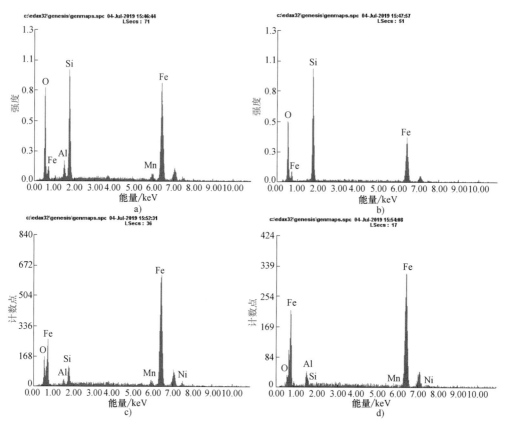

图 6-163　热处理 1h 后不同界面位置的界面氧化物成分

a）$SiO_2+Al_2O_3$ 大颗粒氧化物复合体　b）SiO_2 大颗粒氧化物

c）$SiO_2+Al_2O_3$ 小颗粒氧化物复合体　d）Al_2O_3 微小颗粒氧化物

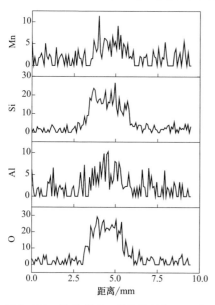

图 6-164　热处理 1h 后界面 $SiO_2+Al_2O_3$
大颗粒氧化物复合体成分线扫描结果

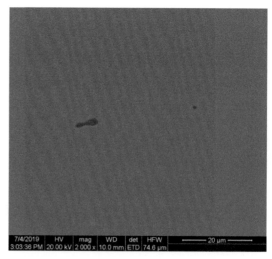

图 6-165　热处理 2h 后的界面氧化物形貌

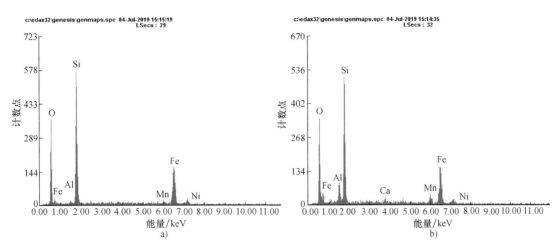

图 6-166　热处理 2h 后的界面氧化物成分

a）$SiO_2+Al_2O_3$ 大颗粒氧化物复合体　b）$SiO_2+Al_2O_3$ 小颗粒氧化物复合体

2. 3~24h

图 6-167、图 6-168 所示为热处理 3h 后的界面氧化物分析结果。

3h 保温结合界面位置：小颗粒（1~2μm）的 $SiO_2+Al_2O_3$ 氧化物复合体（3h 试样局部少量分散），微颗粒（~0.1μm）Al_2O_3 氧化物。

界面附近位置：大量微颗粒（<0.3μm）Al_2O_3 氧化物（距界面 5~10μm 范围内）。

其他保温时间后的金相试样基本分辨不出界面，无法分析界面氧化物，因此，利用锻压复合工艺控制，并结合高温保温，可以有效地消除或弥散结合界面的氧化物分布问题。

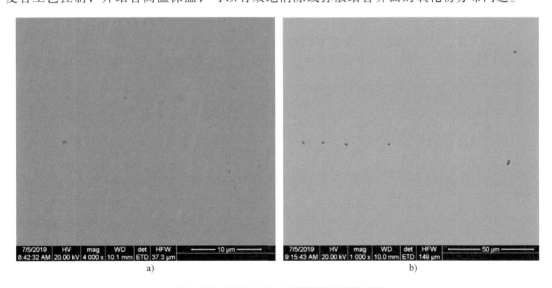

图 6-167　热处理 3h 后的界面氧化物形貌

a）位置 1　b）位置 2

图 6-169 为不同热处理时间后界面位置晶粒形貌。

界面处晶粒形貌：随着热处理时间的延长，界面附近晶粒逐渐长大，但界面位置的晶粒明显较为细小。

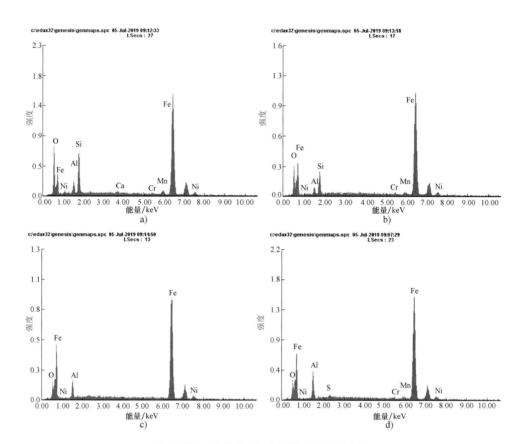

图 6-168　热处理 3h 后的界面氧化物成分

a）$SiO_2 + Al_2O_3$ 大颗粒氧化物复合体　b）SiO_2 大颗粒氧化物

c）$SiO_2 + Al_2O_3$ 小颗粒氧化物复合体　d）Al_2O_3 微小颗粒氧化物

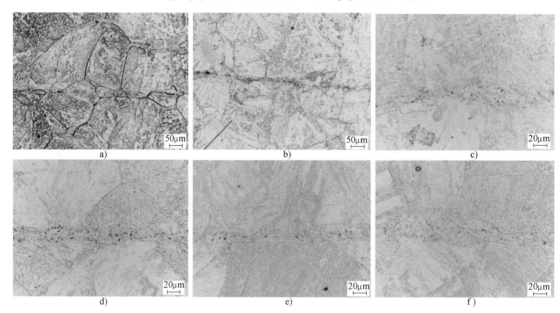

图 6-169　不同热处理时间后的界面位置晶粒形貌

a）0.5h　b）1h　c）1.5h　d）2h　e）3h　f）6h

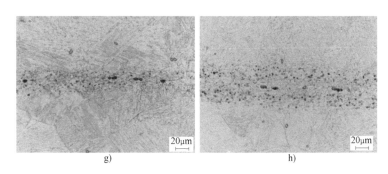

g)   h)

图 6-169   不同热处理时间后的界面位置晶粒形貌（续）

g）12h   h）24h

6.2.5.3   界面氧化物高温金相动态观察与分析

1. 高温金相试验方案

利用高温金相观察 5Ni 材料复合试料（0#试样）界面氧化物、微观组织在高温保温下的变化。

分析温度为 1200℃、1300℃，保温时间为 2h；分析内容为氧化物形貌变化照片。

1）高温金相升温过程中，金属氧化物的形貌没有大的变化。由于组织等衬度的存在，颗粒小的氧化物及其变化在高温下难以分辨。

2）1200℃高温金相。

保温过程：保温 10min 后，氧化物棱角消失，整体球化明显，细长的氧化物溶解明显；保温 30min 后，部分大颗粒状氧化物溶解明显；保温 60min 后，大颗粒状氧化物溶解。

保温后：界面有极少量的空洞出现，EDS 成分分析表明，其中 O 元素含量和基材相近，应该是氧化物溶解后留下的空洞。保温后期，界面附近及基材表面出现了大量的 Al 氧化夹杂。

3）1300℃高温金相。

保温过程：保温 10min 后，氧化物棱角消失，整体球化明显，部分较大颗粒状氧化物溶解明显；保温 30min 后，大颗粒状氧化物溶解明显；保温 50min 后，大颗粒状氧化物溶解。

保温后：界面有极少量的熔坑出现，EDS 成分分析表明，其中 O 元素含量和基材相近。另外，界面附近存在少量的 Al 氧化夹杂。

2. 高温金相试验结果

（1）1200℃高温金相保温结果   图 6-170 所示为高温金相在 500℃ 及 1200℃ 时的界面形貌。

在升温过程中，金属氧化物的形貌没有大的变化。由于组织等衬度的存在，颗粒小的氧化物及其变化在高温下难以分辨。

在试样温度到达 1200℃ 后，开始进行保温处理，如图 6-171~图 6-174 所示。

保温 10min 后，氧化物棱角消失，整体球化明显，细长的氧化物溶解明显；保温 30min 后，部分大颗粒状氧化物溶解明显；保温 60min 后，大颗粒状氧化物溶解。

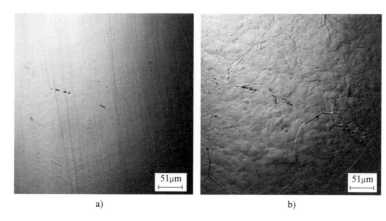

图 6-170　高温金相 500℃及 1200℃时的界面形貌（20×）

a）500℃　b）1200℃

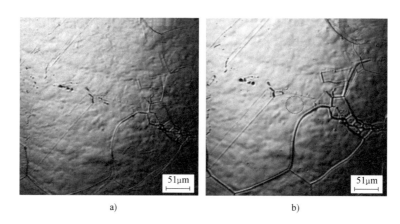

图 6-171　高温金相（20×）

a）1200℃到温金相　b）1200℃×10min 金相

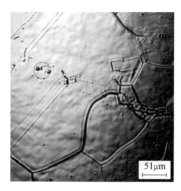

图 6-172　1200℃×30min 高温
金相中大颗粒氧化物形貌（20×）

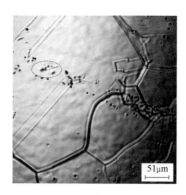

图 6-173　1200℃×60min 高温
金相（20×）

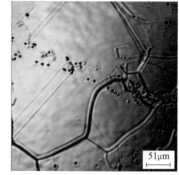

图 6-174　1200℃×60min 后高温
金相中大颗粒氧化物溶解（20×）

（2）1300℃高温金相保温结果　图 6-175 所示为高温金相在低温、700℃、1300℃时的界面形貌。

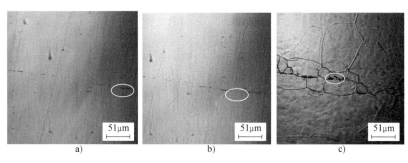

图 6-175 高温金相在低温、700℃、1300℃时的界面形貌（20×）

a）低温（24℃）　b）700℃　c）1300℃

在升温过程中，金属氧化物的形貌没有大的变化。由于组织等衬度的存在，颗粒小的氧化物及其变化在高温下难以分辨。

1300℃、不同保温时间下的高温金相如图 6-176～图 6-179 所示。

保温 10min 后，氧化物棱角消失，整体球化明显，部分较大颗粒状氧化物溶解明显。

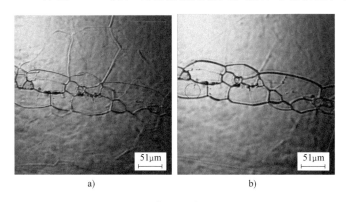

图 6-176　1300℃下的高温金相（20×）

a）1300℃　b）大颗粒氧化物边缘开始溶解

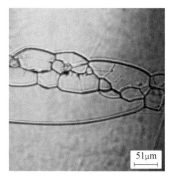

图 6-177　1300℃×10min
下的高温金相

保温 30min 后，部分大颗粒状氧化物溶解明显。

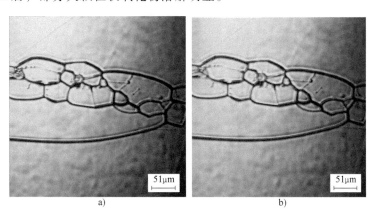

图 6-178　1300℃×30min 后不同时间的高温金相（20×）

a）时间 1　b）时间 2

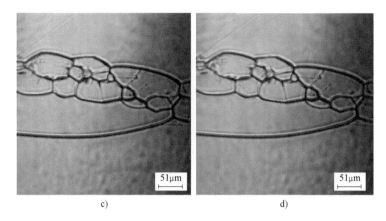

图 6-178　1300℃×30min 后不同时间的高温金相（20×）（续）

c）时间 3　d）时间 4

保温 60min 后，大颗粒状氧化物溶解。

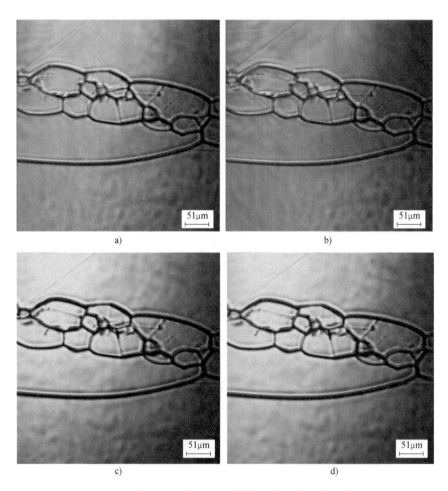

图 6-179　1300℃×60min 后不同时间的高温金相（20×）

a）时间 1　b）时间 2　c）时间 3　d）时间 4

3. 利用高温金相进行界面氧化物溶解观察

（1）1200℃　图 6-180 所示为试样 1200℃高温金相冷却后的界面形貌。可以看出，界面出现小的晶粒，界面氧化物得到一定的溶解细化，但氧化物成分仍然没有变化，如图 6-181 所示。

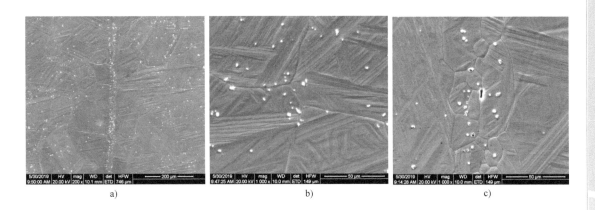

a)　　　　　　　　　　　　b)　　　　　　　　　　　　c)

图 6-180　试样 1200℃高温金相冷却后的界面形貌

a）低倍微观形貌　b）位置 1 界面高倍微观形貌　c）位置 2 界面高倍微观形貌

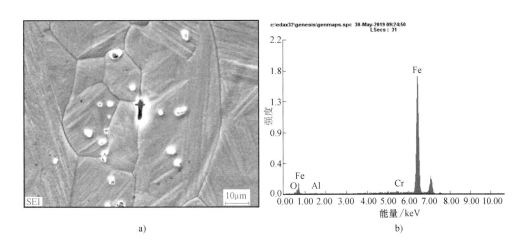

a)　　　　　　　　　　　　　　　　b)

图 6-181　位置 2 界面附近大颗粒氧化物形貌及成分分析

a）氧化物形貌（SEM）　b）氧化物 EDS 成分分析

界面有极少量的空洞出现，EDS 成分分析表明，其中 O 元素含量和基材相近，应该是氧化物溶解后留下的空洞。同时，在保温后期，界面附近及基材表面出现了大量的 Al 氧化夹杂（见图 6-182）。

（2）1300℃　图 6-183 所示为试样 1300℃高温金相冷却后的界面形貌。可以明显看出，结合界面出现大量小晶粒，界面氧化物较 1200℃时更进一步溶解细化，同时数量也进一步减少。氧化物成分没有明显变化，如图 6-184 所示。

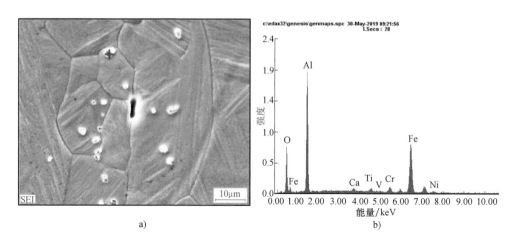

图 6-182　位置 2 界面附近小颗粒氧化物形貌及成分分析

a) 氧化物形貌 (SEM)　b) 氧化物 EDS 成分分析

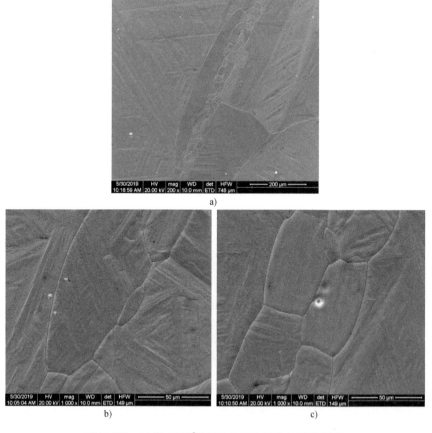

图 6-183　试样 1300℃ 高温金相冷却后的界面形貌

a) 低倍微观形貌　b) 位置 1 界面高倍微观形貌　c) 位置 2 界面高倍微观形貌

　　界面有极少量的熔坑出现，EDS 成分分析表明，其中 O 元素含量和基材相近。另外，如图 6-185 所示，界面附近存在少量的 Al 氧化夹杂。

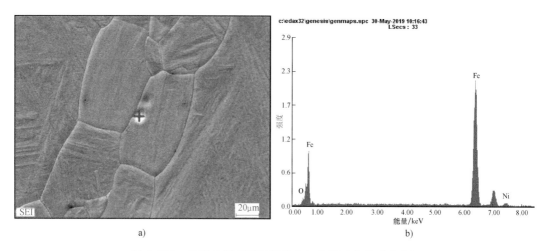

图 6-184　位置 2 界面附近凹坑处氧化物形貌及成分分析
a）氧化物形貌（SEM）　b）氧化物 EDS 成分分析

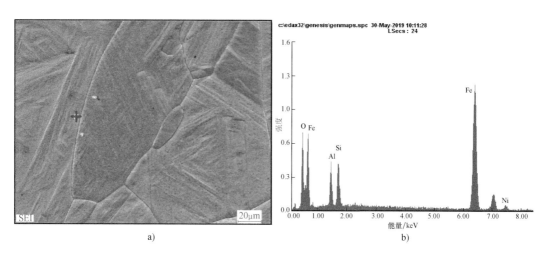

图 6-185　位置 2 界面附近小颗粒氧化物形貌及成分分析
a）氧化物形貌（SEM）　b）氧化物 EDS 成分分析

　　结合本试验研究内容，前期已经明确提出了冷态下组坯时的表面氧化物状态，即尽量让界面利用相关手段减少初始氧化膜的厚度；其次，再利用后续锻压复合及热处理等工艺对界面氧化物进行进一步控制，从而有效解决界面氧化物对结合性能的影响。

　　该内容已申请相关发明专利，并总结其结合界面高温段氧化物的控制流程，即采用初次快速率大变形热压力加工、二次高温保温与慢速率二次热压力加工的两阶段方法，可以有效碎化或消除复合坯结合界面的氧化物，提高界面结合效果。

6.2.6　界面定位结合性能评价

6.2.6.1　界面定位流变分析

1. 方案设计

（1）研究目的　一方面，利用节点法，通过锻造查看界面曲面程度；另一方面，为后续界面定位分析提供基础。

（2）模型设计

1）方坯：150mm×150mm×300mm（板材厚度为75mm，4层叠加在一起）。

2）材质：YB65。

3）温度：板材1250℃，模具20℃。

4）变形速度：30mm/s。

5）接触摩擦因数：0.7（dry）。

2. 方案结果

图6-186所示为数值模拟过程中不同阶段节点位置分布。

从图6-186可以看出，试料中部界面曲化效果不明显，上下两个界面变形过程中发生弯曲，规方后又变成平面。因此，在高温、高压等变形过程中，界面节点会随着工件的变形方向进行流变，同时不同位置的节点流动程度不同。

6.2.6.2 界面定位性能评价设计

大型金属产品用真空封装增材组坯是采用多层加工洁净的大型金属坯料经堆垛后真空封焊，制备出坯料间结合界面处为真空状态的大型整体组合坯。该组合坯经后续热压力复合后形成一体化复合坯，从而替代大型铸锭，并经后续热压力加工，制备所需热压力加工毛坯产品。这种增材制坯（组坯+热压力复合）的方法可以替代"大型铸锭生产大型锻件"的传统生产模式，解决大型锻件缩松、缩孔、偏析等质量问题；同时，增材制坯也可用于异种材料的组坯和热压力复合。因此，具有明显的优越性。

但对于大型化热压复合后的一体化复合坯的复合效果不易评定，往往需要开展大量的解剖工作，尤其是多层大型产品件，其解剖后得到的评定数值是否能够代表结合界面处的性能很难确定，直接制约了增材复合制坯技术的广泛推广与应用，因此迫切需要一种合适的方法，准确定位复合后毛坯的结合界面位置，并进行合理的性能评价，从而确定热压增材复合的效果。

该设计方案提供了一种结合界面定位方法，目前已获发明专利[51]，专利中的复合坯组装如图6-187所示，各步骤详见S1～S7。

1）S1——准备初始坯料1和中间夹层2。初始坯料1可以是同种材料，也可以是异种材料，可采用锻坯、铸坯、轧坯或热轧厚板等，切割加工至所需形状及尺寸，如正方体、长方体、圆柱体、环形等众多规则形状，每层初始坯料的形状相同。

中间夹层2可为纯镍、纯铁等材质薄箔，夹层初始厚度为0.1～1mm，若夹层厚度小于0.1mm，经热压变形后太薄不易观察；若夹层厚度大于1mm，即使热变形80%相对压下量，仍有0.2mm以上的厚度，可能会影响界面结合性能。夹层形状可为长方形、正方形、圆形、异形等；夹层形状及厚度尺寸可根据产品定位需要进行设置，不能影响产品的界面结合性能。

中间夹层2材质应不同于初始坯料1，具有较好的高温延展性，不易产生高温加工断裂，可随工件的热加工变形而产生均匀变形，并且经后续腐蚀后，其颜色与复合坯基体存在明显差异，易于肉眼观察及后续微观组织观察（见图6-188和图6-189）；结合界面3和中间夹层2的设置数量及放置位置，可依据实际产品的性能评价需求进行设计。

2）S2——对初始坯料1及中间夹层2进行加工。对所用初始坯料1及中间夹层2进行

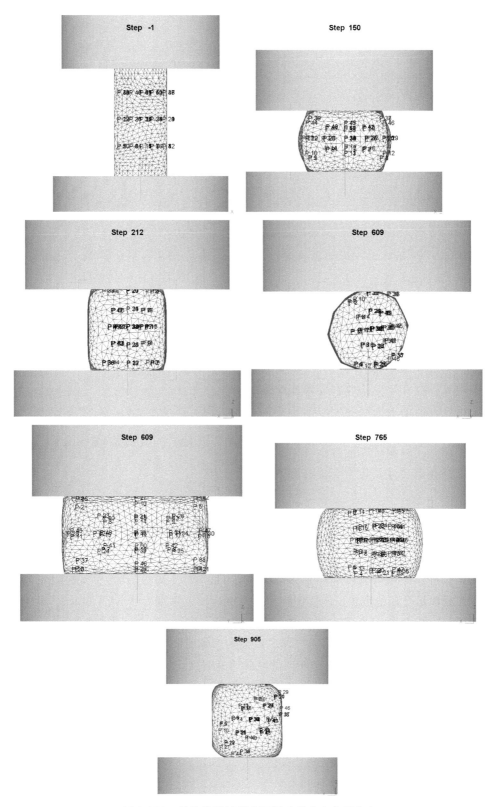

图 6-186　数值模拟过程中不同阶段节点位置分布

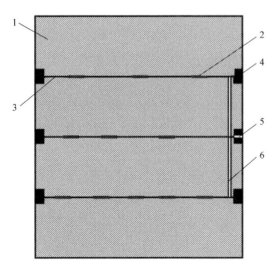

图 6-187　复合坯组装

1—初始坯料　2—中间夹层　3—结合界面　4—焊缝
5—抽气小孔　6—连通气孔

图 6-188　不含镍箔时界面组织形貌

表面加工，加工方式可采用铣削、磨削、砂带打磨、砂轮打磨、钢丝打磨、喷砂、酸洗、碱洗等，以有效去除原料表面氧化皮，保证结合表面的表面粗糙度小于等于 $3.2\mu m$。降低表面粗糙度，有利于后续表面的油污去除，同时在后续抽真空环节可大大减小密封孔隙尺寸及数量，提高抽真空质量。

加工密封用焊接槽，每层坯料均需加工焊接槽，以用于真空焊接密封。在初始坯料 1 上的待焊部位加工并装配成一定几何形状的焊接槽，焊接槽坡口形状可为三

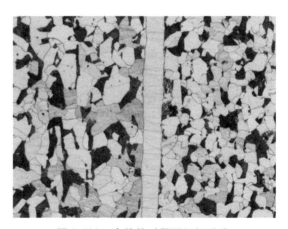

图 6-189　含镍箔时界面组织形貌

角形、方形或梯形及其他形状，以便焊接密封；坡口加工深度大于等于 30mm，以保障后续热加工操作，防止开裂。当多于两层初始坯料 1 复合时，处于中间的坯料均需加工一处 $\phi 10mm$ 的连通气孔 6，用于连通多个界面，以便多个界面同时抽真空，同时只需设置一处外接真空设备的抽气小孔 5，保障复合坯内部空腔的真空度。

3）S3——对加工后的坯料及中间夹层进行表面清洁。采用乙醇、丙酮等有机溶剂对初始坯料 1 的结合表面、中间夹层 2 的表面、焊接坡口等位置进行清洗，以便去油除污并吹干，进行简单包装，如薄膜覆盖以防止氧化和二次污染，表面清洁后的放置时间不宜过长。

4）S4——对坯料及中间夹层进行组坯、焊接，得到复合坯。将完成加工和清洁的初始坯料 1 和中间夹层 2 依次堆垛对齐放置，焊接后得到复合坯。复合坯的设计应符合热压加工高径比要求，防止热压加工失稳。

焊接时，先在焊接槽局部定位焊固定，随后采用焊条电弧焊、气体保护焊或钨极氩弧焊

等焊接方式，用焊接材料填充焊接槽，保证焊接的密封性及焊接强度，以防后续热加工时焊缝4开裂；预留抽气小孔5，抽气小孔的位置以利于抽气为准，以便后续抽真空操作。

5）S5——对复合坯中各坯料之间的结合界面进行抽真空。采用抽真空设备，利用预留抽气小孔进行抽真空处理。当真空度≤0.1Pa时，关闭抽气阀门，并进行保压，以测定焊接的密封性；打开稀释空气阀门，充入氮气、氩气等惰性气体，清洗稀释复合坯密封腔内空气，重新抽真空，待达到真空度≤0.1Pa后，在真空条件下将抽气小孔5焊接密封，使复合坯密封腔内部形成高真空环境。

对于多层复合坯，为充分掌握远离抽真空端结合界面3处的真空度状况，可设置两处或多处小孔，以便对四周已焊合密封的复合坯内部进行抽真空、稀释空气、检验真空度操作。其中，一处小孔连接外部抽真空设备，位置以利于抽气为准，而远离抽真空端的另一处小孔则连接真空度显示设备，用于查看该位置复合坯结合界面3的真空度状况。

上述抽真空设备应具备大于 10^{-3}Pa 以上的抽真空能力，具备稀释空气接口控制，具备保压真空度显示功能。

对复合坯内部去氧抽真空，可以防止后续加工成形过程中高温造成结合界面3的氧化。

6）S6——对复合坯进行热压加工，得到一体化复合坯。将通过上述方法制备得到的复合坯经高温保温热透后，进行热压加工。依据目前国内外大型液压机或轧机设备的制备能力，以大于10mm/s的变形速度对复合坯进行加压变形，并使坯料难变形区总相对压下量达30%以上，较快的变形速度和较大相对压下量有利于结合表面氧化膜破碎及新鲜金属的扩散结合；对于大型液压机，可进行形变保压，保压时间可依据坯料材料的热加工特性进行设计；待复合成一体化复合坯后，可根据产品需求进行后续成形加工，制备相关大型金属产品。

7）S7——利用所述中间夹层进行结合界面定位。根据模拟仿真变形分析中夹层节点的位置变化，对一体化复合坯进行全面解剖或局部解剖，对解剖后的断面进行打磨、抛光，根据颜色初步判断断面处界面中间夹层2的位置，随后进行低倍酸洗，根据表面腐蚀形貌确定中间夹层的位置，即可对增材制造大型金属复合产品结合界面3进行准确定位。

对各解剖位置的中间夹层2的位置进行数据处理，如利用作图软件将夹层节点的位置进行连接作图，如图6-190~图6-192所示，即可模拟整体复合成坯结合界面3的分布与走向。定位后对夹层旁边不含夹层的结合界面3的位置进行后续性能分析与评价。

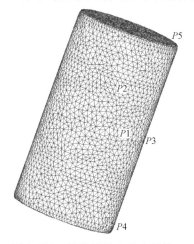

图 6-190　热模拟第 1 步变形情况

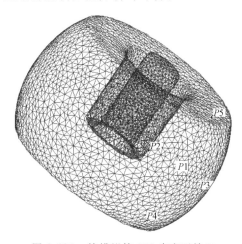

图 6-191　热模拟第 186 步变形情况

6.2.6.3 界面定位性能常规评价

增材制坯方法是大型金属锻件的新型制造技术，具体包括：首先，利用洁净钢平台冶炼钢液、立式半连铸机制坯生产出双超圆坯，双超圆坯经加热后放入模具中，利用高温高压将其制备成初始坯料，然后将多个初始坯料堆垛成形，得到预制坯；其次，对预制坯进行焊接，以使多个初始坯料之间的结合界面焊合，得到复合坯；最后，复合坯经热压复合制备得到高质量锻件。增材制坯能够替

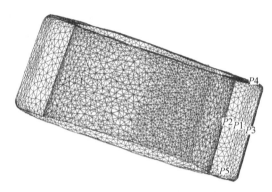

图 6-192　热模拟第 954 步变形情况

代传统的"大型钢锭生产大型锻件"的方法，以解决大型钢锭缩松、缩孔、偏析等质量问题。

增材制坯方法中的界面结合性能是影响锻件质量的重要因素。目前，常对锻件试样的结合界面位置进行大量取样，然后对试样整体进行盲测来分析结合界面处的结合性能，但受锻件本体中夹杂物、材料缺陷等因素的影响，难以判断检测的力学性能是否属于结合界面处的性能，导致增材制坯的界面结合性能的评价准确性较低。

因此，在此提供了一种增材制坯界面结合性能的评价方法，旨在解决如何提高增材制坯界面结合性能的评价准确性。目前，该内容已申报发明专利[52]，其主要评价过程如下：

采用增材制坯方法制备锻件，如图 6-193 所示；

对所述锻件进行加工，得到包括锻件结合界面的冲击试验用标准试样，如图 6-194 所示。

对标准试样上的结合界面位置进行标记，得到界面标记线，如图 6-195 所示。

沿界面标记线，在标准试样的侧面上加工 V 型缺口，如图 6-196、图 6-197 所示。

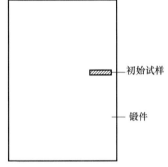

图 6-193　锻件和初始试样的对应关系

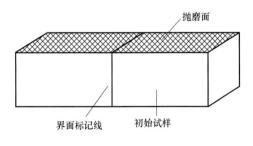

图 6-194　冲击试验用标准试样

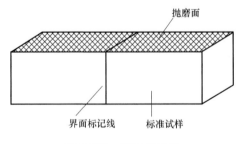

图 6-195　界面标记线

对加工后的标准试样进行冲击试验，冲击试样断口如图 6-198 所示。根据冲击试验断口分析（见图 6-199～图 6-203），评价界面结合效果。

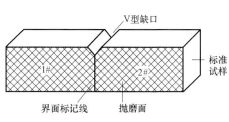

图 6-196　加工 V 型缺口后的标准试样

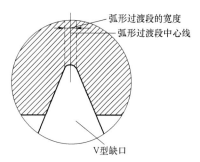

图 6-197　V 型缺口的平面

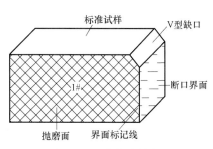

图 6-198　冲击试样断口

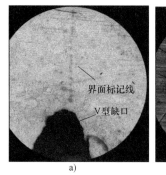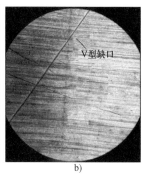

图 6-199　光镜视野中冲击试样形貌

a）界面标记线　b）V 型缺口

可选地，对锻件进行加工，得到包括锻件结合界面的冲击试验用标准试样，包括对锻件进行加工，得到包括锻件结合界面的初始试样；采用金相试样制备方法对初始试样的表面进行抛磨处理，得到处理后的初始试样；在处理后的初始试样上确定结合界面位置，并对处理后的初始试样进行加工，得到包括结合界面的标准试样。

可选地，对标准试样上的结合界面位置进行标记，得到界面标记线，包括对标准试样上的结合界面位置进行机械定位画线或激光打标，得到界面标记线。

可选地，对加工后的标准试样进行冲击试验，包括对加工后的标准试样进行常温冲击试验和/或低温冲击试验。

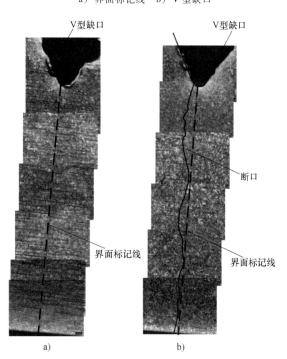

图 6-200　光镜视野中不同标准试样的断口

形貌和界面标记线

a）1#　b）2#

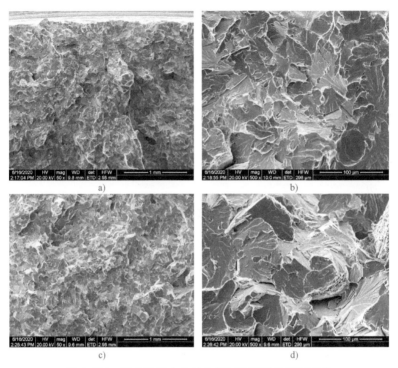

图 6-201 标准试样未在结合界面处断裂的断口形貌

a）起裂源 b）起裂源放大图 c）扩展区 d）扩展区放大图

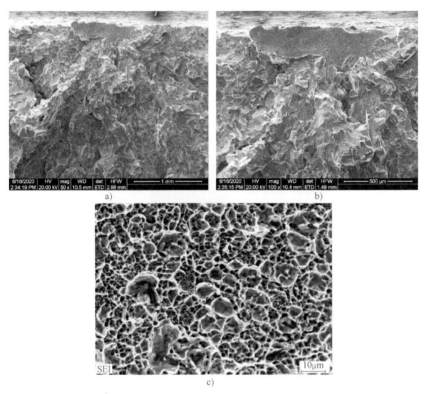

图 6-202 标准试样在结合界面处断裂的断口形貌

a）起裂源 b）起裂源放大图 c）起裂源韧窝及氧化物

可选地，根据试验结果评价界面结合性能，包括对冲击试验后标准试样的断口进行观察分析，结合冲击试验的冲击吸收能量数值，标准试样的断口走向、断口形貌和断口界面处的材料成分，评价增材制坯的界面结合性能。

可选地，结合冲击试验的冲击吸收能量数值，标准试样的断口走向、断口形貌和断口界面处的材料成分评价增材制坯的界面结合性能，包括将冲击试验的冲击吸收能量数值与标准试样本体材料的冲击吸收能量数值进行对比，根据第一对比结果评价增材制坯的界面结合性能；将冲击试验后标准试样的

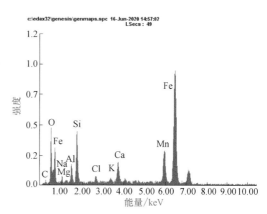

图 6-203　标准试样在结合界面处
断裂时断口界面氧化物成分分析

断口走向与标准试样抛磨面上的界面标记线进行对比，根据第二对比结果评价所述界面结合性能；根据冲击试验后标准试样的断口形貌判断断裂类型，根据断裂类型评价所述界面结合性能；根据冲击试验后标准试样断口界面处的材料成分评价所述界面结合性能。

可选地，根据第一对比结果评价增材制坯的界面结合性能，包括若冲击试验的冲击吸收能量数值与标准试样本体材料的冲击吸收能量数值的差值小于或等于预设阈值，则增材制坯的界面结合性能良好；否则，所述界面结合性能不佳。

可选地，根据第二对比结果评价增材制坯的界面结合性能，包括若标准试样的断口走向与界面标记线相近，则增材制坯的界面结合性能不佳；否则，所述界面结合性能良好。

可选地，断裂类型包括韧性断裂和脆性断裂。根据断裂类型评价界面结合性能，包括若断口的断裂类型为韧性断裂，并且韧窝中含有大量氧化物，则表示标准试样在界面结合位置断裂，增材制坯的界面结合性能不佳；若韧窝中夹杂物不同于初始坯料表面氧化物，则属于本体断裂，界面结合性能良好。若断口的断裂类型为脆性断裂，并且断口与标记线重合，则表示标准试样未在界面结合位置断裂，界面结合性能良好；若断口与标记线重合，则表示标准试样在界面结合位置断裂，界面结合性能不佳。

可选地，根据冲击试验后标准试样断口界面处的材料成分评价所述界面结合性能，包括若断口界面处的材料成分与标准试样本体材料的成分相同，则表示标准试样未在界面结合位置断裂，增材制坯的界面结合性能良好；若断口界面处的材料成分与标准试样本体材料的成分不同，则表示标准试样在界面结合位置断裂，界面结合性能不佳。

可选地，V 型缺口的弧形过渡段中心线与界面标记线之间的距离小于或等于 230μm。

可选地，V 型缺口的弧形过渡段的宽度为 460μm。

这种增材制坯界面结合性能评价方法的有益效果是，采用增材制坯方法可得到需要进行界面结合性能评价的锻件。对锻件进行加工，得到用于冲击试验的标准试样，标准试验需要包括锻件的结合界面。对标准试样上结合界面的位置进行标记，得到界面标记线，便于后续针对结合界面处进行冲击试验，以及与断口相比较以评估界面结合性能。可在标准试样的一个侧面上，沿着界面标记线加工出 V 型缺口，对加工出 V 型缺口的标准试样进行冲击试验时，标准试样会从 V 型缺口开始起裂产生断口。由于 V 型缺口是沿着界面标记线加工得到

的，使断口从标准试样的结合界面处起裂，根据冲击试验的试验结果就可实现针对界面结合处性能的准确分析，提高对增材制坯界面结合性能的评价准确性。

6.2.6.4 反向变形结合性能评价

增材制坯技术中的界面结合情况是影响大型金属锻件拉伸、冲击、剪切、疲劳等性能的关键因素。目前，对于一种金属材料是否适用于增材制坯技术，通常需要将其制备成锻件后，对锻件试样的结合界面位置进行多点盲测，如对两个初始坯料的结合界面位置进行排列取样，得到大量的试样，然后测定试样的结合界面处的结合性能，以期反映锻件结合界面处的结合情况。这种方法比较费时，极大地浪费了科研资源，并且多点盲测通常不能反映整体情况，从而导致结合性能评价准确性较低。因此，为解决上述问题，在此提供了一种基于反向变形评价增材制坯结合性能的方法。目前已申报发明专利[53]，具体专利内容如下。

基于反向变形评价增材制坯结合性能的具体步骤如图 6-204 所示。

1）S1——轴向压缩变形。采用增材制坯技术，将多个柱状金属坯料沿其轴向进行第一次热压锻造，使相邻两个金属坯料之间的结合界面复合，得到锻件。

2）S2——第一阶段径向拉拔变形。将锻件加热至第一温度并保温，到设定时间后，对每个结合界面沿锻件径向进行第二次热压锻造。第二次热压锻造的变形速度≤5mm/s、变形量≤10%，并观察各结合界面处是否开裂。若开裂，则结束锻造过程；若无开裂，则转至步骤 S3。

3）S3——第二阶段径向拉拔变形。将锻件加热至第二温度并保温，到设定时间后，对每个结合界面沿锻件径向进行第三次热压锻造。第三次热压锻造的变形速度≥10mm/s、变形量为 50%，并观察各结合界面处是否开裂。若开裂，则结束锻造过程；若无开裂，则转至步骤 S4。

4）S4——第三阶段径向压缩变形。将锻件加热至第三温度并保温，到设定时间后，对难变形区的金属坯料沿锻件径向进行第四次热压锻造。第四次热压锻造的变形速度≥10mm/s、相对压下量≥30%，并观察各结合界面处是否开裂。根据结合界面情况判断金属坯料是否适用于增材制坯技术进行复合。

该发明首先利用增材制坯技术将多个柱状金属坯料复合形成矮柱状锻件（见图 6-205），然后施加反向变形的作用力，使锻件向初始状态，即细长圆柱形态变形（见图 6-206），通过观察该过程中各结合界面是否发生开裂来评价多个柱状金属坯料之间的结合性能，最终得出该金属坯料是否适用于增材制坯技术进行复合。具体而言，各步骤作用如下：

1）在轴向上进行镦粗操作，使柱状金属坯料压缩变形（即第一次热压锻造），保障金属坯料的复合效果，以作为后续反向变形的评价基础。

2）将复合后的锻件经回炉保温热透，使金属坯料变软，一方面加强步骤 S1 的复合效果，金属坯料经压缩变形后，结合界面得到初步复合，由于此变形过程时间短，结合界面将存在一定的变形缺陷，微观上尚不能从原子层面进行良好的排布，原先冷态表面存在的氧化膜仅发生了破裂，必然会对后续微观组织，如晶粒、氧化物分布及尺寸等产生一定影响，因此将锻件送入加热炉中进行加热保温，提高结合界面的金属流动性，促进界面复合；另一方面保证锻件整体热透，具有较好的可锻造性，为后续步骤的热压锻造提供足够的热量以进行塑性变形。第一阶段径向拉拔变形（即第二次热压锻造）沿锻件的径向进行，作用力覆盖

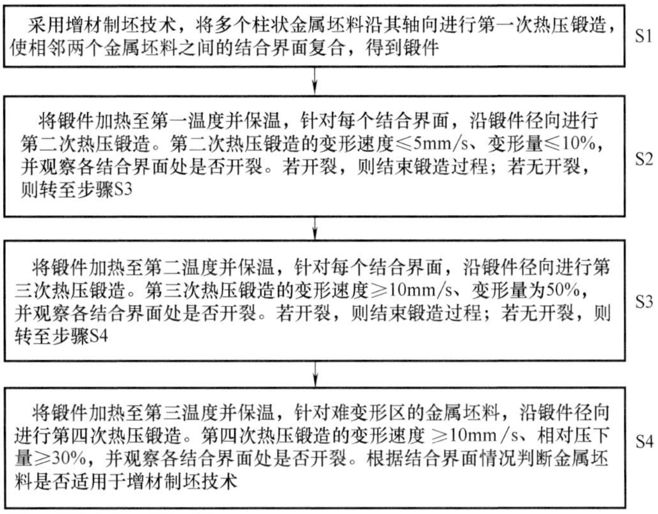

采用增材制坯技术，将多个柱状金属坯料沿其轴向进行第一次热压锻造，使相邻两个金属坯料之间的结合界面复合，得到锻件 S1

将锻件加热至第一温度并保温，针对每个结合界面，沿锻件径向进行第二次热压锻造。第二次热压锻造的变形速度≤5mm/s、变形量≤10%，并观察各结合界面处是否开裂。若开裂，则结束锻造过程；若无开裂，则转至步骤S3 S2

将锻件加热至第二温度并保温，针对每个结合界面，沿锻件径向进行第三次热压锻造。第三次热压锻造的变形速度≥10mm/s、变形量为50%，并观察各结合界面处是否开裂。若开裂，则结束锻造过程；若无开裂，则转至步骤S4 S3

将锻件加热至第三温度并保温，针对难变形区的金属坯料，沿锻件径向进行第四次热压锻造。第四次热压锻造的变形速度≥10mm/s、相对压下量≥30%，并观察各结合界面处是否开裂。根据结合界面情况判断金属坯料是否适用于增材制坯技术 S4

图 6-204　基于反向变形评价增材制坯结合性能的具体步骤

结合界面，与压缩变形的作用力方向垂直，如此可使压缩变形的锻件进行反向变形，一步步拔长为原始形态的细长圆柱形态，促进锻件结合界面开裂，从而用于评价金属坯料的复合效果。由于不同金属材料对压缩变形复合后的反应不同，在第一阶段径向拉拔变形（即第二次热压锻造）中，采用小变形速度、小变形量进行径向预变形处理，观察此时的结合界面情况。如果采用此次的小变形速度和小变

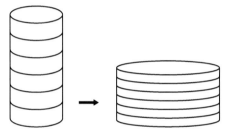

图 6-205　锻件轴向压缩变形

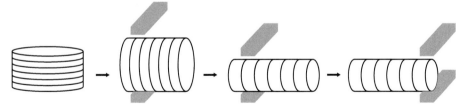

图 6-206　锻件反向变形

形量，对应的结合界面都发生开裂，则可判断该金属材料不适用于增材制坯技术，从而也没必要再进行后续的大变形，此时直接结束整个锻造过程以提高评价效率。另外，给予一定的预变形，以在界面处形成变形储能，防止锻件的结合界面直接承受大拉长变形而断裂，为第二阶段径向拉拔变形（即第三次热压锻造）的大变形速度、大变形量做准备，提高结合界面性能评价的客观性和准确性。

3）将径向预变形处理的锻件经回炉保温热透，使金属坯料变软，为后续大变形提供热量，确保变形效果。第二阶段径向拉拔变形（即第三次热压锻造）与第一阶段径向拉拔变形的变形方向一致，采用大变形速度、大变形量处理，在前期的复合、变形基础上，基本可以确定金属坯料的复合程度。若此时结合界面未发生开裂，说明这种金属材料达到较好的复

合效果，在径向上具有较高的承压能力；若开裂，则可判断该金属材料不适用于增材制坯技术进行复合。

4）选定难变形区，采用大变形速度、大变形量沿径向进行单道次镦粗处理，作用力仅作用在位于难变形区的金属坯料上，不覆盖结合界面，如此使相邻两个金属坯料中的一个下压、直径减小并与另一个金属坯料分离，进而促使结合界面断开。若经过该步骤，结合界面无开裂，则说明金属坯料确实达到了良好的复合效果；若发生开裂，则说明锻件虽具有较高的承压能力，但在难变形区仍存在开裂敏感性，该金属材料不适用于增材制坯技术进行复合。

该发明通过使制备得到的锻件反向变形，即通过两次径向拉拔变形来判断金属坯料结合界面的结合性能和承压能力，再通过径向压缩变形来判断难变形区金属坯料结合界面的结合性能和承压能力，由此可快速判断某种金属材料采用增材制坯技术进行复合制坯的有效性，大幅度提高锻件结合界面处结合性能的评价效率和准确性，有利于增材制坯技术的推广和后续应用，促进大型锻件生产技术的变革。

需要注意的是，在该发明的叙述中，高度和直径指金属坯料、复合坯和/或锻件的高度和直径，金属坯料呈圆柱状，高度方向为柱状金属坯料和/或锻件的轴向，即图 6-205 中的竖直方向，直径方向为柱状金属坯料和/或锻件的径向，即图 6-205 中的水平方向。

另外，变形量[⊖]通过变形前后的断面尺寸变化除以变形前坯料断面尺寸计算得到，即

$$变形量=(1-变形后坯料断面尺寸/变形前坯料断面尺寸)\times 100\%$$

当步骤 S1 在轴向上变形（锻造）时，变形量为变形前后锻件的高度变化除以锻件变形前的高度；当步骤 S2、S3 和 S4 中在径向上变形（拉拔）时，变形量为变形前后锻件的直径变化除以锻件变形前的直径。

可选地，步骤 S1 的具体操作包括将多个表面清洁的柱状金属坯料堆垛成形，得到预制坯；对预制坯进行真空焊接，以使多个金属坯料之间的结合界面周边焊合，得到复合坯；将复合坯加热至温度大于或等于 $0.7T_m$（T_m 为金属材料熔点温度），沿其轴向进行第一次热压锻造，使复合坯的高度减小、直径增大（即横截面面积增大），以将相邻两个金属坯料之间的结合界面复合，保压一段时间（一般为 30min）后脱模得到柱状锻件。受焊接过程的影响，即金属坯料在压缩复合前，通常采用真空电子束焊形成焊缝，焊缝处会形成凸起的焊肉，热压锻造后多个金属坯料虽然复合形成了一体化结构，但相邻两层金属坯料间的焊缝经高温会产生氧化皮，进而保留一定的痕迹，可通过人眼直接观测。

为了便于观察后续步骤中结合界面的变化情况（是否开裂），可选地，步骤 S1 中所述第一次热压锻造的变形速度为 6~10mm/s、相对压下量为 50%。该参数是根据前期试验结果设定的评价前提条件，此时金属坯料的复合效果好，并且能够保证在后续步骤 S2~S4 中易于观察结合界面的变化。若相对压下量太小，如为 40% 时，第一次热压锻造后复合效果不佳，会影响评价结果的客观性；若相对压下量太大，如为 60% 时，则会导致后续步骤中施加反向变形的作用力时，结合界面的变化不明显，同样会影响评价结果的客观性。

可选地，为了便于后续步骤中识别结合界面的位置，可以利用橡皮管在结合界面附近划上特殊符号，如箭头或标记线等作为标识。

⊖ 对于拉拔工艺，变形量常用断面减缩率表示；对于锻造工艺，则采用相对压下量表示。——作者注

可选地，在步骤 S2 中，第一温度 $\geqslant 0.8T_m$、保温时间 $\geqslant 1h$。采用较高的保温温度，可促进步骤 S1 中第一次热压锻造后的锻件结合界面复合，并为第二次热压锻造变形提供足够的热量与变形条件。

可选地，在步骤 S3 中，第二温度 $\geqslant 0.7T_m$、保温时间 $\geqslant 30min$；在步骤 S4 中，第三温度 $\geqslant 0.7T_m$、保温时间 $\geqslant 30min$。在每次热压锻造后，实施锻间加热和保温，保证锻造后的锻件整体热透，一方面修复前一步骤变形造成的界面微观组织的变化，另一方面为后一步骤的变形提供足够的热量，确保可锻造性。

可选地，在步骤 S2~S4 中，反向变形过程在砧台上进行，将锻件水平放置在砧台上，利用平砧（图 6-206 中的灰色立方体）实施第二次至第四次热压锻造。优选平砧的宽度大于压缩变形后的单个金属坯料高度，以此保证平砧宽度能够充分覆盖两个金属坯料之间的结合界面，并保证相邻结合界面热压锻造的变形痕迹有交叉衔接，使锻件整体充分变形；若平砧宽度较小，不易使结合界面充分沿轴向拉长，同时平砧棱边易在结合界面处造成类似步骤 S4 的某一个金属坯料的压缩变形，影响评价效果。

在径向拉拔变形中，平砧依次对每个结合界面进行热压锻造，当一个结合界面处的变形量达到设定参数后，如步骤 S2 中，当一个结合界面的变形量达到 5% 后，平砧移至下一个结合界面，重复此操作，直至所有结合界面的变形量均达到 5%。平砧每次仅与一个界面接触，可保障轴向拉长变形的作用力，同时便于评价每个结合界面在每次拉拔变形时的复合效果。

可选地，在步骤 S2 中，第二次热压锻造采用多砧次变形，每砧次变形量 $\leqslant 3\%$，总变形量 $\leqslant 10\%$。具体地，总变形量可为 5%。在该步骤中，加热到第一温度并保温后，经过多砧次的下压累积达到 5% 的变形量，有利于评价结合界面的复合效果。

可选地，在步骤 S3 中，第三次热压锻造采用多砧次变形，每砧次变形量为 5%，总变形量为 50%。在一道火次下（第三温度），采用大变形量，有利于查看结合界面的复合效果；若采用多道次操作，由于火次的增加，意味着经过多次的重复加热保温，该过程有利于界面的结合，如此将有可能鉴别不出结合界面处结合性能的好坏。

可选地，在步骤 S4 中，难变形区为锻件的端部。在锻件最端部的两个结合界面，（图 6-205 中最上端和最下端的结合界面）一般变形量最小，是难变形区，即使是在模具中变形，仍会存在该现象。以锻件相对压下量 50% 为例，这两个位置的结合界面在沿轴向压缩变形复合时，实际相对压下量是小于 50% 的，结合情况较差。选定该结合界面作为评价基准，可以提高评价的精确性。通过对难变形区的金属坯料进行压缩变形处理，可以直观地得出端部两个结合界面的结合情况。

当需要更精确地判断金属材料是否适用于增材制坯技术时，可在步骤 S4 之后，将锻件转运至退火炉中随炉冷却至室温，结合锻件结合界面的微观评价标准做进一步评价。具体地，微观评价标准包括冲击试验。从锻件中加工出标准试样，进行冲击试验，使结合界面断裂，保护好冲击试验后标准试样的断口，通过对断口表面进行观察分析，评价金属坯料增材制坯的结合性能。根据冲击试验的试验结果，可实现针对结合界面处结合性能的准确分析，提高评价的精确性。更具体地，可按照 GB/T 229—2020 的要求，对标准试样进行常温冲击试验和/或低温冲击试验。具体实验方法和评价标准为该领域现有技术，在此不再赘述。

虽然该发明公开披露如上，但其保护范围并非仅限于此。该领域技术人员在不脱离该发明公开的精神和范围的前提下，可进行各种变更与修改，这些变更与修改均将落入该发明的保护范围。

6.2.7 固-固复合仿真模拟

6.2.7.1 增材制坯固-固复合过程变形规律

增材制坯通过固-固结合的方式叠压成更大界面的铸坯[54]，解决了传统大钢锭铸造过程中坯料心部的铸造缺陷、成分宏观偏析等问题[55]，有利于后续制造工艺的制订，可以大幅提高材料利用率及性能的均匀性，但界面能否有效结合成为能否实现该制造方式的关键难题。

增材制坯固-固复合的方式一般为自由镦粗，自由镦粗会存在难变形区[56]，这对界面的结合效果影响较大，而在制坯过程中希望各部位能够有效结合，界面处的变形量与结合效果直接相关，可通过模具及成形工艺参数的设计降低难变形区的大小[45]。镦粗成形时的坯料温度、压下量、变形速度和压下道次等参数也关系到难变形区的分布及成形力的大小，这同样也是实际生产中关注的，其影响到设备能力是否符合要求。因此，在实际生产前，有必要采用经济高效的数值模拟方式来评估各个因素的影响，预测其变形规律，并最终指导实际生产。

1. 材料参数、工艺参数及边界条件

增材制坯材料采用 SA508Gr.3 钢，试验坯料尺寸（长×宽×高）为 300mm×300mm×150mm，共 4 块，模拟时简化为一个整体，即模型几何尺寸（长×宽×高）为 300mm×300mm×600mm。出炉温度为 1150℃、1200℃、1250℃，转运 2min，最大相对压下量 75%，变形速度分别为 10mm/s、20mm/s、30mm/s。模具材料为 H13（美国牌号，相当于我国的 4Cr5MoSiV1）钢，上下为平砧，温度为室温 20℃。接触摩擦因数为 0.7，传热系数为 5000W/（m²·K），采用经验公式计算得到（见图 6-207），辐射系数为

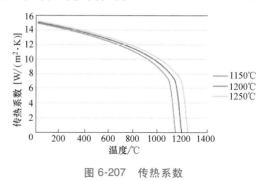

图 6-207　传热系数

0.7。材料参数通过计算和试验两种方式得到（见图 6-208 和图 6-209）。

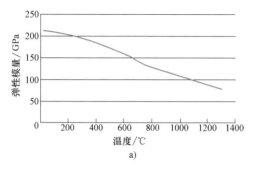

a)

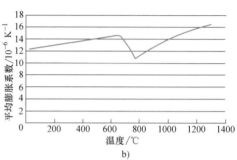

b)

图 6-208　SA508Gr.3 材料参数

a）弹性模量　b）平均膨胀系数

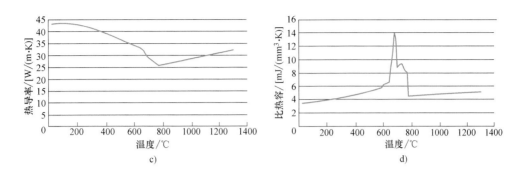

图 6-208　SA508Gr. 3 材料参数（续）

c）热导率　d）比热容

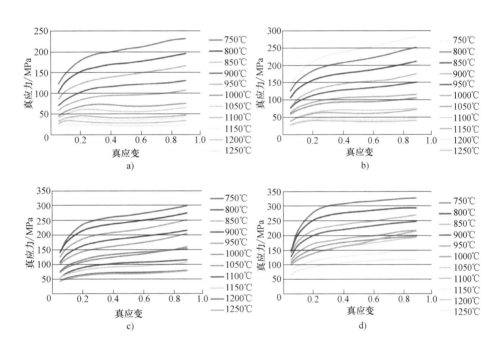

图 6-209　SA508Gr. 3 材料的应力-应变曲线

a）$0.01s^{-1}$　b）$0.1s^{-1}$　c）$1s^{-1}$　d）$10s^{-1}$

2. 镦粗过程分析

镦粗过程主要关注点包括转运过程中的温降、成形力的大小、难变形区的大小。为便于比较分析，以坯料的中心纵剖面及其板材界面为分析对象，在纵剖面上设置 10 个点，每层界面 5 个点（见图 6-210），追踪板材界面的变形。随着变形的进行，点的位置也会发生变化。根据燕山大学许秀梅等人的研究[57]，保守估计，相对压下量大于 30% 时，界面可以完全结合。换算为真应变约为 0.35，则以应变 0.35 为临界进行分析，定义应变小于 0.35 的区域为难变形区，将应变 0.35 的等值线距离上端面的最远距离定义为难变形区的大小（见图6-211），比较不同变形条件下成形力的大小、难变形区的大小，以及难变形区与板坯界面的相对位置。

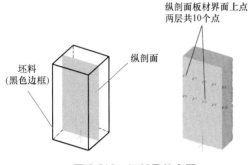

图 6-210 坯料及结合面

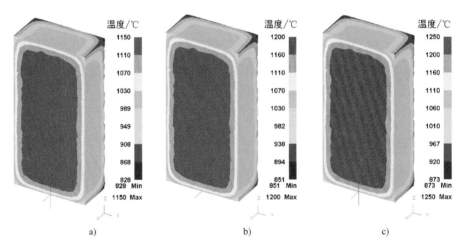

图 6-211 难变形区的大小

（1）出炉温度的影响　当出炉温度为1150℃时，转运后的表面温度降至约1010℃；当出炉温度为1200℃时，转运后的表面温度降至约1050℃；当出炉温度为1250℃时，转运后的表面温度降至约1090℃，出炉温度越高，转运后表面温度下降的绝对值越大（见图6-212）。相对应的，出炉温度越高，成形力越小，当出炉温度为1250℃，相对压下量为50%时，成形力约为8MN。因出炉温度升高，心部与端部的温度越大，变形协调性越差，则难变形区越大，但总体影响不大，难变形区大小为63~70mm，并且均包含在上部板材内（见图6-213和表6-15）。

图 6-212 不同温度出炉转运2min后的温度场云图
a）1150℃　b）1200℃　c）1250℃

表 6-15 变形速度为20mm/s、相对压下量为50%时不同出炉温度下的变形结果

出炉温度/℃	成形力/MN	难变形区大小/mm	是否进入板坯界面
1150	12	63.59	否
1200	9.5	67.39	否
1250	8.0	70.19	否

（2）变形速度的影响　变形速度越高，成形力越大，并且因金属流动不及时，中心区域的相对压下量越低，端面的压下量越大，难变形区越小，但总体影响不明显。板材界面应变均大于0.35，可以实现有效结合（见图6-214和表6-16）。

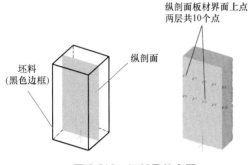

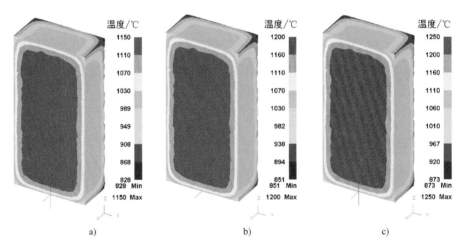

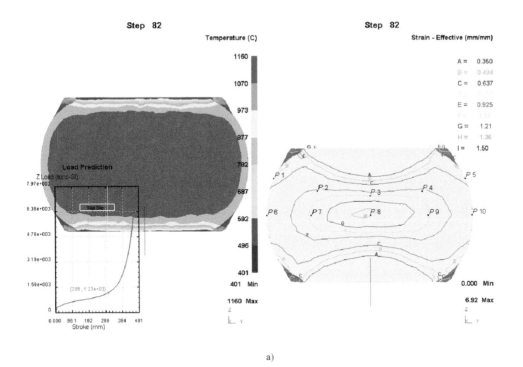

a)

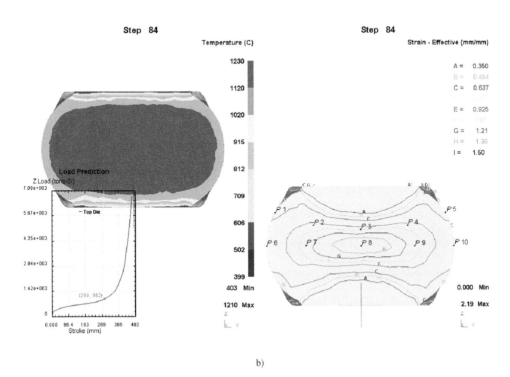

b)

图 6-213 变形速度为 20mm/s、相对压下量为 50%时不同出炉温度下的温度场及应变场
a) 1150℃ b) 1200℃

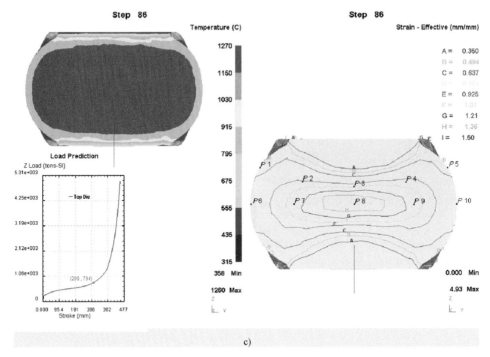

c)

图 6-213 变形速度为 20mm/s、相对压下量为 50%时不同出炉温度下的温度场及应变场（续）

c）1250℃

Step—步骤 Temperature—温度 Load predication—载荷预测 Z load—Z 向载荷

Strain-Effective—等效应变 $P1$、$P2$……—设定的界面处的节点

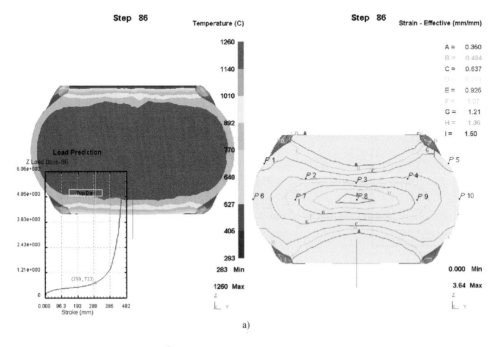

a)

图 6-214 出炉温度为 1250℃、相对压下量为 50%时不同变形速度下的温度场及应变场

a）10mm/s

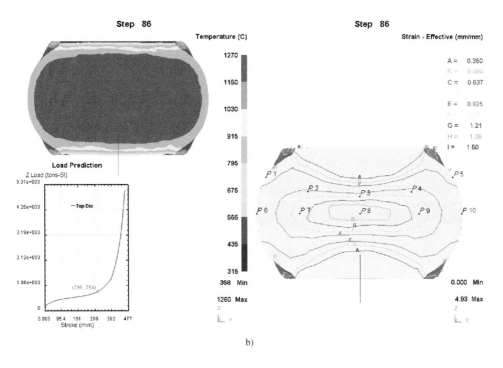

b)

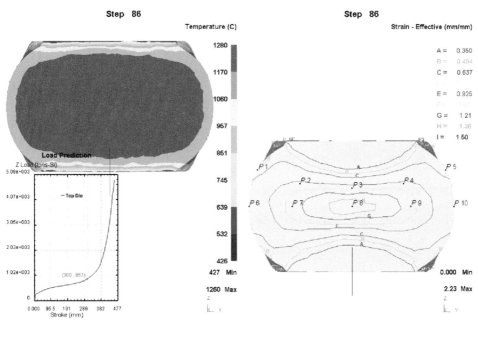

c)

图 6-214　出炉温度为 1250℃、相对压下量为 50％时不同变形速度下的温度场及应变场（续）

b）20mm/s　c）30mm/s

表 6-16　出炉温度为 1250℃、相对压下量为 50% 时不同变形速度下的变形结果

变形速度/(mm/s)	成形力/MN	难变形区大小/mm	是否进入板坯界面
10	7.3	71.39	否
20	8.0	70.19	否
30	9.6	66.02	否

（3）相对压下量的影响　相对压下量越大，成形力越大，相对压下量为 75% 时的成形力为 45.5MN。相对压下量对难变形区的影响明显，相对压下量越大，难变形区越小；当相对压下量为 75% 时，难变形区距离表面的最大距离约为 33mm，但都包含在上部板材内（见图 6-215 和表 6-17）。

表 6-17　出炉温度为 1250℃、变形速度为 20mm/s 时不同相对压下量下的变形结果

相对压下量(%)	成形力/MN	难变形区大小/mm	是否进入板坯界面
30	5.6	111.826	否
50	8.0	70.19	否
75	45.3	33.16	否

（4）火次的影响　计算时进行了简化，回炉及出炉过程没有计算，一火次压完直接将工件温度设置为 1250℃，并进行第二次下压。结果表明，两火次下压，最大成形力比一火次小，增加火次对难变形区的改善明显。两火次时的难变形区大小为 64mm，一火次为70mm（见图 6-216 和表 6-18）。

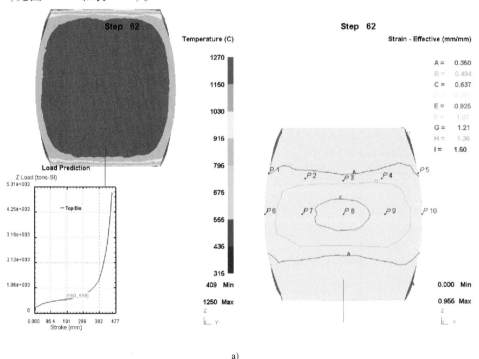

a)

图 6-215　出炉温度为 1250℃、变形速度为 20mm/s 时不同相对压
下量下的温度场及应变场

a) 30%

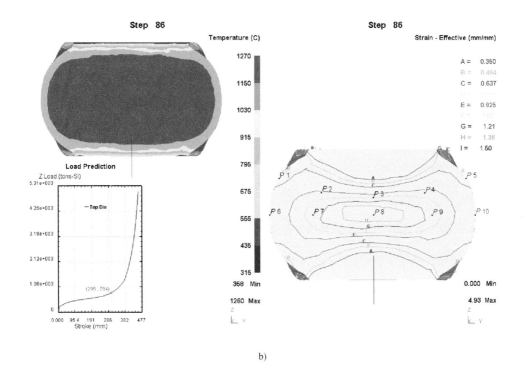

b)

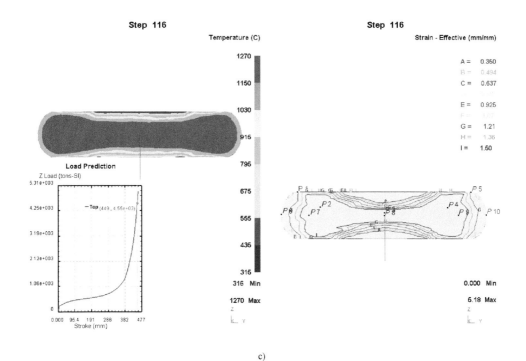

c)

图 6-215　出炉温度为 1250℃、变形速度为 20mm/s 时不同相对压

下量下的温度场及应变场（续）

b）50%　c）75%

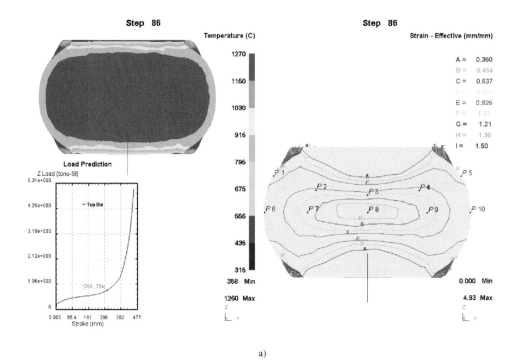

a)

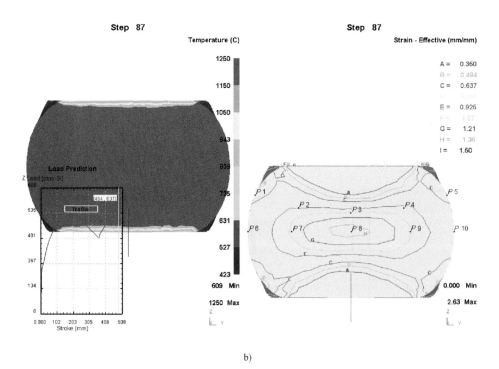

b)

图 6-216　出炉温度为 1250℃、变形速度为 20mm/s、相对压下量

为 50%时的温度场及应变场

a）1 火次　b）2 火次

表 6-18　出炉温度为 1250℃、变形速度为 20mm/s、相对压下量为 50%的变形结果

火次	成形力/MN	难变形区大小/mm	是否进入板坯界面
1	8.0	70.19	否
2	6.4	64.12	否

综合以上影响因素可知，出炉或成形温度、变形速度、相对压下量和火次对成形力的影响很大，即影响实际生产中的设备的选择，而对难变形区大小的影响不明显。成形温度和火次对成形力为反向影响，其他因素为正向影响；成形温度对难变形区大小为正向影响，其他因素为反向影响（见表 6-19），并且在以上条件下成形后，板坯界面的应变皆大于 0.35，表明界面可以实现有效结合。

表 6-19　成形参数对成形力和难变形区、板坯界面结合的影响趋势

项目	成形力	难变形区大小	是否进入板坯界面
成形温度↑	↓↓	↑	—
变形速度↑	↑↑	↓	—
相对压下量↑	↑↑	↓	—
火次↑	↓↓	↓	—

通过以上模拟可以得出：

1）转运 2min 后坯料的表面温度降低 140~160℃，出炉温度越高，转运后坯料的表面温度下降的绝对值越大，内外温差越大。

2）温度、变形速度、相对压下量、火次对成形力的影响很大，对难变形区大小的影响较小。

3）在上述成形条件下，板材界面的应变量大于 0.35，表明界面可以有效结合。

6.2.7.2　难变形区控制仿真分析

1. 难变形区控制方案

在锻造大型钢锭时，钢锭都会存在一定的难变形区，并呈现 X 形，增材制坯也同样存在。同时，由于增材制坯是由多层一定厚度的料块堆叠而成，由于难变形区的存在，必将导致在相对压下量一定的情况下，各层料块的实际相对压下量会有所差异。通过前期的研究，组合坯料务必达到一定的相对压下量才能确保结合界面具有较好的结合强度；根据前期试验与技术交流，初步给定最小相对压下量为 30%。因此，务必保证处于难变形区的结合层处的相对压下量要大于 30%。

根据以往的研究，提出如下两种方案：

1）难变形区导出方案。

2）闭式镦粗复合方案。

对于难变形区导出方案，在复合坯料接触砧台的地方放置一定厚度的热态隔热料块，既可以减少组合坯料的温降，又可以将组合坯料的难变形区导出。

对于闭式镦粗复合方案，将所要变形的复合坯料放置于凹形槽的模具内，在锻压过程中，首先是坯料的中间部位发生变形，当中间部位接触凹形槽模具后，坯料的难变形区开始变形。由于坯料的尺寸大、温度高，此时温降不大，所以难变形区仍可较好地发生变形，直至组合坯料充满凹形槽模具。通过这种方式，可以保障复合坯各层的相对压下量的均匀性，满足坯料的良好结合。

在以上方案的基础上，还要减小砧板与坯料之间的摩擦因数，促进坯料的变形。

2. 难变形区控制结果

（1）坯料设定

1）方坯：长×宽×高为 2500mm×2500mm×5000mm。

2）材质：YB-50-W。

3）温度：板材 1250℃，模具 20℃。

4）变形速度：30mm/s。

5）接触摩擦因数：0.7（干）。

（2）边界条件

1）变形速度：30mm/s。

2）摩擦因数：0.7。

3）传热系数：$5mW/(mm^2 \cdot K)$。

（3）模拟结果　图 6-217 所示为两种变形方式难变形区的初步模拟结果。从图 6-217 可以看出，与自由镦粗相比，采用闭式镦粗复合后，各个区域的分布变化明显，其难变形区得到一定的改善。随后我们对自由镦粗复合与闭式镦粗复合在不同压下量的变形过程进行了模拟，如图 6-218 所示。

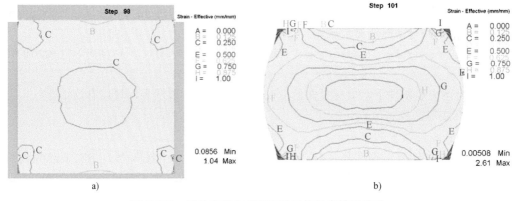

图 6-217　两种变形方式难变形区的初步模拟结果
a）闭式镦粗　b）自由镦粗

通过以上对比可以看出，利用闭式镦粗复合在一定程度上可以较好地解决坯料难变形区的问题。

1）相对于全流程闭式镦粗复合，先自由镦粗后闭式镦粗复合的压下量明显增大。

2）在自由镦粗复合方面，相对压下量为 30% 的均匀化效果比相对压下量为 40% 的要好。

3）从模拟结果上分析，均匀化程度与坯料压下量的大小存在着一定关系。

6.2.7.3　变形力仿真分析

1. 研究目的

主要为大型液压机的附具设计、压力能力设计等提供参考。依据超大型多功能液压机服务的锻件领域确定了两种产品，按照选取产品的规格设计两种材料的坯料最大尺寸，计算相对压下量为 50% 所需要的成形力。

2. 参数设定

1）材质：SA508 Gr.3（流变曲线实测），Inconel617（弹性模量参考文献，其他为实测）。

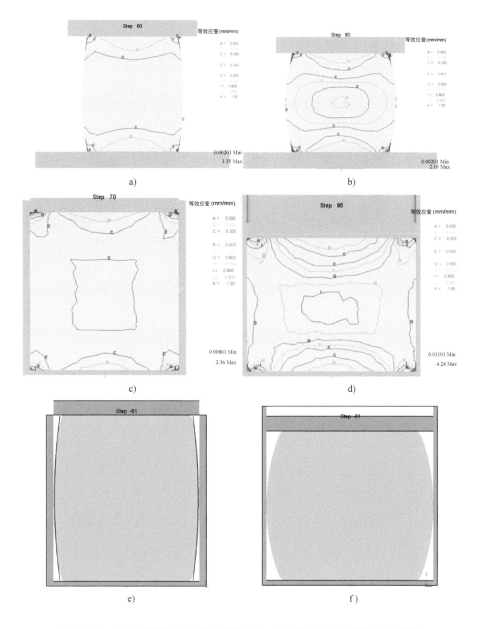

图 6-218　自由镦粗复合与闭式镦粗复合在不同压下量的变形过程模拟

a）自由镦粗复合，压下量为 1500mm（30%）　b）自由镦粗复合，压下量为 2000mm（40%）　c）闭式镦粗复合，压下量为 250mm（5%）　d）闭式镦粗复合，压下量为 375mm（7.5%）　e）板坯与闭式模具接触情况（30%），模具内径为 3100mm　f）板坯与闭式模具接触情况（40%），模具内径为 3430mm

2）尺寸：SA508 Gr. 3，长×宽×高为 2500mm×2500mm×5000mm；Inconel617，长×宽×高为 1100mm×1100mm×2400mm。

3）出炉温度：SA508 Gr. 3 为 1250℃，Inconel617 为 1150℃。

4）相对压下量：50%。

5）变形速度：5mm/s，30mm/s；

6）工况：自由镦粗、闭式镦粗（压下 50% 充满型腔）、变速镦粗；

7）边界条件：接触摩擦因数为 0.7，传热系数为 $11mW/(mm^2 \cdot K)$（软件自带经验值），辐射系数为 0.7。

3. 镍基合金变形力仿真分析

图 6-219 所示为不同变形条件下 Inconel617 合金自由镦粗模拟结果。

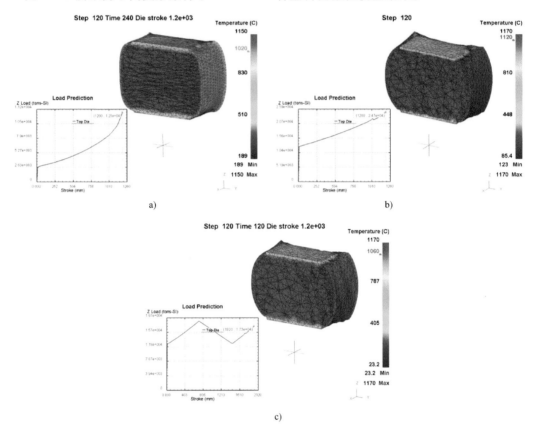

图 6-219　不同变形条件下 Inconel617 合金自由镦粗模拟结果

a）5mm/s×50%　　b）30mm/s×50%　　c）先 30mm/s×30%+5mm/s×20%

Die stroke—模具行程　Stroke—行程　Top Die—上模

从图 6-219 中可以看出：

1）当变形速度为 5mm/s 时，侧面温度约为 1020℃，成形力为 125MN。

2）当变形速度为 30mm/s 时，侧面温度约为 1120℃，成形力为 247MN。

3）当变形速度为先 30mm/s 后 5mm/s 时，侧面温度约为 1060℃，最终成形力为 173MN；当相对压下量为 30% 时，最大成形力为 184MN。

4）变形速度越大，压下时间越短，表面温降越小，但成形力越大。

图 6-220 所示为 Inconel617 合金闭式镦粗模拟结果。

从图 6-220 可以看出：

1）小速度变形时的力在接触模具前要小于大速度变形时的成形力。

2）两种变形速度下，当坯料开始接触凹形槽模具后，成形力变化极快，而且坯料尚未充满模具，成形力已经快要达到 1600MN，增速很快。

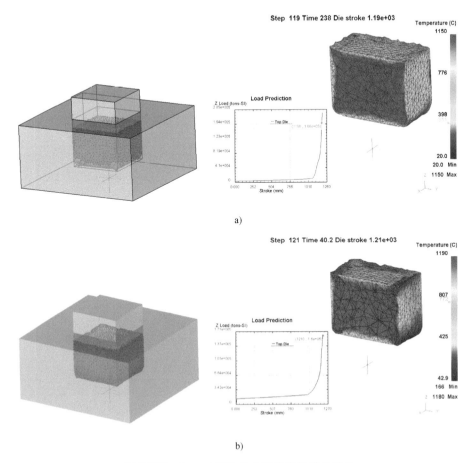

图 6-220　Inconel617 合金闭式镦粗模拟结果
a）5mm/s×50%　b）30mm/s×50%

4. 核电 SA508 Gr.3 成形力仿真分析

图 6-221 所示为 SA508 Gr.3 钢坯料不同变形条件下镦粗的模拟结果。

从图 6-221 可以看出：

1）自由镦粗时先进行 30mm/s×30% 变形，再经过 5mm/s×20%变形的工艺方案与仅进行 30mm/s×30%变形的方案相比，变形抗力较小。

2）当变形速度为 30mm/s，相对压下量为 50%时，自由镦粗的成形力为 300MN，闭式镦粗的成形为 1480MN。

5. 大规格核电 SA508 Gr.3 产品模拟

材质：SA508 Gr.3（流变曲线实测）。

尺寸：长×宽×高为 3100mm×3100mm×6500mm。

出炉温度：1250℃。

相对压下量：50%。

变形速度：1mm/s，5mm/s，6mm/s，10mm/s，30mm/s。

工况：自由镦粗。

边界条件：接触摩擦因数为 0.7，传热系数为 $11\mathrm{mW/(mm^2 \cdot K)}$（软件自带经验值），

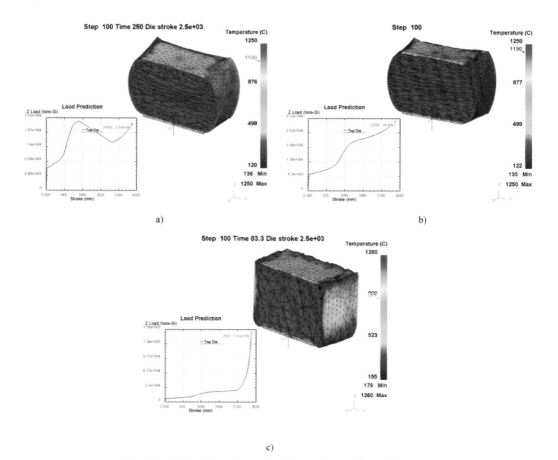

图 6-221　SA508 Gr. 3 钢坯料不同变形条件下镦粗的模拟结果

a）自由镦粗，30mm/s×30%＋5mm/s×20%　b）自由镦粗，30mm/s×50%　c）闭式镦粗，30mm/s×50%

辐射系数为 0.7。

图 6-222 所示为 SA508 Gr. 3 钢坯料不同变形速度下的自由镦粗模拟结果，表 6-20 列出了模拟结果汇总。可以看出，变形速度为 1mm/s，外表温度为 729℃，成形力为 16.5MN，两端变形挤出，几乎没有鼓肚；变形速度为 5mm/s，外表温度为 1000℃，成形力为 81.8MN，两端变形挤出，几乎没有鼓肚；变形速度为 6mm/s，外表温度为 1030℃，成形力为 102MN，两端变形挤出，几乎没有鼓肚；变形速度为 7mm/s，外表温度为 1080℃，成形力为 83MN，两端变形挤出，中部出现鼓肚；变形速度为 10mm/s，外表温度为 1080℃，成形力为 123MN，两端变形较小，中部出现鼓肚；变形速度为 30mm/s，外表温度为 1180℃，成形力为 420MN，两端变形较小，中部出现鼓肚。

表 6-20　SA508 Gr. 3 钢坯料自由镦粗模拟结果汇总

变形速度/（mm/s）	外表面温度/℃	成形力/MN	变形规律
1	729	16.5	两端部变形挤出，几乎没有鼓形
5	1000	81.8	两端部变形挤出，几乎没有鼓形
6	1030	102	两端部变形挤出，几乎没有鼓形
7	1080	83	两端变形挤出，中部出现鼓形
10	1080	123	两端变形较小，中部出现鼓形
30	1180	420	两端变形较小，中部出现鼓形

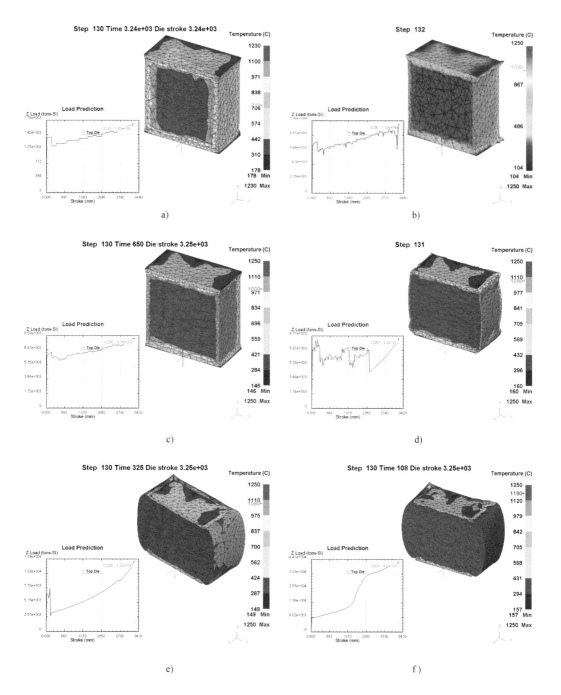

图 6-222　SA508 Gr. 3 钢坯料不同变形速度下的自由镦粗模拟结果

a）1mm/s　b）5mm/s　c）6mm/s　d）7mm/s　e）10mm/s　f）30mm/s

　　从模拟结果来看，对于质量接近 500t 的核电 SA508Gr. 3 钢坯料，在自由镦粗的情况下，成形力不大，1600MN 大型液压机完全可以满足成形力的要求。

6.2.8 固-固闭式镦粗复合设计

6.2.8.1 增材制坯固-固闭式镦粗复合技术设计

采用传统的制坯方法生产大型金属锻件较为困难，因此目前制备大型金属锻件多采用增材制坯的方法。增材制坯是采用多块体积较小的金属坯料作为初始坯料，经堆垛后真空封焊，制成大尺寸金属复合坯的增材制造方法；复合坯经热压复合而形成一体化复合坯，从而替代大型铸锭，以实现用较小的铸坯、锻坯或轧坯等金属坯料制造大型金属锻件的目的。增材制坯技术可以替代传统的"大型铸锭生产大型金属锻件"的生产模式，解决大型金属钢锭缩松、缩孔、偏析等质量问题，具有明显的优越性。此外，增材制坯技术也可用于异种材质复合坯的增材制造，应用范围更广。

现有的增材制坯方法一般采用的单层料块小于 300mm，多层料块复合时，上、下两端坯料有多层的结合面处于难变形区，故在后续坯料复合时因存在难变形区和拉应力区而导致各结合面变形不均匀的问题，最终容易在复合后的后续锻造时出现变形开裂。针对以上现有技术中的问题，在此提供一种金属固-固复合增材制坯的制备方法，并已获得发明专利授权，前文已引述。为详尽表述该技术，用图 6-223～图 6-225 对该专利中的核心部分进行介绍。

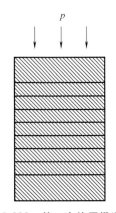

图 6-223 第一次热压锻造后

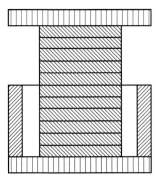

图 6-224 热力闭式复合

1. 具体步骤

1）步骤 S1：将多个表面清洁的初始料块堆垛成形，得到预制坯。

2）步骤 S2：对预制坯进行焊接，以使多个金属料块之间的结合界面焊合，得到复合坯。

3）步骤 S3：将复合坯加热至第一温度 T_1 并保温，到设定时间后，以变形速度 V_1、相对压下量 D_1 进行第一次热压锻造，得到第一锻坯；然后将第一锻坯加热至第二温度 T_2 并保温，同时将盖板、垫板加热至第三温度 T_3 并保温，均到设定时间后，将第一锻坯放置在垫板上，并将模具套入第一锻坯和垫板上，再将盖板放置在第一锻坯上，以变形速度

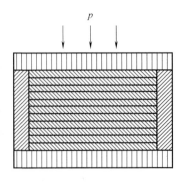

图 6-225 热力闭式复合
等压控制

V_2、相对压下量 D_2 进行第二次热压锻造，得到第二锻坯；脱除模具后，将第二锻坯再次加热至第四温度 T_4 并保温，到设定时间后得到一体化复合坯。其中，$V_2 > V_1$，$D_2 > D_1$。

在步骤 S3 中，V_1 满足 $1mm/s \leqslant V_1 < 5mm/s$，$D_1$ 满足 $1\% < D_1 < 5\%$；V_2 满足 $10mm/s \leqslant V_2 \leqslant 60mm/s$，$D_2$ 满足 $D_2 \geqslant 35\%$。

第一锻坯的高度+垫板的高度<模具的高度<第一锻坯的高度+垫板的高度+盖板的高度。

在步骤 S3 中，模具为圆筒形。盖板的直径<模具的直径，垫板的直径<模具的直径，垫板的直径>第一锻坯的下端面的直径，盖板的直径>第一锻坯的上端面的直径。

对于温度，$T_1 \geqslant 0.7T_m$，$T_2 \geqslant 0.7T_m$，$0.5T_m \geqslant T_3 \geqslant 0.25T_m$，$T_4 \geqslant 0.7T_m$。

在步骤 S3 中，T_1 的保温时间>1h，T_2 的保温时间>10h，T_3 的保温时间>10h，T_4 的保温时间>2h。

在步骤 S1 中，初始料块的质量≥20t，形状为圆柱形。

在步骤 S2 中，焊接的方式采用真空电子束焊，焊接参数为：真空度为 $5.0 \times 10^{-3} \sim 1.0 \times 10^{-2}$Pa，加速电压大于 50kV，束流大于 200mA，聚焦电流大于 500mA，功率大于 10kW，焊接速率为 $50mm/s < V < 300mm/s$。

2. 效果

1）能有效减少多层初始料块复合时上下两端存在难变形区和拉应力区而导致各结合面变形不均匀的问题，防止后续锻造时出现变形开裂。

2）有利于界面复合、氧化物弥散碎化，增强界面的均匀化程度和结合强度，提升材料性能。

3）初始料块采用圆柱坯，仅有上下两个表面及柱体表面，加工柱体表面的效率要明显高于连铸板坯的四周表面，无须多次装夹坯料，从而使其加工方便，加工效率高。

4）初始料块变形的主要目的是使金属变形更加均匀化，尤其是使各层的结合界面处变形更均匀一致，改善坯料难变形区。

5）将初始料块放入模具中进行变形，可以减少料块的辐射放热，具有一定的保温作用，对保持坯料的高温变形能力有一定的好处。

6）初始料块经脱模后，放入炉中进行三次高温保温，可使经二次变形后界面产生的机械挤压变形缺陷逐步均匀扩散释放，并促进元素扩散的均匀化，为界面组织均匀化做准备，以及为后续热加工提供充足热量，易于变形。

3. 具体实施方案

（1）步骤 S1　将多个表面清洁的初始料块堆垛成形，得到预制坯。

优选地，初始料块为圆柱形坯料，该初始料块（即金属料块）主要由圆柱状高质量、大吨位铸坯经自由镦粗、半闭式镦粗而成。圆柱形料块仅有上下两个表面及柱体表面，加工柱体表面的效率要明显高于加工连铸板坯的四周表面，无须多次装夹料块，从而使其加工方便，加工效率高，大大节省后续锻造成本，降低质量风险。对于初始料块的质量≥20t 的，可优先采用大的初始料块。由于初始料块变厚，当进行后续热压锻造时，复合坯的结合界面不落在难变形区中，有效保障界面结合，减少界面开裂风险。需要说明的是，由于初始料块的质量较大，采用热压锻造所需的压力也较大，需要匹配超大型液压机。

具体地，在步骤 S1 中，表面清洁的初始料块的制备方法为对所用的初始料块进行表面加工，可采用的方式有铣削、车削、磨削、砂带打磨、砂轮打磨、钢丝打磨等，然后采用有机溶剂对初始料块表面进行清洗，得到表面清洁的初始料块。通过打磨，一方面，对单块料块进行整体喷砂（或喷丸），以有效去除初始料块所有表面的黑色氧化皮，效率高，同时因柱体对界面结合作用小，故只需能有效去除柱体表面的氧化皮使其呈光亮状态即可，可有效节约后续表面加工时间；另一方面，保障初始料块待焊上下表面的平行度与坯料棱边的垂直度，有效保障电子束焊枪移动时焊接位置的准确性。打磨之后采用无水乙醇、丙酮等有机溶剂对初始料块结合表面进行清洗，经清洁度测量仪检测，相对荧光单位（RFU）≤100为清洁，从而得到表面清洁的初始坯料。上、下表面经打磨清洁后进行烘干（30~50℃）或热风吹干处理，并放置在干燥、洁净环境中，以避免表面因潮湿而产生锈蚀或二次污染等，目的在于提高金属坯件的质量与性能，减少后续金属坯料镦粗时断裂或产生裂纹。

（2）步骤 S2 对预制坯进行焊接，以使多个初始料块之间的结合界面焊合，得到复合坯。

在步骤 S2 中，焊接可采用真空电子束焊、感应加热、搅拌摩擦焊中的一种，在真空条件（真空度≤0.1Pa）下进行密封焊接，焊缝熔深≥15mm，焊接部位经检测无漏气点，获得复合坯。对于真空电子束焊，为保障焊缝质量，要求参数如下：加速电压>50kV，束流>200mA，聚焦电流>500mA，功率>10kW，焊接速度为 50mm/s<V<300mm/s。通过以上参数，可有效保障真空电子束焊接后，焊缝无缺肉、无漏焊，有效保障焊缝熔深及焊缝的均匀性。

（3）步骤 S3 将复合坯加热至 T_1 并保温，到设定时间后，以 v_1、D_1 进行第一次热压锻造，得到第一锻坯；然后将第一锻坯加热至 T_2 并保温，同时将盖板、垫板加热至 T_3 并保温，均到设定时间后，将第一锻坯放置在垫板上，并将模具套入第一锻坯和垫板上，再将盖板放置第一锻坯上，以 v_2、D_2 进行第二次热压锻造，得到第二锻坯；脱除模具后，将第二锻坯再次加热至 T_4 并保温，到设定时间后得到一体化复合坯。其中，v_2>v_1，D_2>D_1。

首先采用液压机进行锻压复合，将复合坯置于电阻炉中，采用两段升温工艺加热。两段升温工艺为：从室温以第一升温速率升温至奥氏体转变温度（Ac_3 温度），从 Ac_3 温度以第二升温速率升温至第一温度，其中第一升温速率>第二升温速率。其次，采用低速率小压下量进行第一次热压锻造。由于初始坯料较大，经过电阻炉加热后，初始坯料整体尚未热透，按照初始坯料加热时的传热规律，初始坯料的外部温度将率先达到预定保温温度，而心部尚未达到预定保温温度，并且初始坯料上、下表面的结合界面的外层易落入难变形区，利用初始坯料内外部的温差和此时坯料的刚度，可使初始坯料的外层优先发生变形，并产生界面氧化膜破碎及新鲜金属的机械接触及混合，再回电阻炉进行高温加热，促进界面进一步复合及氧化物弥散。在第一锻坯加热并保温的同时，将盖板、垫板加热并保温，均到设定时间后，将第一锻坯放置在垫板上，并将模具套入第一锻坯和垫板上，再将盖板放置第一锻坯上。当初始坯料复合时，因盖板和垫板经过加热，从而减少了初始坯料上、下表面的接触散热，可以更有效地改善坯料上、下表面附近的难变形区，促进变形；采用加热后的盖板和垫板，第一锻坯在模具内变形，可以减少坯料的辐射放热，具有很好的保温效果，明显降低坯料温降，减少变形抗力；同时，给予一定的预变形，进行第二次热压锻造。第一锻坯在模具内经快速变形一步到位，这样也可以快速破碎氧化膜，减少坯料温降；同时，快速变形使坯料在短时间内将内部热量快速聚集，再加上机械能的转化及模具、盖板、垫板的保温等综合作用，使坯料内部温度快速上升，将大幅度促进氧化物的弥散回熔，并促进界面金属的机械混合及元素的均匀混合。经二次变形后的第二锻坯经脱模后放入电阻炉中进行三次高温保温，使经二次变形后界面产生的机械挤压变形缺陷逐步均匀扩散释放，并促进元素扩散的均匀化，为界面组织均匀化做准备，以及为后续热加工提供充足热量，易于变形。

初始坯料变形的主要目的是使金属变形更加均匀化，尤其是让各层的结合界面处变形更均匀一致，以改善坯料难变形区。将经第一次热压锻造初次变形后的第一锻坯再次送入电阻炉加热保温，同时在送入电阻炉前，在第一锻坯的上表面铺设一层高硅氧布（厚度大于1mm，该材料在室温时为柔软的布料，在高温时可烧结成具有一定硬度的脆性固体，并具有一定的防高温氧化作用；在压力作用下，可随第一锻坯表面进行均匀延展，并具有润滑作用），随后连同第一锻坯一起在设定的 T_2 下加热、保温，并共同移出电阻炉；盖板及垫板放入另一电阻炉中加热至 T_3，在垫板表面铺设一层高硅氧布（厚度大于1mm），其电阻炉温低于第一锻坯的加热温度（例如，坯料加热温度为1250℃，则盖板及垫板加热温度设定在800℃），为了可以使垫板钢板能够重复使用，并具有一定的刚度；垫板材料可选用模具钢H13，具体垫板的材质可根据实际情况自行选取。

现有技术中采用连铸板坯制备的坯料，结合界面很多，并且多个界面处于难变形区内，从而在坯料完成锻压复合后再旋转方向进行拔长时，很容易出现坯料界面开裂的问题。

第一升温速率为 200~300℃/h，目的是使坯料快速加热，节省加热时间；第二升温速率为 100~200℃/h，目的是减少前段快速加热坯料的内外温差，防止造成试料开裂、弯曲等问题，使坯料温度均匀化。

在步骤 S3 中，$1mm/s \leqslant v_1 < 5mm/s$、$1\% < D_1 < 5\%$，由于初始坯料在第一次锻造时未能完全热透，故 D_1 不易过大；$10mm/s \leqslant v_2 \leqslant 60mm/s$、$D_2 \geqslant 35\%$，可快速破碎氧化膜，减少初始坯料温降。

第一锻坯的高度+垫板的高度<模具的高度<第一锻坯的高度+垫板的高度+盖板的高度，这种高度范围的设置便于盖板放置在第一锻坯上表面，以及能够使模具放置于垫板及第一锻坯内。具体模具的高度、垫板的高度、盖板的高度可根据第一锻坯的高度进行自行设置。

在步骤 S3 中，模具为圆筒形，其内壁的形状可进行自行调整。

当盖板的直径<模具的直径，垫板的直径<模具的直径，垫板的直径>第一锻坯下表面的直径，盖板的直径>第一锻坯上表面的直径时，易于下压变形时的模具由内向外排气。具体模具的直径、盖板的直径、垫板的直径根据具体的第一锻坯的直径进行设置。

对于温度选择 $T_1 \geqslant 0.7T_m$，$T_2 \geqslant 0.7T_m$，$0.5T_m \geqslant T_3 \geqslant 0.25T_m$，$T_4 \geqslant 0.7T_m$。锻造前，将初始坯料加热至 T_1，初始坯料较软，具有良好的可锻造性，易于变形加工，锻造时不易出现裂纹。$T_2 \geqslant 0.7T_m$，在第一次热压锻造后，实施锻间加热和保温，保证第一锻件整体热透，以便能够顺利地进行第二阶段的大塑性变形处理。在 T_3 的条件下，若温度过高，则强度下降，不利于重复使用。在 T_4 的条件下，可促进元素扩散，实现均匀化。

在步骤 S3 中，T_1 的保温时间>1h，T_2 的保温时间>10h，T_3 的保温时间>10h，T_4 的保温时间>2h。需要说明的是，上述具体保温时间应依据初始坯料尺寸而定。当初始坯料尺寸较小时，可以适当缩短保温时间，如 10~60min；当初始坯料尺寸较大时，则应当适当地延长保温时间，以保证初始坯料的温度适于进行热压锻造。

相对于现有技术而言，该发明能够有效地减少多层初始料块复合时，因上、下两端初始坯料有多层的结合面，存在难变形区和拉应力区而导致各结合面变形不均匀的问题，防止后续锻造时出现变形开裂；该发明有利于界面复合、氧化物弥散碎化，增强界面的均匀化程度和结合强度，提升材料性能。

4. 对比分析

如图 6-226 和图 6-227 所示，在实验组和对照组的对角线截面分别选取各界面的位置点，通过对比分析，了解各点在变形过程中的流变信息。

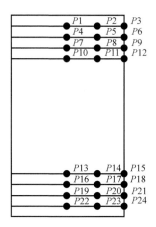

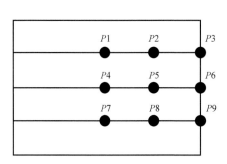

图 6-226　实验组的对角线截面取点位置　　　　图 6-227　对照组的对角线截面取点位置

实验组采用材质为 SA508 Gr.3 的初始料块，单块初始坯料的尺寸为 $\phi 2230mm \times 1625mm$，制备 203t 的一体化复合坯需要由 4 块初始料块组成。单块初始料块由 $\phi 1600mm \times 3172mm$ 坯料经高温加热（加热温度为 1250℃）、闭式镦粗后冷却至室温，单块初始料块约重 51t，后续加工至 $\phi 2230mm \times 1625mm$。因此，203t 一体化复合坯共需加工上、下表面 8 个，柱体表面 4 个。

对照组采用材质为 SA508 Gr.3 的初始料块，根据现有技术，选择厚度为 250mm 的连铸板坯，单块初始料块的尺寸为 $\phi 2230mm \times 250mm$，制备 203t 的一体化复合坯需要由 26 块初始料块组成。因此，需加工上、下表面共 52 个，柱体表面 26 个。实验组和对照组初始料块制备的差异见表 6-21。

表 6-21　实验组和对照组初始料块制备的差异

组别	料块数量	表面加工数量	清洁表面	上料次数	焊缝数量	难变形区界面数量	生产率
实验组	4 个	8 个上、下表面，4 个柱体表面	8 个上、下表面，4 个柱体表面	4 次	3 条，焊接余热小	无	高
对照组	26 个	52 个上、下表面，26 个柱体表面	52 个上、下表面，26 个柱体表面	26 次	25 条，焊接余热大	>4 个	低

分别对实验组和对照组的复合坯进行如下的锻造过程。

（1）实验组　步骤 S3、采用液压机进行锻压复合。将复合坯置于电阻炉中，采用两段升温工艺，将复合坯加热至 1250℃：第一段，从室温以 250℃/h 快速升温至 770℃；第二段，从 770℃ 以 140℃/h 慢速升温至 1250℃，达到 1250℃时保温 10h。将保温后的复合坯移送至液压机，以变形速度为 3mm/s、相对压下量为 4% 进行下压，下压约 260mm，进行第一次热压锻造，得到第一锻坯；然后在第一锻坯上面加盖一层高硅氧布，并一同返回电阻炉中，加热至 1250℃ 并保温 38h；待预处理锻坯热透后移至液压机热态垫板上的高硅氧布上，垫板经提前加热预热，经测定表面温度约为 550℃。将圆筒模具套入预处理锻坯，随后将提前加热预热的盖板放置在预处理锻坯上面的高硅氧布上，以变形速度为 40mm/s、相对压下量为 46% 进行下压，下压约 2990mm，进行第二次热压锻造。随后打开模具，将复合锻坯移送至电阻炉中加热 20h，不再变形，得到一体化复合坯。

（2）对照组　步骤 S3，采用液压机进行锻压复合。将复合坯置于电阻炉中，采用两段升温工艺，将复合坯加热至 1250℃；第一段，从室温以 250℃/h 快速升温至 770℃；第二段，从 770℃ 以 140℃/h 慢速升温至 1250℃，达到 1250℃ 时保温 45h。将保温热透的复合坯移送至液压机，以变形速度为 40mm/s、相对压下量为 50% 进行下压，下压约 3250mm，不再变形，得到一体化复合坯。

对锻压复合后的一体化复合坯各层结合面进行取点分析，对实验组分别模拟计算三个界面的中心点、$R/2$、边缘点三个位置的真应变情况，三个界面的取点位置如图 6-227 所示。对照组分别选择距下表面的第一层、第二层、第三层和第四层，并分别提取中心点、$R/2$点、边缘点三个位置的真应变，取点位置如图 6-228 所示。实验组和对照组各位置点的真应变分布情况见表 6-22 和表 6-23。

表 6-22　实验组各位置点的真应变分布情况

位置点	真应变	位置点	真应变
P1	0.859345	P6	0.641699
P2	0.796372	P7	0.923420
P3	0.570359	P8	0.794857
P4	0.811881	P9	0.547783
P5	0.721972		

表 6-23　对照组各位置点的真应变分布情况

位置点	真应变	位置点	真应变
P1	0.188487	P13	0.717771
P2	0.301051	P14	0.792081
P3	0.516097	P15	0.50036
P4	0.367717	P16	0.567919
P5	0.516102	P17	0.725971
P6	0.379653	P18	0.454429
P7	0.551817	P19	0.367254
P8	0.730897	P20	0.558304
P9	0.451212	P21	0.406924
P10	0.721234	P22	0.194597
P11	0.797808	P23	0.29723
P12	0.515816	P24	0.4578

从表 6-22 和表 6-23 可以看出，与整体的一体化复合坯的模拟真应变 0.693 相比，对照

组技术中采用较小规格的金属料块，在靠近上、下表面的第一层结合界面的最小真应变仅为0.19左右，最大值约为0.51，在靠近上、下表面的第二、第三层的各点真应变值也远小于0.693，直到在靠近上、下表面的第四层才出现大于0.693的真应变点，但四层仍有边缘位置还处于难变形区。通过对各位置真应变采集分析可以看出，现有技术中变形极不均匀，但采用实验组的金属料块，除局部边缘点的真应变小于目标值，三个结合界面的绝大部分真应变均高于真应变0.693，有效保障了界面的结合强度，并且变形更均匀，这对提升一体化复合坯的质量具有重要作用。

6.2.8.2 增材制坯固-固热力耦合设计

生产大型金属锻件的初始金属料块通常尺寸较大，采用增材制坯技术制备的一体化复合坯常常面临厚截面组织和性能不均匀的问题，目前有企业采用两道次镦粗变形，以使初始金属料块的界面组织破碎、细化，保证大型金属锻件的常规拉伸、冲击、剪切等性能均呈现良好状态，并且组织分布均匀、无偏析。现有技术中的第一道次压下量一般采用镦粗大变形工艺，但由于金属料块的心部温度大于边部温度，边部为难变形区且为拉应力区，这将导致复合坯结合界面的组织混晶不均匀、质量一致性差、复合坯开裂等问题。此外，第一道次压下量大，不利于结合界面的元素扩散连接，不利于消除界面氧化膜，尽管界面氧化膜可以通过大变形而破裂，通过扩散而迁移和分解，但最终还是以 B 类夹杂物存在于结合界面附近，此类夹杂物脆性大，对坯料的疲劳性能会产生不利的影响。因此，对于增材制坯技术制备的一体化复合坯，迫切需要能有效消除或控制结合界面中的氧化物，提高坯料的均匀化、均质化，以提高其疲劳性能。

本小节为增材制坯固-固复合关键核心技术的补充，并已获得发明专利[58]，下面将对具体细节进行表述。

1. 具体步骤

S1——制坯：将多个表面清洁的金属料块堆垛成形，得到预制坯。

S2——焊接：对预制坯进行焊接，以使多个金属坯料之间的结合界面焊合，得到复合坯。

S3——锻造：将复合坯加热至第一温度并保温，到设定时间后，以变形速度 v_1、相对压下量 D_1 进行第一次热压锻造，得到第一锻坯；然后将第一锻坯加热至第二温度并保温，到设定时间后，以变形速度 v_2、相对压下量 D_2 进行第二次热压锻造，得到第二锻坯；最后将第二锻坯以变形速度 v_3、相对压下量 D_3 进行第三次热压锻造，得到一体化复合坯。

其中，$1\% < D_1 < 5\%$，$D_2 \geqslant 35\%$，且 $D_1 + D_2 + D_3 \geqslant 50\%$；$v_1$、$v_2$ 和 v_3 的大小关系为 $v_2 > v_3 > v_1$。

在步骤 S3 中，v_1 为 $1\text{mm/s} \leqslant v_1 < 5\text{mm/s}$，$v_2$ 为 $10\text{mm/s} \leqslant v_2 \leqslant 60\text{mm/s}$，$v_3$ 为 $5\text{mm/s} \leqslant v_3 < 10\text{mm/s}$。

第一温度和第二温度大于或等于 $0.7T_m$，T_m 为熔点温度，单位为℃。当第二锻坯的表面温度低于 $0.6T_m$ 时，将第二锻坯回炉加热至温度大于或等于 $0.7T_m$，并在该温度下保温1h以上，再进行第三次热压锻造。

在步骤 S3 中，加热至第一温度采用两段升温工艺，即从室温以第一升温速率升温至奥氏体转变温度，从奥氏体转变温度以第二升温速率升温至第一温度。其中，第一升温速率为200~300℃/h，第二升温速率为100~200℃/h，并且第一升温速率大于第二升温速率。

当第三次热压锻造完成后，对一体化复合坯进行保压处理，保压时间应大于10min。

当复合坯的四周表面与模具内壁接触面积大于90%时，结束第三次热压锻造。

在步骤S1中，金属料块的质量大于或等于20t，高度大于或等于300mm。

在步骤S2中，焊接采用真空电子束焊，焊接参数为：加速电压大于50kV，束流大于200mA，聚焦电流大于500mA，功率大于10kW，焊接速率为50mm/s<v<300mm/s。

2. 效果

该发明采用三阶段热力耦合工艺：第一阶段利用金属坯料整体尚未热透、其内外部存在温差的特性，先进行低速率小压下量的热压锻造，使金属坯料的边部率先变形，解决边部界面难变形的问题，而且在预变形过程中，可将界面处氧化膜提前破碎，以在界面处形成变形储能；第二阶段采用快速率大变形热压加工进行大塑性变形处理，使铸态组织被充分破碎和再结晶，以改善复合坯的组织性能和成形质量，同时大塑性变形可以充分破碎、弥散界面氧化物，进而促进相邻金属坯料的界面结合；第三阶段采用慢速闭式热压加工完成最终变形处理，改善锻件内部的残余应力分布，提高变形均匀化程度，促进界面结合、氧化物弥散消失的均匀性。上述三阶段热力耦合工艺相互配合，有效实现了弥散氧化物及复合坯性能的均匀化、成分的均质化的效果，制备得到的一体化复合坯力学性能好、疲劳寿命长，可用于制备航空航天、兵器装备、船舶等现代工业高端装备的关键零部件。

3. 具体方案

首先，采用低速率小压下量进行第一阶段预变形处理（即第一次热压锻造）。由于坯料尺寸较大，经过加热后，坯料整体尚未热透，按照金属坯料加热时的传热规律，金属坯料的外部温度将率先达到预定保温温度，而心部尚未达到预定保温温度，利用这种温差和此时坯料的刚度，先对金属坯料进行预变形处理，则金属坯料的边部相较于心部先开始变形，有效解决了现有工艺中的边部难变形区的界面难变形的技术难题，减少了边部未熔合、混晶不均匀等缺陷，对金属坯料整体的均匀化具有很好的效果。同时，给予一定的预变形，减少了第二阶段快速率大变形（即第二次热压锻造）的压下量，不至于因金属坯料的边部和心部变形量差异过大而引起断裂，而且在预变形过程中，可将界面处氧化膜提前破碎，并使氧化膜两侧新鲜金属提前获得接触和机械混合，以在界面处形成变形储能，促进元素扩散，为第二阶段坯料热透时元素的充分扩散及氧化物的消融与弥散提供良好基础。

其次，采用快速率大变形热压加工进行第二阶段的大塑性变形处理（即第二次热压锻造）。第一锻坯经回炉保温热透后，金属流动性好，受挤压产生大塑性变形，由于变形程度大和锻坯温度高，铸态组织被破碎和再结晶充分，从而形成细小晶粒的锻态组织，消除了金属坯料残存的气孔、未熔合等缺陷，显著改善了复合坯的组织性能和成形质量，同时大塑性变形可以充分破碎、弥散界面氧化物，使界面两侧新鲜金属形成更充分接触和机械混合，进而促进相邻金属坯料的界面结合。

最后，采用慢速闭式热压加工进行第三阶段的最终变形处理（即第三次热压锻造）。在金属坯料接触模具内壁后启动此工序，降低变形速度和压下量，改善锻件内部的残余应力分布，并且通过第三阶段后续的保压措施，有效提高金属坯料边部的难变形区的变形量，提高整体坯料的变形均匀化程度，促进界面结合、氧化物弥散消失的均匀性。

在"第一阶段预变形处理+第二阶段快速率大变形热压加工+第三阶段慢速闭式热压加工"的三阶段热力耦合工艺下，可以有效碎化、消除结合界面处的氧化物，促进界面元素扩散，增强界面结合，达到弥散氧化物及复合坯性能的均匀化、成分的均质化的效果，提高复合坯的抗压强度、疲劳寿命和可靠性等性能。

热压锻造即为镦粗过程，镦粗过程中需要严格控制变形速度，防止由于镦粗过快产生表面质量问题，以及导致锻造时大量机械能短时间内转化为内部热量，从而引起锻件中心部分急剧升温，造成局部过热，甚至过烧的问题，但变形速度也不应太慢，以免影响锻件的再结晶。较合适的变形速度可以保证变形过程中锻件能够充分发生回复、再结晶，提高锻件变形塑性，而且有利于结合界面氧化膜破碎及新鲜金属的扩散结合，从而达到消除结合界面氧化物的目的。优选地，在步骤 S3 中，v_1 为 $1mm/s \leqslant v_1 < 5mm/s$，$v_2$ 为 $10mm/s \leqslant v_2 \leqslant 60mm/s$，$v_3$ 为 $5mm/s \leqslant v_3 < 10mm/s$。

优选地，在步骤 S3 中，第一温度大于或等于 $0.7T_m$。锻造前，将金属坯料加热至该温度，金属坯料较软，具有良好的可锻造性，易于变形加工，锻造时不易出现裂纹。

优选地，在步骤 S3 中，第二温度大于或等于 $0.7T_m$。在第一次热压锻造后，实施锻间加热和保温，保证第一锻坯整体热透，以便能够顺利地进行第二阶段的大塑性变形处理。同时，通过高温扩散促进第一次镦粗变形时微观上仍存在的显微孔洞愈合。为保证第一锻件出炉温度 $\geqslant 0.7T_m$，出炉后可随即加盖保温罩。保温罩为上端封闭、下端开口的倒桶状结构，其顶部由金属圆环卡箍固定，筒壁由耐热材料制成，筒体内径大于复合坯的外径；在保温罩的顶部设有吊耳，可固定在起重机械的卡具上。加盖保温罩的金属坯料由起重机械热送，及时转运至液压机锻压工位，以减少热量散失。必要时，保温罩不移除，可随复合坯一起变形，直至复合坯达到规定尺寸后再移除。

当第二锻坯的表面温度低于 $0.6T_m$ 时，将第二锻坯回炉加热至温度 $\geqslant 0.7T_m$ 并在该温度下保温 1h 以上，再进行第三次热压锻造。对第二锻坯进行高温加热并保温一段时间，可以提高复合坯的难变形区温度，增加复合坯的金属流动性，使其一直保持较好的可锻造性，减少锻造裂纹的产生。

优选地，在第一温度的保温时间小于在第二温度保温时间。可以理解为上述具体保温时间依据金属坯料尺寸而定。当金属坯料尺寸较小时，可以适当缩短保温时间，如 $10 \sim 60min$；当金属坯料尺寸较大时，则应当适当延长保温时间，如 $\geqslant 1h$，以保证金属坯料的温度适于进行热压锻造。

优选地，在步骤 S3 中，加热至第一温度采用的是两段升温工艺，即从室温以第一升温速率升温至奥氏体转变温度（Ac_3 温度），再从 Ac_3 温度以第二升温速率升温至第一温度。其中，第一升温速率为 $20 \sim 300\,℃/h$，目的是使坯料快速加热，节省加热时间；第二升温速率为 $100 \sim 200\,℃/h$，目的是减少前段快速加热坯料的内外温差造成试料开裂、弯曲等问题，使坯料温度均匀化。通常，第一升温速率 > 第二升温速率。

优选地，在步骤 S3 中，当第三次热压锻造完成后，对一体化复合坯进行保压处理，保压时间 > 10min。保压期间不再变形，起到稳定锻态组织、细化晶粒和充分消除残余内应力的目的，提高一体化复合坯的内部质量和界面结合强度。

在步骤 S3 中，当复合坯的四周表面与模具内壁接触面积大于 90% 时，认定为复合坯达到所需变形量，结束第三次热压锻造。

在步骤 S1 中，金属料块的质量 $\geqslant 20t$、高度 $\geqslant 300mm$，可优先采用大的金属料块。由于金属料块变厚，当进行后续热压锻造时，复合坯的结合界面不落在难变形区中，有效保障了界面结合，减少了界面开裂风险，而且大幅度提高了焊接效率，减少了焊缝数量，无须

"引弧试块、熄弧试块"，因无直角缝，无焊缝"缺肉"现象。需要注意的是，由于金属坯料质量较大，采用热压锻造所需压力较大，需要匹配超大型液压机。

优选地，在步骤 S1 中，表面清洁的金属料块的制备方法为对所用的初始料块进行表面加工，可采用的方式有铣削、车削、磨削、砂带打磨、砂轮打磨、钢丝打磨等，然后采用有机溶剂对初始料块表面进行清洗，得到表面清洁的金属坯料。通过打磨，一方面将初始料块表面的锈蚀层和氧化层去除，保证结合表面的表面粗糙度 ≤3.2μm，表面光洁有利于后续表面的油污去除；另一方面保障料块待焊上下表面的平行度与坯料棱边的垂直度，有效保障电子束焊枪移动时焊接位置的准确性。打磨之后采用乙醇、丙酮等有机溶剂对初始料块结合表面进行清洗，以便去油除污并吹干，得到表面清洁的金属料块，以提高金属料块的质量与性能，减少后续金属料块镦粗时的断裂或产生裂纹。表面清洁后金属料块的放置时间不宜过长。

在步骤 S2 中，焊接可采用真空电子束焊、感应加热、搅拌摩擦焊中的一种，在真空条件（真空度 ≤0.1Pa）下进行密封焊接，焊缝熔深 ≥15mm，焊接部位经检测无漏气点，获得复合坯。对于真空电子束焊，为保障焊缝质量，对焊接参数的要求如下：加速电压 >50kV，束流 >200mA，聚焦电流 >500mA，功率 >10kW，焊接速度为 50mm/s<v<300mm/s。通过以上参数，可有效保障真空电子束焊后，焊缝无缺肉、无漏焊，有效保障焊缝熔深及焊缝的均匀性。

6.2.8.3 结合界面氧化物控制

该方案为增材制坯固-固复合技术的详细补充，目前已授权发明专利[59]。下面将对专利内容进行详细表述。

该发明旨在提供一种金属复合产品结合界面氧化物的控制方法，用以探究复合后的毛坯结合界面处的氧化物对复合坯整体性能的影响，解决导致坯料复合后易发生结合界面开裂等问题。

1. 方案步骤

通过控制变形速度 v_1、相对压下量 D_1 的初次热压加工，以及二次高温加热保温与变形速度 v_2、相对压下量 D_2 的二次热压加工的两段工艺，碎化、消除结合界面处的氧化物。其中，$v_1 > v_2$，$D_1 + D_2 \geq 50\%$。

结合界面氧化物控制包括以下步骤：

S1——准备初始料块。

S2——对初始料块进行加工及表面清洁。

S3——对初始料块进行组坯，并在真空下对结合界面四周进行密封焊接，得到复合坯焊接体。

S4——对复合坯焊接体经高温加热后进行初次热压加工，初步得到复合坯。

S5——对复合坯进行二次高温加热保温。

S6——对复合坯进行二次热压加工，获得一体化复合坯。

在步骤 S2 中，对初始料块进行表面加工，去除表面氧化皮，并且使结合表面的表面粗糙度 ≤3.2μm，坯料的待焊上下表面具有较好的平直度（平直度 ≤2mm/m）及棱边垂直度。

在步骤 S3 中，焊接可采用真空电子束焊，抽真空后对结合界面四周进行密封焊接，焊接舱内部真空度 ≤0.1Pa，焊缝熔深 ≥15mm，焊接部位经检测无漏气点。

在步骤 S4 中，复合坯焊接体热压加工前的加热保温温度 $\geqslant 0.7T_m$。

在步骤 S4 中，初次热压加工时的相对压下量 $\geqslant 30\%$，$10mm/s \leqslant v_1 \leqslant 60mm/s$，得到复合坯。

在步骤 S5 中，对经初次热压加工后的复合坯进行二次回炉高温加热保温，保温温度 $\geqslant 0.8T_m$，保温时间 $\geqslant 1h$。

在步骤 S6 中，二次热压加工时总相对压下量 $\geqslant 50\%$，$v_2 < 10mm/s$，得到一体化复合坯。

在步骤 S2 中，可采用有机溶剂对初始料块结合表面进行清洗，去油除污并吹干，进行包装以防止氧化和二次污染。

在步骤 S3 中，当对结合界面四周进行密封焊接时，应进行定位焊，保障后续焊接位置的准确性。

2. 效果

1）在初始料块结合表面清洁加工及有效真空焊接封装的前提下，通过初次快速率大变形热压加工、二次高温保温与慢速率二次热压加工的两阶段工艺，有效碎化、消除结合界面处的氧化物。

2）初次快速率大变形热压加工以 $10mm/s \leqslant v_1 \leqslant 60mm/s$ 对复合坯进行加压变形，并使坯料难变形区总相对压下量达 30% 以上，较合适的变形速度和较大的相对压下量有利于结合界面氧化膜破碎及新鲜金属的扩散结合。

对复合坯进行二次加热高温保温，可提高复合坯难变形区温度，增加复合坯的金属流动性，使二次热加工容易压合，同时防止二次热加工时复合坯开裂；二次热压加工的变形速度 $v_2 < 10mm/s$，二次热加工时保障复合坯总相对压下量 $\geqslant 50\%$，促进结合界面氧化物的弥散与消除，使其更加细小，从而达到消除结合界面氧化物的目的；二次加热与热压加工，可有效促进界面元素的充分扩散与界面结合。

3）由于增材制坯属于大型锻件制备工艺，一次热压加工后，复合坯的变形可能不充分，通过二次加热与二次热压加工，一方面可有效保障压下量，减小对液压机的压力要求；另一方面利用二次保温，可有效解决初始热压加工变形对结合界面的影响，促进金属之间的界面扩散，促进界面回复与结合。

4）通过该发明能够有效解决界面处的氧化物问题，促进增材复合制坯技术的发展与推广。

3. 具体方案细节

S1——准备初始料块：初始料块可以是同种材料，也可以是异种材料，可采用锻坯、铸坯、轧坯或热轧厚板等，切割加工至所需形状及尺寸，如正方体、长方体、圆柱体、环形等众多规则形状，每层初始料块形状应相同。

S2——对初始料块加工及表面清洁：对所用初始料块进行表面加工，加工方式可采用铣削、磨削、砂带打磨、砂轮打磨、钢丝打磨、喷砂、酸洗、碱洗等，一方面，可有效去除料块表面氧化皮，保证结合表面粗糙度 $\leqslant 3.2\mu m$，表面光洁有利于后续表面的油污去除，同时在后续抽真空环节可大大减小密封孔隙尺寸及数量，提高抽真空质量；另一方面，保障料块待焊接上下表面的平行度与料块棱边的垂直度，有效保障电子束焊枪移动时焊接位置的准确性。采用乙醇、丙酮等有机溶剂对初始料块结合表面进行清洗，以便去油除污，并吹干，简单包装，如薄膜覆盖以防止氧化和二次污染，表面清洁后放置时间不宜过长。

S3——对初始料块进行组坯，并在真空下对结合界面四周进行密封焊接，得到复合坯焊接体：将完成加工和清洁的初始料块根据需求数量依次堆垛对齐放置，并检查各待焊接位置外观状况。待堆垛体放入真空室后，对真空室抽真空，当真空度≤0.1Pa后，利用电子束焊枪对各层结合界面的四周进行密封焊接，焊接熔深≥15mm。熔深设计主要考虑两个方面：一方面确保焊缝的密封性，防止焊缝在常温下及后续加热时的漏气；另一方面保障复合坯焊接体在冷态与后续热态时起吊吊转运时的承力，防止焊缝开裂。复合坯焊接体的尺寸设计应符合热压加工高径比要求，防止热压加工失稳。

利用电子束焊接时，为保障各结合界面处的真空度，复合坯焊接体在所有焊接位置未焊接完毕前不允许从真空室取出。各条焊缝在正式焊接前，应进行定位，即采用电子束焊枪沿待焊接缝点焊数点以作标记，并设置焊接路径，从而保障后续焊接位置的准确性。

S4——对复合坯焊接体经高温加热后进行热压加工，初步得到复合坯：对通过上述方法制备得到的复合坯焊接体，经高温保温热透后进行热压加工。复合坯焊接体热压加工前保温温度≥$0.7T_m$，在复合坯焊接体底部加入垫铁，以便均匀加热；依据目前国内外大型液压机或轧机设备的制备能力，以10mm/s≤变形速度≤60mm/s对复合坯焊接体进行加压变形，并使坯料难变形区总相对压下量达30%以上，较合适的变形速度和较大的相对压下量有利于结合表面氧化膜破碎及新鲜金属的扩散结合。对于大型液压机，可进行形变保压，保压时间可依据坯料材料的热加工特性进行设计；保压不再变形或复合坯四周表面温度降至950℃后，转入加热炉中进行后续高温保温。

S5——对复合坯进行二次加热高温保温：对经热压加工后的复合坯进行二次回炉加热保温，保温温度≥$0.8T_m$，到温后保温时间≥1h，同时兼顾材料本身晶粒长大规律及表面烧损等进行控制保温极限时间。二次保温目的：一是补充坯料温度，便于后续二次热压加工，保障金属流动性；二是消除前序热压加工造成的界面应力，促进界面元素充分扩散与原子间重构，促进界面结合。

S6——对复合坯进行慢速率二次热压加工，获得一体化复合坯：复合坯二次热压加工前的保温温度≥$0.8T_m$，待达到所需保温规程后，进行二次热压加工。其中，热压加工时，保障复合坯总相对压下量≥50%，变形速度<10mm/s，从而得到满足后续加工需求的一体化复合坯。

6.2.9 挤压愈合

在《大型锻件FGS锻造》一书中介绍了中国一重在150MN水压机上挤压成形工作辊的研制情况，从中可以看出，挤压成形对改善锻件内部质量、提高成形后的均质性有着十分明显的作用；锻件挤压成形前后的解剖结果表明，挤压前坯料内部裂纹、网状碳化物、疏松、缩孔等缺陷非常明显，挤压成形后锻件内部质量致密且均匀，碳化物弥散细小分布，晶粒度8级且很均匀，UT与表面波检测结果均满足采购技术条件要求。

上述轧辊锻件挤压成形工程实践结果对于开展大型锻件FGS锻造技术研究给予了很大的启发，特别是在液-固复合制坯后的界面愈合方面，提供了一种新的技术手段。

坯料液-固复合后，心部基材的质量不会有较大变化，可以保持复合前的质量状态，因此心部基材在复合后不需要再进行塑性变形以改善其组织性能与均匀性，但复合层及界面所在的过渡层本质上属于铸态组织，其质量还不能满足使用要求，特别是在复合层比较厚的情况下，更需要对复合层及界面所在的过渡层进行局部塑性变形，从而改善其内部组织，提高使用性能。

得益于工作辊挤压成形工程实践结果，我们研究了相同直径复合轧辊挤压成形工艺方案，具体如下所述。

1. 复合轧辊挤压成形前坯料设计

为了降低研制费用，缩短研制周期，在借用工作辊挤压成形模具的基础上，设计了图6-228所示的坯料形状与尺寸。心部基材直径为350mm，总长为1750mm，质量为1270kg；复合层外径为700mm，内径为350mm，总长为1611mm，质量为3450kg。

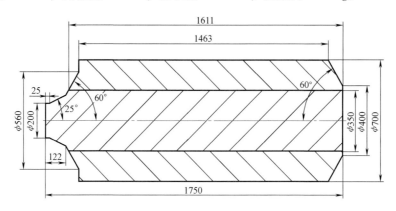

图 6-228　复合轧辊挤压成形坯料形状尺寸

2. 复合轧辊挤压成形后的锻件设计

根据图6-228所示坯料形状，结合现有成形模尺寸，设计了挤压成形后的锻件形状与尺寸，如图6-229所示。

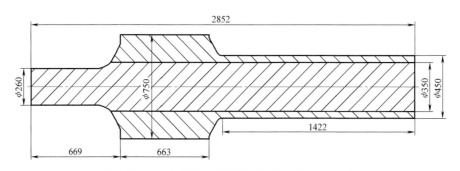

图 6-229　复合轧辊挤压成形后的锻件形状与尺寸

3. 复合轧辊挤压成形用主要模具（见图6-230）

4. 复合轧辊挤压成形模具总装图（见图6-231）

5. 复合轧辊挤压成形过程（见图6-232）

6. 复合轧辊挤压成形模拟

（1）模具三维建模　复合轧辊挤压模具如图6-233所示。

（2）模拟基本参数设置

1）坯料温度：1200℃（基材与复合层）。

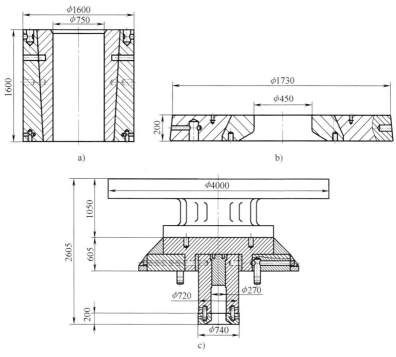

图 6-230　复合轧辊挤压成形所用主要模具

a）组合挤压筒　b）组合成形模　c）组合上模

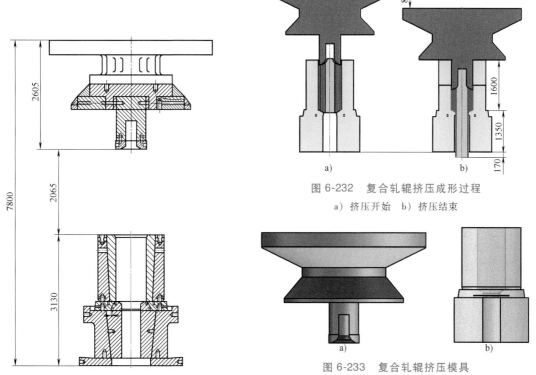

图 6-231　复合轧辊挤压成形模具总装图

图 6-232　复合轧辊挤压成形过程

a）挤压开始　b）挤压结束

图 6-233　复合轧辊挤压模具

a）上模组合体　b）下模组合体

339

2）坯料材质：45Cr4NiMoV。

3）摩擦：坯料基材与复合层之间设置为黏着态，剪切摩擦因数为 1；上模组合体及下模组合体分别与坯料基材、复合层接触，剪切摩擦因数为 0.3。

4）上模：行程为 800mm、变形速度为 10mm/s。

5）步长：5mm/步。

6）网格最小边长：17～19mm。

（3）复合轧辊挤压模拟结果　复合轧辊挤压变形前后的状态如图 6-234 所示，图中绿色部分为心部基材，红色部分为复合层。从图 6-234 可以看出，坯料采用整体加热方式，心部基材参与挤压变形，挤压后复合层厚度为 106mm 且比较均匀，界面呈直线分布。心部基材挤压比为 2.3，复合层挤压比为 2.5。

稳态下复合轧辊的挤压成形力约为 4700tf，如图 6-235 所示。

复合轧辊挤压变形后的等效应变与等效应力如图 6-236 所示。

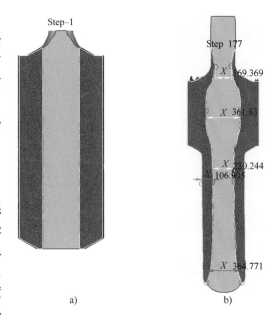

图 6-234　复合轧辊挤压变形前后的状态

a）变形前　b）变形后

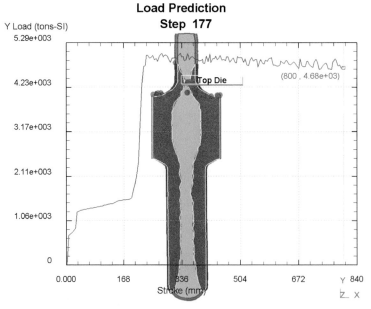

图 6-235　复合轧辊挤压成形力

Top Die—凸模　Strok—行程

心部基材挤压变形后的等效应变与等效应力如图 6-237 所示。复合层挤压变形后的等效应变与等效应力如图 6-238 所示。从图 6-237 与图 6-238 可以看出，复合层内表面的等效应变大于心部基材的外表面，等效应力相当，说明挤压变形后界面愈合效果较好。

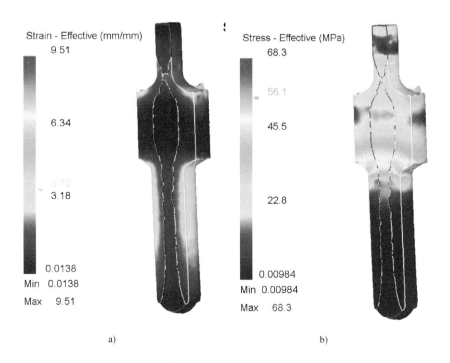

图 6-236　复合轧辊挤压变形后的等效应变与等效应力
a）等效应变　b）等效应力
Stress-Effective—等效应力

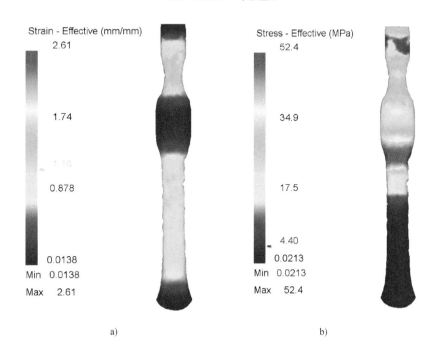

图 6-237　心部基材挤压变形后的等效应变与等效应力
a）等效应变　b）等效应力

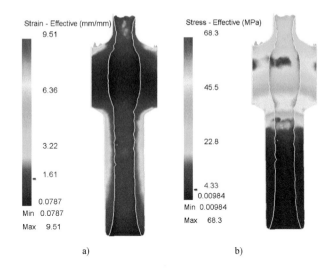

a)   b)

图 6-238 复合层挤压变形后的等效应变与等效应力

a) 等效应变   b) 等效应力

第7章

坏料的均匀化

对复合界面愈合后的坏料，需要通过重结晶或再结晶进行均匀化处理。

 7.1 重结晶

本节通过对直连结构小堆一体化水室封头两种制备方式的详细对比分析，对固-固复合的坏料通过重结晶均匀化的效果进行描述。

7.1.1 概述

我国幅员辽阔、海洋资源丰富，海洋开发需要稳定、大容量的电能和热能，而核动力堆成为海洋开发最具优势的热、电能源系统。将核电、热供应站装载于输送船或移动平台上，为海上资源的开发提供电力和海水淡化的热能，具有非常良好的市场前景。此外，核动力堆还可以为海上破冰船和其他船舶提供动力。

由于船舶、海上浮动平台等使用场所及环境的特殊性，要求所配置的核动力堆在满足总体性能及安全性要求的条件下，应尽可能使反应堆结构体积小、重量轻。因此，海洋核动力堆的结构设计需突破传统陆基反应堆设计，在确保安全性和可靠性的基础上，使设备结构和总体布置尽量紧凑，并顺应船舶、海上浮动平台的机械环境和气候环境。因此，海洋核动力堆的主设备结构及布置不能照搬陆基反应堆结构，仅根据功率大小进行尺寸的调整，而应在兼顾已有并成功运用的设计技术基础上，进行结构优化甚至创新，以简化结构，形成紧凑式的结构和布置方案。

目前，对于反应堆的紧凑式结构设计，行业内通常有两种解决方案，一种方案是把反应堆的主要零部件和核蒸汽供应系统集中在一个压力容器内，达到反应堆主要部件一体化的目的。由于将多个部件集中在一个容器内还有许多技术问题尚未解决，运用于海洋核动力堆还有众多不确定性，因此该设计方案仍处于研发论证阶段。另一种方案是紧凑式直连结构，将反应堆压力容器与蒸汽发生器、主泵直连，取消主管道。该方案不仅简化了系统布置，实现了紧凑式模块化设计，而且避免了大破口失水事故的发生，提高了核反应堆的固有安全特性，满足海洋核动力堆的设计需求。俄罗斯已将该方案成功应用于核动力破冰船中，但我国尚未取得工程经验。

　　紧凑式直连结构的引入对接口设备、一回路冷却剂流道的影响，以及接口设备的安装工艺和自身结构的稳定性等均是设计和制造中需突破的难点。因此，需要针对海洋核动力堆的紧凑式特点开展高集成度设计直连结构水室封头锻件制造技术的研究。紧凑式直连结构小堆如图 7-1 所示。

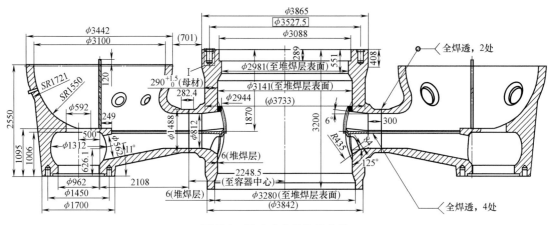

图 7-1　紧凑式直连结构小堆

7.1.2　水室封头整体模锻成形方案及辅具设计

　　直连结构小堆一体化水室封头采用紧凑性设计理念，锻件结构复杂、均质性要求高，经充分考虑，采用模锻成形方案，以实现复杂结构锻件的近净成形和均质化制造。直连结构小堆一体化水室封头如图 7-2 所示。

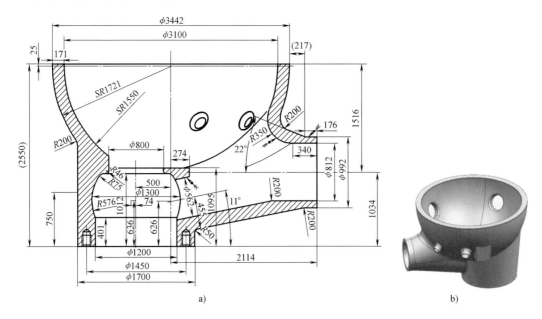

a)　　　　　　　　　　　　　　b)

图 7-2　直连结构小堆一体化水室封头

a）结构尺寸　b）立体图

7.1.2.1 水室封头锻件整体胎模锻造成形过程数值模拟

水室封头锻件形状复杂、轮廓尺寸较大，坯料质量约为120t。数值模拟结果表明，如果采用整体球冲头一次成形内腔和外形的工艺方案，则需要近800MN的成形力，目前国内还没有这样规格与能力的大型液压机。因此，对于所研究的小堆水室封头锻件，制订了整体模内镦粗、条形锤头分步旋转成形的工艺方案。此外，为了增加直连接管管嘴处的变形量，保证锻件各个位置的变形更均匀，同时也为了保证直连接管管嘴成形后的长度能够满足粗加工图样尺寸要求，在锻件成形的最后阶段对直连接管管嘴进行了模具内整形。综上所述，小堆水室封头锻件整体胎模锻成形的工艺流程设计如下：专用上镦粗板与下模进行模内整体镦粗→条形锤头采用分步旋转成形→专用整形锤头对直连接管管嘴整形。

根据以往同类产品的制造经验，在万吨级液压机上利用胎模锻方法制造大型复杂封头类锻件时，易出现的问题是管嘴填充不饱满，影响最大的是第一个变形步骤，即模内整体镦粗工序。为此，在水室封头锻件整体胎模锻成形工艺研究中，主要研究工作是利用计算机数值模拟技术，通过分析不同形状与不同尺寸的坯料在模内整体镦粗成形过程中的金属流动规律，优化设计出最为合理的坯料形状与尺寸，同时为辅具设计和优化提供指导。

1. 偏心台阶圆形坯料整体镦粗成形结果分析

对偏心台阶圆形坯料设计了四种不同的尺寸，当进行计算机数值模拟整体镦粗变形时，每个坯料变形所需的材料模型和边界条件均相同。四种偏心台阶圆形坯料整体镦粗变形模拟结果（见表7-1）表明，在镦粗变形过程中，除偏心坯料2，其他三种坯料在台阶处均出现不同程度的折伤。坯料2在成形力达到160MN时，坯料整体镦粗变形量偏小，比理想镦粗行程少了约300mm，只完成了50%的镦粗行程，这说明该坯料形状在镦粗变形过程中，金属流动阻力最大，成形最难，管嘴填充效果也最差。所以，不宜采用偏心台阶圆形坯料这种设计方案。

表 7-1 四种偏心台阶圆形坯料整体镦粗变形模拟结果

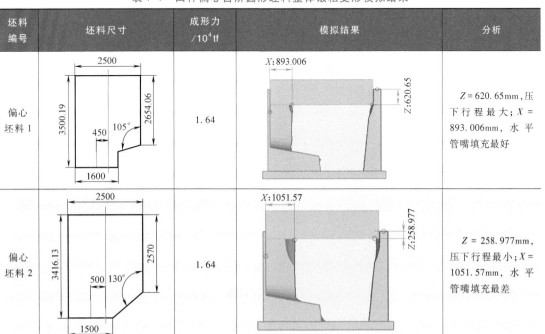

坯料编号	坯料尺寸	成形力/10^4tf	模拟结果	分析
偏心坯料1	2500 3500.19 2654.06 450 105° 1600	1.64	X:893.006 Z:620.65	$Z = 620.65$mm，压下行程最大；$X = 893.006$mm，水平管嘴填充最好
偏心坯料2	2500 3416.13 2570 500 130° 1500	1.64	X:1051.57 Z:258.977	$Z = 258.977$mm，压下行程最小；$X = 1051.57$mm，水平管嘴填充最差

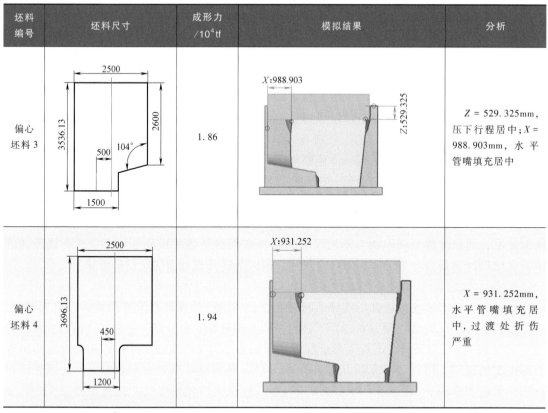

坯料编号	坯料尺寸	成形力/10^4tf	模拟结果	分析
偏心坯料3	2500 3536.13 2600 500 104° 1500	1.86	X:988.903 Z:529.325	$Z = 529.325$mm，压下行程居中；$X = 988.903$mm，水平管嘴填充居中
偏心坯料4	2500 3696.13 450 1200	1.94	X:931.252	$X = 931.252$mm，水平管嘴填充居中，过渡处折伤严重

注：1tf = 9.80665×10^3N。

2. 偏心台阶方形坯料整体镦粗成形模拟结果分析

偏心台阶方形坯料如图 7-3 所示，整体镦粗模拟结果如图 7-4 所示。从图 7-4 可以看出，在偏心台阶方形坯料的整体镦粗变形过程中，坯料变截面处会出现比较严重的折伤，这些折伤在后期成形内腔时没有得到愈合，而是被拉大，图 7-5 中绿色部分即为在终成形后暴露出的折伤。此外，当成形力达到 170MN 时，坯料还没有完全进入下模，说明整体镦粗时坯料流动阻力较大，填充效果不理想。

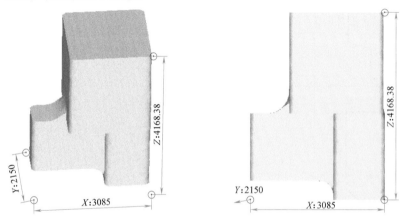

图 7-3　偏心台阶方形坯料

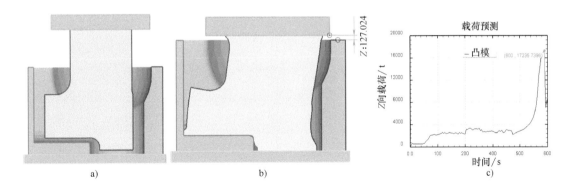

图 7-4 偏心台阶方形坯料整体镦粗模拟结果

a）镦粗开始 b）镦粗结束 c）成形力

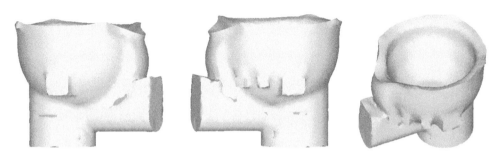

图 7-5 偏心台阶方形坯料最终成形结果

从偏心台阶坯料整体镦粗模拟结果与分析结论可以看出，无论是圆形还是方形，坯料在整体镦粗时都容易在截面变化处出现折伤，而且坯料流动阻力较大，当成形力达到 150MN 左右时，整体镦粗行程都没有达到工艺要求，所以不易采用台阶状坯料。

3. 无台阶圆形坯料尺寸优化

在以上模拟的基础上，又进行了无台阶圆形坯料的模拟计算，重点对坯料高径比的选择进行模拟优化。设计了三种高径比的圆形坯料，模拟结果如下。

1）φ2300mm×3680mm：整体成形力较小，但在整体镦粗过程中，当坯料进入垂直管嘴时出现歪倒现象。

2）φ3200mm×1900mm：整体成形力偏大，管嘴充满效果最差。

3）φ2500mm×3200mm：整体成形力比较合适，管嘴填充效果比较理想，确定为最终坯料方案。其整体镦粗成形模拟结果如图 7-6 所示，成形力模拟结果如图 7-7 所示。

7.1.2.2 模具设计

在水室封头整体胎模锻成形所需模具的设计及优化中，主要应考虑以下几点：

1）成形模具装配后的总体高度需小于液压机净空高度。

2）上锤头的连接方式与结构尺寸需满足现有连接板的设计结构。

3）下模型腔的设计应满足最小阻力定律，使坯料流动阻力最小。

4）上锤头在成形加载过程中不能与下模发生干涉。

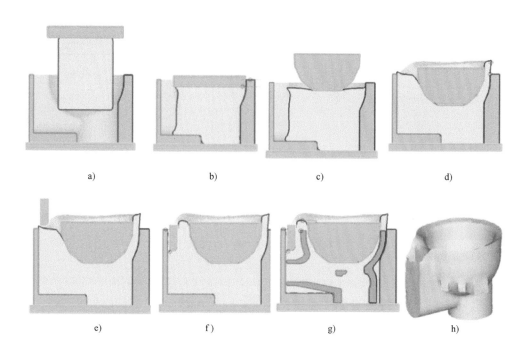

a)　　　　　　　　b)　　　　　　　　c)　　　　　　　　d)

e)　　　　　　　　f)　　　　　　　　g)　　　　　　　　h)

图 7-6　最终优化确定的坯料整体镦粗成形模拟结果

a）镦粗开始　b）镦粗结束　c）成形内腔开始　d）成形内腔结束　e）水平管嘴整形开始
f）水平管嘴整形结束　g）锻件成形后与粗加工图纵剖面对比　h）成形后锻件

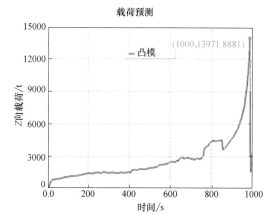

图 7-7　整体镦粗成形力模拟结果

5）所有受力模具的强度需要满足设计要求。

6）模具的设计应满足现场工装辅具的使用要求，以实现工艺目标。

按照上述几条设计与优化原则，对成形模具进行了设计与优化，每种模具优化的重点各有不同，主要包括以下几个方面。

1）下模：主要优化设计了主泵连接管管嘴与直连接管管嘴的过渡形式，直连接管管嘴型腔处的模具强度、加工要求、总体重量等。

2）整体镦粗板：主要优化设计了与下模的间隙、与液压机的连接方式、工作面角度、模具强度与选材设计等。

3）条形锤头：主要优化设计了工作面宽度及倒角。

4）管嘴整形锤头：主要优化设计了与下模的间隙、锤头工作面高度、与液压机的连接方式、选材设计、模具强度等。

5）上料垫：主要优化了加工要求、选材设计等。

7.1.2.3　成形工艺方案

小堆水室封头整体胎模锻成形的工艺流程为：冶炼（熔炼分析）→铸锭→锻造→锻后热处理（正火、回火）→粗加工（UT）→淬火、回火→标识、取样（大端+2个管嘴）→打磨→UT→标识、取样（解剖）→报告审查双真空钢锭小堆水室封头锻造工艺过程见表7-2。

表 7-2　双真空钢锭小堆水室封头锻造工艺过程　　　　　　（单位：mm）

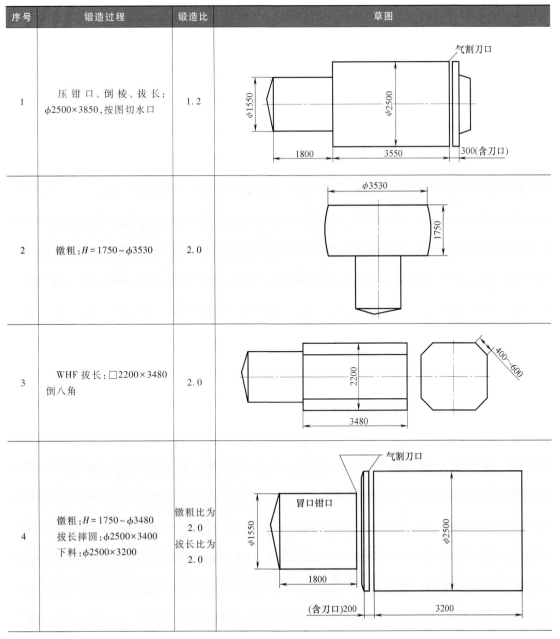

序号	锻造过程	锻造比	草图
1	压钳口、倒棱、拔长：$\phi2500×3850$，按图切水口	1.2	
2	镦粗：$H=1750\sim\phi3530$	2.0	
3	WHF拔长：$\square2200×3480$ 倒八角	2.0	
4	镦粗：$H=1750\sim\phi3480$ 拔长摔圆：$\phi2500×3400$ 下料：$\phi2500×3200$	镦粗比为 2.0 拔长比为 2.0	

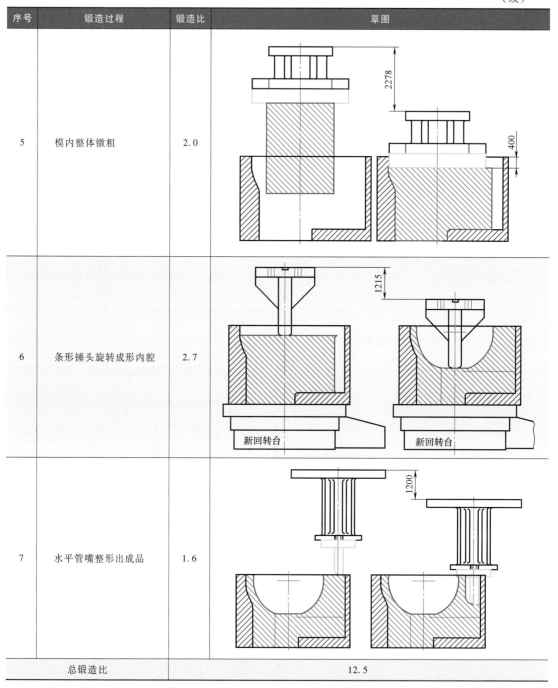

序号	锻造过程	锻造比	草图
5	模内整体镦粗	2.0	
6	条形锤头旋转成形内腔	2.7	新回转台　　新回转台
7	水平管嘴整形出成品	1.6	
	总锻造比		12.5

此外，结合大型先进压水堆及高温气冷堆核电站重大专项"核电设备用大尺寸材料无痕构筑技术研究"（2019ZX06004010）子课题三"CAP 小堆水室封头整体模锻成形技术研究"，采用构筑坯料完成了一件等比例小堆水室封头锻件的研制，二者仅制坯过程不同，成形工艺参数完全相同。

构筑坯料小堆水室封头锻件的成形工艺过程见表 7-3。

表 7-3 构筑坯料小堆水室封头锻件的成形工艺过程

序号	锻造过程	锻造比	草图
1	模内整体镦粗	2.0	2278　400
2	条形锤头旋转成形内腔	2.7	1215　新回转台　新回转台
3	水平管嘴整形出成品	1.6	1200
总锻造比			6.3

构筑用连铸板坯单块尺寸（长×宽×高）约为 6550mm×2200mm×250mm，锯切为宽度 2250mm、长度 2200mm 的构筑基元，共 17 块，构筑后钢坯尺寸为：长×宽×高 = 2230mm×2180mm×4080mm。封焊后，钢坯在油压机上经镦粗、拔长、滚圆等锻造工序后，锻坯直径为 2580mm±30mm，高度为 3600mm±200mm。

7.1.3　水室封头锻件制造过程

7.1.3.1　锻造过程

由于两件水室封头锻件共用 1 套成形辅具，以下仅以构筑坯料制造的小堆水室封头为例，展示其坯料检测及锻造过程，如图 7-8 和图 7-9 所示。

图 7-8　构筑坯料入厂后的超声检测

图 7-9　小堆水室封头整体胎模成形锻造过程
a）模内镦粗Ⅰ　b）模内镦粗Ⅱ　c）模内旋转锻造　d）成品锻件

7.1.3.2 锻后热处理

锻后热处理是为之后的性能热处理做组织准备。通过预备热处理，可以消除锻造应力，降低表面硬度，细化奥氏体晶粒。

针对小堆水室封头的特点，采用退火、正火、回火的热处理工艺，如图7-10所示。

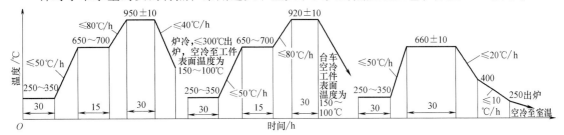

图7-10　小堆水室封头锻件锻后热处理工艺曲线

锻件完成锻后热处理后，清理表面氧化皮，转下序进行粗加工。

7.1.3.3 机械加工

小堆水室封头需要解决的有关加工的难点问题如下：

1）直连接管管嘴是以水平面分界的，由上下两部分不同的曲面连接而成，如何创建立体加工模型，具有很大难度。

2）锻件为复杂结构大锻件，毛坯局部余量大，直连接管管嘴端面到球心距离≥2305mm，远超机床行程，如何在满足各部分加工需求的同时保证加工效率有一定的难度。

3）直连接管管嘴与主泵连接管管嘴相交处斜孔距工件端面2440mm，深度远超镗床行程，并且无法在深孔机床上加工，难度很大。

4）工件内球面与直连接管管嘴相交处的圆角加工量大，而且加工时要伸入已加工管嘴内部，不仅受限于加工设备本身的尺寸，设备可移动空间也非常狭小。

针对以上加工问题，解决方案如下：

1）直连接管管嘴以水平面为界，由上下两部分不同曲面连接而成，为了保证相接部分曲率连续，通过使用扫掠、有界平面、缝合、拉伸、合并等方式成功完成了立体模型的创建。小堆水室封头锻件粗加工建模如图7-11所示，直连接管管嘴加工方案和加工现场如图7-12所示。

图7-11　小堆水室封头锻件粗加工建模

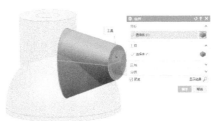

a）

图7-12　直连接管管嘴加工方案和加工现场

a）加工方案

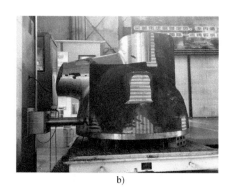

b)

图 7-12　直连接管管嘴加工方案和加工现场（续）

b）加工现场

2）从不同方向、分多个区域，采用大刀加工、小刀清根的加工方案，对小堆水室封头锻件外表面进行加工，如图 7-13 所示。

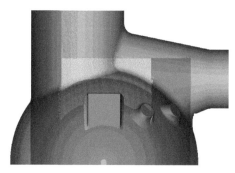

a)　　　　　　　　　　　　　　　　b)

图 7-13　小堆水室封头锻件外表面加工方案和加工现场

a）加工方案　b）加工现场

3）斜孔距工件端面 2440mm，远超机床行程，采用专用辅具将工件垫平后进行加工，如图 7-14 所示。

4）当加工工件内球面与直连接管管嘴相交处的圆角时，由于距主轴端面距离太远，并且移动空间太小，根本无法使用常规铣削头加工，最终采用了悬伸长度为 1600mm 的加长直角铣削头，而且由于铣削头功率限制，无法采用大切深、大走刀加工，最后采用 D250、D315 等多把刀具、多个程序完成加工，如图 7-15 和图 7-16 所示。

图 7-14　小堆水室封头锻件直连接管管嘴与主泵连接管管嘴相交处斜孔加工

7.1.3.4　性能热处理

小堆水室封头锻件性能热处理采用淬火+回火的热处理工艺，淬火在 $\phi14000mm \times 8000mm$ 大型淬火水槽中进行。同时，为了保证锻件整

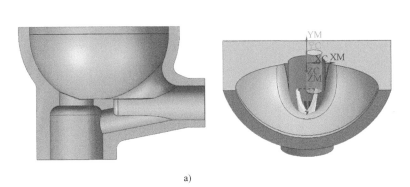

图 7-15　小堆水室封头锻件内球面与直连接管管嘴相交处圆角加工方案和加工图片

a）加工方案　b）加工图片

图 7-16　小堆水室封头锻件粗加工后的成品

体快速、均匀加热，设计了专用垫铁，减少炉内的蓄热量。性能热处理工艺曲线及实施过程如图 7-17 和图 7-18 所示。

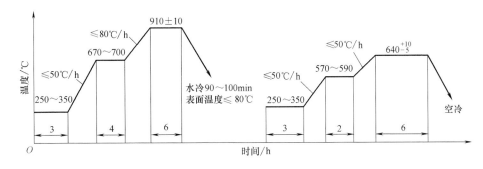

图 7-17　小堆水室封头锻件性能热处理工艺曲线

a)   b)

图 7-18   小堆水室封头锻件性能热处理实施过程

a）装炉   b）淬火

7.1.4   检验、检测结果及对比分析

7.1.4.1   技术要求

1. 小堆水室封头锻件取料要求

水室封头锻件取样分为两部分，第一部分为取自锻件延长段的试料，第二部分为取自锻件解剖部位的试料。所有部位均进行室温和高温拉伸、冲击、落锤、金相、化学成分检验。水室封头锻件各处取样要求见表 7-4。

表 7-4   水室封头锻件各处取样要求

取样部位	锻件上的具体位置		
锻件延长段	开口端	直连接管管嘴	主泵连接管管嘴
解剖位置	主泵连接管管嘴	主泵连接管与 直连接管相交处	主泵连接管与水室 封头腔室相交处	直连接管与水室 封头腔室相交处
	直连接管管嘴 （距端面一个厚度）	稳压器波动管管嘴	支承台最大厚度处	

注：所有取样部位均进行全截面理化性能检验和分析。

2. 理化性能要求

理化性能要求分别见表 7-5 和表 7-6。

表 7-5   化学成分（质量分数）   （%）

元素	熔炼分析	产品分析
C	≤0.25	≤0.25
Si①	0.15~0.37	0.15~0.37
Mn	1.20~1.50	1.20~1.50
P	≤0.015	≤0.018
S	≤0.005	≤0.005
Cr	0.10~0.25	0.10~0.25

（续）

元素	熔炼分析	产品分析
Ni	0.60~1.00	0.57~1.03
Mo	0.45~0.60	0.40~0.60
V	≤0.02	≤0.02
Nb	≤0.01	≤0.01
Co	≤0.25	≤0.25
Cu	≤0.15	≤0.15
Ca	≤0.015	≤0.015
B	≤0.003	≤0.003
Ti	≤0.015	≤0.015
Al[②]	≤0.025	≤0.025
Sn	提供数据	提供数据
As	提供数据	提供数据
Sb	提供数据	提供数据
ΔG[③]	<0	—

① 采用真空碳脱氧，熔炼分析和产品分析中 Si 含量应不大于 0.10%（质量分数）。

② Al 含量为溶解及非溶解 Al 含量的总和。

③ $\Delta G = 3.3w(Mo) + w(Cr) + 8.1w(V) - 2$（质量分数单位为%）。

表 7-6　力学性能指标

试验项目	温度/℃	物理性能	要求值
拉伸	室温	$R_{p0.2}$/MPa	≥450
		R_m/MPa	620~795
		$A(\%)(4d)$	≥16
		$Z(\%)$	≥35
	350	$R_{p0.2}$/MPa	≥370
		R_m/MPa	≥558
		$A(\%)(4d)$	提供数据
		$Z(\%)$	提供数据
冲击	-20	三个试样的平均值/J	≥48[①]
		单个试样的最低值/J	≥41
	13	三个试样的平均值/J	≥68
		单个试样的最低值/J	≥68
		侧向膨胀量/mm	≥0.90
落锤	脆性转变温度（NDTT）	RT_{NDT}/℃	≤-20

① 一组（三个）试样中只允许一个试样的吸收能量值低于48J但不低于41J。

3. 小堆水室封头锻件取样位置及试样分布

小堆水室封头锻件取样位置和典型位置试样分布如图 7-19~图 7-21 所示。

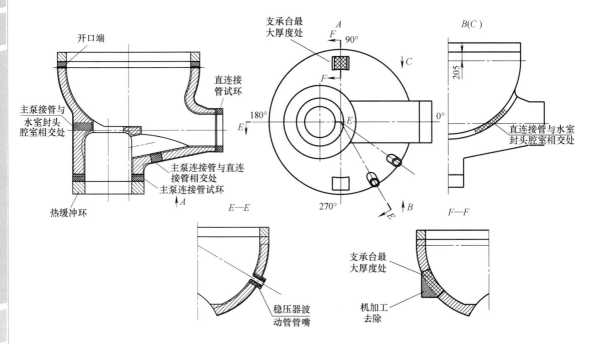

图 7-19　小堆水室封头锻件取样位置

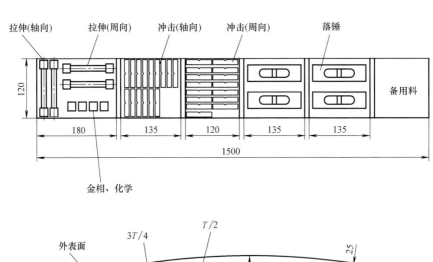

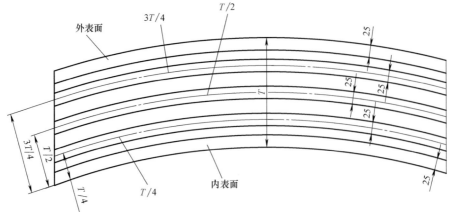

图 7-20　小堆水室封头锻件开口端拉伸、冲击、落锤试样分布

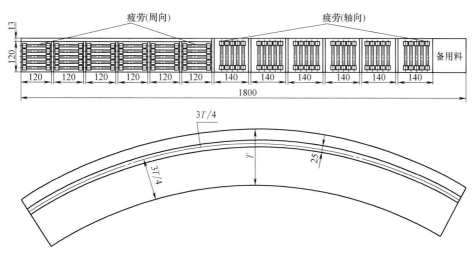

图 7-21　小堆水室封头锻件开口端疲劳试样分布

7.1.4.2　小堆水室封头（构筑坯料）检验结果及分析

1. 拉伸检验结果及分析

（1）室温拉伸性能　按照技术要求，在水室封头锻件共计 14 个取样位置进行检验，每个取样位置的试样经过模拟焊后热处理（SPWHT）之后均进行周向和轴向拉伸性能检验，共进行了 81 个室温拉伸性能检验。水室封头锻件不同位置的室温强度检验结果如图 7-22 ~ 图 7-28 所示。

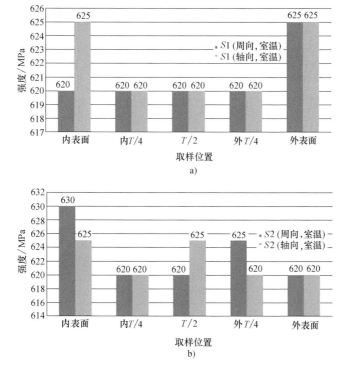

图 7-22　水室封头锻件开口端室温强度检验结果

a）$S1$ 位置　b）$S2$ 位置

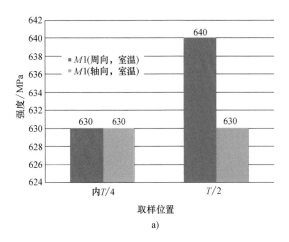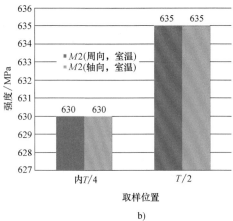

图 7-23　水室封头锻件主泵连接管管嘴室温强度检验结果

a) M1 位置　b) M2 位置

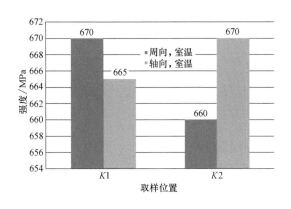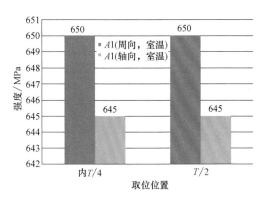

图 7-24　水室封头锻件直连接管管
嘴 K1/K2 强度检验结果

图 7-25　水室封头锻件主泵连接管与直连接管
相交处 A1 位置室温强度检验结果

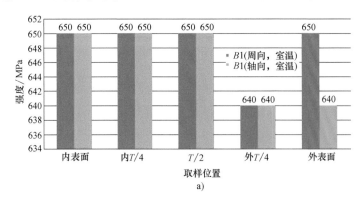

图 7-26　水室封头锻件直连接管与水室封头腔室相交处 B1/C1 位置室温强度检验结果

a) B1 位置

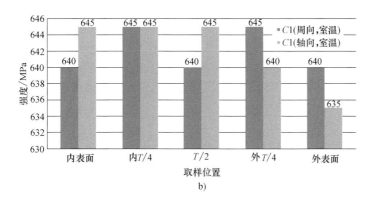

图 7-26　水室封头锻件直连接管与水室封头腔室相交处 $B1/C1$ 位置室温强度检验结果（续）

b）$C1$ 位置

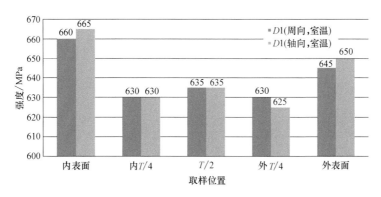

图 7-27　水室封头锻件主泵接管与水室封头腔室相交处且与直连接管相对 180°、
热处理厚度最大的 $D1$ 位置室温强度检验结果

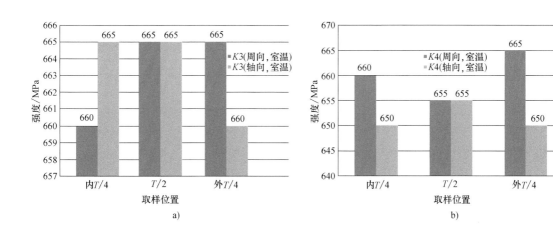

图 7-28　水室封头锻件直连接管（距端面一个厚度） $K3/K4$ 位置室温强度检验结果

a）$K3$ 位置　b）$K4$ 位置

从以上结果可以看出，水室封头锻件所有取样位置的室温拉伸性能满足抗拉强度不低于

620MPa 的技术指标要求；锻件全截面性能均匀性良好，锻件不同部位性能均匀性良好。

（2）350℃拉伸性能　按照技术要求，在水室封头锻件共计 14 个取样位置进行检验，每个取样位置的试样经过模拟焊后热处理（SPWHT）之后均进行周向和轴向拉伸性能检验，共进行了 81 个 350℃拉伸性能检验。水室封头锻件不同位置的 350℃强度检验结果如图 7-29~图 7-35 所示。

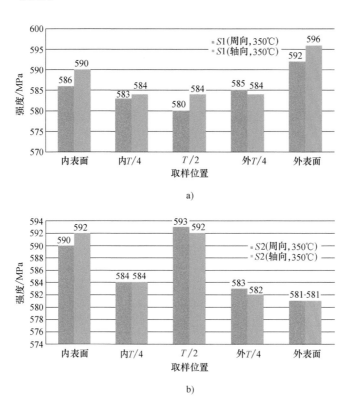

a)

b)

图 7-29　水室封头锻件开口端 350℃强度检验结果
a）S1 位置　b）S2 位置

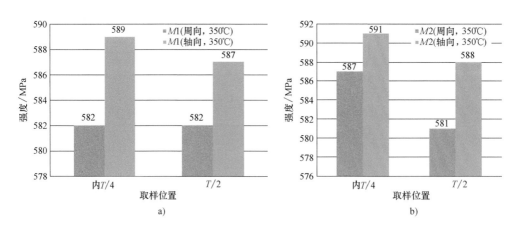

a)

b)

图 7-30　水室封头锻件主泵连接管管嘴 350℃强度检验结果
a）M1 位置　b）M2 位置

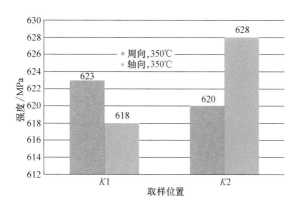

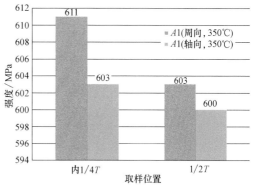

图 7-31　水室封头锻件直连接管管嘴 K1/K2
位置 350℃强度检验结果

图 7-32　水室封头锻件主泵连接管与直连接管
相交处 A1 位置 350℃强度检验结果

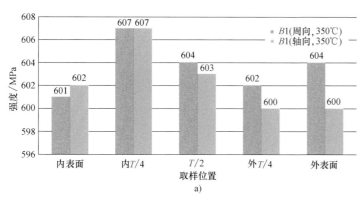

a)

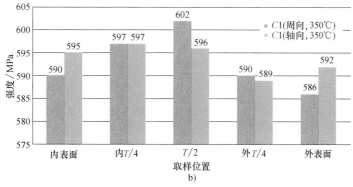

b)

图 7-33　水室封头锻件直连接管与水室封头腔室相交处 350℃强度检验结果
a）B1 位置　b）C1 位置

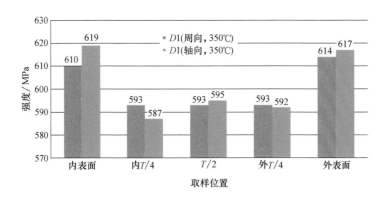

图 7-34　水室封头锻件主泵接管与水室封头腔室相交处且与直连接管相对 180°、
热处理厚度最大的 *D*1 位置 350℃强度检验结果

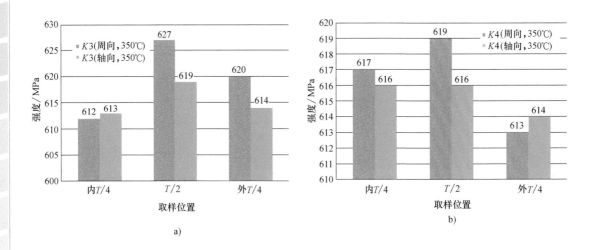

图 7-35　水室封头锻件直连接管（距端面一个厚度）350℃强度检验结果

a）*K*3 位置　　b）*K*4 位置

从以上结果可以看出，水室封头锻件所有取样位置 350℃的拉伸性能满足抗拉强度不低于 580MPa 的技术指标要求；锻件全截面性能均匀性良好，锻件不同部位性能均匀性良好。

2. 冲击性能检验结果及分析

按照技术要求，在水室封头锻件共计 14 个取样位置进行检验，每个取样位置的试样经过模拟焊后热处理（SPWHT）之后均进行周向和轴向冲击性能检验，共进行了 402 组冲击性能检验。水室封头锻件不同位置的-20℃冲击性能检验结果如图 7-36 ~ 图 7-42 所示。

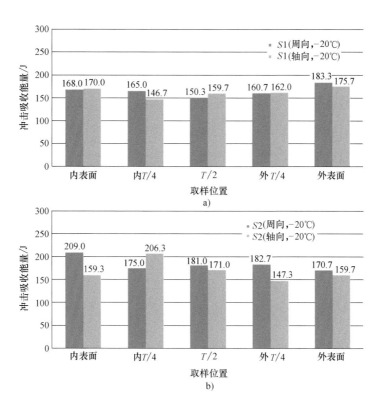

图 7-36　水室封头锻件开口端 S1/S2 位置 -20℃冲击性能检验结果

a）S1 位置　b）S2 位置

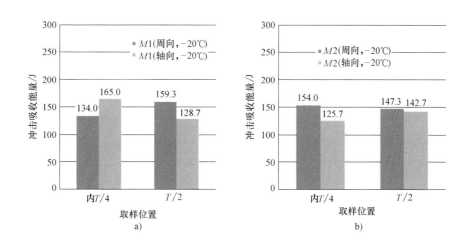

图 7-37　水室封头锻件主泵连接管管嘴 -20℃冲击性能检验结果

a）M1 位置　b）M2 位置

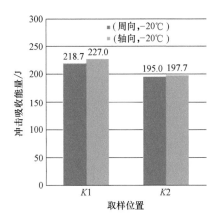

图 7-38 水室封头锻件直连接管管嘴
K1/K2 位置−20℃冲击性能检验结果

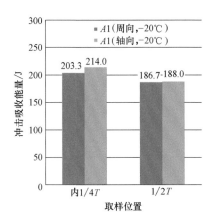

图 7-39 水室封头锻件主泵连接管与直连接管
相交处 A1 位置−20℃冲击性能检验结果

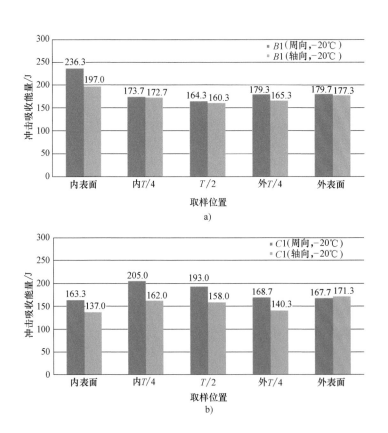

图 7-40 水室封头锻件直连接管与水室封头腔室相交处 B1/C1 位置
−20℃冲击性能检验结果

a) B1 位置 b) C1 位置

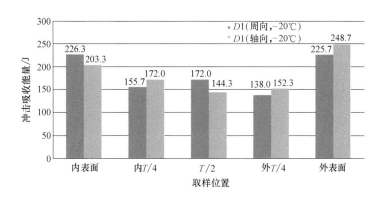

图 7-41　水室封头锻件主泵连接管与水室封头腔室相交处且与直连接管相对 180°、
热处理厚度最大的 D1 位置-20℃冲击性能检验结果

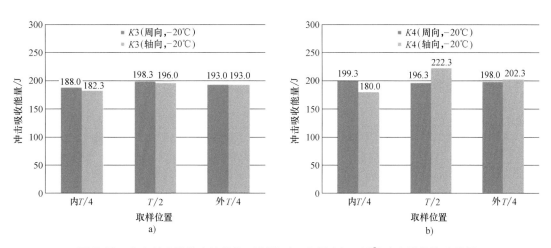

图 7-42　水室封头锻件直连接管（距端面一个厚度）-20℃冲击性能检验结果
a）K3 位置　b）K4 位置

从以上数据可以看出，水室封头锻件所有取样位置-20℃横向冲击吸收能量不低于 125J，满足技术指标要求（≥48J）。锻件全截面性能均匀性良好，锻件不同部位性能均匀性良好。

3. 落锤检验结果及分析

对水室封头锻件各位置进行落锤试验，检验结果如图 7-43 所示。

从图 7-43 可以看出，水室封头锻件各位置落锤试验结果均满足 ≤-20℃ 的技术要求。由于截面效应的影响，锻件表面位置的落锤结果要好于锻件心部。

4. 化学成分检验结果及分析

水室封头锻件各位置的化学成分检验结果见表 7-7。

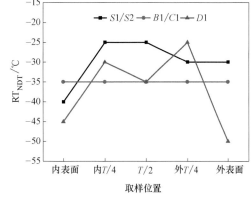

图 7-43　水室封头锻件典型取样
位置全截面落锤检验结果

表 7-7　水室封头锻件各位置的化学成分检验结果

取样位置	技术要求的化学成分（质量分数,%）							
	C	Si	Mn	P	S	Cr	Ni	Mo
	≤0.25	≤0.10	1.20~1.50	≤0.018	≤0.005	0.10~0.25	0.57~1.03	0.40~0.60
	化学成分（质量分数,%）检验结果							
直连接管管嘴 K1	0.22	0.09	1.51	0.005	0.0020	0.21	0.97	0.51
直连接管管嘴 K2	0.22	0.09	1.45	0.005	0.0020	0.20	0.95	0.49
开口端 S1	0.22	0.08	1.52	<0.005	0.0020	0.21	0.97	0.51
开口端 S2	0.22	0.08	1.52	<0.005	0.0020	0.21	0.97	0.51
主泵连接管管嘴 M1	0.23	0.08	1.45	<0.005	0.0020	0.21	0.92	0.50
主泵连接管管嘴 M2	0.22	0.08	1.45	0.005	0.0020	0.21	0.95	0.50
主泵连接管与直连接管相交处 A1	0.22	0.09	1.50	0.005	0.0020	0.22	0.96	0.51
直连接管与水室封头腔室相交处 B1	0.22	0.08	1.45	0.005	0.0020	0.20	0.95	0.50
直连接管与水室封头腔室相交处 C1	0.22	0.09	1.51	0.005	0.0020	0.21	0.94	0.50
主泵连接管与水室封头腔室相交处 D1	0.22	0.08	1.49	<0.005	0.0020	0.21	0.95	0.50
稳压器波动管管嘴 E1	0.22	0.08	1.50	<0.005	0.0020	0.21	0.95	0.49
支承台最大厚度处 F1	0.22	0.08	1.48	<0.005	0.0020	0.20	0.94	0.49

从表 7-7 可以看出，由于连铸钢板化学成分的均匀性很好，经构筑制坯后制造的锻件各处化学成分的均匀性也很好，水室封头不同取样位置的碳含量为 0.22%（质量分数，下同），个别位置为 0.23%，碳偏析为 0.01%；锻件所有检验位置的硫含量≤0.0020%，磷含量≤0.005%。锻件整体碳含量均匀性良好、纯净度高，基本不存在碳偏析，实现了封头锻件的均质化制造。锻件各部成分检验结果与连铸板坯成分检验结果一致。

5. 金相检验结果及分析

水室封头锻件各位置的金相检验结果见表 7-8。

表 7-8　水室封头锻件各位置的金相检验结果

取样位置	组织	晶粒度级别		夹杂物级别			
		实际晶粒度	奥氏体晶粒度	A 类	B 类	C 类	D 类
直连接管管嘴 K1	贝氏体回火组织	7	7	0.5	0.5	0.5	0.5
直连接管管嘴 K2	贝氏体回火组织	7	7	0.5	0.5	0.5	0.5
开口端 S1	贝氏体回火组织	7	7	0.5	0.5	0.5	0.5
开口端 S2	贝氏体回火组织	7	7	0.5	0.5	0.5	0.5
主泵连接管管嘴 M1	贝氏体回火组织	7	7	0.5	0.5	0.5	0.5
主泵连接管管嘴 M2	贝氏体回火组织	7	7	0.5	0.5	0.5	0.5

取样位置	组织	晶粒度级别		夹杂物级别			
		实际晶粒度	奥氏体晶粒度	A类	B类	C类	D类
主泵连接管与 直连接管相交处 A1	贝氏体回火组织	7	7	0.5	0.5	0.5	0.5
直连接管与水室 封头腔室相交处 B1	贝氏体回火组织	7	7	0.5	0.5	0.5	0.5
直连接管与水室 封头腔室相交处 C1	贝氏体回火组织	7	7	0.5	0.5	0.5	0.5
主泵连接管与水室 封头腔室相交处 D1	贝氏体回火组织	7	7	0.5	0.5	0.5	0.5
稳压器波动管管嘴 E1	贝氏体回火组织	7	7	0.5	0.5	0.5	0.5
支承台最大厚度处 F1	贝氏体回火组织	7	7	0.5	0.5	0.5	0.5

从表 7-8 可以看出，锻件所有取样位置的实际晶粒度和奥氏体晶粒度均为 7 级，具有很好的均匀性；锻件所有取样位置的夹杂物评级均不超过 0.5 级，满足 A 类≤0.5 级、B 类≤0.5 级、C 类≤0.5 级、D 类≤1.0 级的考核指标要求，表明采用金属构筑成形技术研制的水室封头锻件经过重结晶后也可以获得均匀细小的晶粒。

6. 疲劳检验结果及分析

在封头锻件的水口试环 0°方向、主泵连接管试环 90°方向、直连接管试环 90°方向、主泵连接管与直连接管相交处、主泵接管与水室封头腔室相交处五个位置靠近外侧 T/4 切取疲劳试样。

疲劳试验参数包括应变疲劳（应变幅为±0.2%、±0.4%、±0.6%、±0.8% 和±1.0%）和应力疲劳（应力值为 300MPa、315MPa、330MPa、345MPa 和 360MPa），将测试结果与 ASME 设计疲劳曲线进行对比，如图 7-44 和图 7-45 所示。

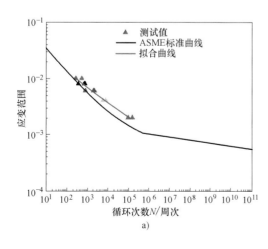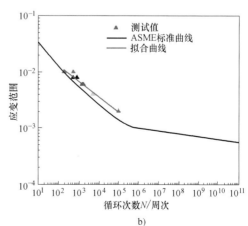

图 7-44　应变疲劳拟合曲线

a）周向　b）轴向

从低周疲劳测试结果与 ASME 标准曲线进行对比可以看出，采用金属构筑成形技术研制的水室封头锻件大开口端低周疲劳测试结果基本可以满足技术条件要求。

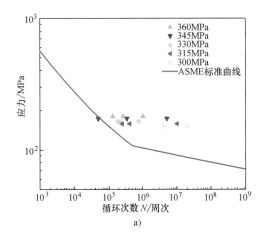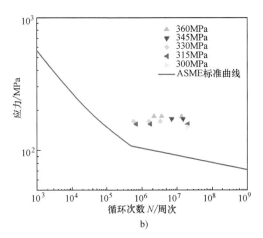

图 7-45　应力疲劳拟合曲线

a）周向　b）轴向

从应力疲劳测试结果与 ASME 标准曲线进行对比可以看出，采用金属构筑成形技术研制的水室封头锻件应力疲劳测试结果基本可以满足技术条件要求，转向结果更佳。

在构筑封头锻件的主泵连接管试环、直连接管试环、主泵接管与水室封头腔室相交处、主泵连接管与直连接管相交处共 4 个位置分别取 6 个疲劳试样（共 24 个），进行应变幅为 ±0.6% 的低周疲劳测试，结果如图 7-46 所示。

由图 7-46 可见，不同位置的低周疲劳均满足 ASME 标准曲线要求，并且均一性良好。

在构筑封头侧面本体取长度为 600mm、宽度为 100mm 的试块，在靠近外侧 T/4 位置切取两套纵向贯穿疲劳试样（共 12 个），进行应变幅为 ±0.6% 的低周疲劳测试，结果如图 7-47 所示。

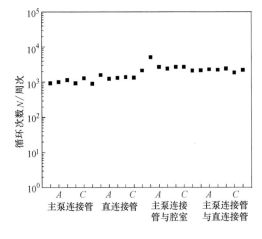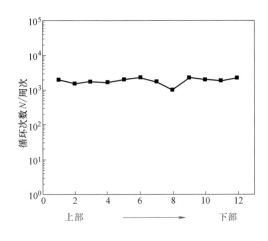

图 7-46　不同位置低周疲劳测试结果

（应变幅±0.6%）

图 7-47　贯穿疲劳测试结果

（应变幅±0.6%）

由图 7-47 可见，水室封头自上而下贯穿取样的低周疲劳均一性良好。

7.1.4.3　小堆水室封头（双真空钢锭）检验结果及分析

1. 拉伸检验结果及分析

（1）室温拉伸性能　按照技术要求，在水室封头锻件共计 14 个取样位置进行检验，每个取样位置的试样经过模拟焊后热处理（SPWHT）之后均进行周向和轴向拉伸性能检验，共进行了 81 个室温拉伸性能检验。水室封头锻件不同位置的室温强度检验结果如图 7-48~图 7-54 所示。

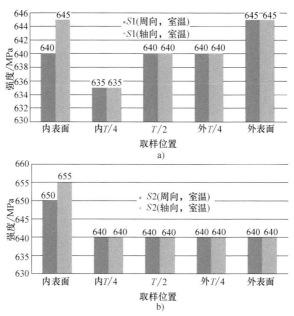

图 7-48　水室封头锻件开口端室温强度检验结果

a）S1 位置　b）S2 位置

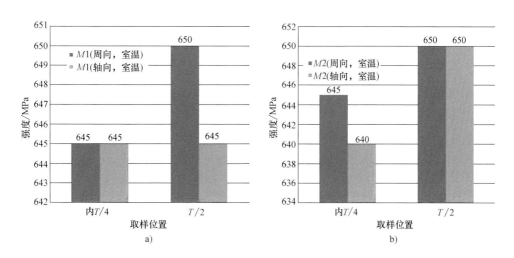

图 7-49　水室封头锻件主泵连接管管嘴室温强度检验结果

a）M1 位置　b）M2 位置

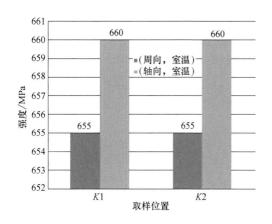

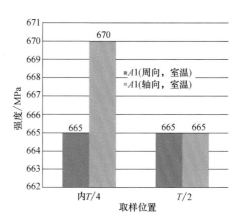

图 7-50　水室封头锻件直连接管管嘴 $K1／K2$ 位置强度检验结果

图 7-51　水室封头锻件主泵连接管与直连接管相交处 $A1$ 位置室温强度检验结果

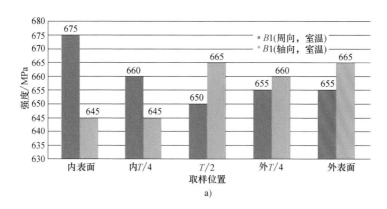

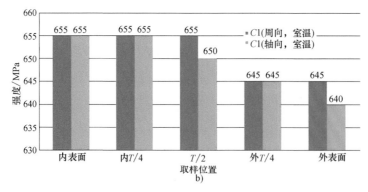

图 7-52　水室封头锻件直连接管与水室封头腔室相交处 $B1／C1$ 位置室温强度检验结果

a）$B1$ 位置　b）$C1$ 位置

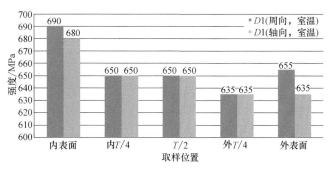

图 7-53　水室封头锻件主泵连接管与水室封头腔室相交处且与直连接管相对180°、
热处理厚度最大的 D1 位置室温强度检验结果

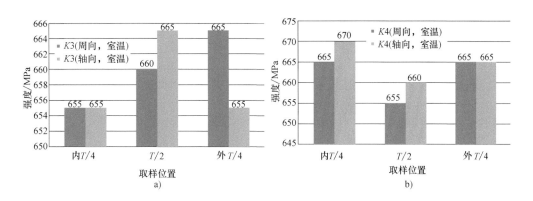

图 7-54　水室封头锻件直连接管（距端面一个厚度）室温强度检验结果
a）K3 位置　b）K4 位置

从以上结果可以看出，水室封头锻件所有取样位置的室温拉伸性能满足抗拉强度不低于 620MPa 的技术指标要求；锻件全截面性能均匀性良好，锻件不同部位性能均匀性良好。

（2）350℃拉伸性能　按照技术要求，在水室封头锻件共计 14 个取样位置进行检验，每个取样位置的试样经过模拟焊后热处理（SPWHT）之后均进行周向和轴向拉伸性能检验，共进行了 81 个 350℃拉伸性能检验。水室封头锻件不同位置的 350℃强度检验结果如图 7-55～图 7-61 所示。

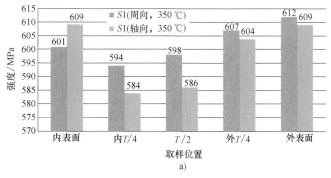

图 7-55　水室封头锻件开口端 350℃强度检验结果
a）S1 位置

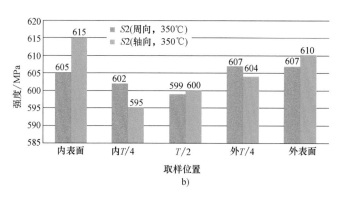

图 7-55　水室封头锻件开口端 350℃强度检验结果（续）

b）S2 位置

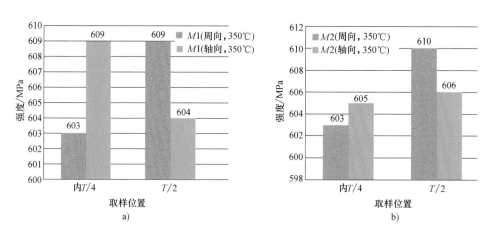

图 7-56　水室封头锻件主泵连接管管嘴 350℃强度检验结果

a）M1 位置　b）M2 位置

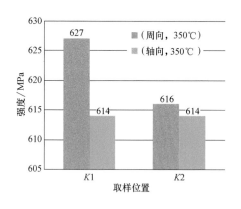

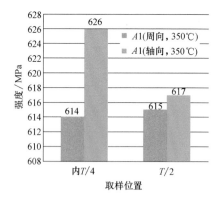

图 7-57　水室封头锻件直连接管管嘴 K1/K2
　　　　位置 350℃强度检验结果

图 7-58　水室封头锻件主泵连接管与直连接管相交
　　　　处 A1 位置 350℃强度检验结果

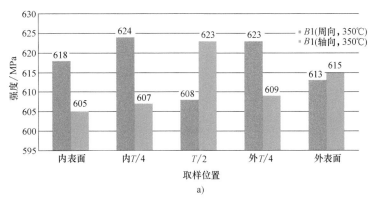

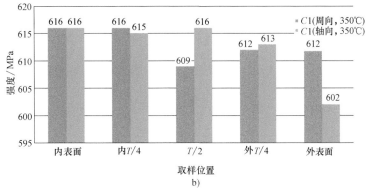

图 7-59　水室封头锻件直连接管与水室封头腔室相交处 350℃强度检验结果

a）B1 位置　b）C1 位置

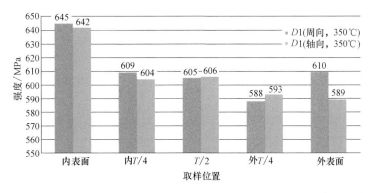

图 7-60　水室封头锻件主泵接管与水室封头腔室相交处且与直连接管相对 180°、
热处理厚度最大的 D1 位置 350℃强度检验结果

　　从以上结果可以看出，水室封头锻件所有取样位置 350℃拉伸性能满足抗拉强度不低于580MPa 的技术指标要求；锻件全截面性能均匀性良好，锻件不同部位性能均匀性良好。

　　2. 冲击性能检验结果及分析

　　按照技术要求，在水室封头锻件共计 14 个取样位置进行检验，每个取样位置的试样经

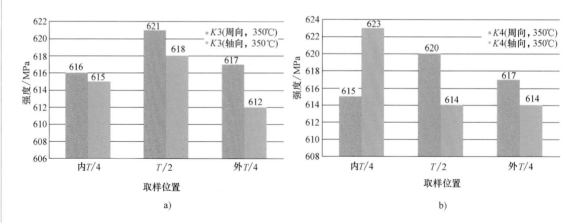

图 7-61 水室封头锻件直连接管（距端面一个厚度）350℃强度检验结果

a) K3 位置　b) K4 位置

过模拟焊后热处理（SPWHT）之后均进行周向和轴向冲击性能检验，共进行了 402 组冲击性能检验。水室封头锻件不同位置的-20℃冲击性能检验结果如图 7-62~图 7-68 所示。

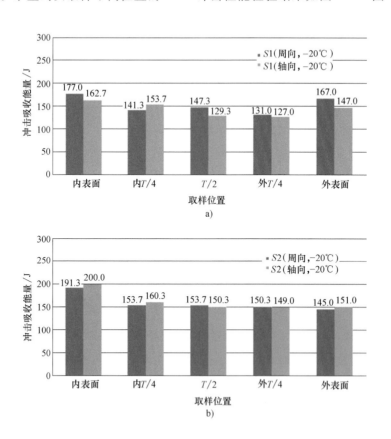

图 7-62　水室封头锻件开口端-20℃冲击性能检验结果

a) S1 位置　b) S2 位置

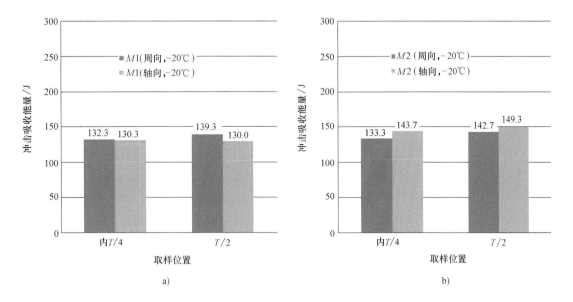

图 7-63　水室封头锻件主泵连接管管嘴-20℃冲击性能检验结果
a）M1 位置　b）M2 位置

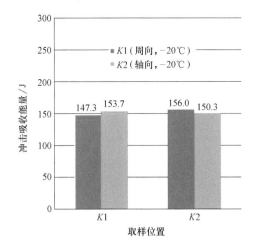

图 7-64　水室封头锻件直连接管管嘴
K1/K2 位置-20℃冲击性能检验结果

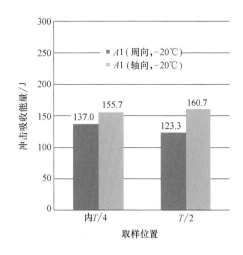

图 7-65　水室封头锻件主泵连接管与直连接管
相交处 A1 位置-20℃冲击性能检验结果

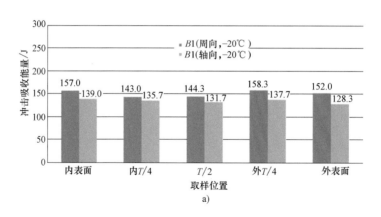

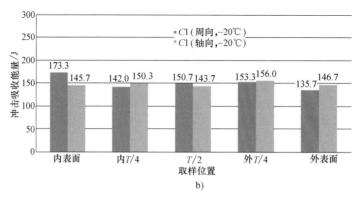

图 7-66　水室封头锻件直连接管与水室封头腔室相交处 -20℃ 冲击性能检验结果
a）B1 位置　b）C1 位置

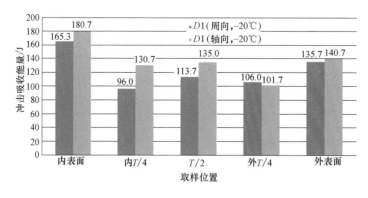

图 7-67　水室封头锻件主泵接管与水室封头腔室相交处且与直连接管相对 180°、
热处理厚度最大的 D1 位置 -20℃ 冲击性能检验结果

　　从以上数据可以看出，水室封头锻件所有取样位置 -20℃ 横向冲击吸收能量不低于 92J，满足技术指标要求（≥48J）；锻件全截面性能均匀性良好，锻件不同部位性能均匀性良好。

　　3. 落锤检验结果及分析

　　对水室封头锻件各位置进行落锤试验，检验结果如图 7-69 所示。

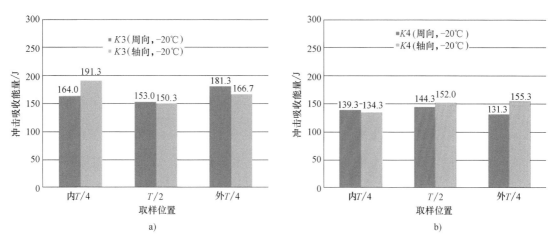

图 7-68　水室封头锻件直连接管（距端面一个厚度）-20℃冲击检验结果

a）K3 位置　b）K4 位置

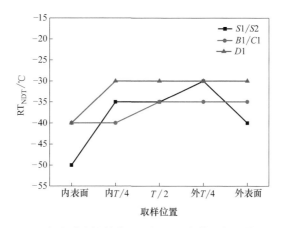

图 7-69　水室封头锻件典型取样位置全截面落锤检验结果

从图 7-69 可以看出，水室封头锻件各位置落锤试验结果均满足 ≤-20℃ 的技术要求。由于截面效应的影响，锻件表面位置的落锤结果要好于锻件心部。

4. 化学成分检验结果及分析

水室封头锻件各位置的化学成分检验结果见表 7-9。

表 7-9　水室封头锻件各位置的化学成分检验结果

取样位置	技术要求的化学成分(质量分数,%)							
	C	Si	Mn	P	S	Cr	Ni	Mo
	≤0.25	≤0.10	1.20~1.50	≤0.018	≤0.005	0.10~0.25	0.57~1.03	0.40~0.60
	化学成分(质量分数,%)检验结果							
直连接管管嘴 K1	0.22	0.07	1.40	<0.005	0.0020	0.21	0.94	0.49
直连接管管嘴 K2	0.22	0.07	1.43	<0.005	0.0020	0.22	0.94	0.49
开口端 S1	0.23	0.06	1.45	<0.005	0.0020	0.21	0.96	0.50
开口端 S2	0.22	0.06	1.44	<0.005	0.0020	0.21	0.99	0.50

取样位置	技术要求的化学成分（质量分数，%）							
	C	Si	Mn	P	S	Cr	Ni	Mo
	≤0.25	≤0.10	1.20~1.50	≤0.018	≤0.005	0.10~0.25	0.57~1.03	0.40~0.60
	化学成分（质量分数，%）检验结果							
主泵连接管管嘴 M1	0.22	0.08	1.46	<0.005	0.0020	0.21	0.98	0.51
主泵连接管管嘴 M2	0.22	0.05	1.44	<0.005	0.0020	0.20	0.95	0.50
主泵连接管与直连接管相交处 A1	0.23	0.07	1.44	<0.005	0.0020	0.20	0.96	0.50
直连接管与水室封头腔室相交处 B1	0.24	0.08	1.49	<0.005	0.0020	0.21	0.99	0.51
直连接管与水室封头腔室相交处 C1	0.24	0.08	1.43	<0.005	0.0020	0.21	0.98	0.51
主泵连接管与水室封头腔室相交处 D1	0.25	0.06	1.47	<0.005	0.0020	0.21	0.99	0.51
稳压器波动管管嘴 E1	0.23	0.07	1.43	<0.005	0.0020	0.20	0.95	0.48
支承台最大厚度处 F1	0.23	0.06	1.42	<0.005	0.0020	0.20	0.96	0.50

从表7-9可以看出，水室封头不同取样位置的碳含量为（0.23±0.01）%（质量分数，下同），个别位置为0.21%和0.25%，锻件所有检验位置的硫含量≤0.0020%、磷含量≤0.005%，锻件整体化学成分均匀性良好、纯净度高。

5. 金相检验结果及分析

水室封头锻件各位置的金相检验结果见表7-10。

表7-10 水室封头锻件各位置的金相检验结果

取样位置	组织	晶粒度级别		夹杂物级别			
		实际晶粒度	奥氏体晶粒度	A类	B类	C类	D类
直连接管管嘴 K1	贝氏体回火组织	7	7	0.5	0.5	0.5	0.5
直连接管管嘴 K2	贝氏体回火组织	7	7	0.5	0.5	0.5	0.5
开口端 S1	贝氏体回火组织	7	7	0.5	0.5	0.5	0.5
开口端 S2	贝氏体回火组织	7	7	0.5	0.5	0.5	0.5
主泵连接管管嘴 M1	贝氏体回火组织	7	7	0.5	0.5	0.5	0.5
主泵连接管管嘴 M2	贝氏体回火组织	7	7	0.5	0.5	0.5	0.5
主泵连接管与直连接管相交处 A1	贝氏体回火组织	7	7	0.5	0.5	0.5	0.5
直连接管与水室封头腔室相交处 B1	贝氏体回火组织	7	7	0.5	0.5	0.5	0.5
直连接管与水室封头腔室相交处 C1	贝氏体回火组织	7	7	0.5	0.5	0.5	0.5
主泵连接管与水室封头腔室相交处 D1	贝氏体回火组织	7	7	0.5	0.5	0.5	0.5
稳压器波动管管嘴 E1	贝氏体回火组织	7	7	0.5	0.5	0.5	0.5
支承台最大厚度处 F1	贝氏体回火组织	7	7	0.5	0.5	1.0	0.5

从表 7-10 可以看出,锻件所有取样位置的实际晶粒度和奥氏体晶粒度均为 7 级,具有很好的均匀性;锻件取样位置的夹杂物评级不超过 0.5 级,个别位置为 1.0 级,表明研制的水室封头纯净性很好。

6. 疲劳检验结果及分析

在双真空水室封头锻件的水口试环 0° 方向、主泵连接管试环 90° 方向、直连接管试环 90° 方向、主泵连接管与直连接管相交处、主泵接管与水室封头腔室相交处五个位置靠近外侧 $T/4$ 切取疲劳试样。

疲劳试验参数包括应变疲劳 (应变幅为 ±0.2%、±0.4%、±0.6%、±0.8% 和 ±1.0%) 和应力疲劳 (应力值为 300MPa、315MPa、330MPa、345MPa 和 360MPa),将低周疲劳测试值与 ASME 标准曲线进行对比,如图 7-70 和图 7-71 所示。

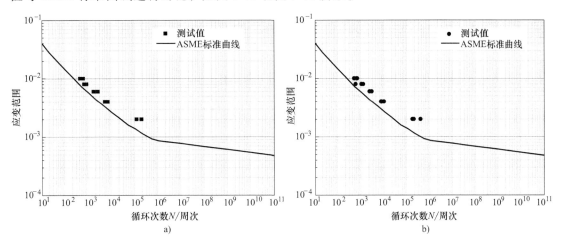

图 7-70 应变疲劳拟合曲线

a) 周向 b) 轴向

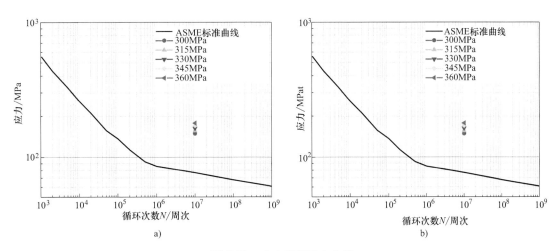

图 7-71 应力疲劳拟合曲线

a) 周向 b) 轴向

从低周疲劳测试结果与 ASME 标准曲线进行对比可以看出,双真空水室封头锻件大开口端低周疲劳测试结果高于 ASME 标准曲线,满足技术条件要求。

将应力疲劳测试结果与 ASME 标准曲线进行对比（图 7-71）可以看出，双真空水室封头锻件应力疲劳循环次数在 5 个应力值条件下均 >10^7 周次，测试结果远高于 ASME 标准曲线，满足技术条件要求。

在双真空水室封头锻件的主泵连接管试环、直连接管试环、主泵连接管与水室封头腔室相交处、主泵连接管与直连接管相交处四个位置，分别取 6 个疲劳试样（共 24 个），进行应变幅为 ±0.6% 的低周疲劳测试，结果如图 7-72 所示。

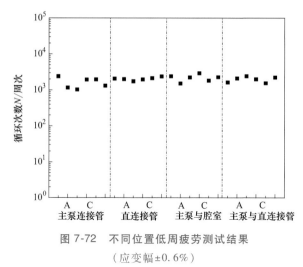

图 7-72　不同位置低周疲劳测试结果

（应变幅 ±0.6%）

不同位置的低周疲劳均满足 ASME 标准曲线要求，并且均一性良好。

在双真空水室封头锻件球面位置取长度为 600mm、宽度为 100mm 的试块，在靠近外侧 1/4T 位置切取两套纵向疲劳试样，分别进行应变疲劳和应力疲劳试验，结果如图 7-73 所示。

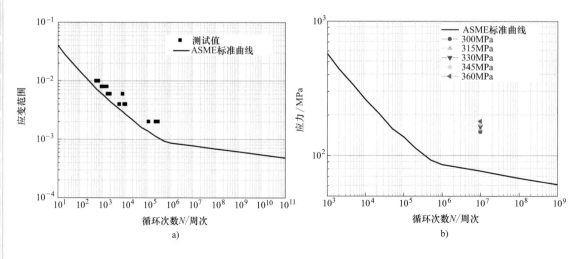

a)　　　　　　　　　　　　　　b)

图 7-73　双真空水室封头锻件球面位置疲劳试验结果

a) 应变疲劳　b) 应力疲劳

双真空水室封头球面位置的应变疲劳和应力疲劳测试结果均满足 ASME 标准曲线要求，并且均一性良好。

7.1.4.4　小堆水室封头（构筑与双真空）性能对比分析

采用构筑制坯和双真空钢锭开坯两种制造方式生产小堆水室封头锻件的检测数据，对其拉伸和冲击性能、化学成分均匀性及疲劳性能进行对比分析。

1. 拉伸性能对比分析

水室封头锻件开口端、主泵连接管管嘴和直连接管与水室封头腔室相交处（过渡区）的强度对比结果如图 7-74~图 7-76 所示。

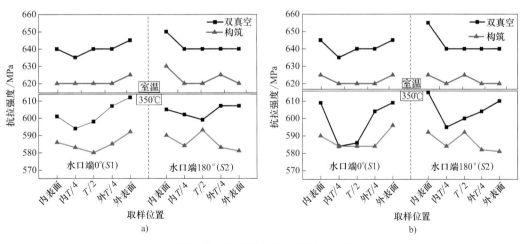

图 7-74　开口端抗拉强度对比结果

a）周向拉伸　b）轴向拉伸

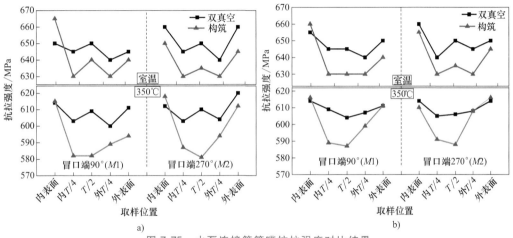

图 7-75　水泵连接管管嘴抗拉强度对比结果

a）周向拉伸　b）轴向拉伸

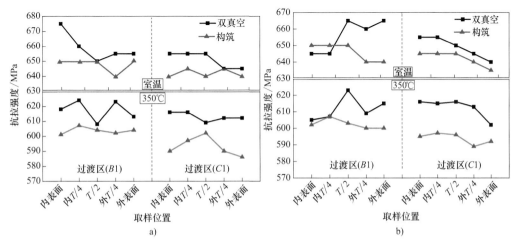

图 7-76　过渡区抗拉强度对比结果

a）周向拉伸　b）轴向拉伸

从图 7-74~图 7-76 可以看出，两种制造方式生产的水室封头锻件的抗拉强度差别不大，双真空钢锭制造的水室封头锻件强度略高于构筑方式生产的水室封头锻件强度，这与双真空水室封头锻件碳含量略高有一定关系。

进一步对两种制造方式生产的水室封头锻件全部检验位置的强度检验结果分布情况进行了分析（见图 7-77 和图 7-78），双真空钢锭水室封头的强度分布峰值略高。

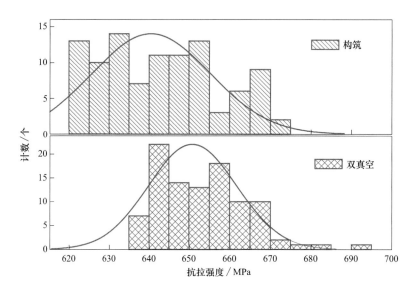

图 7-77　小堆封头室温拉伸性能结果分布情况

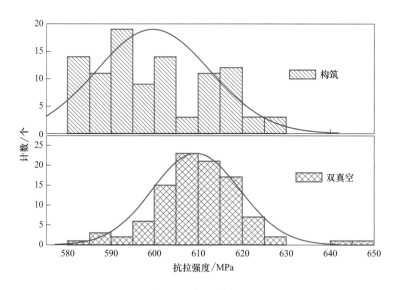

图 7-78　小堆封头 350℃拉伸性能结果分布情况

2. 冲击性能对比分析

水室封头锻件水口端、冒口端和直连接管与水室封头腔室相交处（过渡区）−20℃冲击性能对比结果如图 7-79~图 7-81 所示。

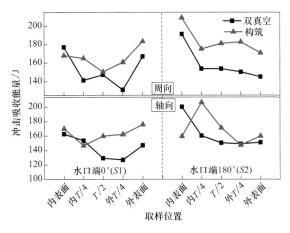

图 7-79　水口端-20℃冲击性能对比结果

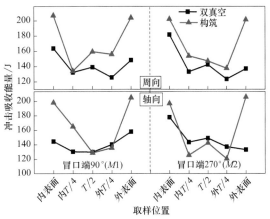

图 7-80　冒口端-20℃冲击性能对比结果

从图 7-79 ~ 图 7-81 可以看出，两种制造方式生产的水室封头锻件-20℃冲击性能差别不大，构筑水室封头锻件各位置全截面的冲击吸收能量整体高于双真空水室封头锻件，与其强度相对较低有关。

进一步对两种制造方式生产的水室封头锻件全部检验位置的-20℃冲击性能检验结果分布情况进行了分析（见图 7-82），双真空水室封头的-20℃冲击吸收能量分布峰值略低，与其强度相对较高有关。

进一步对两种制造方式生产的水室封头锻件的三个典型取样位置的冲击性能转变曲线进行了对比，如图 7-83 ~ 图 7-85 所示。

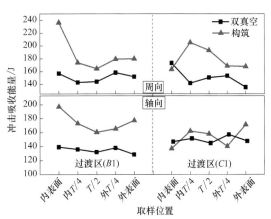

图 7-81　过渡区-20℃冲击性能对比结果

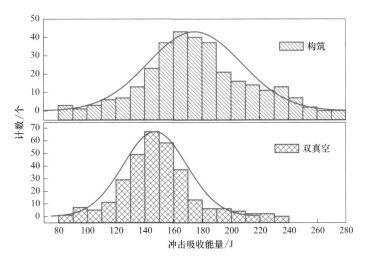

图 7-82　小堆封头-20℃冲击性能检验结果分布情况

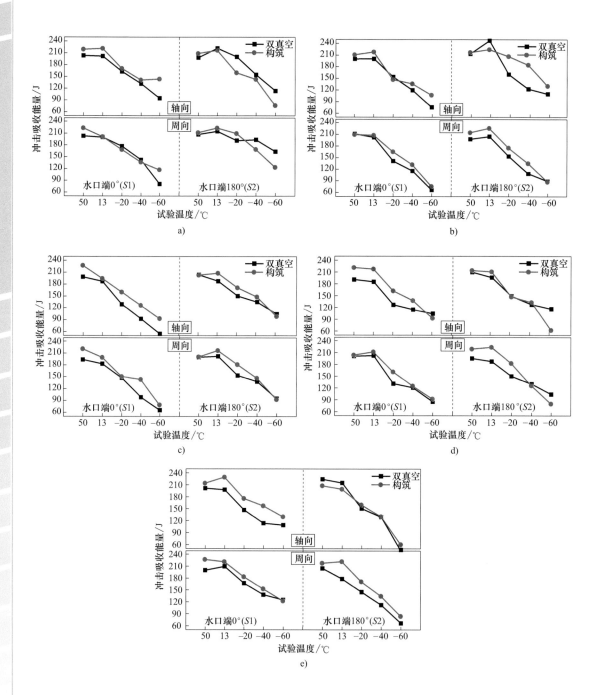

图 7-83 水口端冲击性能转变曲线

a) 内表面 b) 内 $T/4$ c) $T/2$ d) 外 $T/4$ e) 外表面

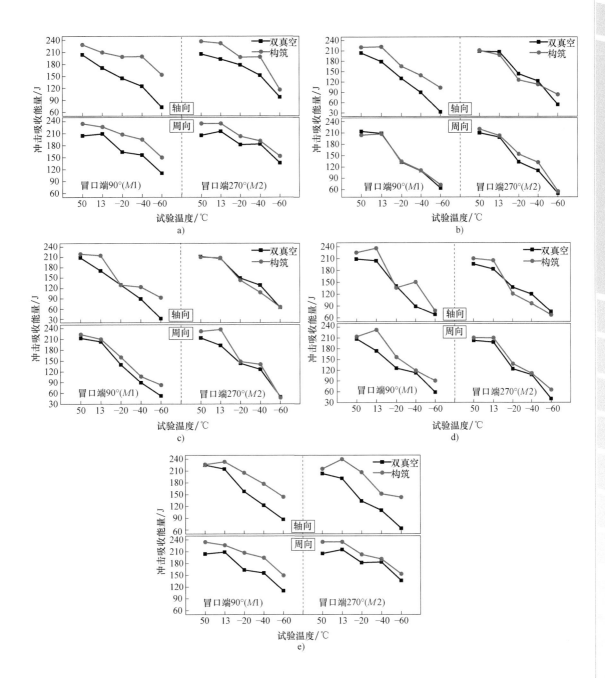

图 7-84 冒口端冲击性能转变曲线

a）内表面 b）内 $T/4$ c）$T/2$ d）外 $T/4$ e）外表面

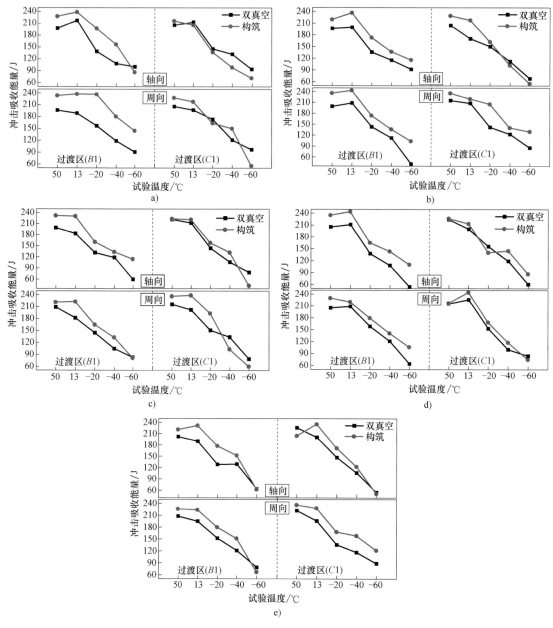

图 7-85 过渡区冲击性能转变曲线

a）内表面 b）内 T/4 c）T/2 d）外 T/4 e）外表面

从图 7-83～图 7-85 可以看出，与-20℃冲击吸收能量规律相同，两种制造方式生产的水室封头锻件在不同温度下的冲击吸收能量差别不大；冲击性能转变曲线同样表现为构筑水室封头锻件在不同温度下各位置全截面的冲击吸收能量整体高于双真空水室封头锻件。

3. 化学成分对比分析

图 7-86～图 7-89 所示为两种制造方式生产的水室封头锻件所有检验位置主要化学成分（C、Mn、Ni、Mo）的分布情况。

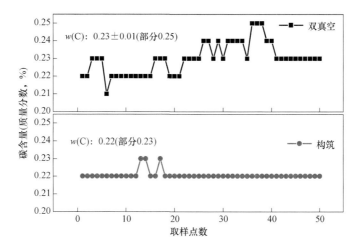

图 7-86　两种制造方式生产的水室封头锻件各位置碳含量分布情况

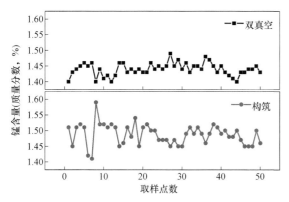

图 7-87　两种制造方式生产的水室封头锻件
各位置锰含量分布情况

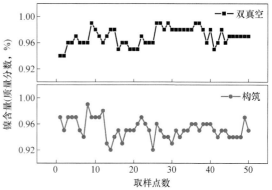

图 7-88　两种制造方式生产的水室封头锻件
各位置镍含量分布情况

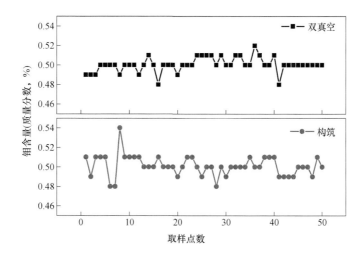

图 7-89　两种制造方式生产的水室封头锻件各位置钼含量分布情况

从图 7-86～图 7-89 可以看出，构筑方式生产的水室封头最大的优点是碳含量均匀性好，不存在碳偏析问题，但其余元素的均匀性与双真空方式生产的水室封头相比较差一些。

4. 疲劳性能对比分析

两种制造方式生产的水室封头应变疲劳（应变幅为 ±0.2%、±0.4%、±0.6%、±0.8% 和 ±1.0%）和应力疲劳（应力值为 300MPa、315MPa、330MPa、345MPa 和 360MPa）的测试结果对比如图 7-90 和图 7-91 所示。

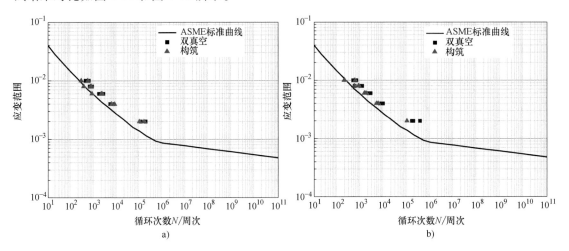

图 7-90　水室封头应变疲劳测试结果对比

a）周向　b）轴向

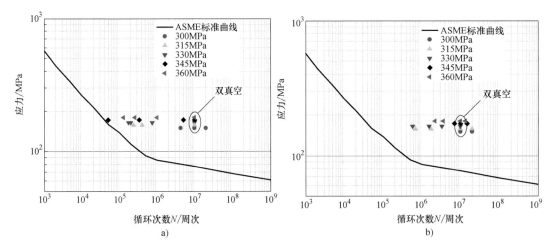

图 7-91　水室封头应力疲劳测试结果对比

a）周向　b）轴向

从图 7-90 可以看出，两种制造方式生产的水室封头锻件的应变疲劳测试结果均满足技术条件要求。从图 7-91 可以看出，双真空水室封头锻件应力疲劳循环周次在 5 个应力值条件下均 $>10^7$，测试结果远高于 ASME 标准曲线；构筑水室封头锻件应力疲劳循环周次在 5 个应力值条件下测试结果高于 ASME 标准曲线，但测试结果存在一定程度的分散性。

两种制造方式生产的水室封头不同位置的低周疲劳对比结果如图 7-92 所示。

两种制造方式生产的水室封头锻件不同位置的低周疲劳均满足 ASME 标准曲线要求，双真空水室封头锻件的应力疲劳均匀性非常好。

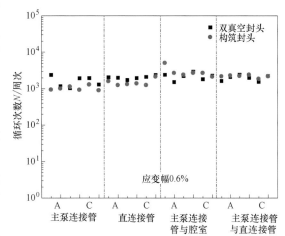

图 7-92　水室封头不同位置的低周疲劳测试对比结果

7.1.5　重结晶效果

分别利用传统双真空钢锭制坯和无痕构筑制坯，采用同一模具胎膜制造出了同规格的两件直连式小堆水室封头研制锻件，经过全面对比分析，初步得出如下结论。

1）化学成分：无痕构筑制坯水室封头碳含量分布比较均匀，双真空钢锭制坯水室封头中合金元素（Mn、Ni、Mo）含量分布比较均匀。

2）金相组织：二者重结晶后晶粒度均为 7 级，组织为贝氏体回火组织。

3）常规力学性能：二者基本相当，由于化学成分有所偏差，无痕构筑制坯水室封头韧性略高，双真空钢锭制坯水室封头强度略高。

4）疲劳性能：无痕构筑制坯水室封头性能较差，不仅波动范围大，而且部分试验数值压在 ASME 标准疲劳曲线上。

从上述初步结论可以看出，碳含量分布均匀的无痕构筑制坯坯料在金相组织和常规力学性能都与双真空钢锭制坯坯料相同的情况下，疲劳性能却较差，可能是与扩散连接后在结合界面两侧新生成的氧化夹杂有关。

综上所述，具有相变功能的合金钢材料采用增材制坯方式制造大型锻件具有一定的可行性，因为制坯中的不均匀晶粒可以通过重结晶得到改善。只要在有效基材的制备、料块等组坯、扩散连接、界面愈合及组织均匀化各环节均能得到有效控制，是可以满足对疲劳性能要求不高的锻件使用要求的。

7.2　再结晶

7.2.1　不锈钢锻件

图 7-93 所示为采用自由锻复合制备的某大型核电奥氏体不锈钢锻件的样件，存在由自由锻引起的温度、层间材料流线、变形不均等现象，因此会对复合后锻件的微观组织、力学性能等产生影响。

从图 7-93 可以看到，各层间的"走向纹路"清晰，尤其是从图 7-93b 可以明显观察到八条"走向纹路"，并呈发散状分布。初步推断，呈现发散状分布与锻件不同部位的变形量不同有关。根据该锻件的制备工艺，该产品应由多于八个界面组成，但在图 7-93 中并未发现多余"走向纹路"，因此初步怀疑其余"走向纹路"受制备工艺的影响而消失或不明显。

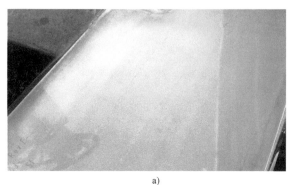

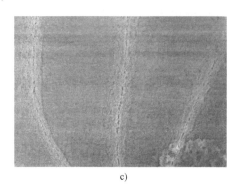

a)

b)

c)

图 7-93　自由锻复合制备的不锈钢锻件的样件

a）样件表面　b）样件纵截面　c）不同层间的界面走向

　　根据前期对复合界面的研究，对于低倍组织所产生的"走向纹路"，并不一定是原始的界面氧化物残留，有可能是因界面氧化物的弥散、消融等使界面处产生晶粒不均、元素偏析等现象，从而在经过腐蚀后呈现出"走向纹路"。因此，为了解清楚走向纹路的微观机制，有必要针对"走向纹路"的局部位置进行深入研究。

　　由于该锻件所用的不锈钢为奥氏体型不锈钢，其 Cr、Ni 含量比较高，层错能比较低，为单一的奥氏体相，不可能采用类似低碳合金钢的相变等热处理方式来细化晶粒，从而改善结合界面的综合性能。因此，对于该核电不锈钢大锻件的内部组织细化，可通过合理的热锻工艺，如控制钢坯的始锻温度、压下量，锻造的道次、道次间保温时间、道次间的控制冷却，以及终锻温度等来获得均匀细小晶粒组织，从而提高大锻件的综合使用性能[60]。根据这种思路，消除或改善"走向纹路"，不可能通过一次大的应变锻造达成，可以尝试通过多火次、反复变形、多次累积应变，利用再结晶达到界面细化奥氏体晶粒及均匀化的目的。

　　根据相关再结晶理论，奥氏体的再结晶包括动态再结晶和静态再结晶两种，前者在高温、低变形速度、高压下量区域发生，并且动态再结晶从发生到完成的时间很短，而静态再结晶晶核的大小与锻造温度、压下量及道次间的停留时间有关。同时，由于受前期坯料变形与高温的影响，结合界面的氧化物已呈现出一定的破碎、弥散或消融的现象，因此重新分布的微米级或纳米级氧化物颗粒作为形核质点也将对再结晶产生一定的影响。为探明结合界面"走向纹路"的控制问题，下面将按图 7-94 所示的方案路线开展进一步研究。

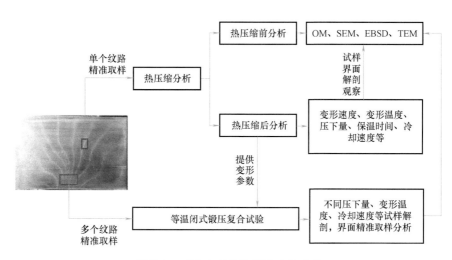

图 7-94 "走向纹路"研究方案路线

7.2.2 高温合金锻件

GH4169 是一种具有优异高温性能的高温合金，也是迄今为止用量和产量最大的高温合金，但由于其主要依靠析出相强化元素 Nb 形成 γ'' 相来实现高的强度，其 Nb 含量一般超过了 5%（质量分数），而 Nb 是一种偏析倾向非常大的元素，因此限制了其大型化应用。国外已成功将 GH4169 合金铸锭大型化并在重型燃气轮机涡轮盘锻件上实现了应用，而国内特种冶金水平仍较弱，难以通过传统的冶炼路线实现 GH4169 合金铸锭的大型化，因此需要采用新型的工艺路径进行铸锭的大型化探索。

采用固-固复合方式实现奥氏体不锈钢铸锭的大型化制造已经开展工业化试制，因此课题组也初步探索了采用固-固复合方式实现高温合金增材制坯的可行性。

试验方案：采用 $\phi8mm\times12mm$ 规格的 Gleeble 试样，端头为机械加工面，试验前用乙醇清洗，两个试样端头接触对中后在 Gleeble 试验机中进行不同温度（1000~1150℃）、不同相对压下量（30%~70%）、不同应变速率（0.001~0.1s^{-1}）及压缩变形后进行不同时间保温的压缩试验，研究变形温度、相对压下量、变形速度及变形后保温时间对 GH4169 合金复合热变形后的再结晶、晶粒长大等的影响规律，探索固-固复合实现增材制坯的可行性。

图 7-95 所示为压缩变形温度对结合效果的影响规律。由图 7-95 可知，压缩变形温度越高，结合效果越好，并且均发生了明显的再结晶和晶粒长大，晶界穿过了界面。

图 7-96 所示为相对压下量对结合效果的影响规律。由图 7-96 可知，当相对压下量为 30% 时，界面仍然非常清晰，晶界在界面处停止，未实现结合，而当相对压下量达到 50% 时，在界面发生明显的再结晶，晶界穿过界面，并且随着相对压下量的增加，晶粒尺寸变化不明显，但界面痕迹明显减弱，在大的相对压下量下结合效果更加显著。

压缩变形应变速率对结合效果的影响规律如图 7-97 所示。由图 7-97 可知，在三种应变速率下，均发生了明显的再结晶，并且再结晶晶界均穿过了界面。随着变形应变速率的加快，界面结合效果越来越好，同时从再结晶晶粒尺寸的对比可知，当应变速率为 0.01s^{-1} 时，其晶粒最细，呈现出与一般压缩变形试验不一样的结果，这与变形过程中的温升和变形后的保温等有关。

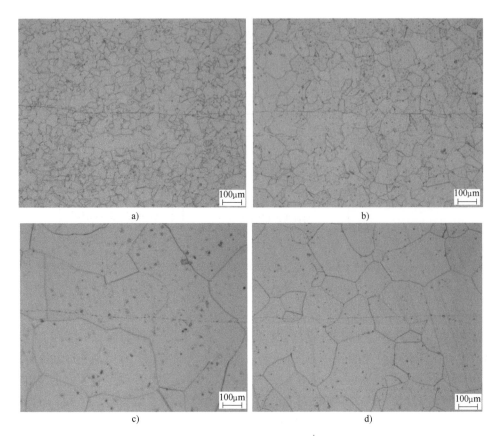

图 7-95　压缩变形温度对结合效果的影响规律（$0.001s^{-1}$，50%，压缩变形后保温 300s）

a）1000℃　b）1050℃　c）1100℃　d）1150℃

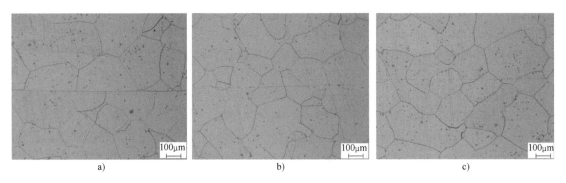

图 7-96　相对压下量对结合效果的影响规律（1150℃，$0.001s^{-1}$，压缩变形后保温 300s）

a）30%　b）50%　c）70%

　　高温合金在变形后会存在明显的亚动态再结晶和静态再结晶，因此除了应研究常规的变形温度、相对压下量和应变速率对界面结合效果的影响规律，还应研究变形后的保温时间对界面结合效果的影响规律。如图 7-98 所示，在变形过程中发生了明显的再结晶，部分晶界穿过界面，但仍存在大量的晶界在界面处停止，而随着保温时间的延长，晶粒长大，部分晶界仍未能穿过界面；当保温时间为 300s 时，晶界基本都穿过了界面，说明变形后的保温过程有利于界面的结合。

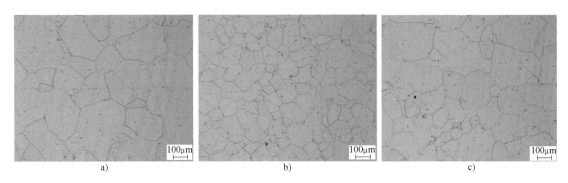

图 7-97 压缩变形应变速率对结合效果的影响规律（1150℃，50%，压缩变形后保温 300s）

a) 0.001s^{-1}　b) 0.01s^{-1}　c) 0.1s^{-1}

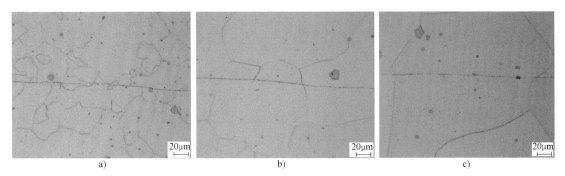

图 7-98 压缩变形后保温时间对结合效果的影响规律（1100℃，50%，0.001s^{-1}）

a) 0s　b) 60s　c) 300s

由上述初步探索研究结果可知，采用固-固复合的方法实现高温合金增材制坯具有一定的可行性，但要真正实现完全的结合，仍需要开展大量深入细致的研究工作，尤其是在结合前的坯料表面处理、变形方式的选择、变形参数的选择、变形后界面氧化物处理，以及变形过程中变形量较小区域、结合效果较差区域的分布和结合效果的表征等方面，均有大量的试验工作需要去做。

第8章

大型锻件的增材制坯技术总结与展望

8.1 结论

大型金属锻件是电力、冶金、石化、造船、航空航天、军工等装备的基础部件，其制造能力不仅关系到国计民生与国家安全，同时也是国力的重要体现。目前，大型锻件主要采用传统制造方式进行生产，包括冶炼、铸锭、开坯、自由锻、热处理等工序。繁杂的制造工序及诸多不可预见的因素严重影响了大锻件的质量。大锻件典型的质量缺陷包括偏析、缩松缩孔、有害相、夹杂等，实践证明，这些缺陷在后续工艺中不易改善或去除[54,61,62]。

近年来，增材制造方法被尝试应用于大型锻件的制造与修复中，其中最为典型和受人关注的是3D打印技术[63-65]，但受其组织形态、致密性等影响，若用于高质量大型锻件的制造中仍需进一步研究与探索。Sun等人提出了金属构筑技术，研究了多种金属材料的界面粘接机理和表面氧化物演变，并制造了用于核电装备的整体无焊接$\phi 15.6m$不锈钢支撑环，在行业内具有一定的影响力，突破了传统观念中大型锻件必须用大型铸锭制造的局限性[66-68]。金属构筑技术的研究对大型金属锻件的制造发展提供了良好思路，但受目前国内设备加工能力、制造理念等因素的影响，仍然存在加工过程烦琐、一次性变形压力不足等问题。王宝忠等人根据大型高端金属锻件产品技术特点及未来发展需求，站在我国大型锻件行业发展的角度，立足于大锻件绿色制造理念，提出了广义增材制造的概念，即增材制坯技术。该技术不同于3D打印，拟通过固-固、液-固等金属复合途径，并采用先进加工制造手段，从而根治大型高端锻件制造过程的缺陷问题[1,54]。目前，我国正在围绕"十四五"发展规划，构建绿色制造体系，助力实现"双碳"目标，因此相关专家呼吁，应加强我国重大高端技术装备研制能力建设，尽快组建国家大型铸锻件技术创新平台，开展颠覆性技术，如大型锻件的增材制坯技术等基础共性技术研究[54,69,70]。

本书根据王宝忠[1]提出的大型锻件增材制坯技术思路，立足于技术设计的合理性，尊重原创，并力求创新，从技术路线优化设计、关键技术控制、系统集成等方面进行了介绍，对比分析了其与传统制造方式及现有自由锻复合制造技术的不同，并提出了装备提升的建议，以期为大型金属高端锻件的绿色制造提供技术支持。

本书从产品需求向技术提升上逐步叙述，从而满足未来大型、高质量锻件产品需求。下面将对增材制坯工艺进行相关总结，以期对未来新技术延伸与应用提供指导。

8.1.1　增材制坯工艺路线

图 8-1 所示为大型金属锻件增材制坯固-固复合流程，主要包括双超圆坯坯料制备→圆饼坯制备→在线自动化表面加工及清洁→在线真空封焊→坯料加热→坯料模具内闭式热力耦合→成形锻造（包括自由锻、模锻等形式）→锻件。该理念旨在实现产品的坯料源头质量控制、在线自动化加工与封焊、闭式热力耦合控制等技术集成，同时促进我国装备制造能力提升，满足大型高端锻件质量需求。

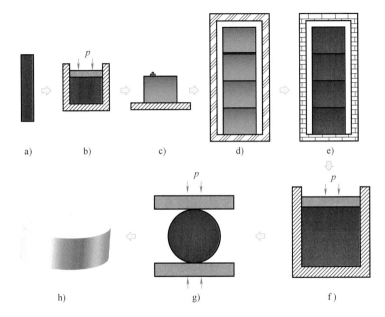

图 8-1　大型金属锻件增材制坯固-固复合流程

a）初始坯料制备　b）圆饼坯制备　c）表面加工及清洁　d）真空封焊　e）坯料加热
f）闭式热力耦合　g）成形锻造　h）锻件

增材制坯液-固复合路线主要包括电渣多层浇注复合、液-固包覆复合等技术路线，尤其对大型轴类产品，包括同种材料或异种材料，可以充分利用该技术路线获得产品的最佳性能，同时可实现废品的二次利用，满足国家"双碳"要求。

8.1.2　增材制坯关键技术

8.1.2.1　组坯单元

大型锻件增材制坯技术对所用的初始坯料均具有高质量的要求，包括冶炼质量、铸造质量等[42,54]。在冶炼环节，应充分利用洁净钢平台，做好原辅料选择与控制、冶炼工艺控制、冶炼渣系优化、保护渣与发热剂选择、浇注工艺控制等一系列工作，确保钢液的洁净性。随后采用立式半连铸机来生产双超圆坯[71]，从而满足初始坯料（有效基材）的铸造质量需求。如图 8-1b 所示，双超圆坯经高温加热后放入模具内，在高温高压作用下，加工成所需的高质量的圆饼坯[44]。初始坯料在模具内经高温高压变形，一方面，可以闭合初始铸坯的内部缩松或裂纹，促使坯料更加密实；另一方面，通过模具可直接制备后续所需规格的圆饼坯（组坯单元），提高生产率。通过双超圆坯的质量控制，在保障最终整体复合坯结合质量的前提下，可以适当提高组坯单元的重量，减少加工表面数量及焊缝数量，提高加工效率。

8.1.2.2 料块高效加工处理系统

根据前期研究[72-74]，在金属复合产品制备中，复合界面的结合质量与初始坯料的表面状态有着非常重要的关系。因此，为保障坯料的加工质量，提高坯料加工效率，实现坯料自动化加工及减少人为因素干扰，增材制坯技术中对初始坯料的高效加工迫切需要实现合理化设计。下面将对增材制坯技术高效加工处理系统进行简单概述[43,75-78]。如图 8-2 所示，增材制坯技术高效加工处理系统可以分为三段，即 A 自动打磨工段、B 自动清洁与检测工段、C 自动上料组坯工段。三个工段独立加工，可以防止工段间污染，保障坯料表面洁净。前序生产的圆饼状金属坯料通过图 8-2A 工段可以实现初始坯料上下两个端面的表面氧化皮自动化去除，再经图 8-2B 工段清洁、烘干、检测等工序，最终实现金属结合表面洁净化。需要说明的是，由于运料装备的合理设计，可以实现金属结合表面在图 8-2B 工段处理后无二次接触，避免二次表面污染，保障结合表面的洁净性，减少表面污染对后续结合性能的影响。坯料经图 8-2C 自动上料组坯工段中的自动组坯、对中设计，实现多块坯料的自动上料堆垛，从而保障结合表面的洁净性及后续焊接时焊缝的平直性，减少人为操作，增加安全性。

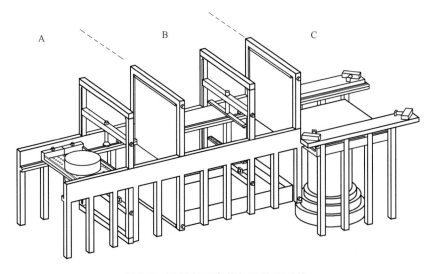

图 8-2　增材制坯高效加工处理系统

图 8-3 所示为本文增材制坯所用坯料制备流程。初始坯料采用立式半连铸机所生产的双超圆坯，经闭式镦粗后制备成大型圆饼坯。增材制坯固-固复合技术初始坯料的加工效率明显提高。

8.1.2.3 料块真空焊接

真空电子束焊的目的是要保障结合界面在真空状态下进行复合，从而对焊接密封质量提出了很高的要求。

如图 8-4 所示，其焊缝为一条完整的圆形焊缝，则无须添加焊接附属块，并且由于起弧

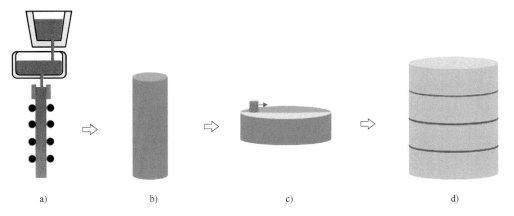

图 8-3 坯料制备流程

a）制坯 b）有效基材 c）锻制料块 d）料块组坯

位置与熄弧位置电子束入射焊接方向相同，熄弧段可与引弧段进行搭接重叠，则不会出现焊接"缺肉"现象，有效保障了焊接密封质量及加工效率。

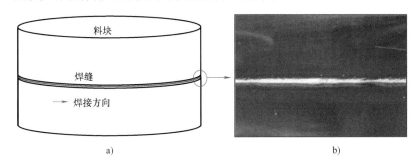

图 8-4 增材制坯固-固复合焊接方案及焊缝形貌

a）焊接方案 b）焊缝形貌

8.1.2.4 闭式热力耦合

闭式热力耦合[42,58]作为增材制坯固-固复合技术的核心环节之一，即将前期焊接封装完毕的坯料经高温加热后放入模具中，利用超大型液压机来控制变形工艺，在热与力的双重耦合作用下，使各块坯料在模具中进行均匀变形，从而使各结合界面因界面氧化物均匀碎化、分解而均匀复合，并最终获得均匀性、结合性良好的一体化钢锭坯料，满足后续产品对钢锭坯料的需求。在增材制坯技术的闭式热力耦合环节，除考虑坯料的温度控制因素，还应考虑压力的要求，这主要是基于坯料变形的均匀性及各个结合界面处的真应变均匀性考虑。闭式热力耦合仿真模拟如图 8-5 所示。

8.1.2.5 结合性能评价规范

对于增材制坯固-固复合技术，在国内外尚无评价标准或结合性能评定规范等文件。目前，热轧复合板相关结合性能评价标准具有一定的参考性，但采用增材制坯技术所制备的复合钢锭与金属复合板无论是制备工艺还是材质设计等方面，二者又存在很大的区别。因此，对于增材制坯固-固复合技术而言，其过程控制与性能评价体系亟须建设制订。

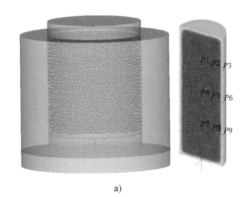

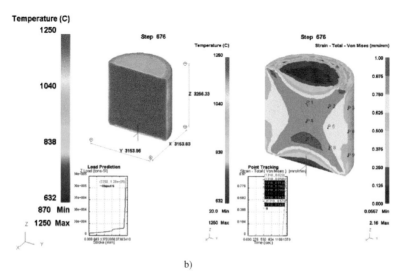

图 8-5　闭式热力耦合仿真模拟

a）闭式复合示意图　b）闭式复合后变形抗力及难变形区分布情况

Temperature—温度　Step—步骤　Strain-Total-Von Mises—冯·米塞斯总应变　Load Prediction—载荷预测

Z load—Z 向载荷　Point Tracking—跟踪点　Time—时间

　　从工艺控制角度来看，增材制坯固-固复合技术主要涉及初始坯料重量与内部质量、坯料表面加工手段与加工效果、界面真空度控制、真空焊接参数、加热与锻造工艺设计、复合后性能处理等，但对于不同材质、不同尺度或吨位的坯料等，其工艺存在很大的区别。例如，对于低合金钢与不锈钢坯料的表面加工，由于二者材质不同，其表面氧化膜成分、结构、厚度、重新生产速率等均不同，则加工效果将存在很大差异。又如，在结合界面微观组织观察的手段及评价方法方面，可以通过金相、扫描、透射等多种评价手段对界面的微观组织、氧化物、元素分布等信息进行采集，但不能忽略的是，复合坯料经过多道次的加热变形，所采集的试样和所观察的界面很难保障一定就是增材制坯前的结合界面，尤其是大型锻件，更不易取样评定。

　　图 8-6 所示为采用固-固复合技术在实验室制备的复合后坯料，经界面定位后取样所获得的结合界面处微观表面形貌、氧化物 EDS 成分分析、电子背散射衍射（EBSD）结果。从图 8-6a、b 中可以看出，界面氧化物由于经历多道次高温、高压的作用，其尺寸已达到微米

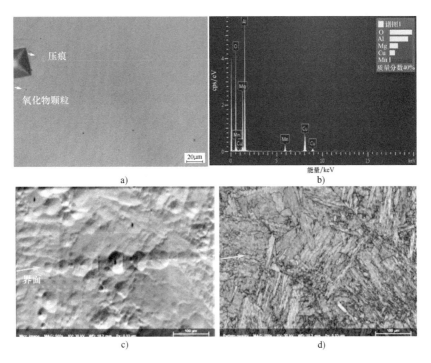

图 8-6 结合界面处微观形貌、氧化物 EDS 成分分析、EBSD 图谱

a）结合界面金相试样表面 b）界面氧化物 EDS 成分分析 c）FIB 取样后界面处的形貌（SEM） d）界面处 EBSD 结果

甚至纳米级。需要说明的是，该试验在整个过程采用了多种手段对界面位置进行了定位，从而保障了后续界面评定的真实性。图 8-6c、d 所示为利用 EBSD 采集的结合界面处晶粒分布情况。可以看出，结合界面与本体晶粒基本相同，说明已呈现正常的再结晶。

对于结合性能评价，目前虽然都可以采用常规的拉伸、冲击、剪切、弯曲、疲劳等力学检测手段来进行宏观评价，但对于大锻件，部分专家甚至提倡采用全断面密排取样，但问题是当出现不合格性能时，不易评价该位置是界面处的断裂还是本体因缺陷问题产生的断裂。因此，关于结合性能的真实评价问题，关键是缺少如何取样、在何阶段取样、如何设计试验、如何评定等相关的能够真实反映材料结合性能的公认标准或规范。基于此，增材制坯技术的发展还需要开展大量的基础研究工作。

8.1.3 关键设备

对于增材制坯技术，设备能力对二者的拓展应用均有重要的影响。根据大型支承辊 FGS 锻造数值模拟计算结果，对于 203t、YB-65 钢的坯料，在闭式热力耦合过程中，所需的成形力已高达 1280MN。因此，对于增材制坯技术的实施，以及后续大型高端一体化成形锻件的模锻成形技术发展，迫切需要一台 1600MN 超大型多功能液压机[54]。

8.1.4 后续拓展

目前，对于增材制坯技术的研究还处于初级阶段，研究的材料范围主要包括低合金钢、不锈钢、镍基合金等，还应向有色金属等方向不断拓展；同时，对于界面的结合性能研究还有待于进一步深入开展，从而确定技术的实际应用性。

8.2 展望

增材制坯技术作为一种颠覆性变革技术，旨在解决大型锻件的缩松、缩孔、偏析、夹渣等系列质量问题，集洁净钢控制、有效基材制造，以及自动化加工、清洁、检测、上料、对中与高效真空密封焊接、闭式热力耦合和组织均匀化等关键技术环节，最终实现高质量复合钢锭坯料的一体化制造，并满足后续模锻成形对锻件坯料的需求，可大幅度提高产品制造效率与材料利用率，便于实现过程的自动化、数字化，减少人为干预，较好地解决了现有大型锻件"传统制造技术"和现有自由锻复合技术的不足。同时，伴随我国在大型模锻压机等国之重器的布局与研发，该技术将不断满足我国核电、火电、船舶、航空航天等众多领域大型锻件高质量制造需求，为我国从"制造大国"向"制造强国"迈进提供强大技术支撑。

参 考 文 献

[1] 王宝忠. 大型锻件制造缺陷与对策［M］. 北京：机械工业出版社，2019.

[2] 王宝忠，刘颖. 超大型核电锻件绿色制造技术［M］. 北京：机械工业出版社，2017.

[3] 王宝忠. 超大型核电锻件绿色制造技术与实践［M］. 北京：中国电力出版社，2017.

[4] 张麦仓，曹国鑫，董建新. 冷却速度对 GH4169 合金凝固过程微观偏析及糊状区稳定性的影响［J］. 中国有色金属学报，2013，23（11）：3107-3113.

[5] 陈光. 涡轮盘中隐藏多年的瑕疵导致波音 767 烧毁［J］. 航空动力，2019（6）：56-58.

[6] BOUSE G K. Application of a Modified Phase Diagram to the Production of Cast Alloy 718 Components［J］. Superalloys，1989：69-77.

[7] 中国航空材料手册编辑委员会. 中国航空材料手册：第 2 卷　变形高温合金　铸造高温合金［M］. 2 版. 北京：中国标准出版社，2002.

[8] 白亚冠，聂义宏，朱怀沈，等. Al-Nb 含量对转子用 GH4706 合金组织及力学性能的影响［J］. 稀有金属材料与工程，2019，48（04）：1317-1324.

[9] 李昌义，刘正东，林肇杰，等. 反应堆压力容器用钢的淬透性问题［J］. 材料热处理学报，2011，032（006）：68-72.

[10] 刘正东，何西扣，杨志强. 新一代核压力容器用 SA508Gr. 4N 钢［M］. 北京：冶金工业出版社，2018.

[11] LEE B S，KIM M C，YOON J H，et al. Characterization of high strength and high toughness Ni-Mo-Cr low alloy steels for nuclear application［J］. International Journal of Pressure Vessels & Piping，2010，87（1）：74-80.

[12] 刘宁，刘正东，何西扣，等. 核压力容器用 SA508Gr.4N 钢组织遗传性的消除［J］. 钢铁研究学报，2017，29（005）：402-410.

[13] 杨文斗. 反应堆材料学［M］. 北京：原子能出版社，2000.

[14] 井玉安，张磊，许长军，等. 一种大型钢锭的还原浇铸复合方法及其装置：201410742466.9［P］. 2016-06-29.

[15] 许长军，胡小东，张雪健，等. 内置冷芯和顶置电磁场铸造大型钢锭的方法：201410487543.0［P］. 2017-04-19.

[16] MEDOVAR L B，TSYKULENKO A K，SAENKO V Y，et al. New Electroslag Technologies［C］//Proceedings of Medovar Memorial Symposium. Ukraine，Kyiv：Elemt-Roll Medovar Group Company，2001：49.

[17] 谭波，易幼平，何海林. 弧形砧砧型参数对车轴锻件拔长效率的影响［J］. 锻压技术，2014，39（03）：5-9.

[18] XIONG B，CAI C，LU B. Effect of volume ratio of liquid to solid on the interfacial microstructure and mechanical properties of high chromium cast iron and medium carbon steel bimetal［J］. Journal of Alloys & Compounds，2011，509（23）：6700-6704.

[19] 张胜华. 铜铝轧制复合板的界面结合机制［J］. 中南工业大学学报，1995，26（4）：509-513.

[20] 祖国胤. 利用中间夹层促进不锈钢与碳钢复合的实验研究［D］. 沈阳：沈阳东北大学，2001.

[21] 王海涛. 复合氧化膜对铁基高温合金抗氧化性能影响与机理研究［D］. 济南：山东大学，2010.

[22] 北京师范大学，等. 无机化学［M］. 3 版. 北京：高等教育出版社，1992.

[23] 轧制技术及连轧自动化国家重点实验室. 真空制坯复合轧制技术与工艺［M］. 冶金工业出版社，2014.

［24］ 吴月龙，蒋鹏，张爽. 20Cr13 不锈钢氧化皮研究［J］. 中国重型装备，2019（01）：43-46.

［25］ KRUGER J, YOLKEN H T. Room Temperature Oxidation of Iron at Low Pressures［J］. Corrosion-Houston Tx-, 2009, 20（1）：29-33.

［26］ MANESH H D. Assessment of Surface Bonding Strength in Al Clad Steel Strip Using Electrical Resistivity and Peeling Tests［J］. Materials Science and Technology, 2006, 22（6）：634-640.

［27］ 杨栋，刘波. 复合板轧制界面处理方法综述［J］. 甘肃冶金，2010，32（2）：20-23.

［28］ 周兆，汤佩钊，李晓林，等. 刨花板/铝/环氧树脂复合板力学性能分析［J］. 包装工程，1999，20（1）：8-10.

［29］ ZHANG W, BAY. Cold Welding- Experimental Investigation of the Surface Preparation Methods［J］. Welding Research Supplement, 1997, 76（8）：326-330.

［30］ 李龙，刘会云，张心金，等. 金属复合板表面处理技术的研究现状及发展［J］. 表面技术，2012，41（05）：124-128.

［31］ 李钦奉. 喷嘴直径对喷砂清理效率的影响［J］. 材料保护，2001，34（12）：51-52.

［32］ 李钦奉. 喷砂技术及表面清理效率的研究［J］. 中国修船，2000（3）：13-15.

［33］ 姜国圣，王志法. 表面处理方式对铜/钼/铜复合材料界面结合效果的影响［J］. 稀有金属，2005，29（1）：6-10.

［34］ 王小彬. 机械制造技术［M］. 北京：电子工业出版社，2003.

［35］ CAVE J A, WILIAMS J D. The Mechanism of Cold Pressure Welding by Rolling［J］. J Inst Mrt, 1973（101）：203-207.

［36］ BAY N. Cold Welding 1：Characteristics, Bonding Mechanisms, Bond Strength［J］. Metal Construction, 1986（6）：369-372.

［37］ BAY N. Cold Pressure Welding：The Mechanisms Governing Bonding［J］. Journal of Engineering for Industry, 1979（101）：121-127.

［38］ 谢广明，骆宗安，王光磊，等. 真空轧制不锈钢复合板的组织和性能［J］. 东北大学学报（自然科学版），2011，32（10）：1398-1401.

［39］ HIROAKI M, SADAO W, SHUJI H. Fabrication of Pure Al/Mg-Li Alloy Clad Plate and Its Mechanical Properties［J］. Journal of Materials Processing Technology, 2005, 169（1）：9-15.

［40］ NISHIDA S, MATSUOKA T, WADA T. Technology and Products of JFE Steel's Three Plate Mills［J］. JFE Technical Report, 2005（5）：1-8.

［41］ 达道安. 真空设计手册［M］. 3 版. 北京：国防工业出版社，2004.

［42］ 张心金，王宝忠，刘凯泉，等. 一种金属固固复合增材制坯的制备方法：202110007429.3［P］. 2022-04-08.

［43］ 张心金，王宝忠，刘凯泉，等. 一种金属固固复合增材制坯处理系统及处理方法：202110015424.5［P］. 2021-11-09.

［44］ 张心金，祝志超，杨康，等. 一种增材制坯初始坯料闭式镦粗用模具：202022897559.2［P］. 2021-08-06.

［45］ 张心金，祝志超，李晓，等. 大型金属锻件增材制坯用模具设计［J］. 模具制造，2022，22（01）：55-59.

［46］ 潘晓华，朱祖昌. H13 热作模具钢的化学成分及其改进和发展的研究［J］. 模具制造，2006，6（004）：78-85.

［47］ 叶喜葱，刘绍友，陈实华，等. H13 热作模具钢锻后热处理工艺［J］. 金属热处理，2013，38（12）：72-74.

［48］ 计天予，吴晓春. H13 改进型热作模具钢的组织与性能［J］. 钢铁研究学报，2013，25（5）：

31-38.

[49]　蒋斗寅. 厚壁圆筒强度计算问题的探讨 [J]. 机械设计与制造，1989（04）：19-21.

[50]　陈再枝，蓝德年. 模具钢手册 [M]. 北京：冶金工业出版社，2008.

[51]　张心金，祝志超，刘会云，等. 一种金属复合产品结合界面定位方法：20181129212.9 [P]. 2020-09-25.

[52]　张心金，等. 一种增材制坯界面结合性能的评价方法：CN114923849A [P]. 2022-08-19.

[53]　张心金，等. 基于反向变形评价增材制坯结合性能的方法：CN115112475A [P]. 2022-09-27.

[54]　王宝忠. 超大锻件的增材制坯及模锻成形 [J]. 重型机械，2021.5：13-18.

[55]　康大韬. 大型锻件材料及热处理 [M]. 北京：龙门书局，1998.

[56]　马庆贤，曹起骧，谢冰，等. 大型饼类锻件变形规律及夹杂性裂纹产生过程研究 [J]. 塑性工程学报，1994.1（3）：42-46.

[57]　许秀梅，张文志，宗家富，等. 不锈钢-碳钢板热轧复合最小相对压下量的确定 [J]. 重型机械，2004.（5）：46-49.

[58]　张心金，王宝忠，刘凯泉，等. 一种金属固固复合增材制坯用热力耦合方法：202110007384.X [P]. 2021-08-13.

[59]　张心金，祝志超，杨康，等. 一种金属复合产品结合界面氧化物控制方法：201911379234.0 [P]. 2022-03-01.

[60]　葛东生. 核电用奥氏体不锈钢再结晶行为研究 [D]. 太原：太原科技大学，2009.

[61]　LI D Z, CHEN X Q, FU P X, et al. Inclusion flotation-driven channel segregation in solidifying steels [J]. Nature Communications, 2014, 5 (1) 3238-3241.

[62]　缪竹骏. IN718系列高温合金凝固偏析及均匀化处理工艺研究 [D]. 上海：上海交通大学，2011.

[63]　吴超群，孙琴. 增材制造技术 [M]. 北京：机械工业出版社，2020.

[64]　卢秉恒. 我国增材制造技术的应用方向及未来发展趋势 [J]. 表面工程与再制造，2019，19（01）：11-13.

[65]　门正兴，李其，郑旭，等. 3D打印技术在大型铸锻件领域应用的可行性分析 [J]. 大型铸锻件，2015（05）：1-3.

[66]　SUN M Y, XU B, XIE B J, et al. Leading manufacture of the large-scale weldless stainless steel forging ring: Innovative approach by the multilayer hot-compression bonding technology [J]. Mater. Sci. Technol, 2021 (71): 84-86.

[67]　孙明月，徐斌，谢碧君，等. 大锻件均质化构筑成形研究进展 [J]. 科学通报，2020，65：3043-3058.

[68]　XIE B J, SUN M Y, XU B, et al. Evolution of interfacial characteristics and mechanical properties for 316LN stainless steel joints manufactured by hot-compression bonding [J]. MATER PROCESS TECH, 2020 (283): 116733.

[69]　姜康，郭磊，张腾，等. 基于绿色设计理念的增材制造技术研究 [J]. 制造技术与机床，2016（04）：31-38.

[70]　高明慧. 机械制造过程中绿色制造技术应用研究 [J]. 冶金与材料，2021，41（05）：31-32.

[71]　邢思深，屈磊，张亮，等. 超大断面圆坯垂直半连铸凝固过程模拟分析 [J]. 一重技术，2021（02）：1-7，41.

[72]　CLEMENSEN C, JUELSTORP O, BAY N. Cold Welding Part 3: Influence of Surface Preparation on Bond Strength [J]. Metal Construction, 1986 (10): 625.

[73]　李龙，张心金，刘会云，等. 热轧不锈钢复合板界面氧化物夹杂的形成机制 [J]. 钢铁研究学报，2013，25（01）：43-47.

[74] ZHU Z C, HE Y, ZHANG X J, et al. Effect of interface oxides on shear properties of hot-rolled stainless steel clad plate [J]. Mater. Sci. Eng. A, 2016, 669: 344-349.

[75] 张心金，殷文齐，温瑞洁，等. 一种运料小车及金属增材制坯处理系统：202120018225.5 [P]. 2021-10-01.

[76] 张心金，祝志超，温瑞洁，等. 一种清洗装置及金属增材制坯处理系统：202120019012.4 [P]. 2021-09-21.

[77] 张心金，祝志超，温瑞洁，等. 一种对中装置及金属固固复合增材制坯处理系统：202120019014.3 [P]. 2021-10-08.

[78] 张心金，祝志超，温瑞洁，等. 一种组坯装置及金属固固复合增材制坯处理系统：202120019013.9 [P]. 2021-09-21.